Selbstoptimierendes Haptikprüfsystem

Self-Optimizing Haptics Inspection System

Von der Fakultät für Maschinenwesen
der Rheinisch-Westfälischen Technischen Hochschule Aachen
zur Erlangung des akademischen Grades eines
Doktors der Ingenieurwissenschaften
genehmigte Dissertation

vorgelegt von

Daniel Sebastian Frank

Berichter/in:

Univ.-Prof. Dr.-Ing. Robert Heinrich Schmitt
Univ.-Prof. Dr.-Ing. Dr. h. c. (UPT) Burkhard Corves

Tag der mündlichen Prüfung: 02. Juni 2021

ERGEBNISSE AUS DER PRODUKTIONSTECHNIK

Daniel Sebastian Frank

Selbstoptimierendes Haptikprüfsystem

Herausgeber:
Prof. Dr.-Ing. T. Bergs
Prof. Dr.-Ing. Dipl.-Wirt. Ing. G. Schuh
Prof. Dr.-Ing. C. Brecher
Prof. Dr.-Ing. R. H. Schmitt

Band 34/2021

WZL | RWTH AACHEN UNIVERSITY

Fraunhofer IPT

Bibliografische Information der Deutschen Nationalbibliothek
Die Deutsche Nationalbibliothek verzeichnet diese Publikation in der Deutschen Nationalbibliografie; detaillierte bibliografische Daten sind im Internet über https://portal.dnb.de abrufbar.

Daniel Sebastian Frank:

Selbstoptimierendes Haptikprüfsystem

1. Auflage, 2021

Gedruckt auf holz- und säurefreiem Papier, 100% chlorfrei gebleicht.

Apprimus Verlag, Aachen, 2021
Wissenschaftsverlag des Instituts für Industriekommunikation und Fachmedien an der RWTH Aachen
Steinbachstr. 25, 52074 Aachen
Internet: www.apprimus-verlag.de, E-Mail: info@apprimus-verlag.de

Druck: CPI Druckdienstleistungen GmbH, Ferdinand-Jühlke-Straße 7 I 99095 Erfurt

ISBN 978-3-98555-027-2

D 82 (Diss. RWTH Aachen University, 2021)

Vorwort

Diese Dissertation ist das Ergebnis eines mehrjährigen Projektes, welches ohne eine Reihe von Personen nicht oder nicht so möglich gewesen wäre. Ich möchte diesen auf diesem Wege danken und damit auch ihre Bedeutung für den Abschluss meiner Arbeit hervorheben.

Mein erster Dank gilt meinem Betreuer und ehemaligen Chef, Prof. Schmitt. Danke, für die Möglichkeit zur Promotion an Ihrem Lehrstuhl für Fertigungsmesstechnik und Qualitätsmanagement, die große Freiheit in der Arbeit dort und die vielen anregenden Gespräche. Besonders Ihre Art, beiläufig tiefgründige Fragestellungen in Gespräche einzuspielen habe ich sehr genossen und als Inspiration empfunden. Darüber hinaus danke ich Prof. Corves für die sehr gewissenhafte Prüfung meiner Arbeit und die vielen konstruktiven Verbesserungshinweise.

Viele Kolleginnen und Kollegen in und außerhalb des Lehrstuhls haben meine Arbeit geprägt. Bei euch möchte ich mich im Folgenden bedanken. Danke an alle Mitstreiter*innen im Exzellenzcluster, besonders den Beteiligten im ICD-D Selbstoptimierung. Die Arbeit mit euch und die gemeinsamen Veröffentlichungen haben mir oft Klarheit verschafft. Danke an Dr. Björn Falk, meinen ehemaligen Oberingenieur am Lehrstuhl. Du hast nicht nur zu Beginn meiner Lehrstuhltätigkeit thematisch den Grundstein für mein Dissertationsthema gelegt. Deine Unterstützung hat erst den eigentlichen Beginn der Arbeiten an dem Robotersystem möglich gemacht. Deine Betreuung auch nach meinem Ausscheiden am Lehrstuhl war für mich ein Zeichen von Freundschaft. Danke an alle Kolleg*innen von QM und MT, die mich über die fünf Jahre am Lehrstuhl begleitet haben. Allen voran meine HiWi's und Abschlussarbeiter*innen Armin, Jimmy, Kristof, Barbara, Nico, Philip und Artur. Dass drei von euch mittlerweile selbst den Weg an den Lehrstuhl gefunden haben macht mich stolz. Danke an meine Gruppenleiter Markus und Payam. Ihr habt durch eure lockere und konstruktive Art die besondere Kultur und Atmosphäre im Team und am Lehrstuhl mitgeschaffen. Danke an alle aus dem Team P-Q, welches ich anderthalb Jahre leiten durfte. Antonia, Amelie, Verena, Marie, Lars: Eure Selbstständigkeit und Eigenmotivation haben meine Aufgabe als Gruppenleiter leicht gemacht und mir viel Freude an dieser Rolle und der Arbeit an den Themen mit euch beschert.

Drei Kollegen möchte ich hier besonders danken, weil sie mich nicht nur fachlich bereichert haben, sondern weil sie meine Freunde sind. Martin, danke, dass du mich in der „Warze“ von Anfang an so aufgeschlossen und humorvoll aufgenommen und mir so den Einstieg in das Team leicht gemacht hast. Jan, danke für deine immer positive und bereichernde Art und die vielen spaßigen Zeiten, besonders im Schnee. Marco, danke dass du mir in so vielen Lagen mit Rat und Tat zur Seite stehst und mir das Gefühl gibst, immer auf dich zählen zu können.

Danke an meine Eltern, die mich in unermüdlicher Art und Weise schon mein ganzes Leben lang unterstützen. Durch die kritischen Blicke auf meine Arbeit und sanften Druck habt ihr den Abschluss dieses Projektes mit vorangetrieben. Last but not least geht ein sehr großer Dank an dich Louisa. Du hast mir über die vielen Jahre mit viel Liebe und Geduld Rückhalt und Unterstützung gegeben. Du erinnerst mich immer wieder daran, dass es allein an mir liegt was meine Ziele sind, wie mein Weg dahin aussieht und, dass ich diesen aus eigener Kraft beschreiten kann. Du bist in vielen Aspekten des Lebens ein Vorbild für mich und ich bin dankbar, das Leben mit dir zu teilen.

Zusammenfassung der Dissertation

Gegenstand der Dissertation ist eine effiziente und flexible Absicherung betätigungshaptischer Qualitätsmerkmale von Bedienelementen. Die Forschungsfrage dazu lautet: *Können qualitätssichernde Systeme in der Produktion derart gestaltet werden, dass dadurch eine Absicherung wahrgenommener, betätigungshaptischer Prüfmerkmale auch bei hoher Variantenvielfalt und im Kontext der unternehmerischen Rahmenbedingungen möglich ist?* Merkmale wahrgenommener Qualität (PQ), wie die Betätigungshaptik, beeinflussen die Produkt- und Markenwahrnehmung positiv und tragen so zum Unternehmenserfolg bei, insbesondere in wettbewerbsintensiven Märkten. Die Verbesserung der PQ erhöht die Komplexität der Geschäftsoptimierung aufgrund steigender Produktentwicklungskosten und Variantenvielfalt. Ein Robotersystem zur Prüfung betätigungshaptischer Qualitätsmerkmale mit selbstoptimierenden Eigenschaften wird als Mittel zur Beherrschung dieser Komplexität im Kontext der Forschungsfrage evaluiert.

Methodisch wird die Design-Science-Research-Methodik nach HEVNER angewandt. Aus einer Analyse relevanter Umweltdomänen (haptische Qualitätsmerkmale, automatisierte Qualitätssicherung, kognitive und selbstoptimierende Systeme) werden die Objektbereiche der Arbeit sowie Lösungsanforderungen abgeleitet. Eine Analyse existierender Systeme zur Haptikprüfung zeigt, dass aktuell kein System die abgeleiteten Anforderungen vollumfänglich erfüllt. Davon ausgehend wird zur Untersuchung der Forschungsfrage ein Prototyp eines selbstoptimierenden Haptikprüfsystems entwickelt. Der Aufbau des Systems richtet sich nach dem Modell des kognitiven Regelkreises nach SCHMITT. Aus den Objektbereichen (Machine Vision, Kraftsensorik, Selbstoptimierung, Robotik und Bewegungsplanung) werden anforderungsbasiert Systemelemente spezifiziert und in UML modelliert. Diese Modelle werden in prototypische Soft- und Hardwaremodule implementiert. Die Validierung folgt dem V-Modell der Softwareentwicklung und enthält testbasierte Analysen der Kommunikationsarchitektur, der Mess- und Prüfabläufe, der Bildverarbeitungskette, der Bewegungsplanung sowie der Selbstoptimierung.

Als *Ergebnis* liegt ein Robotersystem mit Soft- und Hardwaremodulen sowie Systemmodellen und -abläufen vor, das betätigungshaptische Qualitätsmerkmale prüfen und dabei selbstoptimierend vorgehen kann. Ein Stereo-Kamerasystem ermöglicht es, Prüfobjekte und -merkmale unter Einsatz von Machine-Learning-Algorithmen festzustellen. Als Messinstrument kommen ein Sechs-Achs-Roboter mit einem Kraft-/Momentensensor zum Einsatz. Damit können Kraft-Weg-Verläufe von Betätigungselementen als Merkmale der Betätigungshaptik erfasst werden. Die Wirkung dieser Kraft-Weg-Verläufe auf die haptische Wahrnehmung wird mittels einer relativen Messwertauswertung abgeschätzt. Das System ermittelt selbstständig interne Ziele (Prüfschärfe, Geschwindigkeit) für die Prüfung auf Basis externer Qualitäts-, Zeit- und Energieziele. Dies erfolgt anhand von Kostenfunktionen und statistisch geschätzter zukünftiger Fehlerraten. Die so ermittelten internen Ziele werden in konkrete Parameter für die Robotersteuerung, unter anderem Verfahrgeschwindigkeit und Pfadbeschleunigung, übersetzt.

Die Analyse des Systems zeigt, dass mittels Selbstoptimierung eine flexible Prüfung betätigungshaptischer Qualitätsmerkmale möglich ist. Entwicklungspotenziale des Prototypen sind unter anderem die Treffgenauigkeit der Bildverarbeitung, die verfügbaren Prüfmodalitäten sowie der Umfang der Selbstoptimierung. Die Arbeit eröffnet weitergehende Forschungsfragen im Bereich selbstoptimierender Systeme zur automatisierten Prüfung von PQ.

Dissertation summary

Subject of this dissertation is an efficient and flexible inspection of characteristics of control element operation haptics. The regarding research question is: *Can quality control systems for production be designed to enable assurance of perceived, operation haptics related characteristics under high variety of variants and in the context of the business environment?* Characteristics of perceived quality (PQ), such as the haptics of operation, positively influence product and brand perception and contribute to corporate success, especially highly competitive markets. The improvement of PQ increases the complexity of business optimization due to rising product development costs and variant diversity. A robotic system for testing actuation haptic quality characteristics with self-optimizing properties is evaluated as a means to manage this complexity in the context of the research question.

Methodically, the design science research methodology according to HEVNER is applied. From an analysis of relevant environmental domains (haptic quality characteristics, automated quality assurance, cognitive and self-optimizing systems), the object areas of the work and solution requirements are derived. An analysis of existing systems for haptic inspection shows that currently no system fully meets the derived requirements. Consequently, a prototype of a self-optimizing haptics inspection system is developed to investigate the research question. The system design is based on the cognitive control loop model according to SCHMITT. System elements are specified from the object areas (machine vision, force sensor technology, self-optimization, robotics and motion planning) based on the derived requirements and modeled in UML. These models are implemented in prototypical software and hardware modules. The validation follows the V-model of software development and includes test-based analyses of the communication architecture, the measurement and inspection sequences, the image processing chain, the motion planning and the self-optimization.

The *result* is a robot system with software and hardware modules as well as system models and processes that can inspect characteristics of operation haptic quality and act in a self-optimizing manner. A stereo camera system enables detection of inspection objects and characteristics using machine learning algorithms. A six-axis robot with a force/torque sensor is used as the measuring instrument. This allows force-displacement curves of actuating elements to be recorded as features of the operation haptics. The effect of these force-displacement curves on haptic perception is estimated by means of a relative measurement evaluation. The system independently determines internal targets (inspection severity, speed) for the inspection based on external quality, time and energy targets. This is done using cost functions and statistically estimated future defect rates. The internal targets determined in this way are translated into concrete parameters for robot control, including traverse speed and path acceleration.

The system analysis shows the possibility of flexible inspection of characteristics of operation haptic quality by means of self-optimization. Development potentials of the prototype are among others the accuracy of the image processing, the available inspection modalities as well as the scope of the self-optimization. The work opens up further research questions in the field of self-optimizing systems for the automated inspection of PQ.

I Inhaltsübersicht

II Inhaltsverzeichnis

III Formelzeichen und Abkürzungen

Formelzeichen	Einheit	Beschreibung
ε		Dehnung
s	m	Weg
E	kWs =1*10³ J	Energie
F	N	Kraft
M	Nm	Drehmoment
v	m/s	Geschwindigkeit
a	m/s²	Beschleunigung
t	s	Zeit
θ		Modellparameter
ϕ		Funktional einer Modellstruktur
μ		Erwartungswert
σ		Standardabweichung

Abkürzung	Beschreibung
ANOVA	Analysis of Variances
AP	Absolutpositioniergenauigkeit
API	Application Programing Interface

Abkürzung	Beschreibung
BAS	Bildaufnehmersystem
BDI	Beliefs-Desires-Intent-Framework
BIT	Batch Informed Trees
BoF	Bag-of-features
BoW	Bag-of-words
BV	Bildverarbeitung
CAD	Computer-aided design
CForest	Coupled Forest of Random Engrafting Search Trees
CCD	Charged coupled devices
CCU	Cognitive Control Unit
CMOS	Complementary metal-oxid-semiconductor
CNN	Convolutional neural network
CPS	Cyber-physische Systeme
CPU	Computing Processing Unit
CV	Computer Vision
DFG	Deutsche Forschungsgemeinschaft
DIN	Deutsches Institut für Normung
DMS	Dehnungsmessstreifen
DoG	Difference of Gaussian
DSR	Design Science Research
EXC	Exzellenzcluster
GB	Gigabyte

Abkürzung	Beschreibung
GPS	Global positioning system
GPU	Graphics Processing Unit
GRR	Gauge Repeatability & Reproducibility
HOG	Histogram of Oriented Gradients
ICP	Iterative closest points
IEC	International Eletrotechnical Commission
ISO	International Organization for Standardization
KASP	Kognitiv-automatisierte selbstoptimierende Produktionssysteme
KFZ	Kraftfahrzeug
KMG	Koordinatenmessgerät
KNN	K-Nächste Nachbarn
kNN	Künstliches Neuronales Netz
LazyPRM	Lazy Probabilistic Roadmap
LBTRRT	Lower Bound Tree RRT
MBSO	Modellbasierte Selbstoptimierung für Fertigungsprozesse
MKR	Modell des kognitiven Regelkreises
ML	Maschinelles Lernen
MLP	Multi-Layer-Perceptron
MP	Megapixel
MSA	Messsystemanalyse
MSER	Maximally Stable Extremal Regions
MV	Machine Vision

Abkürzung	Beschreibung
OCM	Operator-Controller-Modul
OMPL	Open Motion Planning Library
PEP	Produktentstehungsprozess
PLM	Product-Lifecycle-Management
PPS	Produktionsplanung und -steuerung
PQ	Perceived Quality
PRM	Probabilistic Roadmap
pSBL	Parallel Single-query Bi-directional Lazy collision checking planner
RLS	Recursive Least Squares
ROI	Region of interest
ROS	Robotic Operating System
RPN	Region Proposal Network
RR	Retrieve-Repair
RRT	Rapidly-exploring Random Tree
RWTH	Rheinisch-Westfälische Technische Hochschule
SCARA	Selective Compliance Assembly Robot Arm
SFB	Sonderforschungsbereich
SHP	Selbstoptimierendes Haptikprüfsystem
SIFT	Scale Invariant Feature Transform
SLSQP	Sequential Least Squares Programing
SO	Selbstoptimierung
SOAR	State Operator Apply Result

Abkürzung	Beschreibung
SOC	Selfoptimizing Controller
SPARS	Sparse Roadmap Spanner
SURF	Speeded-Up Robust Features
SVM	Support-Vektor-Maschine
TCP	Tool center point
TCP/IP	Transmission Control Protocol/Internet Protocol
TP	Grenzfrequenz eines Tiefpassfilters
UML	Unified Modeling Language
VDA	Verband der Automobilindustrie
VDI	Verband Deutscher Ingenieure
WZL	Werkzeugmaschinenlabor
XD (1D, 2D, …)	X-dimensional (ein-, zweidimensional,)

IV Abbildungsverzeichnis

V Tabellenverzeichnis

1 Einleitung

Der Erfolg eines Produktes hängt davon ab, inwieweit es sich aus Sicht von Kunden von vergleichbaren Produkten am Markt unterscheidet. In gesättigten Märkten spielt dabei insbesondere die Abgrenzung der wahrgenommenen Qualität (engl. Perceived Quality, PQ) eine Rolle. Die PQ ergibt sich aus physischen und kognitiven Prozessen, bei denen Verbraucher mit Hilfe ihrer sensorischen Wahrnehmung und ihren Erfahrungen Merkmale des Produktes erfassen können. Die positive Wahrnehmung relevanter Merkmale begünstigt eine sensorische Markenbildung, die ebenfalls zur Differenzierung beiträgt.[1]

Aufgrund der hohen Bedeutung der PQ verankern produzierende Unternehmen, z. B. Porsche, die wahrgenommene Qualität im eigenen Qualitätsverständnis. Dieses baut bei Porsche auf vier Säulen auf: der emotionalen Qualität, der funktionalen Qualität, der Anmutungsqualität und der Servicequalität. Zwei dieser Säulen sind direkt mit der sensorischen Wahrnehmung verbunden: die emotionale Qualität (Design, Sound, Performance) und die Anmutungsqualität (Haptik, Wertigkeit, Fugenbild).[2] Marktuntersuchungen und Kundenbefragungen bestätigen die hohe Bedeutung dieser sensorischen Qualitätseigenschaften.[3] Die Zeitschrift „Auto Motor und Sport" schreibt als Fazit einer großen Leserbefragung: *„Qualität ist vielschichtig, teils messbar, teils subjektiv und jede Marke definiert sie anders. Der Endkunde sieht nur Produkt und Händler. Haptik, Verarbeitung, Langlebigkeit und Service stehen da an erster Stelle."*[4]

Die Verbesserung der PQ ist mit höheren Material- oder Prozesskosten oder längeren Entwicklungs- und Herstellungszeiten verbunden. Hierzu schreibt Stylidis: *„The truly challenging task is to reach optimal perceived quality level based on given boundaries regarding technologies, development time, production systems capabilities, and financial limitations. For that reason, perceived quality must be controlled during all stages of product development."*[5] Hersteller müssen bei der Optimierung der PQ ihrer Produkte folglich einen ganzheitlich-systemischen Ansatz verfolgen. Das bedeutet, genau die Merkmale zu identifizieren, die die wahrgenommene Qualität in entscheidendem Maße prägen, diese durch technisch beeinflussbare Produkteigenschaften gezielt und unter Berücksichtigung wirtschaftlicher Erwägungen zu optimieren und die Realisierung dieser Eigenschaften über den gesamten Produktlebenszyklus effektiv und effizient abzusichern.

Zur möglichst effizienten Absicherung der PQ sind flexible und automatisierte Produktionssysteme notwendig, die die relevanten Merkmale eines Produktes in der Qualitätssicherung erfassen und bewerten können. Besondere Fortschritte versprechen sich Hersteller von

[1] vgl. **Steiner, P.** (2017), S. 69ff

[2] vgl. **Weiss, C.** (2016), S. 2

[3] vgl. **Maydell, M.; Napp, A.** (2017), S. 114

[4] **ebenda** (2017), S. 116

[5] **Stylidis, K.; Wickman, C.; Söderberg, R.** (2020), S. 38

technologischen Entwicklungen im Bereich der Digitalisierung, die zu möglichst autonomen und flexiblen „Smart Factories“ führen sollen.[6]

Wichtige Bausteine in solchen „smarten“ Fabriken sind laut einer Studie der Boston Consulting Group und des Werkzeugmaschinenlabors (WZL) der Rheinisch-Westfälischen Technischen Hochschule (RWTH) Aachen „smarte“ Roboter. Diese können ein Mittel zur stärkeren Automatisierung der Qualitätskontrolle sein, da sie komplexe Inspektionsschritte übernehmen und sich dabei an die Notwendigkeiten des gerade vorliegenden Produktes anpassen können.[7]

Smarte Roboter, die PQ-relevante Produkteigenschaften effizient und flexibel absichern, können die Grenzen des Optimierungsraumes für PQ in Anlehnung an STYLIDIS erweitern. Das bedeutet, dass für Hersteller eine stärkere Abgrenzung durch PQ wirtschaftlich möglich und sinnvoll wird. Für die Entwicklung smarter Roboter zur Qualitätssicherung sind neben Lösungen zur technischen Erfassung und Bewertung von PQ-Merkmalen mittels Sensorik auch Funktionen zur Selbststeuerung und Selbstoptimierung notwendig.[8]

1.1 Hintergrund und Forschungsfragen

Die vorliegende Dissertation entstand im Rahmen der Forschungsarbeiten in der integrativen Clusterdomäne ICD-D (*Integrative Cluster Domain-D)* „Selbstoptimierende Produktionssysteme“ des von der Deutschen Forschungsgemeinschaft (DFG) geförderten Exzellenzclusters „Integrative Produktionstechnik für Hochlohnländer“ (EXC 128). Die grundlegenden Ziele und Annahmen des EXC 128 sowie Hypothesen aus dem Forschungsbereich der wahrgenommenen Qualität bilden den Hintergrund der Arbeit. Die Annahmen werden in diesem Abschnitt kurz erläutert und sind die Grundlage für die Formulierung der Forschungsfrage.

Die Bereitstellung kundenbegeisternder, qualitativ hochwertiger Produkte wird in produzierenden Unternehmen durch die Zunahme einer Reihe von Faktoren erschwert, die sich unter dem Konstrukt Komplexität subsummieren lassen. Die zunehmende Komplexität liegt einer Studie des Fraunhofer IPA zufolge insbesondere an der steigenden Detailtiefe und Variantenvielfalt von Produkten und Prozessen sowie den auch in Folge der Digitalisierung zunehmend unübersichtlichen Produktstrukturen.[9] Kürzer werdende Produktlebenszyklen verschärfen darüber hinaus die Auswirkungen dieser zunehmenden Komplexität auf die Produktrealisierung, insbesondere in noch instabilen Phasen wie dem Produktanlauf (engl. Ramp-Up).[10] Diese Komplexität bedingt steigende Verbundeffekte („Economies of Scope“‘), um z. B. Forschungs- und Entwicklungskosten zu beherrschen. Zugleich sind auch Skaleneffekte („Economies of Scale“) nötig, um hohe betrieblichen Fixkosten zu vermeiden. Komplexität verstärkt den

[6] vgl. **Kagermann, H.; Wahlster, W.; Helbig, J.** (2013), S. 5; **Reinhart, G.; Zühlke, D.** (2017), XXXIV

[7] vgl. **Küpper, D., et al.** (2016), S. 5ff

[8] vgl. **Niehues, M., et al.** (2017), S. 164f

[9] vgl. **Schöllhammer, A.; Jäger, M.** (2015), S. 9

[10] vgl. **Schmitt, S.; Schmitt, R.** (2013), S. 441

Konflikt zwischen diesen beiden Konzepten.[11] Bezüglich der Entwicklung der Komplexität wird angenommen:

Annahme 1: **Die Komplexität in den Unternehmen als Kombination von steigendem Variantenreichtum, kurzen Produktlebenszyklen sowie häufigen Produkt- und Prozessinnovationen wird in Zukunft weiter ansteigen und verschärft den Konflikt zwischen Skalen- und Verbundeffekten in der Produktion.**

Infolge der auch für Kunden steigenden Vielfalt der Produktauswahl steigt die Notwendigkeit für Hersteller, Produkte ganzheitlich, also nicht nur rein funktional, zu spezifizieren und qualitativ abzusichern. Dabei sind insbesondere Merkmale zu fokussieren, welche die Qualität im Allgemeinen und die sensorische Qualität im Speziellen beeinflussen.[12] In Anlehnung an JORDAN bedeutet dies, die Produkterlebnisse zu spezifizieren und auf messbare Indikatoren bezogen auf die Wahrnehmung zu entfalten.[13] Aus der Notwendigkeit einer ganzheitlichen Spezifikation, die in Kapitel 2 im Zusammenhang mit dem Begriff der Perceived Quality näher erläutert wird, lautet die zweite Annahme:

Annahme 2: **Durch die Identifikation messbarer Indikatoren für die wahrgenommene Qualität ihrer Produkte können Hersteller diese spezifizieren, absichern und sich so mit ihren Produkten erfolgreich am Markt differenzieren.**

Der Anstieg der genannten Faktoren Variantenreichtum, Produkt- und Prozesskomplexität verbunden mit der Notwendigkeit einer Fokussierung auf die wahrgenommene Produktqualität relevanter Merkmale erschwert die Absicherung der Produktqualität. Eines der zentralen Probleme ist dabei die gegenwärtig mangelnde Flexibilität der im Rahmen der Produktion verwendeten Systeme. GANSCHAR ET AL. stellt in Übereinstimmung mit den vorliegenden Ergebnissen die Flexibilität der vorhandenen Instrumente zur Stärkung und zum Ausbau der Kundenorientierung in Frage, indem er betont:

„Aus den Marktrahmenbedingungen heraus werden wir in Deutschland weiterhin steigende Flexibilitätsanforderungen bekommen. Die Kundenorientierung wird weiter steigen. Wir haben heute schon eine Situation, die die aktuellen Instrumente in den Unternehmen teilweise überspannt.“[14]

Der Mangel an entsprechenden Instrumenten speziell im Bereich der flexiblen Automatisierung zeigt sich auch darin, dass bei der Fertigung hochindividueller Produkte der Anteil der Automatisierung heute teilweise wieder sinkt. So gab der Automobilhersteller der Marke Mercedes bezüglich der Produktion der letzten Generation seines Premiummodells S-Klasse (ab 2013) bekannt, dass der Roboteranteil in der Fertigung gegenüber vorherigen Modellen

---

[11] vgl. **Brecher, C.** (2011), S. 21ff

[12] vgl. **Daub, O.** (2014), S. 62

[13] vgl. **Jordan, P.** (2002), S. 76ff

[14] **Ganschar, O., et al.** (2013), S. 67

zurückgefahren wurde. Als Grund hierfür nannte er mangelnde Flexibilität vor dem Hintergrund der großen Variantenvielfalt des Modells.[15] Auch bei der Fertigung der aktuellen Generation der S-Klasse (ab 2020) in der komplett neu entwickelten „Factory 56“ setzt Mercedes nach eigenen Angaben auf einen geringen Automatisierungsgrad bei der Fertigung. Um den Flexibilitätsgrad der Fertigung zu steigern, setzt der Hersteller stattdessen vor allem auf flexible Fördertechnik und Vernetzung von Anlagen.[16] Eine zunehmend freiere automatisierte Fertigung und Montage[17], in der Teile und Anlagen variabel zueinander anzuordnen sind, stellt jedoch auch zunehmende Anforderungen an die Flexibilität der integrierten Anlagen. Aus dieser Betrachtung leitet sich die dritte und letzte Annahme ab:

Annahme 3: **Die Anforderungen an die Flexibilität und Effizienz automatisierter Systeme im Bereich der Qualitätskontrolle und -absicherung steigen parallel zur Komplexität der unternehmerischen Aktivitäten und damit auch zur Bedeutung von PQ in Zukunft weiter an.**

Vor dem Hintergrund des skizzierten Handlungsfeldes werden Forschungsdesiderate deutlich, die im Spannungsfeld zwischen den Bereichen Qualitätswahrnehmung, Qualitätssicherung und Automation angesiedelt sind. Die Arbeit ist in diesem multidisziplinären Forschungsfeld verortet und die daraus abgeleitete Forschungsfrage lautet:

Können qualitätssichernde Systeme in der Produktion derart gestaltet werden, dass dadurch eine Absicherung wahrgenommener, betätigungshaptischer Prüfmerkmale auch bei hoher Variantenvielfalt und im Kontext der unternehmerischen Rahmenbedingungen möglich ist?

Die nachfolgend formulierte Zielsetzung beleuchtet anhand eines exemplarischen Szenarios Lösungsmöglichkeiten zur Beherrschung der aus den Annahmen resultierenden Herausforderungen und zeigt Wege zur Implementation auf. Diese Lösungsbestandteile entspringen den prinzipiellen Eigenschaften selbstoptimierender Systeme.

1.2 Zielsetzung und wissenschaftliche Vorgehensweise

Diese Arbeit liegt im Bereich der *Technikwissenschaften*, die nach KÖNIG insbesondere dadurch gekennzeichnet sind, dass sie sowohl erkenntnisorientierte wie auch gestalterische Ziele verfolgen.[18] Technikwissenschaften suchen nach KÖNIG *„[...] nach gegenständlichen Mitteln, um gesellschaftliche Ziele umzusetzen.“* und *„[...] arbeiten technische Möglichkeiten aus und empfehlen deren Überführung in technisch-gesellschaftliche Praxis.“*[19]

---

[15] vgl. **Knight, W.** (2016)

[16] vgl. **Daimler AG (Hrsg.)** (2020)

[17] vgl. **Schmitt, R.; Kimmelmann, W.; Quinders, S.** (2017), S. 6f

[18] vgl. **König, W.** (1995), S. 324ff

[19] **ebenda** (2010), S. 64

Das gesellschaftliche Ziel ist die im EXC 128 angestrebte Auflösung der in Annahme 1 in Abschnitt 1.1 beschriebenen Dichotomie zwischen Skaleneffekten und Verbundeffekten. Als gegenständliche Mittel dazu werden selbstoptimierende technische Systeme analysiert.

Das gestalterische Ziel besteht in der konzeptionellen Entwicklung und Realisierung eines prototypischen Demonstrators eines selbstoptimierenden Prüfsystems für haptische Prüfmerkmale. Anhand dieser Lösungsbausteine werden die Realisierbarkeit und Überführbarkeit in die Praxis analysiert.

Das erkenntnisorientierte Ziel liegt in der Beantwortung der Frage, ob und inwieweit die bestehenden Konzepte und Architekturen zur Gestaltung selbstoptimierender Systeme auf komplexe Prüfprozesse übertragbar sind. Die Forschungsarbeit soll zugleich Erkenntnisse darüber liefern, welche Flexibilitätsbedarfe in der Qualitätssicherung wahrgenommener Qualität durch Selbstoptimierung noch nicht adressiert werden können.

Gestaltung und Durchführung des Forschungsprozesses erfolgt in Anlehnung an die von HEVNER entwickelte Design Science Research (DSR) Methodik. DSR dient der Strukturierung von Forschungsgegenständen mit stark gestalterischer Komponente und ist daher eine geeignete Methode. Im DSR werden die im Fokus der Entwicklung stehenden Artefakte[20] hinsichtlich ihrer Relevanz in der Anwendungsdomäne bewertet und gleichzeitig auf ihre Stichhaltigkeit in Bezug auf die zugrundliegende Wissensbasis untersucht. Der Forschungsprozess des DSR basiert auf drei sogenannten Zyklen: dem Relevance-Cycle (Relevanz-Zyklus), dem Design-Cycle (Design-Zyklus) sowie dem Rigor-Cycle (Stringenz-Zyklus) (vgl. Abbildung 1-1).[21] Er wird im Folgenden erläutert.

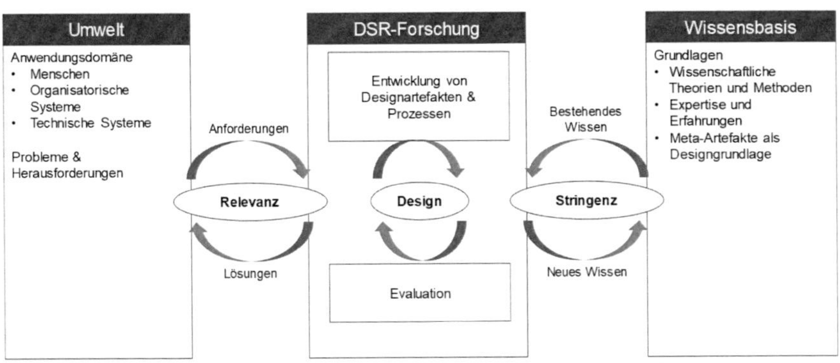

Abbildung 1-1 DSR-Methodik in allgemeiner Form[22]

---

[20] Nach Simon sind Artefakte durch den Menschen synthetisierte Systeme, die in Teilen natürliche Systeme imitieren können und durch ihre Funktion, ihre Ziele sowie ihre zweckgebundene Anpassung charakterisiert sind. Durch die Zweckgebundenheit ist das Artefakt immer auch im Kontext der Umgebung, in der es handelt bzw. eingesetzt wird zu betrachten. vgl. **Simon, H.** (1996), S. 3ff

[21] vgl. **Hevner, A.; Chatterjee, S.** (2010), S. 9ff

[22] vgl. **ebenda** (2010), S. 9ff

Innerhalb des Relevanz-Zyklus werden zunächst aus den relevanten Umweltdomänen Anforderungen an die Lösung abgeleitet. Auf Basis dieser Anforderungen erfolgt die Entwicklung von Konzepten und Prototypen im Design-Cycle, dem Zentrum der DSR-Forschung. Die Iteration aus Entwicklung und Evaluation entwickelter Lösungen kann zur weiteren Detaillierung der Anforderungen entsprechend des Rückflusses im Relevanz-Zyklus führen. In das Design der Lösung fließt über den Stringenz-Zyklus neben den Anforderungen bestehendes Wissen aus angrenzenden Forschungsdomänen ein. Die Anwendung dieses Wissens im Design-Zyklus führt zu neuen Erkenntnissen bezüglich der Anwendbarkeit dieses Wissens für die entsprechende Problemstellung, sodass der Stringenz-Zyklus geschlossen werden kann.[23]

Die Evaluation innerhalb des DSR erfolgt über empirische Analysen des Systems bzw. der Systemkomponenten. Das Vorgehen ist methodisch angelehnt an das in der Softwareentwicklung verbreitete V-Modell. Darin folgen der Implementierung von Systemkomponenten Tests auf unterschiedlichen Ebenen (vgl. Abbildung 1-2).

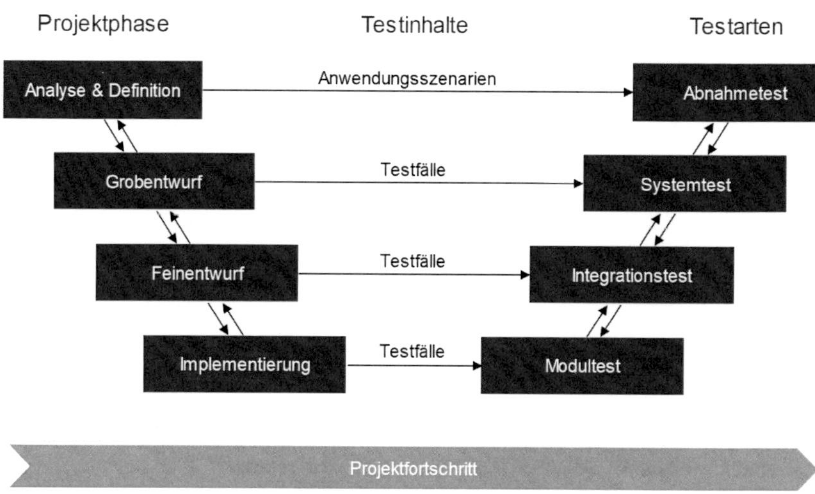

Abbildung 1-2 V-Modell der Softwareentwicklung in allgemeiner Form[24]

Das Testvorgehen erfolgt Bottom-Up, da es sich dem gewählten DSR-Vorgehen folgend um ein Artefakt handelt, dessen Reifegrad innerhalb dieser Arbeit nur so weit getrieben wird, wie es der Beantwortung der eingangs gestellten Forschungsfrage genügt. Dadurch werden auch keine aufwendig zu entwickelnden Teststümpfe (Softwarebestandteile, die keine eigentliche Verarbeitungslogik aufweisen, sondern lediglich Dummydaten ausgeben) notwendig, die wenig wissenschaftliche Erkenntnisse versprechen würden.[25]

[23] vgl. **ebenda** (2010), S. 9ff

[24] nach **Witte, F.** (2016), S. 69

[25] vgl. **ebenda** (2016), S. 67f

Der Aufbau der Arbeit richtet sich nach der DSR-Methodik. Im Folgenden werden die Inhalte der einzelnen Kapitel erläutert.

In Kapitel 2 werden die Umweltdomänen der Arbeit analysiert. Damit wird die Problemstellung präzisiert und die inhaltlichen Anforderungen an die Lösung hergeleitet. Ausgangspunkt bildet die im Abschnitt 2.1 vorgenommene Darstellung haptischer Qualitätsmerkmale als Faktoren der wahrgenommenen Produktqualität. In Abschnitt 2.2 wird vorgestellt, welche allgemeinen Ansätze zur Automatisierung von technischen Systemen verbreitet sind und wie diese zur Absicherung von Qualitätsmerkmalen genutzt werden können. Im Abschnitt 2.3 werden kognitive bzw. selbstoptimierende Systeme als Erweiterung automatisierter Systeme thematisiert, die eine größere Flexibilität versprechen. Aus den betrachteten Umweltdomänen sowie der aus deren Verknüpfung entstehenden Herausforderungen werden in Abschnitt 2.4 Anforderungen an das zu entwickelnde technische System abgeleitet. Damit wird der Relevanz-Zyklus an die Design-Phase angeschlossen.

In Kapitel 3 werden vergleichbare Systeme wie das zu entwickelnde selbstoptimierende Haptikprüfsystem vorgestellt (Abschnitt 3.1) und anhand der inhaltlichen Anforderungen verglichen (Abschnitt 3.2). Das Kapitel 3 ist dem Wissensbereich des DSR zuzuordnen. Es schließt damit den Stringenz-Zyklus an die Design-Phase an.

Kapitel 4 enthält die Grundlagen zur Entwicklung eines selbstoptimierenden Haptikprüfsystems. Im Abschnitt 4.1 wird ein Anwendungsszenario skizziert. Das Ergebnis ist ein erstes Lösungskonzept, welches in Abschnitt 4.2 vorgestellt wird (erste Iteration des Design-Zyklus). Zur strukturierten Herleitung des Lösungskonzeptes wird aus den vorhandenen Architekturen für selbstoptimierende Systeme eine für den Anwendungsfall passende Architektur ausgewählt. Ausgehend von diesem Lösungskonzept werden im weiteren Verlauf von Kapitel 4 die inhaltlichen Anforderungen an die Lösung detailliert und mit der bestehenden Wissensbasis abgeglichen (Stringenz-Zyklus). Das umfasst die im Abschnitt 4.3 vorgestellten Methoden zur Bildverarbeitung zur Erfassung von Objektinformationen, sowie die in Abschnitt 4.4 erläuterten Grundlagen zur Kraftsensorik, die in Abschnitt 4.5 vorgestellten Methoden zur Verhaltensanpassung technischer Systeme im Kontext der Selbstoptimierung und die in Abschnitt 4.6 erläuterten Konzepte und Methoden aus dem Bereich der Robotik und Bewegungsplanung.

Im Kontext der Umweltbedingungen und der Wissensbasis wird in Kapitel 5 ein zweites, detaillierteres Lösungskonzept entworfen (zweite Iteration des Design-Zyklus). Der Abschnitt 5.1 dient zur Übersicht über die technischen Komponenten des Systemdemonstrators. In Abschnitt 5.2 wird das geplante Systemverhalten mittels der grafischen und textuellen Erläuterung der wesentlichen Systemprozesse erläutert. Die Wirkweise der Selbstoptimierung wird im Abschnitt 5.3 spezifiziert.

Das im Kapitel 5 konzeptionell formulierte Design wird in Softwarelösungen überführt, welche in Kapitel 6 beschrieben werden. Die dabei entstehende Architektur sowie die eingesetzten Softwaresysteme werden in Abschnitt 6.1 vorgestellt. Die einzelnen implementierten Lösungen bspw. im Bereich der Ablaufsteuerung und der Bildverarbeitung werden in Abschnitt 6.2 im Detail erläutert. In der Systematik des DSR sind Kapitel 5 und 6 dem zentralen Feld der DSR-Forschung zuzuordnen.

Die implementierten Lösungen werden in Kapitel 7 analysiert bzw. validiert. In Abschnitt 7.1 erfolgt eine kurze Einordnung der Analysesystematik. Auf Basis der empirischen Analysen in Abschnitt 7.2 erfolgt eine kritische Reflexion der Lösungen. Im Abschnitt 7.3 werden Weiterentwicklungspotenziale und Grenzen des Systems abgeleitet. Damit wird der in Kapitel 5 eröffnete Design-Zyklus geschlossen.

Den Abschluss der Arbeit sowie der Stringenz- und Relevanz-Zyklen bildet Kapitel 8. Eine Zusammenfassung wird Abschnitt 8.1 vorgenommen, eine Diskussion der Forschungsfrage erfolgt in Abschnitt 8.2. Ein Ausblick auf bestehende Forschungsdesiderate erfolgt in Abschnitt 8.3.

Eine zusammenfassende Darstellung des gesamten Aufbaus der Arbeit anhand des forschungsmethodischen Vorgehens nach DSR enthält die folgende Abbildung 1-3. Zusätzlich verortet Abbildung 1-4 die Abschnitte der Arbeit mit evaluationsrelevanten Ergebnissen zu den entsprechenden Projektphasen und Testarten im V-Modell.

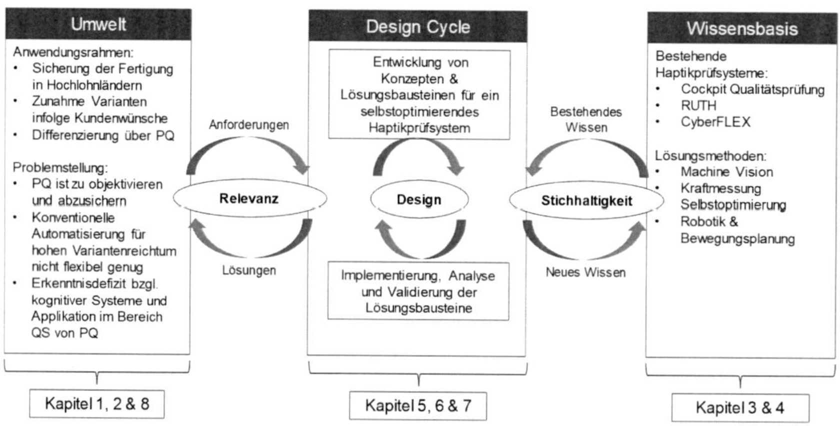

Abbildung 1-3 Aufbau der Arbeit anhand des forschungsmethodischen Vorgehens nach der DSR-Systematik[26]

[26] nach **Hevner, A.** (2007), S. 88

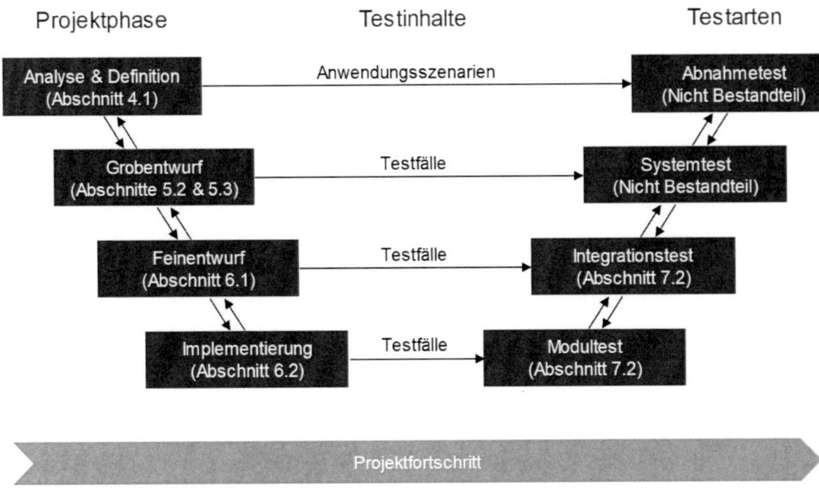

Abbildung 1-4 Abschnitte der Arbeit mit evaluationsrelevanten Ergebnissen in Bezug auf die Projektphasen und Testarten des V-Modells[27]

[27] nach **Witte, F.** (2016), S. 69

2 Flexible Absicherung haptischer Qualitätsmerkmale

Die mit der verstärkten Kundenorientierung verbundenen Herausforderungen für die Unternehmen und die daraus abgeleiteten Annahmen bilden den Hintergrund für die Zielstellung der vorliegenden Arbeit: Die Entwicklung und Implementation eines Prüfsystems für haptische Prüfmerkmale mit selbstoptimierenden Fähigkeiten, als Baustein einer flexiblen Absicherung der Produktqualität.

Im folgenden Kapitel werden anhand relevanter Objektbereiche die Anforderungen an ein solches System abgeleitet und bezogen auf die Ziele präzisiert. Dazu folgt zunächst in Abschnitt 2.1 eine Einordnung haptischer Qualitäts- und Prüfmerkmale im Bereich der wahrgenommenen Qualität - der PQ. Daraufhin wird in Abschnitt 2.2 die Qualitätssicherung mittels automatisierter Systeme als wesentliche Voraussetzung einer ressourceneffizienten Realisierung qualitativ hochwertiger Produkte vorgestellt. Zur Bewältigung der steigenden Komplexitätsanforderungen durch Erhöhung der Flexibilität und Effizienz automatisierter Systeme in Produktion und Fertigung werden in Abschnitt 2.3 kognitive Gestaltungsparadigmen erläutert. Darin wird in Anlehnung an den EXC 128 die Methode der Selbstoptimierung fokussiert. Aus den drei Abschnitten werden schließlich in Abschnitt 2.4 Anforderungen an ein System zur prüftechnischen Absicherung haptischer Prüfmerkmale abgeleitet. Diese Erkenntnisse bilden einerseits die Grundlage für den Vergleich bestehender Gestaltungsvarianten automatisierter Haptikprüfsysteme im folgenden Kapitel 3 sowie andererseits für die Entwicklung eines neuen Artefakts in Kapitel 4.

2.1 Haptische Qualitätsmerkmale

Der Qualitätsbegriff wird in der DIN EN ISO 9000:2015 definiert als: „*Grad, in dem ein Satz inhärenter Merkmale eines Objekts Anforderungen erfüllt.*“[28] Ein Merkmal ist der Norm zufolge eine „*kennzeichnende Eigenschaft*“[29], die sowohl objektive als auch subjektiv- personenbezogene Merkmale umfassen können. Im Einzelnen können das sein:[30]

- physikalische (z. B. mechanische, elektrische, chemische oder biologische Merkmale);
- sensorische (z. B. bezüglich Geruch, Berührung, Geschmack, Sehvermögen, Gehör);
- verhaltensbezogene (z. B. Höflichkeit, Ehrlichkeit, Aufrichtigkeit);
- zeitbezogene (z. B. Pünktlichkeit, Zuverlässigkeit, Verfügbarkeit, Kontinuität);
- ergonomische (z. B. physiologische oder auf Sicherheit für den Menschen bezogene Merkmale);
- funktionale (z. B. Spitzengeschwindigkeit eines Flugzeuges).

---

[28] vgl. DIN EN ISO 9000, **Deutsches Institut für Normung** (2015), S. 39

[29] vgl. DIN EN ISO 9000, **Deutsches Institut für Normung** (2015), S. 52

[30] vgl. DIN EN ISO 9000, **Deutsches Institut für Normung** (2015), S. 53

Weiterhin wird der Begriff des Qualitätsmerkmals gegenüber dem des Merkmals insofern abgegrenzt, dass dieses der statistischen Einheit, der eine Ausprägung des Merkmals zugewiesen werden kann (auch *Merkmalsträger* genannt[31]), nicht erst zugeordnet wird (wie etwa der Preis), sondern ihr innewohnt. Der Begriff des *Qualitätsmerkmals* wird daher im weiteren Verlauf der Arbeit für solche Bestandteile eines Produktes verwendet, welche diesem innewohnen, damit also ungeachtet einer Zuordnung sinnlich wahrnehmbar sind und als solche auch seine Qualität beeinflussen. Ein Qualitätsmerkmal ist bspw. die Polsterung eines Bürostuhls. Im Folgenden werden weiterhin die Begriffe des *Prüfobjektes* sowie des *Prüfmerkmals* verwendet. Dabei wird unter einem Prüfobjekt ein physisch abgeschlossenes, einer Prüfung zu unterziehendes Produkt oder Bauteil verstanden. Im Beispiel wäre der Bürostuhl ein mögliches Prüfobjekt. Das Prüfmerkmal wird als eine attributiv oder kontinuierlich durch Prüfung zu ermittelnde Größe eines Qualitätsmerkmals verstanden (vgl. Abschnitt 2.2.2). Ein Prüfmerkmal zu dem Qualitätsmerkmal Polsterung des Prüfobjektes Bürostuhl könnte bspw. die Dicke der Polsterung in cm sein, wenn diese Größe relevant für die Bewertung des Qualitätsmerkmals Polsterung durch den Kunden ist und prüftechnisch abgesichert werden soll. Schlussendlich wird der Begriff des *Messpunktes* unterschieden. Dieser indiziert die Position und Orientierung in Bezug auf das Prüfobjekt, an dem das Prüfmerkmal gemessen werden kann. Im Beispiel bezieht sich der Messpunkt auf die Position und Orientierung eines Punktes auf der gesamten Polsterfläche, an dem das Prüfmerkmal erhoben werden soll.

Tabelle 2-1 Erläuterung zentraler Begriffe zur Qualität einer Einheit

Begriff	Beschreibung	Beispiel
Qualitätsmerkmal	Einer Einheit, bzw. einem Produkt innewohnende, nicht durch Zuordnung entstandene Eigenschaft[32]	Polsterung eines Bürostuhls
Prüfobjekt	Probe oder Probenkörper welche(r) Qualitäts-/Prüfmerkmale aufweist und Gegenstand einer Prüfung ist[33]	Bürostuhl
Prüfmerkmal	Attributive oder kontinuierliche Größe mit Bezug zu einem Qualitätsmerkmal, deren Ausprägung durch Prüfung ermittelt werden kann (vgl. Abschnitt 2.2.2)	Dicke der Polsterung des Bürostuhls in cm
Messpunkt	(Bestimmte) Position und Orientierung eines Punktes auf oder in einem Produkt	x-, y- und z-Koordinaten sowie Orientierung der Punkte auf dem

[31] vgl. **Schmitt, R.** (2015), S. 141

[32] vgl. DIN EN ISO 9000, **Deutsches Institut für Normung** (2015), S. 53

[33] in Anlehnung an: DIN 1319-1, **Deutsches Institut für Normung** (1995), S. 6

	oder Bauteil, an dem ein Prüfmerkmal festgestellt werden kann[34]	Polster des Bürostuhls, an denen ein Prüfmerkmal gemessen werden soll

Die Qualität einer Leistung ist nach HINTERHUBER und MATZLER eng mit der Kundenzufriedenheit, die diese hervorruft, verknüpft.[35] Nach REICHHELD UND SASSER fördert Qualität darüber hinaus auch die Kundenloyalität eines Unternehmens, sodass dessen Kunden langsamer auf Preissenkungen von Konkurrenzunternehmen reagieren.[36] Damit übereinstimmend wird in der DIN EN ISO 9000:2015 ausgeführt: *„Die Qualität der Produkte und Dienstleistungen einer Organisation wird durch die Fähigkeit bestimmt, Kunden zufrieden zu stellen [...].“*[37]

Die vom Kunden erlebte Realisierung der Qualitätsmerkmale eines Produktes, die seine Zufriedenheit beeinflusst, wird auch als PQ bezeichnet.[38] Studien stellen einen positiven Zusammenhang zwischen der PQ von Produkten und Leistungen und Erfolgskennzahlen von Unternehmen, wie etwa Umsatz, Gewinn und Return on Investment (ROI) fest.[39]

Die Realisierung der Produktmerkmale erlebt der Mensch mit Hilfe seiner fünf Sinne. Über das Sehen, Hören, Tasten, Riechen und Schmecken gelangen Reize der Außenwelt zur menschlichen Großhirnrinde und werden dort bewusst.[40] Ein wichtiger Aspekt der PQ ist, vor allem bei hochpreisigen Gebrauchsgütern wie Automobilen, die haptische und taktile Qualität.[41] Der Begriff Haptik leitet sich von dem griechischen Wort „haptein“ ab, das Erfassen, Berühren, Begreifen, oder Tasten bedeutet und allgemein in der Wissenschaft Verwendung für den Tastsinn betreffende Themen findet, wie Berühren, Greifen und Anfassen.[42]

Der Bereich der haptischen und taktilen Qualität lässt sich in die Aspekte der Betätigungshaptik und der Oberflächenhaptik aufteilen. In beiden Bereichen entsteht im Kunden bei der Berührung ein bestimmter Sinneseindruck, der für die wahrgenommene Qualität von Bedeutung ist. Bei der *Oberflächenhaptik* ist von Bedeutung, wie die Materialeigenschaften von Oberflächen und die Formgebung von Bauteilen die Wahrnehmung, etwa der Härte der Oberfläche, beeinflusst.[43] Die *Betätigungshaptik* umfasst die Wahrnehmungen bei der Betätigung eines Mechanismus.[44]

---

[34] in Anlehnung an: DIN EN ISO 10360-1, **Deutsches Institut für Normung** (2003)

[35] vgl. **Hinterhuber, H.** (2009), S. 12

[36] vgl. **Reichheld, F.; Sasser, W.** (1990), S. 110

[37] DIN EN ISO 9000, **Deutsches Institut für Normung** (2015), S. 10

[38] vgl. **Prefi, T.; Falk, B.; Schmitt, R.** (2014), S. 393; **Schmitt, R.** (2015), S. 98

[39] vgl. **Hertenstein, J.; Platt, M.; Veryzer, R.** (2005), S. 3

[40] vgl. **Prefi, T.; Falk, B.; Schmitt, R.** (2014), S. 394

[41] vgl. **Bubb, H., et al.** (2015), S. 285

[42] vgl. **Meroth, A.; Tolg, B.** (2008), S. 116

[43] vgl. **Grunwald, M.** (2008), S. 207ff

[44] vgl. **Bubb, H., et al.** (2015), S. 285f

Im Mittelpunkt der weiteren Arbeit steht die Absicherung der Betätigungshaptik von Bedienelementen als Teilbereich der Haptik. Bedienelemente sind technische Einrichtungen mit denen Informationen vom Menschen auf Maschinen übertragen werden. [45]

Die Betätigungshaptik wird insbesondere in der Automobilindustrie von Firmen wie Audi, BMW und Daimler gezielt auf eine hohe PQ hin analysiert und gestaltet.[46] Dabei beeinflussen entsprechend unter anderem die Harmonie und einheitliche Bediencharakteristik der in einer Baugruppe angebrachten Bedienelemente den Qualitätseindruck.[47] In der Praxis haben sich in der Automobilindustrie zur Absicherung einer hohen PQ sogenannte *Design-Rules* etabliert (vgl. Abbildung 2-1).[48]

Einheitliche Bediencharakteristik

- Klar definierter Kraftverlauf
- Klar definierte Druckpunkte
- Kontinuierlicher Kraftverlauf
- Steife spielfreie Kraftübertragung
- Sinnvolle nachvollziehbare Dämpfung über die Bewegung und am Anschlag
- Definierte Rastpunkte
- Kraftverlauf mit steilem kurzen Anstieg am Druck-/Rastpunkt

Einheitliches Geräusch

- Geräusche, die während der Bedienung unregelmäßig auftreten, mindern den Qualitätseindruck, z. B. Schleifen, Schaben
- Ein kurzes dumpfes Geräusch am Anschlag vermittelt Solidität
- Ein helles blechernes Geräusch vermittelt den Eindruck niedriger Qualität

Einheitliche Ergonomie

- Gleiche Formsprache bei verwandten Bedienelementen
- Gleiche Symbole
- Gleiche Beleuchtung, passend in Farbe und Helligkeit
- Gleiche Haptik

Abbildung 2-1 Design Rules für eine hohe PQ bei Bedienelementen[49]

Die in Abbildung 2-1 aufgelisteten Design Rules sind anwendbar auf Türen, Deckel, Klappen, Schalter, Blenden, Hebel, etc. An der großen Menge dieser Interaktionsmöglichkeiten im KFZ zeigt sich bereits der Einfluss der Betätigungshaptik auf die PQ des Produkts. Eine Übersicht von Bedienelementen nach einem allgemeinen Ordnungsschema bietet Abbildung 2-2.

[45] vgl. **ebenda** (2015), S. 273

[46] vgl. **Grunwald, M.** (2008), S. 439ff

[47] vgl. **Weber, J.** (2009), S. 156ff

[48] vgl. **Prefi, T.; Falk, B.; Schmitt, R.** (2014), S. 396

[49] in Anlehnung an: **ebenda** (2014), S. 396

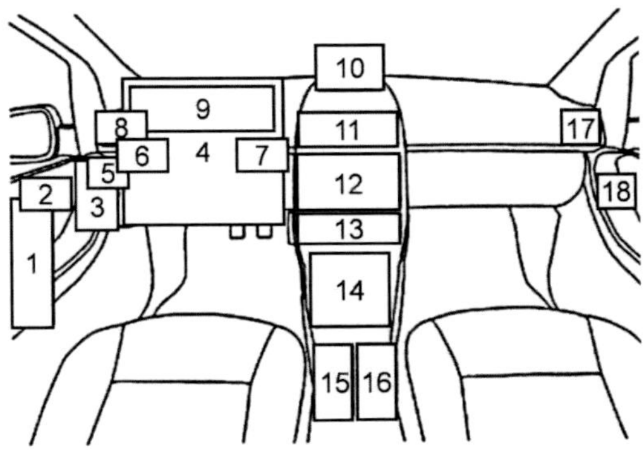

1: Türgriff
2: Türöffner
3: Fensterheber, Spiegelverstellung, Zentralverriegelung
4: Multifunktionslenkrad
5: Lichtschalter
6: linker Lenkstockhebel
7: rechter Lenkstockhebel
8: Luftdüse und Regelung
9: Kombiinstrument
10: Zentrales Display
11: Luftdüse und Regelung
12: Klimamodul
13: Entertainmentmodul
14: Schalthebel
15: Bedieneinrichtung für zentrales Display
16: Handbremse
17: Luftdüse und Regelung
18: Fensterheber

Abbildung 2-2 Anordnungsschema für Bedienelemente im KFZ-Innenraum[50]

MEROTH UND TOLG klassifizieren allgemein nach Drucktastern, Drehstellern sowie weiteren Stellelementen. Die am häufigsten vorkommende Form von Bedienelementen im KFZ sind Drucktaster, weshalb die Betätigungshaptik von Drucktastern im weiteren Verlauf der Arbeit als haptisches Qualitätsmerkmal exemplarisch betrachtet wird. Die genannten Autoren unterscheiden innerhalb der Klasse der Drucktaster zwischen Federscheiben, Silikonschaltmatten sowie Mikroschaltern. Im KFZ-Innenraum kommen dabei insbesondere Mikroschalter zum Einsatz.[51]

Die über Berührung wahrgenommene Qualität von Bedienelementen kann über eine schrittweise Annäherung an das Gesamtprodukt aufgeschlüsselt werden. Eine solche schrittweise Annäherung ist etwa über das von FALK, QUATTELBAUM UND SCHMITT entwickelten Ebenenmodell der Wahrnehmung möglich. Über verschiedene Detailebenen wird das Produkt bis auf die Ebene einzelner sogenannter Deskriptoren als feinste (kleinste) Ebene sensorisch wahrnehmbarer Qualitätsmerkmale heruntergebrochen. Dies erfolgt unter Einsatz verschiedener Methoden aus dem Bereich der Marktforschung sowie der umfassenden (mess-)technischen Beschreibung eines Produktes, und soll eine Operationalisierung der PQ ermöglichen.[52] Eine Veranschaulichung der verschiedenen Ebenen ist in Abbildung 2-3 dargestellt.

---

[50] nach **Bubb, H., et al.** (2015), S. 275

[51] vgl. **Meroth, A.; Tolg, B.** (2008), S. 129ff

[52] vgl. **Falk, B.; Quattelbaum, B.; Schmitt, R.** (2010), S. 211ff

Systemgrenze	Gesamtprodukt	Baugruppe	Bauteil	Eigenschaft	Parameter
Beispiel	PKW	Lenkrad	Drucktaster(-Haptik)	Kraftverlauf	Federsteifigkeit
Informationsart	subjektiv	subjektiv	subjektiv	teil-objektiviert	objektiv
Informationsquelle	Kunde	Kunde	Kunde/ Experte	Experte/ Messtechnik	Messtechnik

Abbildung 2-3 Ebenenmodell der Qualitätswahrnehmung[53]

Abbildung 2-3 veranschaulicht den Einfluss der Betätigungshaptik eines Drehschalters als Qualitätsmerkmal auf die PQ des Gesamtproduktes. Der Deskriptor des Qualitätsmerkmals ist hier der sogenannte Kraftverlauf oder Kraft-Weg-Verlauf. Dieser beschreibt die mechanische Operationscharakteristik eines Stellelements und beeinflusst als solche die haptische Wahrnehmung des Qualitätsmerkmals. Mit dieser Charakteristik verbundene Kennwerte können daher Prüfmerkmale für die Betätigungshaptik des Drehschalters sein. Der technische, einzustellende Parameter ist die Federsteifigkeit des Bedienelements. Das Bedienelement als Bauteil gehört seinerseits zur Baugruppe. In diesem Fall ist die Baugruppe das zu betrachtende Lenkrad respektive Navigationssystem. Die Baugruppe wiederum ist eine Komponente des Gesamtprodukts Fahrzeug.

Wichtig in Bezug auf die Gestaltung anhand des Ebenenmodells ist, dass nicht nur technische Attribute isoliert optimiert werden, sondern innerhalb eines Wahrnehmungsclusters Sinneseindrücke und Qualitätsmerkmale aufeinander abgestimmt werden. Erst durch einheitliche, harmonisch aufeinander abgestimmte Qualitätsmerkmale entsteht ein harmonischer, positiver Gesamteindruck. Unterschiedliche bzw. widersprüchliche Eindrücke (Dissonanzen) werden negativ beurteilt und beeinflussen nicht nur das Qualitätsurteil über das Wahrnehmungscluster, sondern auch den Gesamteindruck des Produkts.[54]

Die Einheitlichkeit zweier Reize wird durch die Wahrnehmungsschwelle des Rezeptors beeinflusst, der diesen aufnimmt.[55] Die minimale Differenz zwischen zwei Reizen, die von den Versuchspersonen in Referenzexperimenten in 50% der Fälle entdeckt wird, wird *Unterschieds- bzw. Differenzschwelle* (engl. Just Noticeable Difference) genannt.[56] Die gerade noch

[53] vgl. **Schmitt, R.** (2014), S. 24

[54] vgl. **Falk, B.; Quattelbaum, B.; Schmitt, R.** (2010), S. 217

[55] vgl. **Bubb, H., et al.** (2015), S. 269

[56] vgl. **Anguelov, N.** (2009), S. 37

wahrgenommene Änderung eines Reizes im Verhältnis zum Referenzstimulus drückt das Weber'sche Gesetz (vgl. Formel 2-1) aus.[57]

Formel 2-1 Weber'sches Gesetz[58]

$$\frac{\Delta\varphi}{\varphi_0} = c$$

$\Delta\varphi$= wahrgenommene Änderung eines Reizes

φ_0= Höhe des Referenzstimulus

c= Proportionalitätskonstante

Der Wert der Proportionalitätskonstante c ist abhängig von der Art des Wahrnehmungskanals und dem Anwendungsfall.[59] So beträgt etwa die Proportionalitätskonstante/die Differenzschwelle für die Wahrnehmung von Kräften an den Fingerspitzen c~0,1/10 %.[60] Diese erhöht sich jedoch z. B. bei Bewegung der Hand.[61]

Nach GRUNWALD wird die Qualitätswahrnehmung eines Bedienelements besonders durch das Geräuschverhalten, die mechanische Operationscharakteristik sowie die bei der Betätigung wirkenden Kräfte beeinflusst.[62] Allgemein lässt sich sagen, dass Drucktaster mit klar definiertem Druckpunkt und steifen, spielfreien Kraftverlauf einen wertigen Eindruck erzeugen.[63] Auch die Oberfläche des Bedienelements beeinflusst als Aspekt der Haptik dessen die Ergonomie und damit die PQ dessen (vgl. Abbildung 2-1). Die Oberflächenhaptik von Bedienelementen steht jedoch nicht im Fokus dieser Arbeit.

Die mechanische Operationscharakteristik und die bei der Betätigung wirkenden Kräfte lassen sich bei Drucktastern den Kraft-Weg-Verlauf beschreiben (vgl. das in Abbildung 2-3 dargestellte Beispiel für das Ebenenmodell der Wahrnehmung). Dieser kann sowohl zur Definition der Bediencharakteristik als auch zur Messung dieser genutzt werden. Aus dem Verlauf können eine Reihe relevanter Messgrößen extrahiert werden (vgl. Abbildung 2-4).

---

[57] vgl. **Lang, F.; Lang, P.** (2007), S. 370

[58] vgl. **ebenda** (2007), S. 370

[59] vgl. **Matysek, M.; Kern, T.** (2009), S. 47

[60] vgl. **Allin, S.; Matsuoka, Y.; Klatzky, R.** (2002), S. 301

[61] vgl. **Yang, X.-D.; Bischof, W.; Boulanger, P.** (2008), S. 2064

[62] vgl. **Grunwald, M.** (2008), S. 442

[63] vgl. **Prefi, T.; Falk, B.; Schmitt, R.** (2014), S. 395f

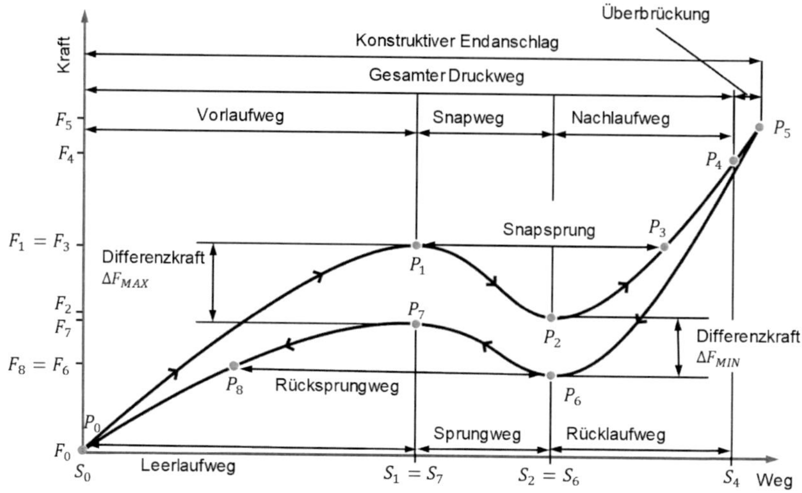

Abbildung 2-4 Parametrisierung des Kraft-Weg-Verlaufs[64]

Während der Betätigung eines Drucktasters wirken entlang des gesamten Druckwegs Kräfte. Der Kraftverlauf wird zunächst solange wahrgenommen, bis das Eintreten des Kraftsprungs die Wahrnehmung dominiert und der Kraftverlauf in den Hintergrund rückt.[65]

Eine umfangreiche Untersuchung der Objektivierung der Betätigungshaptik mittels des Kraft-Weg-Verlaufs erfolgte durch ANGUELOV. Der Autor bestimmt auf der Basis sensorischer Analysen die markanten Punkte, die dem Kraft-Weg-Verlauf, wie in Abbildung 2-4 dargestellt, entnommen werden können. Die messtechnischen Beschreibungsmerkmale sind ihrem Auftreten im Hin- und Rückweg der Messung der Reihe nach von P_0 bis P_8 durchnummeriert. Die Kräfte an den Punkten P_i werden mit F_i und die Wegdaten mit S_i bezeichnet. Eine detaillierte Beschreibung der formelmäßigen Berechnungen findet sich in Anhang A. ANGUELOV stellte fest, dass der Kraftsprung der wichtigste Bestandteil des Kraft-Weg-Verlaufs ist. War bei den untersuchten Tastern kein Kraftsprung vorhanden, war das Urteil über das Bedienelement stets negativ.[66]

Weitere Visualisierungsmöglichkeiten des Verhaltens von Drucktastern ergeben sich durch Integral- und die Differential-Darstellung.[67] Diese Darstellungsweisen ergeben sich näherungsweise durch die numerische Integration bzw. die numerische Differentiation der Kraft-Weg-Daten. Sie werden jedoch im weiteren Verlauf der Arbeit nicht weiter betrachtet, da durch die

[64] vgl. **Anguelov, N.** (2009), S. 68

[65] vgl. **Bubb, H., et al.** (2015), S. 290

[66] vgl. **Meroth, A.; Tolg, B.** (2008), S. 127ff

[67] vgl. **Reisinger, J.** (2009), S. 122f

Integral-Darstellung der wichtige Kraftsprung nicht mehr sichtbar ist und durch die Differentiation das Messsignalrauschen erheblich verstärkt wird.[68]

2.2 Absicherung von Prüfmerkmalen durch automatisierte Prüfsysteme

Die Beschaffenheit eines Produktes und somit seine Qualität ist Folge aller unternehmerischen Aktivitäten innerhalb des Produkt*entstehungsprozesses* (PEP).[69] Der PEP beschreibt alle Phasen von der Idee bis zur Realisierung und Produktion. Die *Produktion*, die in eine Vorserien- oder Anlaufphase und eine Serienphase unterschieden werden kann, stellt dabei die eigentliche Transformation von Informationen und Material in ein physisches Produkt dar.[70] Obwohl die Entwicklung des Qualitätsmanagements im PEP zunehmend präventive Methoden zur Sicherstellung einer bestimmten Produktqualität vor der eigentlichen Produktion beinhaltet, ist die *Qualitätssicherung* in der Produktion für die Verifikation der eigentlichen Produktqualität und die Bereitstellung von Daten für die kontinuierliche Verbesserung der Prozesse unverzichtbar.[71]

Die kosteneffiziente Umsetzung der Qualitätssicherung in der Produktion wird in modernen Produktionssystemen in entscheidendem Maße bereits heute durch den Einsatz automatisierter Fertigungssysteme ermöglicht. Damit kann die Qualität vor, innerhalb sowie nach einer Fertigungsaktivität automatisiert erfasst und ausgewertet werden. Insbesondere automatisierte Prüfsysteme, als Unterkategorie automatisierter Fertigungssysteme, haben eine Verlagerung der Qualitätsprüfung von dem Teileversand in die Produktion in den letzten Jahrzehnten durch ihre hohe Effizienz kostenmäßig erst ermöglicht.[72] Viele Prüfungen, insbesondere in der Automobilherstellung, werden jedoch nach wie vor durch den Menschen durchgeführt, auch auf Grund der Komplexität objektiver Prüfungen sensorischer Prüfmerkmale.[73] Diese Komplexität beinhaltet unter anderem die Reproduktion bzw. Annäherung menschlicher Sinneseindrücke mittels technischer Sensoren sowie die Überführung einer Annäherung des Kunden an das Produkt in definierte Prüfabläufe.

In den folgenden Abschnitten wird zunächst der Aspekt der Qualitätssicherung bei Produktions- und Fertigungssystemen behandelt. Daraufhin werden automatisierte Fertigungssysteme als Werkzeuge zur Optimierung und Kontrolle des Zielvektors Qualität – Zeit – Kosten dargestellt. Abschließend werden Einsatzbereiche und Wirkweisen automatisierter Prüfsysteme als Werkzeuge der Qualitätssicherung anhand verbreiteter automatisierter Prüfsysteme erläutert.

---

[68] vgl. **ebenda** (2009), S. 122f

[69] vgl. **Schmitt, R.** (2015), S. 141

[70] vgl. **Dyckhoff, H.** (2006), S. 1

[71] vgl. **Schmitt, R.** (2015), S. 249

[72] vgl. **Donmez, A.; Soons, J.** (2009), S. 123f

[73] vgl. **Maydell, M.; Napp, A.** (2017), S. 118

2.2.1 Automatisierte Fertigungssysteme

Zur Optimierung von Kosten und Zeiten der Abläufe und Prozesse in Fertigungssystemen bei gleichzeitiger Steigerung der Qualität kommen in der überwiegenden Anzahl der produzierenden Unternehmen automatisierte Fertigungssysteme zum Einsatz.[74] Eine Klassifikation automatisierter Fertigungssysteme wird durch GROOVER vorgenommen. Er unterscheidet zwischen folgenden Arten automatisierter Fertigungssysteme:[75]

- Automatisierte Werkzeugmaschinen zur Verarbeitung von Rohteilen.
- Produktionslinien, in denen mehrere Verarbeitungsoperationen durchgeführt werden.
- Automatisierte Montagesysteme.
- Systeme, die industrielle Roboter zur Durchführung von Fertigungs- oder Montageoperationen nutzen.
- Systeme zur automatischen Materialhandhabung und -lagerung, die in bestehende Fertigungsprozesse integriert sind.
- Automatisierte Prüfsysteme zur Qualitätskontrolle.

Automatisch bedeutet nach der IEC 60050-351, dass ein Prozess oder eine Einrichtung *„[...] unter festgelegten Bedingungen ohne menschliches Eingreifen abläuft oder arbeitet“*[76], wobei der Grad der Automatisierung begrifflich definiert ist als *„Anteil der selbsttätigen Funktionen an der Gesamtheit der Funktionen eines Systems oder einer technischen Anlage [...]“*[77]. Vollautomatisierung liegt dann vor, wenn *„[...] alle Funktionen des betrachteten Systems mit Ausnahme von Einschalt- oder Abschaltvorgängen automatisiert sind.“*[78]

Die konventionelle Sichtweise automatisierter Fertigungssysteme sieht vor, dass die Planung und Steuerung über zentrale Produktionsplanungs- und Steuerungssysteme (*PPS*) erfolgt. Mit Hilfe dieser Systeme soll, unter Zuhilfenahme von Heuristiken, das gesamte Produktionssystem hinsichtlich spezifizierter Zielgrößen wie der Durchlaufzeit oder der Fertigungskosten optimiert werden.[79]

2.2.2 Zentrale Schritte eines Prüfprozesses

Der Begriff der Prüfung beschreibt nach WECKENMANN UND WERNER *„[...] jede Art des Vergleichs von Eigenschaften eines materiellen oder immateriellen Produktes oder Prozesses mit den daran gestellten Anforderungen [...]“*[80]. Diese Definition erweitert die Sicht der

[74] vgl. **Heinrich, B.; Linke, P.; Glöckler, M.** (2017), S. 6
[75] vgl. **Groover, M. P.** (2016), S. 23
[76] DIN IEC 60050-351, **Deutsches Institut für Normung** , S. 30
[77] DIN IEC 60050-351, **Deutsches Institut für Normung** , S. 31
[78] DIN IEC 60050-351, **Deutsches Institut für Normung** , S. 31
[79] vgl. **Pfeifer, T.; Schmitt, R.; Hermes, R.** (2006), S. 25ff
[80] **Weckenmann, A.; Werner, T.** (2014), S. 626

DIN EN ISO 9000:2015, indem die Prüfung untersucht, ob ein betrachtetes Prüfmerkmal die mit diesem verbundene Qualitätsanforderung erfüllt.[81] Unterschieden werden kann im Weiteren zwischen dem nicht-maßlichen und dem maßlichen Prüfen; und im Bereich des maßlichen Prüfens zwischen dem Lehren (qualitativer Vergleich einer geometrischen Größe mit einer Maßverkörperung) und dem Messen (Ermittlung einer Messgröße).[82]

Mit der Prüfung verbunden sind drei zentrale Prozessschritte: die Prüfplanung, die Prüfdatenerfassung und die Prüfdatenauswertung. In den von der DIN EN ISO 9001 geforderten Mindestforderungen an ein Qualitätsmanagementsystem ist von diesen die Durchführung einer Prüfplanung zwingend vorgesehen.[83]

Die *Prüfplanung* legt unter Berücksichtigung der sowohl zu prüfenden als auch methodisch prüfbaren Qualitätsmerkmale, der sogenannten *Prüf*merkmale[84], den Umfang und die genaue Gestalt der Qualitätsprüfungen für den gesamten Produktionsprozess fest. Ziel ist dabei eine möglichst wirtschaftliche Umsetzung der Prüfumfänge bei gleichzeitiger Sicherstellung der Qualitätserreichung. Möglich sind sowohl Stichproben- als auch 100 %-Prüfungen. Bei hoher Prozesssicherheit kann ein geringerer Prüfumfang gewählt werden. Das Vorhandensein von Störgrößen kann ein Indiz dafür sein, dass der Produktionsprozess (oder ein Abschnitt davon) nicht selbstständig die Konformität der geforderten Prüfmerkmale gewährleisten kann, und infolgedessen eine zusätzliche Prüfung notwendig ist.[85] Durch die zusätzliche Prüfung wird nicht die Ursache behoben, jedoch die Auswirkung durch Entdeckung von Falschteilen reduziert.

Die *Prüfdatenerfassung* führt die Vorgaben der Prüfplanung aus. Die Erfassung von Prüfdaten bildet die zentrale Aufgabe der Fertigungsmesstechnik, wobei die möglichen Messmittel in Bezug auf Genauigkeit, Messgeschwindigkeit und Automatisierungsgrad unterschieden werden können; die Art und Weise der Vorgehensweise unterscheidet sich auch nach der Verantwortung.[86] So kann beispielsweise die Ausführung entweder vor Ort durch einen Produktionsmitarbeiter, durch einen zusätzlichen Prüfer oder durch ein automatisiertes Messsystem erfolgen.

Die Aufgabe der *Prüfdatenauswertung* ist die statistische Auswertung der zuvor erfassten Prüfdaten und darauf basierend eine Verdichtung der einzelnen Ergebnisse zu Prüfaussagen. Sie sollte auf Basis geeigneter Software, die eine Rückverfolgbarkeit auf Prüfer und geprüftes Werkstück zulässt, erfolgen.[87] Langfristig können aus den so gewonnenen Daten beispielsweise Aussagen über die Prozess- oder die Maschinenfähigkeit gewonnen werden. Die Prozessfähigkeit ist ein Maß für die Fähigkeit des Prozesses, die geltenden Vorgaben zu erfüllen,

---

[81] vgl. DIN EN ISO 9000, **Deutsches Institut für Normung** (2015), S. 56

[82] vgl. **Weckenmann, A.; Werner, T.** (2014), S. 626f

[83] vgl. DIN EN ISO 9001, **Deutsches Institut für Normung** (2015), S. 24

[84] nach DIN 55350-12, **Deutsches Institut für Normung** (1989) wird ein Qualitätsmerkmal, welches einer Prüfung unterzogen wird im folgenden Prüfmerkmal genannt, wenn die Prüfung selbst gegenständlich ist.

[85] vgl. **Kamiske, G.** (2015), S. 79ff

[86] vgl.**Pfeifer, T.; Schmitt, R.** (2010), S. 19

[87] vgl. **Jung, B.; Schweißer, S.; Wappis, J.** (2020), S. 19

während die Maschinenfähigkeit die Leistungsfähigkeit einer Produktionsmaschine unter Idealbedingungen beschreibt.[88]

Ein von der DIN EN ISO 9001 weiterhin geforderter Prozess im Kontext von Prüfungen ist die *Prüfmittelüberwachung*. Durch eine geeignete Prüfmittelüberwachung soll die Einsatzfähigkeit verbunden mit der erforderlichen Genauigkeit und Zuverlässigkeit der Prüfmittel sichergestellt werden.[89]

2.2.3 Automatisierte Prüfsysteme zur Qualitätskontrolle

Operativ können Prüfungen am Produkt entweder über Sensoren direkt und integriert in Produktions- bzw. Fertigungssysteme, separat nach dem Produktionsprozess oder in bestimmten Produktionsabschnitten durchgeführt werden. Unterschieden wird dabei zwischen In-Situ-, In-Prozess sowie Offline-Strategien, die die unterschiedliche Positionierung der Prüfung im Produktionsprozess kennzeichnen.

In-Situ Prüfungen bezeichnen die Integration der Messsensorik in das Fertigungssystem. Allerdings liegt hier eine Trennung der Prozesse in Bauteilbearbeitung und Messung vor. Bei In-Prozess- Lösungen werden die Sensoren direkt in die Werkzeugaufnahme integriert, die eine nahezu simultane Fertigung und Messung erlauben und schnellere Reaktionszeiten durch kürzere Informationswege zulassen. Damit verbunden sind spezielle Anforderungen an die Sensorik, wie z. B. ein geringer Arbeitsabstand und eine kompakte Bauweise, um den Ablauf des physischen Prozesses nicht zu beeinträchtigen.[90]

Für komplexe Prüfungen wie z. B. der Bauteilgeometrie, der Prüfung von Oberflächendefekten oder der Prüfung wahrnehmungsrelevanter Produktmerkmale sind In-Prozess bzw. In-Situ Lösungen aktuell kaum vorhanden. Die Prüfung dieser Prüfmerkmale erfolgt in der industriellen Praxis daher in vielen Fällen noch durch manuelle Prüfung durch den Werker selbst, etwa auf der Basis von Lehren. So erfolgt etwa in der Automobilproduktion in der Regel neben linienbegleitenden manuellen Prüfungen eine umfangreiche manuelle Prüfung verschiedenster Prüfmerkmale im Rahmen der sog. Endabnahme bzw. von Produktaudits.[91]

Darüber hinaus existieren jedoch für unterschiedliche Prüfmerkmale automatisierte Prüfsysteme, die eine Offline-Prüfstrategie im Labor unterstützen und zunehmend auch in die Linie integriert werden. Koordinatenmessmaschinen (KMG) zählen zu den wohl verbreitetsten Offline-Messsystemen. Diese Prüfsysteme, auf Basis von taktilen oder optischen Messverfahren (bspw. Laserscanner oder Streifenprojektion), ermöglichen die automatisierte Erfassung der Ist-Kontur eines Bauteils und den Vergleich mit einer Soll-Kontur. Die Bewegung der Prüfköpfe erfolgt bei diesen Maschinen in der Regel über ein Linearachsensystem. Neben der geometrischen Prüfung durch KMG ist auch die Prüfung technischer Oberflächenmerkmale wie

---

[88] vgl. **Kamiske, G.** (2015), S. 94ff

[89] vgl. **Jung, B.; Schweißer, S.; Wappis, J.** (2020), S. 20

[90] vgl. **Broy, M.** (2010), S. 21; **W. Lyda, et al.** (2012), S. 469

[91] vgl. **Herlyn, W.** (2012), S. 212

Welligkeit und Rauheit auf Basis etablierter Messprinzipien wie dem Tastschnittverfahren (berührend) oder dem Laser-Autofokusverfahren (berührungslos) mittels automatisierter Prüfsysteme möglich.[92]

Weiterhin verbreitet sind automatisierte Sichtprüfsysteme, die etwa die Vollständigkeit von Baugruppen überwachen oder der Identifikation herausstechender Oberflächendefekte dienen. Diese Systeme können jeweils nach ihren Zielparametern unterschiedlich ausgelegt und in nahezu jeden Teilschritt der Produktion integriert werden.[93]

Um den Handlungsspielraum sowie den Automatisierungsgrad von Prüfsystemen auszuweiten, bietet sich die Nutzung von Industrierobotern an, die als Handhabungsgeräte zur Bestückung von Prüfeinrichtungen den Umfang manueller Tätigkeiten reduzieren können. SCHMITT zeigt eine solche Nutzung von Industrierobotern als Handhabungsgeräte in einer flexibel bestückbaren Prüfstation zur taktilen Toleranzmessung von Wellen auf.[94] Darüber hinaus ist der Einsatz von Industrierobotern zur Platzierung von Teilen in automatisierten Sichtprüfungsgeräten verbreitet.[95]

In jüngerer Zeit wird auch der Einsatz von Industrierobotern als Prüfgeräte anstatt dem reinen Handling von Bauteilen, untersucht. Sogenannte Messroboter bzw. Gelenkarm-KMG stellen roboterbasierte Alternativen zu konventionellen KMG dar und können zur taktilen oder berührungslosen (mittels optischer Systeme) Erfassung von Geometrien eingesetzt werden.[96] Wesentlicher Vorteil der Nutzung von Industrierobotern ist die dadurch entstehende lokale Flexibilität der Messung. So kann die Bauteilgeometrie etwa innerhalb bestehender Produktionslinien gemessen werden, ohne die zu messenden Teile auf eine separate Koordinatenmessmaschine befördern zu müssen. Die Flexibilität und bessere Integration in die Produktionsprozesse ermöglichen eine Steigerung der Prüffrequenz und infolge dessen eine Erhöhung der Prozesssicherheit durch eine gestiegene Informationsdichte.[97]

Ein Beispiel für eine berührungslos operierende Gelenkarm-KMG präsentiert die Firma GOM. Das bei den Bayerischen Motorwerken (BMW) eingesetzte Prüfsystem führt eine vollständige 3D Erfassung der Geometrie von Karosserieteilen mittels Streifenlichtverfahren durch. Die Prüfabläufe werden in einem virtuellen Abbild des Messraums auf Basis der CAD-Daten der Teile festgelegt.[98]

Ein weiteres Beispiel für ein modernes automatisiertes Prüfsystem auf Basis eines Industrieroboters ist das von ROOKER ET AL. entwickelte Prüfsystem zur Detektion von Montagefehlern mittels optischer Sensorik. Als Besonderheit verfügt das System über die Fähigkeit, auf Basis entsprechender Bildauswertealgorithmen potenzielle Fehlerstellen in einem bestimmten

[92] vgl. **Keferstein, C.; Marxer, M.** (2015), S. 57ff

[93] vgl. **Beyerer, J.; Puente León, F.; Frese, C.** (2012), 3ff; 13ff

[94] vgl. **Schmitt, R.** (2000)

[95] vgl. **Keferstein, C.; Marxer, M.** (2015), S. 174

[96] vgl. **ebenda** (2015), S. 75

[97] vgl. **Ludwig, R.** (2010), S. 53ff; **Lux, G.; Reinhart, G.** (2015), S. 106ff

[98] vgl. **GOM mbH (Hrsg.)** (2010)

vorgegebenen Bereich selbstständig identifizieren und auf Fehler überprüfen zu können. Prüfabläufe werden über eine Kombination aus händisch geführtem Teach-In und selbstständiger Bahnplanung des Roboters zwischen den geteachten Punkten festgelegt.[99]

2.3 Erhöhung der Flexibilität automatisierter Systeme mittels Selbstoptimierung

Wie anfangs beschrieben, sind Produktionssysteme insbesondere in Hochlohnländern einem zunehmend volatilen Marktumfeld ausgesetzt. Diese Volatilität induziert einen kontinuierlich steigenden Anpassungs- und Optimierungsbedarf in Produktionssystemen.[100]

Der Grad an Automatisierung der in Produktionssystemen eingesetzten Fertigungssysteme beschreibt jedoch nicht, inwiefern diese auch in der Lage sind, flexibel auf neue bzw. veränderte Rahmenbedingungen, wie etwa neue Produktvarianten oder wechselnde Qualitätsziele, zu reagieren.[101] Gerade die Fähigkeit von Systemen auf Veränderungen zu reagieren – ihre *Flexibilität* – ist jedoch aus den genannten Gründen für automatisierte Systeme von steigender Bedeutung. Eine detailliertere Betrachtung des Flexibilitätsbegriffes wurde durch BROWNE sowie SETHI UND SETHI vorgenommen. Sie identifizierten die folgenden Dimensionen als relevant für die Flexibilität von Produktionssystemen:[102]

1. ***Maschinelle Flexibilität***: Anzahl der unterschiedlichen Operationen, die ein System ohne manuelle Anpassung durchführen kann.
2. *Materialhandhabungsflexibilität*: Flexibilität eines Materialhandhabungssystems, Teile unterschiedlicher Art korrekt am jeweiligen Einsatzort bereit zu stellen.
3. *Betriebsflexibilität*: Flexibilität eines produzierten Teils hinsichtlich des Herstellungsprozesses.
4. ***Prozessflexibilität***: Flexibilität eines Fertigungssystems hinsichtlich der Varianten die es behandeln kann, ohne dass es neu konfiguriert werden muss.
5. ***Produktflexibilität***: Flexibilität der Produktion hinsichtlich des Einbringens neuer Produkte oder des Ersatzes derzeit verwendeter Teile durch neue oder veränderte Teile.
6. *Warenflussflexibilität:* Flexibilität eines Fertigungssystems, Produkte auf alternativen Routen durch das System umzuleiten und herzustellen.
7. ***Volumenflexibilität***: Fähigkeit eines Fertigungssystems, unter verschiedenen Ausbringungsmengen profitabel zu operieren.

---

[99] vgl. **Rooker, M., et al.** (2014), S. 184ff

[100] vgl. **Brecher, C.** (2011), S. 1; **Westkämper, E.** (2009), S. 7ff

[101] vgl. **Pfeifer, T.; Schmitt, R.; Hermes, R.** (2006), S. 1

[102] vgl. **Browne, J., et al.** (1984), S. cxivf; **Sethi, A.; Sethi, S.** (1990), S. 298ff

8. ***Erweiterungsflexibilität***: Einfachheit, mit der Kapazitäten und Fähigkeiten eines Systems bei Bedarf angepasst bzw. erweitert werden können.

9. ***Programmflexibilität***: Fähigkeit eines bestimmten geplanten Produktionsprogrammes, ohne Aufsicht fehlerfrei abzulaufen, indem unvorhergesehene Störungen selbstständig erkannt (bspw. durch optische Überwachung) und beseitigt werden.

10. ***Marktflexibilität***: Einfachheit, mit der sich Fertigungssysteme an veränderte Rahmenbedingungen anpassen können.

Aus der Auflistung wird deutlich, dass nicht alle aufgeführten Dimensionen auf die Flexibilität eines einzelnen abgeschlossenen Systems innerhalb des gesamten Produktionssystems bezogen sind. In die weitere Betrachtung werden deshalb nur die im Text durch Fettdruck hervorgehobenen Dimensionen einbezogen. Diese können auf ein in sich abgeschlossenes, automatisiertes Fertigungssystem, wie es in dieser Arbeit betrachtet wird, bezogen werden. Im Folgenden werden automatisierte Fertigungssysteme vor dem Hintergrund ihres Flexibilitätsgrades betrachtet und bewertet. Im Anschluss daran wird der Gestaltungsaspekt der Kognition zur Steigerung von Flexibilitätsaspekten skizziert und das Paradigma der Selbstoptimierung zur Realisierung kognitiver Systeme erläutert.

2.3.1 Flexibilitätsgrad automatisierter Systeme

Klassische Gestaltungsformen automatisierter Fertigungssysteme unterliegen einer starken Dichotomie zwischen der von der Form beherrschbaren Variantenvielfalt (*Prozessflexibilität)* und der durch das System maximal möglichen Ausbringungsmenge (*Volumenflexibilität*). Klassische Gestaltungsformen sind nach GROOVER Systeme mit programmierbarer Automatisierung, Systeme mit flexibler Automatisierung und Systeme mit statischer Automatisierung (vgl. Abbildung 2-5).

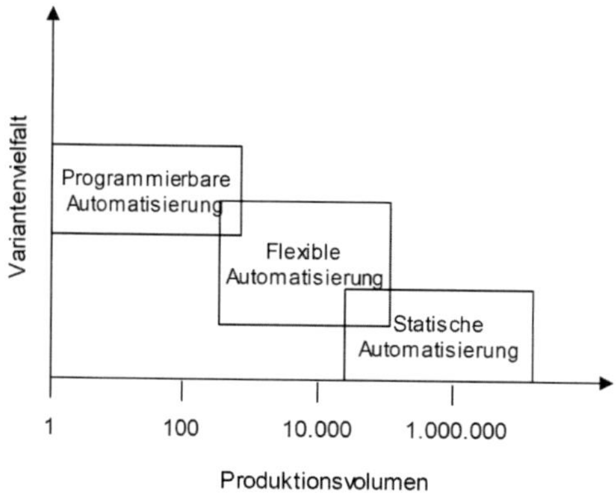

Abbildung 2-5 Konventionelle Gestaltungsformen automatisierter Fertigungssysteme relativ zu Produktionsvolumen und Variantenvielfalt[103]

Nach GROOVER führen Systeme mit statischer Automatisierung repetitive Tätigkeiten aus, wie z. B. eine Linearbewegung zur Befüllung einer Drehspindel. Diese Systeme sind in der Regel auf hohe Volumendurchsätze ausgelegt, verfügen aber gleichzeitig nur über eine geringe Flexibilität gegenüber unterschiedlichen Produktvarianten. Programmierbare automatisierte Systeme ermöglichen eine Spezifikation der Tätigkeiten des Systems in einem Ablaufprogramm (bspw. Maschinencode). Beispiele sind klassische Werkzeugmaschinen mit numerischer Steuerung sowie Industrieroboter, die für den Einsatz programmiert werden. Durch einen hohen Grad an Flexibilität können diese Systeme für eine variantenreiche Fertigung genutzt werden. Sie weisen jedoch auf Grund der notwendigen manuellen re-Programmierung und der Anpassung der physischen Konfiguration des Systems an den jeweiligen Anwendungsfall (Änderung von Werkzeugen, Einspannungen, etc.) geringere Produktionsraten als Systeme mit statischer Automatisierung auf.[104] Die dritte Form der Automatisierung ist die sogenannte flexible Automatisierung. Dabei ist das Fertigungssystem in der Lage, Tätigkeiten für unterschiedliche Produktvarianten ohne Umrüstung bzw. re-Programmierung durchzuführen. Dadurch muss die Produktion nicht in Chargen gleicher Varianten gebündelt ablaufen, sondern kann aus einer Sequenz unterschiedlicher Varianten bestehen. Dabei dürfen die Produktvarianten jedoch nicht zu stark voneinander abweichen.

Die beschriebenen Fertigungssysteme verfügen nach dieser Definition über einen relativ hohen Grad an Flexibilität und ermöglichen darüber hinaus die Fertigung größerer Volumina als klassische programmierbare Systeme. Ein Beispiel für ein flexibles Fertigungssystem sind moderne Mehrachs-Bearbeitungszentren, die mehrere Bearbeitungsoperationen (bspw.

[103] nach **Groover, M. P.** (2016), S. 24

[104] vgl. **ebenda** (2016), S. 24f

Laserstrahlschneiden und Fräsen) durchführen und notwendige Werkzeugwechsel selbst vollziehen können.

Die von GROOVER postulierte Dichotomie zwischen Prozess- und Volumenflexibilität entspringt der hierarchischen Aufteilung der Automatisierung in übergeordnete Planungs- und Steuerungseinheiten und darunterliegenden, ausführenden Fertigungssystemen. Aspekte wie z. B. Programmflexibilität oder Produktflexibilität müssen von einer übergeordneten Planungsinstanz bewältigt werden und die darunterliegenden Systeme sind auf einen relativ engen Korridor innerhalb der Prozess- und Volumenflexibilität ausgelegt. Dies führt zu einem raschen Anstieg der Komplexität des gesamten Produktionssystems, bedingt durch den Anstieg der Freiheitsgrade bei der Optimierung des Gesamtsystems sowie einem großen Anpassungsbedarf bei von außen induzierten Änderungen. Diese Aufgaben sind für zentrale PPS kaum automatisiert beherrschbar; ein hoher manueller Planungs- und Änderungsbedarf auf Ebene der PPS und der einzelnen Fertigungssysteme sind die Folge dieser hierarchischen Systemaufteilung. Die Aufteilung automatisierter Systeme nach dispositiven und operativen Systemen bedeutet letztlich eine mangelnde Flexibilität des Systems und erschwert die erforderlichen Anpassungsprozesse.[105]

Dieser rapide Anstieg manueller Planungs- und Änderungsbedarfe führt zu der im Abschnitt 1.1 beschriebenen Entwicklung: Unternehmen reagieren auf den Anstieg der Produkt- und Variantenvielfalt mit einer Reduktion des Automatisierungsgrades, um den Anstieg der Komplexität zu beherrschen bzw. zu begrenzen.

Um die Beherrschung der Komplexität zu unterstützen, müssen automatisierte Systeme zunehmend in der Lage sein, auch kleine Losgrößen und wechselnde Produktionsprogramme effizient zu bewältigen.[106] Diese Fähigkeit bedingt nach PFEIFER UND SCHMITT sowie SCHOLZ-REITER UND FREITAG eine Auflösung der von GROOVER postulierten Aufteilung in dispositive und operative Systeme. Nach SCHOLZ-REITER UND FREITAG bedeutet dies, automatisierten Systemen einen höheren Grad an *Autonomie* zu verleihen. Autonome Systeme sind in der Lage, über längere Zeiträume eine vorher spezifizierte Leistung eigenständig ohne externe Eingriffe zu erfüllen sowie Entscheidungen zu treffen, ohne dazu von externer Seite manuell aufgerufen zu werden.[107] PFEIFER UND SCHMITT regen an, Produktionszellen als Subsysteme von Produktionssystemen, bestehend aus technischen Fertigungssystemen und menschlichen Bedienern (Facharbeitern), mit erweiterter Autonomie auszustatten. Autonome Produktionszellen weisen den Autoren zufolge folgende Eigenschaften auf:[108]

- Verstärkte Integration von Teilfunktionalitäten, wie Prozessplanung, -überwachung und -regelung.

---

[105] vgl. **Monostori, L.; Váncza, J.; Kumara, S.R.T.** (2006), S. 697; **Pfeifer, T.; Schmitt, R.; Hermes, R.** (2006), S. 25ff

[106] vgl. **Weck, M.; Brecher, C.** (2006), S. 418

[107] vgl. **Damm, W., et al.** (2010), S. 117f; **Pfeifer, T.; Schmitt, R.; Hermes, R.** (2006), S. 2f; **Scholz-Reiter, B.; Freitag, M.** (2007), S. 712; **Zäh, M., et al.** (2009), S. 356f

[108] vgl. **Pfeifer, T.; Schmitt, R.; Hermes, R.** (2006), S. 2f

- Störungstoleranz durch Funktionalitäten zur selbstständigen Erkennung von Fehlern und Reaktion der Produktionszelle auf Störungen.
- Optimierte Unterstützung des Benutzers durch facharbeitergerechte Aufbereitung von Informationen verbunden mit der Möglichkeit, in Planung und Abläufe der eingesetzten Anlagen jederzeit eingreifen zu können.

Eine leistungsfähigere situative Anpassung des Produktionssystems an dynamische Informations- und Materialflüsse bedingt nach SCHMITT die Realisierung von prozessnahen Qualitätsregelkreisen, die sich zur Anpassung kognitiver Hilfsmittel bedienen.[109] In der autonomen Produktionszelle verleiht der Maschinenbediener bzw. Prozessverantwortliche der Anlage die geforderte Anpassungsfähigkeit durch seine kognitiven[110] Fähigkeiten. Diese kognitiven Fähigkeiten erlauben es letztlich der autonomen Produktionszelle die Umwelt *wahrzunehmen*, *Erwartungen* über zukünftige Ereignisse abzuleiten, aus vergangenen Handlungen zu *lernen* und selbstständig entstehende *Probleme und Störungen* zu lösen.[111]

Die logische Weiterentwicklung dieses Konzepts beinhaltet die Übertragung der kognitiven Fähigkeiten des Menschen auf die technische Anlage; damit entstehen in Anlehnung an GERKE sog. kognitive technische Systeme, die dem Autor zufolge über kognitive Fähigkeiten und Kontrollmechanismen verfügen.[112] Die zunehmende Realisierbarkeit solcher Systeme wird durch Entwicklungen in Feldern der Sensorik, der Aktorik, des maschinellen Lernens sowie dem Anstieg von Rechenkapazität ermöglicht. Letzterer ermöglicht den Einsatz komplexerer Algorithmen zur Auswertung erfasster Sensorwerte bzw. Steuerung und Regelung des Systems. Kognitive technische Systeme stellen eine weitere Steigerung der Gesamtflexibilität von Fertigungssystemen über autonome Produktionszellen hinweg in Aussicht. In Abbildung 2-6 werden, aufbauend auf WECK, die Gestaltungsformen der autonomen Produktionszelle und des kognitiven technischen Systems in die Zieldimensionen Produktivität und Flexibilität eingeordnet.

[109] vgl. **Schmitt, R., et al.** (2011), S. 5ff

[110] *Kognition* ist nach **Neisser, U.** (2014), S. 4 ein Überbegriff für Prozesse mit denen der Mensch sensorischen Input transformieren, reduzieren, verarbeiten, speichern, rückgewinnen und i.w.S. nutzen kann.

[111] vgl. **Rösler, F.** (2011), S. 1ff

[112] vgl. **Gerke, W.** (2015), S. 10

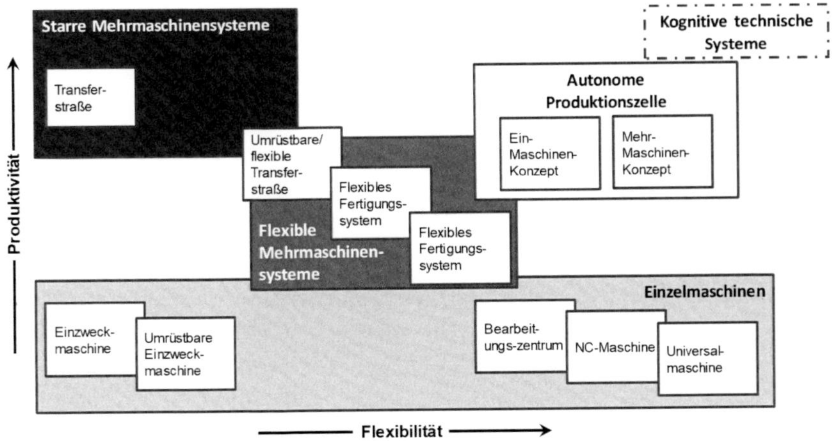

Abbildung 2-6 Weiterentwicklung des Gedankens der autonomen Produktionszelle nach PFEIFER UND SCHMITT zu kognitiven technischen Systemen[113]

Wie in Abbildung 2-6 dargestellt, soll die von GROOVER postulierte Dichotomie zwischen Produktivität und Flexibilität durch die Entwicklung autonomer Produktionszellen bis hin zu kognitiven technischen Systemen zunehmend aufgelöst werden. Um näher zu beleuchten, was Kognition im maschinellen Kontext bedeutet, wird der Gestaltungsaspekt der Kognition in technischen Systemen im folgenden Abschnitt näher erläutert.

2.3.2 Kognition im Kontext von Produktionssystemen

Im vorhergehenden Abschnitt wurde die Steigerung der Systemflexibilität als wesentliche Entwicklungsrichtung automatisierter Produktionssysteme vorgestellt. Um den Grad an Flexibilität eines Produktionssystems zu erhöhen, wurde die Erweiterung der Autonomie auf Produktionszellen-/Fertigungssystemebene angesprochen. Im Folgenden wird die Übertragung kognitiver Elemente auf die Maschinenebene als Ansatz zur Realisierung eines höheren Autonomiegrades erörtert, mit dem Ziel, einen Beitrag zur Auflösung der Planung- und Steuerungsproblematik automatisierter Systeme zu leisten. Nach GÖRZ sind kognitive technische Systeme durch folgende Eigenschaften charakterisiert: [114]

- Sie sind in eine Umgebung handelnd eingebunden,
- stehen mit der Umgebung in einem informationellen Austausch,
- steuern ihr eigenes Handeln flexibel und umgebungsadaptiv, auf Basis interner Modelle/Repräsentationen relevanter Aspekte der Umwelt und

[113] in Anlehnung an **Weck, M.** (1998), S. 20

[114] vgl. **Görz, G.** (2014), S. 21

- verfügen über Lern- und Antizipationsfähigkeiten.

Für die Schaffung kognitiver technischer Produktionssysteme ist in Anlehnung an ZÄH eine Sammlung von aktuellen Zustandsinformationen z. B. aus Maschinensteuerungen und durch den Einsatz von Sensoren notwendig. Weiterhin sind diese Informationen durch das System kontinuierlich zu verarbeiten, zu bewerten und in den Planungs- und Steuerungsprozess zurückzuführen. Darüber hinaus sind Wissensspeicher notwendig, in denen relevante Beschreibungen der Fähigkeiten und Eigenschaften von Produkten, Prozessen und Ressourcen abgelegt sind, auf die das System bei der Planung und Steuerung zurückgreifen kann.[115]

Nach MONOSTORI sind für die Erweiterung von Fertigungssystemen um kognitive Eigenschaften rechnergestützte *Agenten* in diesen zu integrieren. Er versteht Agenten als individuelle Problemlöser, die mittels entsprechender Sensorik bestimmte Teile ihrer Umwelt wahrnehmen, auf deren Grundlage eigenständig über ihre Aktivität entscheiden und mit anderen Agenten kommunizieren können. Wesentliche Handlungsstrategien solcher Agenten sind Suchen, logisches Schließen, Planen sowie Lernen.[116]

Die Gedanken der Systemautonomie, der Kognition und der Flexibilität werden in sogenannten cyber-physischen Systemen (CPS) miteinander verbunden. Dabei handelt es sich um physische Systeme, die um Sensoren, Aktoren sowie eingebettete Software erweitert sind. Die Software sowie entsprechende Kommunikationshardware verleihen Ihnen die Fähigkeit zur Datenverarbeitung und selbstständigen Kommunikation mit anderen Systemen oder dem Menschen.[117]

CPS nutzen elektronische, mechatronische und computerwissenschaftliche Methoden um komplexere Aufgaben, die bisher von Menschen ausgeführt wurden, zu übernehmen. Sensorik ermöglicht es ihnen, sich ähnlich wie ein Mensch in ihrer Umgebung zu orientieren. Dazu zählen u. a. Kamerasysteme für die visuellen Fähigkeiten, Kraft-/Momentensensoren zur haptischen Erkundung der Umgebung und zur Kollisionsdetektion, sowie GPS oder ähnliche Orientierungshilfen. Durch diese Fähigkeit die Umwelt wahrzunehmen, sind CPS in der Lage, fehlende Informationen ihrer Umwelt selbstständig zur Laufzeit zu erfassen. Darüber hinaus erlaubt die Sensorausstattung eine Reduktion des manuellen Programmieraufwandes, insbesondere bei Änderungen der Produktion oder des Produkts.[118]

Die Befähigung zur Wahrnehmung und Selbstprogrammierung sollen dem CPS letztlich Fähigkeiten zur Selbstoptimierung verleihen. Bei diesem Wirkparadigma soll ein System anhand der gewonnenen Produktionsergebnisse zusammen mit zugeführtem Expertenwissen in der Lage sein, seine Prozesse zu verbessern und auf unvorhergesehene, nicht in der Programmierung vorgesehene Ausnahmefälle zu reagieren.[119] Die Selbstoptimierung ist ein konkretes

[115] vgl. **Zäh, M., et al.** (2009), S. 359; **Zäh, M. F.; Ostgathe, M.; Wiesbeck, M.** (2010), S. 309f

[116] vgl. **Monostori, L.; Váncza, J.; Kumara, S.R.T.** (2006), S. 699

[117] vgl. **Reinhart, G.** (2017), S. 35

[118] vgl. **Wedde, R., et al.** (2009), S. 21ff

[119] vgl. **Schmitt, R., et al.** (2011), S. 109ff

Gestaltungsparadigma zur Realisierung kognitiver technischer bzw. cyber-physischer Systeme. Dieses ist für die vorliegende Arbeit im Kontext des zu Grunde liegenden Forschungsprojektes EXC 128 von besonderer Bedeutung und wird daher im Folgenden näher beleuchtet.

2.3.3 Selbstoptimierung als Gestaltungsparadigma kognitiver Systeme

Die Gestaltung selbstoptimierender Systeme steht im Fokus zweier großer, von der Deutschen Forschungsgemeinschaft (DFG) geförderter, interdisziplinärer Forschungsinitiativen: Dem im Jahr 2004 von der Universität Paderborn initiierten Sonderforschungsbereich 614 (SFB 614) mit dem Titel *„Selbstoptimierende Systeme des Maschinenbaus“* sowie der an der RWTH Aachen initiierten DFG-Exzellenzinitiative 128 *„Integrative Produktionstechnik für Hochlohnländer“* (EXC 128).

Der SFB 614 *„[...] verfolgt die langfristige Zielsetzung, das Wirkparadigma der Selbstoptimierung für den Maschinenbau zu erschließen und ein Instrumentarium zur Entwicklung selbstoptimierender Systeme zu schaffen.“*[120] Dabei sind mechatronische Systeme, in denen regelungstechnische, informationstechnische und elektronische Aspekte von hoher Relevanz sind, Gegenstand der Untersuchung.

Gegenstand des EXC 128 im Kontext der Selbstoptimierung ist die Untersuchung der Frage, wie der Konflikt zwischen Wert- und Planungsorientierung in Produktionssystemen aufgelöst werden kann. Die Selbstoptimierung stellt dabei ein zentrales Lösungsparadigma dar, mittels der Systeme eine situationsabhängige Anpassung ihrer Ziele ermöglicht werden soll.[121]

Im Rahmen des SFB 614 sowie des EXC 128 wurde auch der Begriff der Selbstoptimierung im Kontext mechatronischer Systeme neu definiert bzw. die bestehende Definition erweitert. Darüber hinaus wurden Architekturen entwickelt, die die Gestaltung selbstoptimierender Systeme unterstützen sollen. Nachfolgend wird die gegenwärtige Forschungssicht erläutert. Die Diskussion vorhandener Architekturen erfolgt in 4.2.

Gegenwärtiges Verständnis selbstoptimierender Systeme in der Forschung

Im Rahmen des SFB 614 wurde der Begriff der Selbstoptimierung aufbauend auf der ISO 19226-1 (mittlerweile durch die DIN 60050-351 abgelöst) neu definiert. Ausgangspunkt war die Definition von KALMAN, wonach ein selbstoptimierendes System in kontinuierlicher Wiederholung die folgenden drei Operationen durchführt, um das eigene Regelungssystem zu optimieren:[122]

1. Messung der dynamischen Eigenschaften des Systems.
2. Spezifikation der gewünschten Eigenschaften des Reglers.

[120] **Frank, U., et al.** (2004), S. 5
[121] vgl. **Schmitt, R., et al.** (2011), S. 749
[122] vgl. **Kalman, R.** (1958), S. 468

3. Zusammensetzen eines Reglers aus Standardelementen, welcher die geforderten dynamischen Eigenschaften aufweist.

In der Definition des SFB 614 verfügt ein selbstoptimierendes System zunächst über bestimmte Ziele, bzw. ein sog. Zielsystem. Es handelt sich danach um ein intelligentes mechatronisches System, das sein Verhalten auf Basis seines Zielsystems autonom an veränderte Umgebungsbedingungen und Nutzeranforderungen anpasst.[123] Dieses Verhalten kann bspw. über mathematische Funktionen der Zusammenhänge zwischen Ein- und Ausgangsgrößen des Systems beschrieben werden.[124]

Der Zyklus der Verhaltensadaption eines mechatronischen Systems nach Definition des SFB 614 ist in Abbildung 2-7 beschrieben. In einem System findet demnach genau dann Selbstoptimierung statt, wenn durch das Zusammenwirken der vorhandenen Systemelemente kontinuierlich drei aufeinanderfolgende Aktionen durch das System ausgeführt werden, welche nachfolgend erläutert werden.[125]

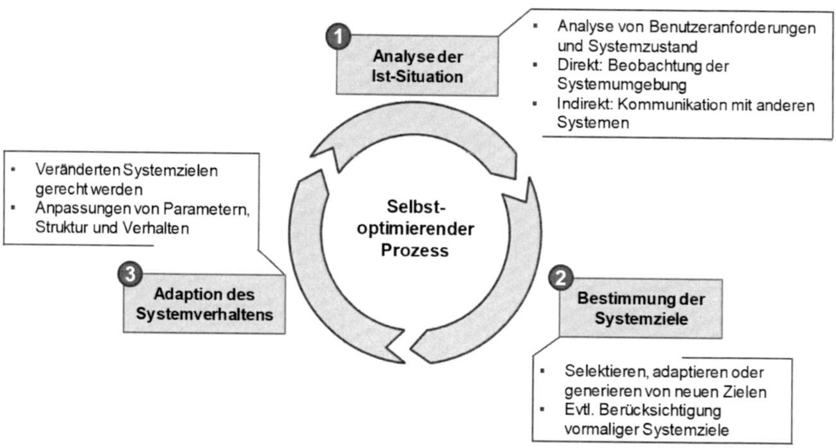

Abbildung 2-7 Zyklus der Verhaltensadaption selbstoptimierender mechatronischer Systeme[126]

1. Analyse der Ist-Situation

Hier werden Benutzeranforderungen, der Systemzustand und über direkte Beobachtung die Systemumgebung identifiziert und geprüft. Beobachtungen können auch indirekt durch Kommunikation mit anderen Systemen gewonnen werden. Ein Systemzustand enthält eventuell

---

[123] vgl. **Meyer, T.; Priesterjahn, C.; Sextro, W.** (2014), S. 3

[124] vgl. **Frank, U., et al.** (2004), S. 15ff

[125] vgl. **Frank, U., et al.** (2004), S. 22f; **Meyer, T.; Priesterjahn, C.; Sextro, W.** (2014), S. 3ff

[126] in Anlehnung an **ebenda** (2014), S. 3

Informationen über zurückliegende Beobachtungen und Systemzustände. Wesentlich ist die Evaluation des Erfüllungsgrades gegebener Systemziele.

2. Bestimmung der Systemziele

Ausgehend von vormaligen Systemzielen können neue Ziele selektiert, adaptiert oder generiert werden. Die Selektion von Zielen ist möglich, wenn eine endliche Anzahl diskreter potenzieller Ziele zur Auswahl steht. Bei der Adaption von Zielen erfolgt eine sukzessive Veränderung bestehender Ziele. Die Generierung von Zielen hingegen bedeutet, dass neue Ziele unabhängig von bereits bekannten Zielen geschaffen werden.

3. Adaption des Systemverhaltens

Das Systemverhalten wird notwendigerweise angepasst, um Veränderungen durch bestimmte Systemziele gerecht zu werden. Die Anpassung des Systemverhaltens kann auf den Ebenen Parameter, Struktur und Verhalten des mechatronischen Systems stattfinden.

Die Sichtweise des SFB 614 wurde im Rahmen des EXC 128 erweitert bzw. spezifiziert. Die Selbstoptimierung technischer Systeme wird von BRECHER ET AL. wie folgt beschrieben:

„Die Selbstoptimierung eines technischen Systems besteht darin, dass es sich durch hinterlegtes Expertenwissen und auf Basis direkter Prozessinformationen an veränderte Eingangsgrößen oder Umgebungsbedingungen ohne externes Eingreifen so anpasst, dass es die geforderten Ausgangsgrößen optimal erreicht.“[127]

Die Definition des EXC 128 inkludiert somit im Gegensatz zur reinen Definition der mechatronischen Selbstoptimierung nach GAUSEMEIER den Menschen im SO-System als Lieferant essenziellen Systemwissens. Hinsichtlich der Adaption des Systems gehen hingegen beide Definitionen davon aus, dass diese möglichst autonom durch das System geschehen soll.

Die Selbstoptimierung eines Systems kann je nach Gegenstand auf unterschiedliche Art und Weise stattfinden. So kann etwa nach der Definition des SFB 614 die Anpassung der Systemziele innerhalb eines selbstoptimierenden Systems prinzipiell durch eine Anpassung von *Parametern* des Systems, oder durch eine *Rekonfiguration* erfolgen. Die Verhaltensanpassung ermöglicht dem System eine flexible Reaktion auf veränderte Umweltbedingungen. Im Anwendungsfall des autonomen Schienenfahrzeugs RAILCAB des SFB 614 ist diese Veränderung von Umweltbedingungen direkt bspw. als Veränderung der Außentemperatur oder der Windstärke und -richtung interpretierbar. [128]

Ausgangspunkt der Selbstoptimierung durch Parameteranpassung sind Systemmodelle unterschiedlicher Abstraktionsebenen. Nach GAUSEMEIER ET AL. ist danach zu unterscheiden, ob

---

[127] **Brecher, C.** (2011), S. 865

[128] vgl. **Gausemeier, J.; Rammig, F.; Adelt, P.** (2009), S. 29ff

ein detailliertes Strukturmodell[129] des Systems vorliegt, welches physikalische Wirkzusammenhänge des Systems abbildet oder ein Verhaltensmodell, das Input-Output-Beziehungen abbildet. Selbstoptimierung auf Basis des ersten Modells wird als sogenannte *modellbasierte Selbstoptimierung* bezeichnet. Im zweiten Fall wird von *verhaltensbasierter Selbstoptimierung* gesprochen.[130]

Als dritte Form der Selbstoptimierung stellt die *Rekonfiguration* eine Anpassung der Software- und/oder Hardwarestruktur des Systems dar, bei der bspw. Programmbestandteile geändert oder ausgetauscht werden.[131] Vorbild für die in solchen Systemen stattfindende Rekonfiguration sind z. B. die auf molekularer Ebene stattfindenden Prozesse bei der Bildung sogenannter selbstorganisierender Monoschichten.[132]

2.4 Anforderungen an selbstoptimierende Haptikprüfsysteme

Die Absicherung von sensorischen Qualitätsmerkmalen, wie der von der Betätigung eines Drucktasters vermittelte haptische Eindruck, bedingt eine Überführung des subjektiven Qualitätseindruckes in objektiv bestimmbare Prüfmerkmale bzw. die Messgrößen, aus denen diese gebildet werden. Auf Basis dieser Parameter kann die Prüfung durch ein technisches Prüfsystem automatisch geplant und mittels geeigneter Sensorik und Aktorik durchgeführt werden. Die Planung umfasst dabei die Auswahl der Prüfmerkmale für einen Prüfvorgang, die Parametrierung des Prüfprozesses (z. B. Betätigungskräfte, Bewegungsgeschwindigkeiten der Aktorik) sowie die Bewegungsplanung der Aktorik.

Aus den im vergangenen Abschnitt betrachteten Umweltdomänen können systemdesignbezogene Anforderungen an ein selbstoptimierendes Prüfsystem für haptische Prüfmerkmale abgeleitet werden. Diese Anforderungen konkretisieren die Entwicklung eines Artefakts gemäß HEVNER[133] und werden sowohl für einen Vergleich existierender Systeme als auch für die Konzeptentwicklung im weiteren Verlauf der Arbeit genutzt.[134]

Ausgehend von Hintergrund, Forschungsfrage und Zielstellung der Arbeit wird bei der Ableitung dieser Anforderungen für das Prüfsystem die Selbstoptimierung als ebenenunabhängiges

---

[129] *Strukturmodelle* werden auch als *White-Box-Modelle* bezeichnet, *Verhaltensmodelle* als *Black-Box-Modelle*. White-Box-Modelle bilden kausale Zusammenhänge, die innerhalb eines Systems vorliegen, vollständig ab. Die analytische Beschreibung dieser Zusammenhänge kann bspw. durch physikalische Gesetzmäßigkeiten in Form von mathematischen Gleichungen oder durch Petri-Netze erfolgen. Black-Box-Modelle beschreiben statt der physikalischen Gesetzmäßigkeit, der das System folgt, das Eingangs- und Ausgangsverhalten eines Systems in deskriptiver Weise. Diese Modelle verwenden entweder einen allgemeinen Modellansatz zur Approximation des Verhaltens durch ein sogenanntes parametrisches Modell oder eine nicht-parametrische Darstellung.

[130] vgl. **Frank, U., et al.** (2004), S. 12

[131] vgl. **Gausemeier, J.; Rammig, F.; Schäfer, W.** (2014), S. 12

[132] vgl. **Whitesides, G.; Kriebel, J.; Love, J.** (2005), S. 17ff

[133] vgl. **Hevner, A.; Chatterjee, S.** (2010), S. 9

[134] Neben den hier explizit betrachteten Anforderungen wird die Robustheit des Systems bezogen auf seinen primären Anwendungszweck, der Prüfung von haptischen Prüfmerkmalen, vorausgesetzt. Diese Anforderung wird nicht explizit aufgeführt, da sie sich nicht speziell auf selbstoptimierende bzw. kognitive technische Systeme bezieht. Dennoch werden Aspekte der System-Robustheit im Rahmen der in Kap. 7 dargestellten Systemanalysen, z.B. über Grenzfallbetrachtungen sowie eine Messsystemanalyse, evaluiert.

Paradigma zur Gestaltung kognitiver technischer Systeme fokussiert. Die Basis hierfür stellen die drei wesentlichen Schritte der Selbstoptimierung nach GAUSEMEIER dar.

Unabhängig von der eigentlichen Selbstoptimierung muss das Prüfsystem, ähnlich wie ein menschlicher Prüfer, eine geeignete Sensorik mittels entsprechender Aktorik so zu den Messpunkten führen, dass diese damit gemessen werden können. Diese Bewegungen sind durch das System entsprechend zu planen:

Anforderung 1 **Das System plant die zur Prüfung notwendigen Bewegungen der Aktorik.**

Innerhalb der Prüfung sind die mit den Prüfmerkmalen verbundenen Prüfdaten zu erfassen. Diese sollten im Zuge der Prüfung der Betätigungshaptik solche Messgrößen beinhalten, die dafür repräsentativ sind:

Anforderung 2 **Die Prüfung ermittelt die Ausprägung von Prüfmerkmalen mit Bezug zur haptischen Betätigungsqualität.**

Bei der Verarbeitung von Reizen kommen im Menschen die psychophysikalischen Konzepte der Reizharmonie und der Wahrnehmungs- bzw. Differenzschwelle zum Tragen. Das bedeutet, dass Wahrnehmung immer „relativ“ und nicht „absolut“ ist. Die Prüfdatenauswertung sollte daher nicht allein, wie bei konventionellen Systemen üblich, harte Toleranzen der erfassten Größen berücksichtigen. Vielmehr sollten die erwähnten psychophysikalischen Phänomene in die Bewertung von Prüfdaten einfließen, um Aspekte des menschlichen Qualitätsempfindens bezogen auf die Haptik bestmöglich abzubilden. Dies wird durch folgende Anforderung ausgedrückt:

Anforderung 3 **Die Prüfdatenauswertung erfolgt unter Berücksichtigung von Reizharmonie und Differenzschwelle.**

Die geforderte Flexibilität des Systems sowie der taktile Charakter der Betätigungshaptik impliziert, dass die Aktorik des Prüfsystems Prüfbewegungen an unterschiedlichen Positionen des Prüfobjekts zulässt und diese zu zusammenhängenden Bewegungsabläufen verknüpft. Die Bewegungen sollten dabei in Bezug auf die Präzision und Flexibilität mit dem menschlichen Bewegungsapparat vergleichbar sein. Nur so können durch das System Prüfszenarien ausgeführt werden, die vergleichbar sind mit der Interaktion eines menschlichen Prüfers bzw. eines Kunden und dem Produkt. Eine darauf aufbauende Anforderung lautet:

Anforderung 4 **Der Manipulator verfügt über menschenähnliche und individuenspezifische Flexibilität und Präzision.**

Die erste Anforderung im Rahmen der Selbstoptimierung des Systems ist nach GAUSEMEIER die Erfassung des Ist-Zustands. Das Prüfsystem muss in der Lage sein, die Informationen zu erfassen, die es zur Planung der Prüfung, zur Bestimmung der Ziele der Prüfung sowie zur etwaigen Anpassung des eigenen Prüfverhaltens benötigt. Dazu kann etwa die Erfassung des vorliegenden Gegenstands der Prüfung und der damit verbundenen Messpunkte sowie die Bewertung des Zielerfüllungsgrades vorangegangener Prüfungen gehören:

Anforderung 5 **Das System erfasst den Ist-Zustand relevanter Umweltinformationen.**

Auf Basis der erfassten Umweltinformationen sowie vorgegebener externer Ziele sind im Rahmen einer selbstoptimierenden Prüfplanung durch das Prüfsystem handlungsweisende Ziele der Prüfung selbstständig zu bestimmen. Dazu gehören etwa der Umfang der eigentlichen Prüfung und die damit verbundenen Prüfmerkmale. Auch weitere, mit dem Prüfablauf verbundene Ziele, wie die maximale Zeit für die Prüfung selbst, können hierbei zu bestimmen sein. Die entsprechende Anforderung hierzu lautet:

Anforderung 6 **Das System bestimmt handlungsweisende Ziele für die Prüfung.**

Schließlich benötigt das System die Fähigkeit, bei einer vorhersehbaren Verletzung der externen Ziele durch die derzeit aktive Planung Anpassungen am eigenen Verhalten vornehmen zu können. Diese Anpassung könnte etwa in der Änderung der eigenen internen Ziele, der Anpassung der die Prüfung beeinflussenden Systemparameter oder aber in der Aufweichung externer Ziele bestehen:

Anforderung 7 **Das System passt sein Systemverhalten als Reaktion auf mögliche Verletzungen externer Ziele an.**

2.5 Fazit

Ausgehend von der Zielsetzung und wissenschaftlichen Vorgehensweise wurden die Anforderungen an ein selbstoptimierendes und damit flexibel automatisiertes System zur Prüfung wahrnehmungsrelevanter, speziell haptischer Prüfmerkmale, abgeleitet. Zur Absicherung wahrnehmungsrelevanter Qualitätsmerkmale bedarf es zunächst ihrer Objektivierung. Diese erfolgt mittels geeigneter dekomponierender Modelle wie dem vorgestellten Ebenenmodell der Qualitätswahrnehmung vom Gesamtprodukt bzw. einer Produktkomponente auf seine Qualitätsmerkmale und deren technische Eigenschaften. Für Qualitätsmerkmale wie der Betätigungshaptik können so entsprechende messbare Eigenschaften identifiziert werden, die eine Prüfung durch technische (Produktions-)systeme ermöglichen. Zur Steigerung der Flexibilität in Bezug auf die zu prüfenden Bauteile bieten sich Industrieroboter als Basis entsprechender Prüfsysteme an, die die Messsensorik punktgenau zum Prüfort oder das zu prüfende Teil punktgenau zur Sensorik führen können.

Die Integration des Prüfprozess in ein Produktionssystem macht es prinzipiell möglich, den Prüfprozess zu automatisieren, um bei hohen Stückzahlen kostengünstig und trotzdem verlässlich prüfen zu können. Automatisierte Systeme unterliegen jedoch zumeist einer Dichotomie zwischen Variantenvielfalt und Produktionsvolumen. Diese hat zur Folge, dass bei steigender Variantenvielfalt und Individualisierung der Produkte infolge steigender Einricht- und Programmieraufwände die Effizienz sinkt. Der verstärkte Einsatz kognitiver Systemelemente im Bereich der Automation verspricht eine Verringerung oder sogar Überwindung dieses Zielkonflikts. Die entstehenden kognitiven technischen Systeme übernehmen unter anderem Einricht- und Programmieraufwände und können sich selbst in Hinblick auf die Aufgabenvielfalt flexibel an neue Situationen anpassen.

In der aktuellen Forschung wird zur Realisierung kognitiver technischer Systeme, insbesondere mit dem Fokus auf Systeme in der Fertigung, unter anderem das auch im EXC 128 analysierte Wirkparadigma der Selbstoptimierung untersucht. Selbstoptimierende Systeme verfügen nach dem gegenwärtigen Verständnis um Fähigkeiten zur Analyse des Ist-Zustands, Bestimmung von Systemzielen und Adaption des Systemverhaltens bei neuen Informationen aus. Die Selbstoptimierung kann dabei je nach Anwendungsfall eine Anpassung von Parametern oder eine Rekonfiguration des Systems bewirken. Diese Adaptionsfähigkeit macht selbstoptimierende Prüfsysteme zu einem potenziellen Werkzeug zur automatisierten Qualitätssicherung, auch für hoch individualisierte, wahrnehmungsrelevante Qualitätsmerkmale wie die Bedienhaptik. Sieben prinzipielle Anforderungen an solche Prüfsysteme konnten identifiziert werden:

- *Anforderung 1:*
  Das System plant die zur Prüfung notwendigen Bewegungen der Aktorik.
- *Anforderung 2:*
  Die Prüfung ermittelt die Ausprägung von Prüfmerkmalen mit Bezug zur haptischen Betätigungsqualität.
- *Anforderung 3:*
  Die Prüfdatenauswertung erfolgt unter Berücksichtigung von Reizharmonie und Differenzschwelle.
- *Anforderung 4:*
  Der Manipulator verfügt über menschenähnliche und individuenspezifische Flexibilität und Präzision.
- *Anforderung 5:*
  Das System erfasst den Ist-Zustand relevanter Umweltinformationen.
- *Anforderung 6:*
  Das System bestimmt handlungsweisende Ziele für die Prüfung.
- *Anforderung 7:*
  Das System passt sein Systemverhalten als Reaktion auf mögliche Verletzungen externer Ziele an.

Das in Abschnitt 1.2 erwähnte gestalterische Ziel ist die konzeptionelle Entwicklung und Realisierung eines prototypischen Demonstrators eines selbstoptimierenden Prüfsystems für haptische Prüfmerkmale. Da die eigentliche Prüfaufgabe zwar notwendiger Bestandteil des Systems, jedoch nicht zentraler Analysegegenstand der Arbeit ist, wird der Einsatzbereich des Systems zunächst auf die Prüfung der Betätigungshaptik von Drucktastern beschränkt. Ausgehend von der Betrachtung der Objektbereiche und der vorgenommenen Einschränkung konnten Anforderungen an das System abgeleitet werden. Diese umfassen, neben den Anforderungen an die Selbstoptimierung, Fähigkeiten die für die selbstständige Planung, Durchführung und Auswertung des Prüf- bzw. Messprozesses relevant sind. Im folgenden Kapitel 3 erfolgt ein Abgleich der vorhandenen automatisierten Systeme zur Prüfung der Betätigungshaptik auf der Grundlage der formulierten Anforderungen.

3 Vergleich existierender Gesamtlösungen

Im Abschnitt 3.1 des folgenden Kapitels werden zunächst die in der Literatur vorhandenen automatisierten roboterbasierten Systeme zur Prüfung haptischer Produktmerkmale vorgestellt. In Abschnitt 3.2 erfolgt daraufhin ein Vergleich der drei betrachteten Systeme auf Basis der in Abschnitt 2.4 formulierten sieben zentralen Anforderungen an selbstoptimierende Systeme zur Prüfung betätigungshaptischer Prüfmerkmale. Aus diesem Vergleich wird das in Bezug auf die Erfüllung der Anforderungen vorhandene Entwicklungspotenzial bewertet.

3.1 Umsetzungen roboterbasierter Haptikprüfsysteme

Während bei konventionellen Produktmerkmalen die Qualitätskontrolle mittels automatisierter Prüfsysteme etabliert ist, erfolgt die Prüfung komplexer Prüfmerkmale, zu denen auch solche der Betätigungshaptik zählen, in der industriellen Praxis gegenwärtig noch überwiegend manuell.[135] Gleichzeitig existieren Systeme, die die Prüfung zu einem gewissen Grad automatisieren. Im Folgenden werden vorliegende Konzepte, die teilweise bereits in der Automobilindustrie eingesetzt werden, dargestellt und erläutert.

3.1.1 Cockpit Qualitätsprüfung

Die Firma *Battenberg* bietet bereits seit dem Jahr 2009 unter der Bezeichnung *Cockpit Qualitätsprüfung* eine Gesamtlösung zur Messung, Analyse und Bewertung haptischer, optischer, geometrischer und akustischer Produktmerkmale an.[136] Die Anwendungsbereiche des Systems sind die In-Line-Produktkontrolle, entwicklungsbegleitende Messungen zur Objektivierung wahrgenommener Qualität in Lastenheften sowie Erstmuster- und Stichprobenprüfungen.[137] Abbildung 3-1 zeigt die Anlage *Cockpit Qualitätsprüfung*.

Abbildung 3-1 „Cockpit Qualitätsprüfung" des Unternehmens Battenberg[138]

[135] vgl. **Pfeifer, T.; Schmitt, R.; Hermes, R.** (2006), S. 45ff

[136] vgl. **Rösler, F.; Battenberg, G.; Schüttler, F.** (2009), S. 292

[137] vgl. **Battenberg Robotic GmbH & Co. KG (Hrsg.)**

[138] vgl. **Battenberg Robotic GmbH & Co. KG (Hrsg.)**

Im Bereich der Betätigungshaptik ermöglicht der am Roboterflansch des Prüfsystems angebrachte Kraft-/Momentensensor eine Aufnahme und Prüfung sowohl von Drucktastern über deren Kraft-Weg-Verlauf, als auch von Drehstellern über den Drehmoment-Winkel-Verlauf. Die zur Prüfung erforderlichen Haptikwerkzeuge können anwendungsspezifisch gefertigt und automatisiert gewechselt werden. Die Prüfung selbst kann in einer CAD-Umgebung vorbereitet bzw. darin grafisch programmiert[139] oder mittels händischem Teach-In geplant werden.[140] Die grafische Planung erfolgt über die von der Firma bereitgestellte Software, mit der auch die Auswertung der Prüfung hinsichtlich bestimmter Messgrößen erfolgt.[141]

3.1.2 Robotized Unit for Tactility and Haptics (RUTH)

SPINGLER untersucht das Einsatzpotenzial roboterbasierter Prüfsysteme zur Objektivierung verschiedener Deskriptoren der Haptik und Optik. Dazu nutzt er neben den mittels eines Prüfsystems erfassten Messgrößen auch Kundenstudien, in denen er die wahrgenommene Qualität durch Probanden bewerten lässt. Diese Ergebnisse überführt er im Anschluss in einfache Korrelationsfunktionen mit bestimmten Messgrößen.[142] Diese werden durch das Prüfsystem RUTH erfasst, das auf dem System der Firma Battenberg basiert und dieses um weitere Sensoren erweitert (vgl. Abbildung 3-2). Messgrößen im Kontext der Betätigungshaptik werden darin mittels eines Kraft-/Momentensensors erfasst.[143]

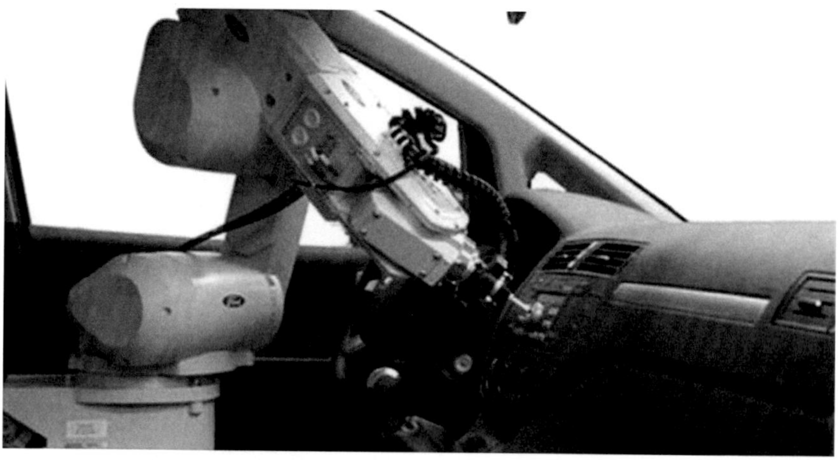

Abbildung 3-2 Robotized Unit for Tactility and Haptics ("RUTH")[144]

[139] vgl. **Battenberg Robotic GmbH & Co. KG (Hrsg.)**

[140] vgl. **Battenberg Robotic GmbH & Co. KG (Hrsg.)**

[141] vgl. **Battenberg Robotic GmbH & Co. KG (Hrsg.)**

[142] vgl. **Spingler, M.** (2011), S. 77ff

[143] vgl **ebenda** (2011), S. 81

[144] vgl. **Spingler, M.** (2014), S. 103

SPINGLER identifiziert das Kraftmaximum, das Vorhandensein eines Plateaus im Kraft-Weg-Verlauf sowie die Höhe des Kraftmaximums als technisch beeinflussbare und messbare Einflüsse auf die Betätigungshaptik.[145] Der Autor untersucht auch den Zusammenhang zwischen der Ausprägung bestimmter Messgrößen und der wahrgenommenen Harmonie der in einer Komponente angebrachten Druckschalter. Er identifiziert die Standardabweichung des sog. *Snap* (vgl. Formel VII-2 in Anhang A) sowie die von F1 (vgl. Abbildung 2-4) als signifikante Einflussgrößen auf die wahrgenommene Harmonie einer Anordnung von Betätigungselementen.[146]

Bei dem System RUTH nutzt SPINGLER zur Planung die von der Firma Battenberg bereitgestellten Funktionalitäten für ein manuelles Teach-In. Dabei wird der Endeffektor des Roboters per Hand an die gewünschte Position geführt. Durch das Teach-In von drei Referenzpunkten um den Druckschalter herum kann der Tastwinkel des Roboters so angepasst werden, dass der Tastvorgang entlang an die Druckachse des Schalters erfolgt. Alternativ ist auch ein Teach-In über das Verfahren des Roboters mittels Handsteuergerät möglich.[147]

3.1.3 Cyber – physisches Testsystem (CyberFLEX)

Ein cyber-physisches Testsystem für die Prüfung von KFZ-Bedienkomponenten wird von der Firma Systec GmbH angeboten. Das Unternehmen gibt an, dass das System in der Lage ist, lichttechnische, haptische und kommunikationstechnische Eigenschaften eines Produktes in einem Programmdurchlauf zu untersuchen. Abbildung 3-3 zeigt das System mit einem Sensorkopf zur Drehhaptikprüfung.

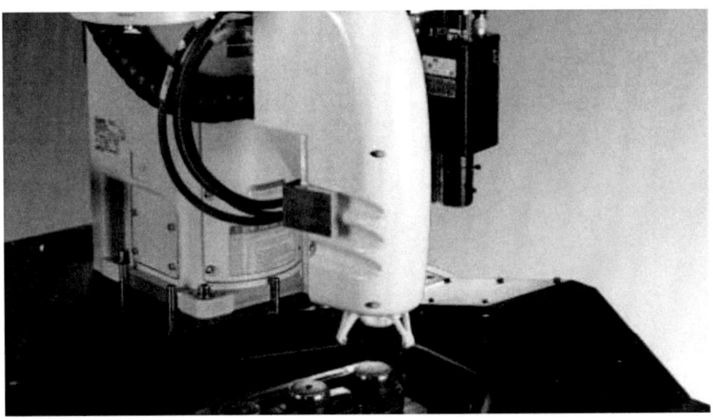

Abbildung 3-3 Cyber-physisches Testsystem („CyberFLEX")[148]

[145] vgl. **ebenda** (2008), S. 109

[146] vgl. **Spingler, M.** (2011), S. 147

[147] vgl. **ebenda** (2011), S. 85

[148] vgl. **Harry, J.** (2016)

Das CyberFLEX System nutzt eine schwenkbare Aufnahme für Komponenten mit einem Vierachs-Roboter als Manipulator. Als Besonderheit werden selbstlernende und selbstjustierende Eigenschaften, bis zur möglichen selbstständigen Optimierung der Abläufe herausgestellt. Worin sich diese Fähigkeiten konkret zeigen, bis zu welchem Grad und wie diese implementiert sind bzw. welchen Einschränkungen sie unterliegen, kann aus den vorliegenden Publikationen zu dem System nicht erschlossen werden.[149]

Die Relevanz einer objektiven Prüfung wahrnehmungsrelevanter Produktmerkmale im Bereich der Haptik wird durch die Existenz vorhandener Prüfsysteme bestätigt. Das System Battenberg bietet wie auch das darauf aufbauende System RUTH eine breite Palette an Messmöglichkeiten im Kontext der Objektivierung der PQ. Das System CyberFLEX zielt der Beschreibung nach auf eine stärkere Automatisierung der Haptikprüfung. Um das Einsatzpotenzial der betrachteten Systeme vor dem Hintergrund der in dieser Arbeit skizzierten Herausforderungen zu bewerten, werden diese im folgenden Abschnitt hinsichtlich der in Abschnitt 2.4 formulierten Anforderungen bewertet.

3.2 Vergleich existierender roboterbasierter Haptikprüfsysteme

Auf Basis der im Abschnitt 2.4 formulierten Anforderungen erfolgt ein Vergleich der drei zuvor aufgeführten Systeme zur automatisierten Haptikprüfung. Die Ergebnisse sind in der Tabelle 3-1 dargestellt.

[149] vgl. **Mühlbauer, M.** (2016), S. 78f; **Pichlik, H.** (2016), S. 3ff

Tabelle 3-1 Vergleich vorhandener Lösungen zur automatisierten Haptikprüfung mit den formulierten Anforderungen

Anforderung	Cockpit Qualitätsprüfung	RUTH/Perceived Quality Toolbox	CyberFLEX
System plant Prüfbewegungen	◐	◐	◐
Prüfung von Merkmalen haptischer Betätigungsqualität möglich	●	●	●
Prüfdatenauswertung unter Berücksichtigung von Reizharmonie und Differenzschwelle	◐	●	◐
Manipulator mit menschenähnlicher Flexibilität und Präzision	◐	◐	●
System erfasst relevante Umweltinformationen der Prüfung	◐	○	◐
System bestimmt die handlungsweisenden Ziele der Prüfung	○	○	◐
System passt das Verhalten bei Verletzung externer Ziele an	○	○	◐
Legende: ○ Anforderung nicht erfüllt ◐ Anforderung teilweise erfüllt ● Anforderung erfüllt			

In Bezug auf eine Planung des Prüfbewegungsablaufs (Anforderung 1) verfügt das System RUTH ebenso wie das Cockpit Qualitätsprüfung nach Herstellerangaben über die Fähigkeit sich selbst auf Basis eines lasergeführten Systems orthogonal zu Oberflächen zur Prüfung auszurichten, wodurch die Planung der Prüfung zumindest teilweise unterstützt wird. Die eigentliche Prüfung muss jedoch vom Nutzer manuell eingeteacht oder in einer CAD-Umgebung programmiert werden. Das System CyberFLEX verfügt laut Herstellerangaben ebenfalls über die Fähigkeit zur Selbstjustage und –kalibrierung. Darüber hinaus nennt der Hersteller die Programmerstellung intuitiv und einfach. Genauere Angaben, detaillierte Veröffentlichungen oder Erläuterungen zu etwaigen autonomen Programmplanungsfähigkeiten gibt es darüber hinaus nicht, weshalb dieser Aspekt schwierig zu bewerten ist. Da alle Systeme eine manuelle Planungskomponente bedingen, jedoch auch gewisse Unterstützung bei der Planung bieten, wird Anforderung 1 bei allen Systemen als teilweise erfüllt bewertet.

In Bezug auf Anforderung 2 kann davon ausgegangen werden, dass alle drei Systeme prinzipiell in der Lage sind, beispielsweise Kräfte, Drehmomente und damit zusammenhängende Wege und Winkelstellungen zu erfassen, die Aufschluss über die wahrgenommene Qualität von Bedienelementen geben können. Die Anforderung wird daher für alle Systeme als voll erfüllt betrachtet.

Anforderung 3 zufolge sollte die Auswertung der Prüfdaten nicht allein die Darstellung erfasster Messgrößen beinhalten, sondern diese in Kontext mit Erkenntnissen in Verbindung mit der menschlichen Wahrnehmung setzen. Hinsichtlich der Prüfdatenauswertung durch die Lösungen Cockpit Qualitätsprüfung und CyberFLEX ist unklar, ob mehr als ein reiner Spezifikationsabgleich der erfassten Messgrößen stattfindet. SPINGLER untersucht bei der Entwicklung des Systems auch Aspekte der Harmonie zwischen mehreren auf einer Komponente aufgebrachter Bedienelementen, wodurch in diesem Punkt die Anforderung zumindest in Bezug auf einzelne Bedienelemente weitgehend erfüllt wird.[150] Auf Grund der vorhandenen Ausführungen wird Anforderung 3 hinsichtlich des Systems RUTH als voll erfüllt und der Systeme Cockpit Qualitätsprüfung sowie CyberFLEX als teilweise erfüllt bewertet.

Der Vergleich von Anforderung 4 zeigt, dass alle Systeme durch das Vorhandensein von sechs Freiheitsgraden in der Bewegung ausreichende Flexibilität für verschiedenste Prüfbewegungen aufweisen. Die Systeme Cockpit Qualitätsprüfung bzw. RUTH verfügen nach Angaben des Herstellers über eine Wiederholgenauigkeit von +/- 0,02 mm s. Damit liegt die Auflösung über der von verschiedenen Autoren empirisch ermittelten Auflösung des Menschen bei Betätigungen von Tastelementen wie Druckschaltern stillgehaltener Hand von circa 0,01 mm.[151] Der im System CyberFLEX verwendete Roboter der Firma Mitsubishi bildet diese mit einer Wiederholgenauigkeit von 0,012 mm besser ab.[152] Aufgrund der Betrachtung der Wiederholgenauigkeit wird Anforderung 4 in Bezug auf die Systeme Cockpit Qualitätsprüfung und RUTH als teilweise erfüllt und in Bezug auf das System CyberFLEX als voll erfüllt bewertet.

Anforderungen 5 bis 7 betreffen die Fähigkeit des Prüfsystems zur Autonomie und Selbstoptimierung. Das System Cockpit Qualitätsprüfung entdeckt nach Herstellerangaben über Referenzpunkte bereits bekannte Objekt wieder und spielt dafür das vorher eingeteachte Programm erneut ab. Dies stellt eine Fähigkeit zur Erfassung von Umweltinformationen bzw. zur Erfassung des Ist-Zustandes dar. Der Hersteller macht keine weiteren Angaben über weitergehende Fähigkeiten zur Erfassung des Ist-Zustandes, z.B. bezogen auf aktuelle Zielgrößen, unter der die Prüfung stattfinden soll oder, ob das System in der Lage ist, unbekannte Objekte zu erfassen. Daher wird Anforderung 5 im System Cockpit Qualitätsprüfung als teilweise erfüllt bewertet. Die Bestimmung von handlungsweisenden Zielen (Anforderung 6) ist bei der

---

[150] vgl. **Spingler, M.** (2011), S. 111

[151] vgl. **Anguelov, N.** (2009), S. 47; **Doerrer, C.; Werthschuetzky, R.** (2002), S. 46

[152] vgl. **Mitsubishi Electric (Hrsg.)** (2012), S. 9; **Mühlbauer, M.** (2016), S. 78

Analyse der Herstellerbeschreibung nicht Bestandteil des Systems Cockpit Qualitätsprüfung. Ebenso wenig die Optimierung des eigenen Verhaltens oder bestimmter Abläufe (Anforderung 7), weshalb diese Anforderungen als nicht erfüllt bewertet werden.

Das System RUTH basiert zwar auf einer Version des Systems Cockpit Qualitätsprüfung, die Weiterentwicklung des Systems liegt nach SPINGLER nicht in der Steigerung des Autonomie- bzw. Flexibilitätsgrads. Folglich verfügt das System RUTH über keine speziellen Fähigkeiten im Bereich der Selbstoptimierung, weshalb die Anforderungen 5-7 als nicht erfüllt bewertet werden.

Das System CyberFLEX verfügt nach Herstellerangaben über ein Kamerasystem zur Identifikation von Objekten mittels Matching-Algorithmen (vgl. Abschnitt 4.3.4). Dies kann als Erfassung relevanter Umweltinformationen im Sinne von Anforderung 5 bewertet werden. Weiterhin verfügt das System laut Herstellerangaben über die Fähigkeit zur kontinuierlichen Optimierung von Abläufen. Was genau Bestandteil dieser Optimierung ist, ist in den vorliegenden Darstellungen und Veröffentlichungen nicht erwähnt. In der Beschreibung des Systems CyberFLEX ist aufgeführt, dass eine lernende Komponente in das System integriert werden kann, womit die Abläufe im Zeitverlauf angepasst werden können. Ob diese Komponente bereits vorhanden ist oder lediglich eine Schnittstelle dafür verfügbar ist, bleibt jedoch ebenso unklar wie deren Funktionsweise. Die tatsächlichen Fähigkeiten zur Selbstoptimierung, insbesondere hinsichtlich der Bestimmung von handlungsweisenden Systemzielen sind nicht veröffentlicht. Daher kann davon ausgegangen werden, dass es sich um anwendungsfallspezifische Lösungen handelt und die Anforderungen 5 bis 7 im System CyberFLEX als teilweise erfüllt bewertet werden.

3.3 Fazit

Zur Prüfung der haptischen Qualität von Bedienelementen wurden drei auf Industrierobotern aufbauende Systeme identifiziert, die eine objektive Absicherung der PQ in Aussicht stellen. Diese Referenzsysteme wurden auf Basis der in die Betrachtung einzubeziehenden zentralen Systemanforderungen verglichen.

Die beiden Haptikprüfsysteme Cockpit Qualitätsprüfung und RUTH fokussieren in ihrer Ausgestaltung in erster Linie auf die möglichst *umfangreiche Erfassung* verschiedener qualitätsrelevanter Messgrößen. Dabei gehen die Systeme von einem zuvor manuell programmierten bzw. eingeteachten Ablauf aus, der bei wiederholter Prüfung des gleichen Bauteils erneut abgefahren werden kann. Keines der beiden Systeme ist nach vorliegenden Publikationen auf die Realisierung eines kognitiven bzw. selbstoptimierenden Systems ausgelegt.

Das System CyberFLEX verfügt nach Herstellerangaben über gewisse kognitive Fähigkeiten, die allerdings aufgrund fehlender Daten nicht verifiziert werden können. Deshalb ist eine Bewertung der Wirkweise und des Umfangs dieser Fähigkeiten, insbesondere im Kontext einer wissenschaftlichen Betrachtung, nicht möglich.

Die Übertragbarkeit des Selbstoptimierungsparadigmas nach SFB 614 und EXC 128 auf ein technisches Prüfsystem für haptische Merkmale wird bei den drei betrachteten Systemen nicht thematisiert. Insbesondere fehlen anforderungsbasierte Analysen der Gestaltungsmöglichkeiten für ein solches System unter Berücksichtigung der Prüfaufgabe sowie der Selbstoptimierung.

Im Kapitel 4 wird ein Grobkonzept (1. Konzeptiteration im DSR-Vorgehen) für ein selbstoptimierendes Haptikprüfsystem entwickelt. Darauf basierend werden die methodischen Grundlagenbereiche zur Realisierung der notwendigen Systemeigenschaften bestimmt und unter Nutzung detaillierter Anforderungen für den Anwendungsfall eingeschränkt.

4 Grundlagen zur Entwicklung eines selbstoptimierenden Haptikprüfsystems

In diesem Kapitel wird, ausgehend von den vorliegenden bisherigen Erkenntnissen und der Analyse bestehender Systeme, das Konzept eines selbstoptimierenden Haptikprüfsystems erarbeitet. In einem ersten Schritt werden die erforderlichen methodischen Grundlagenbereiche hergeleitet und anforderungsbezogen eingeschränkt. Die Herleitung der Bereiche folgt dem ersten Konzept für das gegenständliche Haptikprüfsystem. Dazu ist es sinnvoll, den Systembegriff vor dem Hintergrund der Spezifikation zu betrachten.

Allgemeine Bestandteile einer Systemspezifikation:

- Nach PATZAK kann ein System als Menge von Elementen sowie deren Eigenschaften und Relationen untereinander verstanden werden, mit denen bestimmte Ziele erreicht werden sollen.[153]
- Nach BOSSEL sind zur Spezifikation eines Systems insbesondere die System*struktur* und der Systemzweck zu klären.[154]

Zusätzliche konzeptionelle Aspekte selbstoptimierender Systeme:

- SCHMIDT konkretisiert die Spezifikation selbstoptimierender Systeme auf Basis dieser Überlegungen und fasst die Konzeptdarstellung unter dem Begriff des *Wirkmusters* zusammen. Die von ihm identifizierten fünf Detailstufen des Wirkmusters, bilden die Grundlagen für die Konzeptionierung eines selbstoptimierenden Haptikprüfsystems.[155]

Den Überlegungen von SCHMIDT sowie den skizzierten Herausforderungen in Kapitel 1 folgend, wird in Abschnitt 4.1 ein Anwendungsszenario für das System skizziert. Das Eingrenzen des Lösungsraums auf eine konkrete Prüfaufgabe dient dazu, die Entwicklung eines Prototyps zu ermöglichen. Dieser ermöglicht es, zentrale Systemaspekte eines selbstoptimierenden Prüfsystems empirisch zu analysieren. Das bildet mit den in Abschnitt 2.4 genannten Anforderungen die Basis für die konzeptionelle Entwicklung eines ersten Entwurfs eines selbstoptimierenden Prüfsystems für Bedienhaptik in Abschnitt 4.2.

Auf Basis des Anwendungsszenarios sowie der Prinzipbeschreibung werden im Weiteren mögliche Verfahren bzw. Verfahrensbereiche zur Realisierung der notwendigen Funktionalitäten des Systems betrachtet. Es handelt sich dabei um die Bereiche Machine Vision (Abschnitt 4.3), Kraftsensorik (Abschnitt 4.4), Verfahren der Selbstoptimierung (Abschnitt 4.5) sowie Robotik und Bewegungsplanung (Abschnitt 4.6).

Die in diesen Abschnitten erläuterten Methoden und deren Lösungsvarianten werden in Form einer Morphologie im Fazit dieses Kapitels in Abschnitt 4.7 zusammengefasst. Sie bilden die

---

[153] vgl. **Patzak, G.** (1982), S. 19

[154] vgl. **Bossel, H.** (2004), S. 35f

[155] vgl. **Schmidt, A.** (2006), S. 77ff

Grundlage für das in Kapitel 5 erörterte detaillierte Systemkonzept, das sowohl die Struktur des Wirkmusters als auch das Verhalten spezifiziert.

4.1 Entwicklung eines Anwendungsszenarios

Das Anwendungsszenario ist ein Produktionsbetrieb, welcher als Zulieferer für KFZ-Hersteller verschiedene Varianten von Lenkrädern mit interaktiven Drucktastern herstellt. Es handelt sich um Komponenten, die nach BUBB im Durchmesser zwischen 300 mm≤d≤427 mm liegen können.[156] Drei potenzielle Varianten verschiedener Marken sind in Abbildung 4-1 dargestellt.

Abbildung 4-1 Variation zwischen den im Rahmen der Qualitätssicherung betrachteten KFZ-Komponenten (Lenkräder)

Wie in Abbildung 4-1 zu sehen ist, unterscheiden sich die Varianten in der Gestaltung und im Design, den eingesetzten Materialien sowie hinsichtlich Anzahl, Positionierung, Form, ein- bzw. aufgebrachter Drucktaster. Nach Untersuchungen von ANGUELOV haben verschiedene Zielgruppen unterschiedliche Präferenzen bezüglich der Betätigungshaptik[157], deshalb unterscheiden sich die Drucktaster in Bezug auf die haptische Rückmeldung (vgl. Abschnitt 2.1). Eine exakte haptische Rückmeldung sowie die Harmonie benachbarter (innerhalb eines Wahrnehmungsclusters, vgl. Abschnitt 2.1) liegender Bedienelemente ist ein entscheidendes Bewertungskriterium der Perceived Quality der hergestellten Lenkräder aus Kundensicht. Das Qualitätsmerkmal „Betätigungshaptik eines Drucktasters“ wird durch den damit verbundenen Kraft-Weg-Verlauf bzw. deren charakteristische Kennwerte sowie die Harmonie zwischen den haptischen Rückmeldungen der innerhalb eines Wahrnehmungsclusters enthaltenen Drucktaster objektiviert (vgl. Abschnitt 2.1).

Das Unternehmen ist als Zulieferer großer Automobilunternehmen tätig und hat dabei die vorgegebenen Qualitätsanforderungen zu erfüllen. Insbesondere die Premium-Hersteller legen großen Wert auf eine gleichbleibend hohe bzw. definierte haptische Betätigungsqualität der gelieferten Komponenten. Eine entsprechende Prüfung der Betätigungshaptik der mit einem

[156] vgl. **Bubb, H., et al.** (2015), S. 300ff

[157] vgl. **Anguelov, N.** (2009), S. 136

Lenkradtyp (Prüfobjekt) verbundenen Drucktaster (Messpunkte)[158] bzw. deren haptische Rückmeldung ist daher zwingend. Als Prüfmerkmale dienen die bereits erwähnten Kennwerte des Kraft-Weg-Verlaufs sowie die Harmonie derer Ausprägung zwische den Drucktastern eines Wahrnehmungsclusters. Zur Minimierung manueller Prüfaufwände soll diese weitestgehend automatisiert bzw. autonom erfolgen. In diesem Kontext wird das im Folgenden entwickelte Prüfsystem analysiert.

Die Durchführung der Prüfungen verursacht Kosten. Der dafür getätigte Aufwand ist ins Verhältnis zu setzen zu den durch die Qualitätsprüfung eingesparten möglichen Folgekosten.[159] Zur Optimierung des Aufwand-Nutzen-Verhältnisses ist ein statistisches Prüfverfahren sinnvoll. Aus dem vorgegebenen Qualitätsmaß leitet die Firma eine Prüfhäufigkeit ab, damit eine ausreichend sichere statistische Aussage über das über alle produzierten Teile vorhandene Qualitätsmaß möglich ist. Die Prüfhäufigkeit ist dabei an die tatsächliche, in der Prüfung festgestellte Qualität der geprüften Merkmale dynamisch anzupassen. Die Notwendigkeit ergibt sich aus der Tatsache, dass sich im Zeitverlauf die Prüfschärfe[160] bzw. Operationscharakteristik[161] verändert, je nachdem wie die Ergebnisse vergangener Prüfungen waren (fehlerhaft oder fehlerfrei). Zur Sicherstellung der notwendigen Prüfschärfe ist deshalb die Prüfhäufigkeit bei identifizierten Mängeln/Fehlern zu erhöhen bzw. nach einer gewissen Anzahl fehlerfreier Prüfungen zu verringern. Dadurch werden zum einen die Qualitätsforderungen des Kunden statistisch abgesichert und zum anderen der Prüfumfang so niedrig wie möglich gehalten.

Neben dem Qualitätsmaß ist die Dauer der mit der Prüfung verbundenen Prozesse (Prüfplanung, Prüfdatenerfassung und Prüfauswertung) als Teil der Prüfkosten für das Unternehmen relevant. Je nach Auftragslage oder Produktionsprogramm des Unternehmens, kann diese mehr oder weniger kritisch sein, etwa infolge variierender Taktzeiten. Die Prüfung ist also in der Fertigung auch in Bezug auf die Prüfzeit dynamisch anzupassen.

Darüber hinaus strebt das nach dem Energiemanagementsystem ISO 50001[162] zertifizierte Unternehmen nach einer energetisch möglichst günstigen Nutzung aller Anlagen. Die durch die Prüfung verursachten bzw. prognostizierten Energieverbräuche sind daher weiterer Bestandteil der Prüfkosten.

Die sich aus dem Szenario ergebenden Kostenbestandteile lassen sich als Kostenfunktion aus den Zielgrößen der Prüfschärfe, der Prüfzeit und dem Energieverbrauch der Prüfung formulieren. Diese Bestandteile sind jedoch nicht für das vorliegende beispielhafte Szenario spezifisch, sondern wären auch in anderen Szenarien, in denen automatisierte Prüfsysteme eingesetzt werden sollen, anwendbar. Die Einsatzbedingungen und Vorgaben, die sich aus dem

[158] Drucktaster sind über eine repräsentative Pose (eine Kombination von Position und Orientierung einer punktförmigen Masse in einem dreidimensionalen Raum, hier etwa der Oberflächenschwerpunkt und die dreidimensionale Orientierung der Druckachse, vgl. DIN EN ISO 8373) räumlich lokalisierbar. Diese Pose wird, analog zu Tabelle 2-1, im Weiteren als Messpunt bezeichnet.

[159] vgl. **Jochem, R.; Raßfeld, C.** (2014), S. 95

[160] vgl. **Keferstein, C.; Marxer, M.** (2015), S. 271

[161] vgl. **Linß, G.** (2016), S. 202f

[162] vgl. DIN EN ISO 50001, **Deutsches Institut für Normung** (2011)

Anwendungsszenario ergeben, werden in Tabelle 4-1 nach DIN 32934:2006 zusammenfassend dargestellt.[163]

Tabelle 4-1 Einsatzbedingungen und Vorgaben für das zu entwickelnde Haptikprüfsystem[164]

Einsatzbedingungen/Vorgaben	Vorgaben aus dem Anwendungsszenario
Prüfobjekt	KFZ-Lenkräder verschiedener Gestalt mit Drucktastern verschiedener Gestalt, Anzahl, Position und Verhalten.
Prüfmerkmale & Zielunsicherheit des Prüfprozesses	Kraft-Weg-Verhalten der Drucktaster bzw. deren charakteristische Größen sowie die Harmonie zwischen den Prüfmerkmalen in einem Wahrnehmungscluster; Die Zielunsicherheit ist an die menschliche Wahrnehmung angelehnt.
Messpunkte und Prüfumfang	Hinsichtlich der Prüfmerkmale zu untersuchende Drucktaster eines Prüfobjekts und der Umfang dieser als Teilmenge aller auf einem Prüfobjekt vorhandenen Messpunkte; Der Umfang ist Variabel und richtet sich nach vergangenen Prüfergebnissen.
Einstellgrößen die konstant zu halten sind	Innerhalb einer Einflussanalyse zu prüfen.
Anforderungen an die Prüfmittel	Kraftsensorik und Wegaufnahme welche Anforderung 1 und Anforderung 4 genügt.
Prüfaufbau	Manipulator welcher Anforderung 4 genügt.
Zustand der Vorbedingungen des Prüfgegenstands und der Prüfmittel	Keine speziellen Anforderungen an die Zustände.
Vorbehandlung des Prüfgegenstands	Keine spezielle Vorbehandlung.
Vorbereitung des Prüfmittels	Keine spezielle Vorbereitung.
Prüfbedingungen	Prüfung unter Raumtemperatur bzw. –luftfeuchte.

[163] vgl. DIN 32937:2006-07, **Deutsches Institut für Normung** (2006), S. 6

[164] nach DIN 32937:2006-07, **Deutsches Institut für Normung** (2006), S. 6

Ablauf der Prüfung und Zeitaufwand	Der Ablauf der Prüfung und der Zeitaufwand sind in Abhängigkeit der Aufgabe anzupassen.
Messwertverarbeitung	Mathematische Bestimmung der Kraft-Weg-Verlaufskurven bzw. der darin enthaltenen Parameter aus den Prüfdaten. Auswertung genügt Anforderung 3.
Entscheidungskriterien für Maßnahmen auf Basis des Prüfergebnisses	Entscheidungskriterien sind die in vorherigen Untersuchungen festgestellten für die PQ relevanten Größen.
Aufzeichnung der Messwerte	Die Messergebnisse sind angemessen zu visualisieren und in einer Datenbank für die Rückverfolgung und nachträgliche Nutzung zu archivieren.
Verantwortung für Durchführung der Prüfung und Einleitung von Maßnahmen	Das System führt die Prüfung und die Anpassung der Prüfplanung als Maßnahme bezogen auf die Ergebnisse der Prüfung so weit wie möglich selbstständig durch. Weitere Maßnahmen wie z. B. das Aussortieren von Teilen o. Ä. liegen außerhalb des Betrachtungsfokus.

Aufbauend auf dem Anwendungsszenario wird im Folgenden ein erster Systementwurf entwickelt. Dieser dient zur Herleitung der zur Lösungsfindung relevanten methodischen Grundlagenbereiche.

4.2 Konzeptioneller Entwurf eines selbstoptimierenden Prüfsystems für Betätigungshaptik – Erste Iteration

Aus den in Kapitel 2 betrachteten Umweltbereichen des Systems sowie den zuvor skizzierten Anwendungsszenarien wird im Folgenden ein erster Konzeptentwurf eines selbstoptimierenden Prüfsystems für Betätigungshaptik vorgestellt. Dieser Entwurf fokussiert prinzipielle Systemfähigkeiten und zeigt den Weg zur Umsetzung der notwendigen methodischen Grundlagen auf. Um die Konzeption und Entwicklung selbstoptimierender Systeme zu erleichtern bzw. vergleichbar zu machen, wurden im SFB 614 als auch im EXC 128 verschiedene Gestaltungsarchitekturen entwickelt. Diese sollen die notwendigen Systemmodule für die Realisierung der Selbstoptimierung und deren Zusammenwirken aufzeigen und so die Gestaltung unterstützen. Zur Identifikation einer geeigneten Architektur für das vorliegende System folgt ein kurzer Vergleich der vorhandenen Architekturen.

Vergleich von SO-Architekturen als Gestaltungshilfe selbstoptimierender Systeme

Im Rahmen der beschriebenen Forschungsinitiativen haben sich fünf prinzipielle Architekturen für selbstoptimierende Systeme entwickelt. Es handelt sich dabei um die folgenden, in Anhang B näher beschriebenen:

- Operator-Controller-Modul (OCM)
- Modell des kognitiven Regelkreises (MKR)

- Cognitive Control Unit (CCU)
- Modellbasierte Selbstoptimierung für Fertigungsprozesse (MBSO)
- Kognitiv-automatisierte selbstoptimierende Produktionssysteme (KASP).

Die Systemarchitekturen weisen einen hohen Grad an Überschneidung in Bezug auf die in einem selbstoptimierenden System zu realisierenden Systembestandteile auf. Darüber hinaus gibt es Unterschiede hinsichtlich der Spezifika. Insbesondere aus den Gemeinsamkeiten lassen sich zentrale Aspekte der Realisierung eines selbstoptimierenden Systems ableiten. Dazu gehören unter anderem die Notwendigkeit einer mehrschichtigen Architektur und der darin verorteten Trennung zwischen Maschinenregelkreis und eigentlicher Selbstoptimierung, das Vorhandensein von Sensoren zur Erfassung von Zuständen, die Speicherung und Nutzung bestehender Daten und Wissen in Datenbanken und/oder Modellen sowie die eigentliche Optimierung. Gemeinsamkeiten und Spezifika sind in der Tabelle 4-2 dargestellt.

Tabelle 4-2 Gemeinsamkeiten und Spezifika der diskutierten SO-Architekturen für die Realisierung selbstoptimierender Systeme

	OCM	MKR	CCU	MBSO	KASP
Gemeinsamkeiten	▪ Mehrebenen-Architektur, die in allen Fällen eine Planungsebene sowie eine (reaktive) Maschinenebene enthält, die miteinander verbunden sind ▪ Trennung von Maschinenregelkreis und Selbstoptimierung ▪ Erfassung bzw. Wahrnehmung von Zuständen mittels Sensoren ▪ Speicherung und Nutzung von Prozesswissen in Datenbanken und/oder Modellen ▪ Optimierung des zukünftigen Verhaltens auf Basis vergangener und aktueller Zustände				
Spezifika	▪ Fokus auf mechatronische Systeme mit spezifischer Ausgestaltung der Selbstoptimierung ▪ Unterscheidung nach harter & weicher Echtzeit ▪ Unterschiedliche Module zur Optimierung und Fehlerbehandlung ▪ Kombination aus Ablauf- und Aufbausicht	▪ Fokus auf Prozessketten ▪ Aufteilung der Planungsebene in Analyse, Modellierung und Optimierung ▪ Entscheidungsfindung angelehnt an SOAR ▪ Aufbauorientierte Sicht	▪ Fokus auf roboterbasierte Montagezellen ▪ Präsentationsschicht als der SO übergeordneten Anbindung an den Menschen ▪ Kombination aus Ablauf- und Aufbausicht	▪ Fokus auf Fertigungssysteme zur Materialver- bzw. -bearbeitung ▪ Keine explizite Koordinationsebene/ Systemmodule ▪ Explizite Nutzung von Metamodellen zur kontinuierlichen Arbeitspunktbestimmung ▪ Ablauforientierte Sicht	▪ Fokus auf der Ebenen übergreifenden Verknüpfung mehrerer SO Systeme ▪ Grundsätzliche Einteilung SO-Systeme auf unterschiedlichen Ebenen hinsichtlich deren Abstraktionsniveau, der Art der verwendeten Informationen und des für das jeweilige System relevanten Zeithorizonts ▪ Aufbauorientierte Sicht

Die Architektur OCM stellt bereits eine relativ konkrete Ausgestaltung der Methode der Selbstoptimierung für mechatronische Systeme dar. Sie wurde explizit im Rahmen des Anwendungskontextes des autonomen Schienenfahrzeugs „Railcab" von SFB 614 entwickelt. Dabei dient die Selbstoptimierung vor allem der echtzeitnahen Anpassung an neue und ggf.

veränderte Gegebenheiten. Bei einem Fertigungssystem handelt es sich dagegen um ein zyklisch arbeitendes System. Auf Grund der bereits sehr starken Ausdetaillierung der Lösung mit dem Fokus auf kontinuierlich arbeitende Systeme, ist das Modell für den geplanten Anwendungskontext nicht geeignet und wird bei der Konzeptionierung nicht weiter berücksichtigt.

Die im EXC 128 entwickelte Architektur CCU fokussiert ebenfalls auf einen speziellen Anwendungsfall: die robotergestützte Montage. Der zyklische Prozesscharakter der Architektur lässt die Übertragung auf das Prüfsystem denkbar erscheinen. Problematisch in dem Zusammenhang ist allerdings, dass die CCU als stark kooperatives System ausgelegt ist, bei der das technische System eng durch den menschlichen Bediener begleitet wird.[165] Dies widerspricht in gewissem Maß dem Ziel kognitiver Systeme, einen möglichst hohen Grad an Autonomie zu erreichen und insbesondere dem Ziel, mithilfe eines selbstoptimierenden Prüfsystems die manuellen Aufwände für die Prüfung zu reduzieren. Die CCU ist daher ebenfalls nicht geeignet und wird bei der Konzeptionierung nicht herangezogen.

Die dritte aufgeführte Architektur MBSO ist prinzipiell für die Konzeption des zentralen Systemablaufs eines SO-Systems geeignet. Da die Architektur jedoch bereits eine bestimmte Form der Selbstoptimierung impliziert (modellbasierte SO) eignet sie sich weniger für einen ersten möglichst lösungsoffenen Konzeptentwurf und wird daher auch hier nicht genutzt.

Lösungsoffenere Architekturen stellen die beiden verbleibenden KASP und MKR dar. Bei dem KASP handelt es sich um eine Architektur zur Betrachtung von Abhängigkeiten und Abstimmungswegen zwischen selbstoptimierenden Systemen auf unterschiedlichen Hierarchieebenen und weniger um die Gestaltung der jeweiligen Systeme auf den Ebenen. Deshalb wird auch diese nicht weiter bei der Konzepterstellung berücksichtigt.

Für die Entwicklung eines Konzepts verbleibt damit die Architektur MKR. Diese eignet sich vor allem auf Grund des aufbauorientierten Charakters und ist darüber hinaus so generisch, dass unterschiedliche Systeme darin gut darzustellen sind. Die aufbauorientierte Sicht des MKR ermöglicht die Ableitung notwendiger, grundlegender Systemfunktionalitäten sowie die strukturierte Darstellung der zur Realisierung dieser Funktionalitäten relevanten methodischen Grundlagen. Aus den genannten Gründen erfolgt die Konzeptionierung des Prüfsystems in der ersten Iteration aufbauend auf der Architektur MKR.

Aufbauorientiertes Systemkonzept auf Basis der Architektur MKR

Im Folgenden wird das Konzept des selbstoptimierenden Haptikprüfsystems in seinen wesentlichen Merkmalen (vgl. Abbildung 4-2) beschrieben. Eingebunden sind die notwendigen Systemmodule, die an die MKR-Architektur anknüpfen bzw. darin verortet werden. Das Konzept beinhaltet zugleich eine Weiterentwicklung des MKR, wie anhand der weiteren Erläuterungen aufgezeigt wird.

Gegenstand der Prüfung sind, wie im Anwendungsszenario beschrieben, unterschiedliche Lenkradvarianten (Prüfobjekt), die auch in Bezug auf die Bedienelemente bzw. Drucktaster

---

[165] vgl. **Faber, M., et al.** (2013), S. 211f

(Messpunkte) und des damit verbundenen Kraft-Weg-Verhaltens (Prüfmerkmale) entsprechend variieren. Im Rahmen der Erfassung der Ist-Situation (Anforderung 5) sind durch das System alle aktuellen für die selbstständige Planung eines kollisionsfreien Bewegungsablaufes notwendigen räumlichen Informationen zu erfassen. Diese Informationen werden auch als Szene bezeichnet. Dazu gehören etwa die Position und Orientierung sowie Repräsentation des aktuell vorliegenden Prüfobjekts sowie die damit verbundenen Messpunkte. Die Erfassung der zu prüfenden Komponenten sowie der Messpunkte ist Teil der Wahrnehmungsschicht in dem MKR. Zur Entwicklung von Lösungen für diese Erfassungsaufgaben werden in Abschnitt 4.3 Sensoren und Verfahren aus dem Bereich Machine Vision[166] vorgestellt.

Damit das Prüfsystem in der Lage ist, eine Aussage über die Realisierung der Prüfmerkmale zu treffen, benötigt es entsprechend Anforderung 2 die Fähigkeit, Messgrößen Kraft- und Wegmessdaten zu ermitteln, aus denen sich Kraft-Weg-Verläufe bzw. die daraus zu bestimmenden relevanten Kennwerte ergeben (vgl. Abschnitt 2.1). Die Aufnahme dieser Messdaten ist Bestandteil der Wahrnehmungsschicht im MKR, die die direkte Anknüpfung des Systems an den Prüfprozess darstellt. Im Abschnitt 4.4 werden die Anforderungen an die Messgrößenaufnahme detailliert beschrieben und ein Vergleich von Sensoren zur Kraftmessung auf Basis der Anforderungen vorgenommen.

Bei der Auswertung der Messsignale im Rahmen der Prüfung ist durch das Messsystem neben der Bestimmung der für jedes einzelne Bedienelement relevanten Messgrößen auch eine übergreifende, auf die Harmonie zwischen den Prüfmerkmalen ausgerichtete Bewertung vorzunehmen. (Anforderung 3). In die Auswertung der erhobenen Messgrößen sollten daher neben Absolut- auch Differenzschwellen sowie Wahrnehmungscluster einfließen.

Die Realisierung einer taktilen Prüfung beinhaltet das Bewegen der Sensorik zu den Messpunkten und das dortige Ausführen definierter Prüfbewegungen mit dem Ziel der Messwertaufnahme. Zur Bereitstellung der Bewegungen ist gemäß Anforderung 4 ein Manipulator notwendig, die in der Lage ist, die Sensorik aufzunehmen und die hinsichtlich der Genauigkeit und Flexibilität vom Menschen ausführbare haptische Prüfszenarien reproduzieren kann. Der Vergleich existierender Haptikprüfsysteme in Kapitel 3 zeigte, dass die Verwendung eines Mehrachs-Industrieroboters eine sinnvolle Lösung darstellen kann. Damit ist größtmögliche Bewegungsflexibilität und Erweiterbarkeit des Manipulators sichergestellt (vgl. Abschnitt 2.3.1). In Abschnitt 4.6 wird ein Vergleich der beiden unterschiedlichen Roboterbauarten auf der Grundlage der in Anforderung 4 formulierten Detaillierungen vorgenommen mit dem Ziel, eine geeignete Auswahl für das hier in Betracht kommende System treffen zu können.

Der beschriebene Prüfablauf ist Gegenstand der Selbstoptimierung des Systems, beginnend mit der bereits erläuterten Erfassung des Ist-Zustandes (Anforderung 5). Zur Durchführung der Selbstoptimierung sind in diesem Schritt neben den Szeneinformationen auch die

[166] Der Begriff *Machine Vision* ist eng mit dem Begriff *Computer Vision* verknüpft. Nach SONKA, BOYLE UND HLAVAC liefert letzterer Bereich grundsätzliche Lösungen (Algorithmen und Repräsentationen von Bildern) für die Interpretation von unverarbeiteten Bilddaten auf unterschiedlichen Verarbeitungsebenen. *Machine Vision* hingegen behandelt den Einsatz dieser Lösungen für konkrete Anwendungsfälle, wie etwa die automatische Sichtprüfung. **Sonka, M.; Boyle, R.; Hlavac, V.** (2008), S. vff

vorliegenden externen Zielgrößen für den Prüfprozess zu erfassen. Ausgehend von dem in Abschnitt 4.1 beschriebenen Anwendungsszenario können dies Vorgaben für das Qualitätsniveau, die Prüfzeit sowie die aktuelle Gewichtung der Energiekosten sein. Auf Basis dieser externen Ziele sowie dem Wissen über vorangegangene Prüfungen und den dabei gewonnenen Ergebnissen sind durch das System interne, für das System handlungsweisende Ziele zu bestimmen, mit denen die externen Ziele möglichst gut erreicht werden (Anforderung 6). Dazu gehören insbesondere die vom System aus dem vorliegenden Prüfobjekt und den externen Zielen bestimmten Prüfmerkmale.

Auf Basis der internen Ziele ist das Systemverhalten im dritten Schritt der Selbstoptimierung anzupassen (Anforderung 7). Dabei sind die Systemparameter an die Erfüllung der internen Ziele anzupassen bzw. die internen Ziele unter Umständen durch das System zu verändern Dies kann etwa notwendig sein, wenn es nicht möglich ist, eine zulässige Lösung zur Prüfung unter Einhaltung der derzeit aktiven internen Ziele zu ermitteln.

Durch den dreischrittigen Ablauf passt das System nach und nach das Prüfverhalten an die in der Vergangenheit tatsächlich festgestellte Qualität, sowie die realisierten Ergebnisse der Prüfung hinsichtlich Zeit- und Kostenaspekten unter Berücksichtigung der externen Ziele, an. Die beschriebene Selbstoptimierung ist im MKR durch die Schicht zur Informationsverarbeitung und Entscheidungsfindung repräsentiert. Für die Selbstoptimierung sind insbesondere Verfahren zur Modellierung und Optimierung von Systemen relevant.

Die in der Schicht zur Informationsverarbeitung und Entscheidungsfindung ermittelten internen, handlungsweisenden Ziele werden an die Handlungsschicht übergeben. Im Weiteren ist durch das System auf Basis der Ziele ein zulässiger Ablauf zur Prüfung der festgelegten Prüfmerkmale zu ermitteln (Anforderung 1). Das bedeutet, dass ein Bewegungsablauf bzw. eine *Trajektorie* für die zu prüfenden Messpunkte durch das System zu bestimmen ist, der keine Kollisionen des Manipulators mit dem Prüfobjekt vorsieht und die Zielgrößen hinsichtlich Zeit und Energie berücksichtigt werden. Wichtig dabei ist, dass der Informationsfluss zwischen der Schicht zur Informationsverarbeitung und Entscheidungsfindung sowie der Handlungsschicht sowohl vorwärts-, als auch rückwärtsgerichtet stattfinden kann, um bei einer nicht ausführbaren Lösung weitere Anpassungen zu ermöglichen. Dieser rückwärtsgerichtete Informationsfluss stellt eine Erweiterung des allgemeinen MKR nach SCHMITT dar. In Abschnitt 4.6 werden prinzipielle Verfahren zur Bewegungsplanung erläutert und verglichen, um den Lösungsraum einzuschränken. Dazu wird Anforderung 1 im Rahmen des Anwendungsfalls ausdifferenziert. Die Bewegungsplanung liegt im Bereich der Handlungsschicht und ist Bestandteil des MKR.

Das beschriebene Konzept beinhaltet die Fähigkeiten eines selbstoptimierenden Haptikprüfsystems und die relevanten methodischen Grundlagen zu deren Umsetzung. Abbildung 4-2 veranschaulicht das Konzept für die Struktur des Prüfsystems aufbauend auf der MKR Architektur.

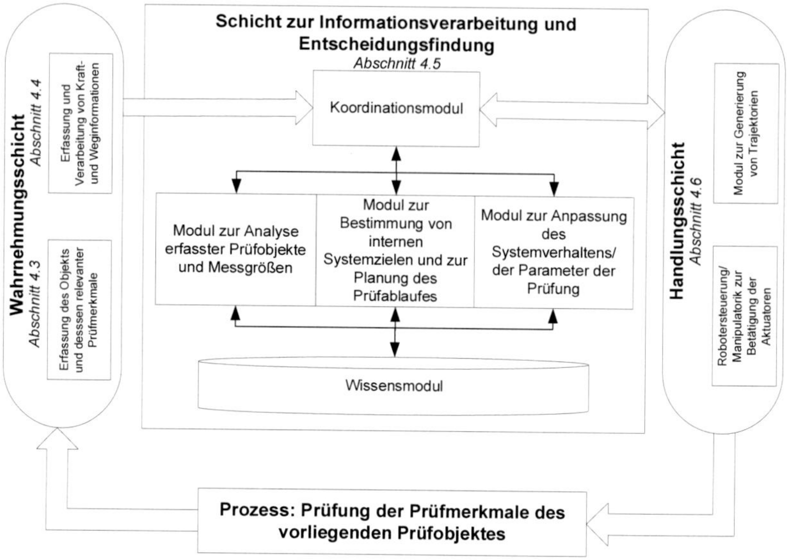

Abbildung 4-2 Konzept des selbstoptimierenden Haptikprüfsystems aus Modulsicht aufbauend auf der Architektur MKR

4.3 Machine Vision (MV) und Machine Learning (ML)

Im Rahmen der Erfassung der Ist-Situation (Anforderung 5) sind durch das System drei prinzipielle Funktionalitäten bereitzustellen:

- Identifikation der Variante des Prüfobjektes,
- Bestimmung der Position und Orientierung der Messpunkte und
- Klassifikation der Bedienelemente.

Die Variante des Prüfobjektes ist eindeutig zu identifizieren, um Informationen vergangener Prüfungen (bspw. Qualitätsniveaus, Prüfdauer) für die Planung und Anpassung der Prüfung nutzbar zu machen. Diese Informationen können mit der Variante etwa über eine Datenbank verknüpft werden.

Die Position und Orientierung der Drucktaster der Variante sind für die Planung der taktilen Prüfbewegungen zu bestimmen. Diese auch *Pose* (vgl. Abschnitt 4.6) genannten Datentupel sind bspw. bei der ersten Prüfung einer neuen Variante durch das System einmalig zu erfassen und wie bereits beschrieben, mit der Variante zu verknüpfen.

Die Klassifikation der Bedienelemente unterstützt den Prozess und macht ihn erweiterbar. Die Bedienelemente sind mit einer bestimmten Funktion verknüpft, die durch deren Gestaltung vermittelt werden sollte. Ein auf einem Druckschalter aufgedruckter Telefonhörer vermittelt dem Bediener/Nutzer z. B., dass er mit Betätigen der Drucktaste Telefonate annehmen oder beenden kann. Diese Funktion verleiht dem Bedienelement ein eindeutiges Identifikationsmerkmal, das die spätere Interpretation von Prüfdaten erleichtert. Durch eine Klassifikation der Messpunkte erhöht sich die Granularität der Messpunkterfassung durch das System; eine detailliertere Planung der Prüfung wird damit möglich. Darüber hinaus kann damit eine Priorisierung von mit bestimmten Funktionen verknüpften Bedienelementen wie z. B. die Aktivierung der Warnleuchte des KFZ vorgenommen werden.

Für die genannten Zwecke müssen visuelle Informationen der für das System relevanten Objekte durch das System erfasst, erkannt bzw. verstanden werden. Die geplante Auslegung des Systems als weitgehend autonomes, selbstoptimierendes System bedingt hierbei nicht nur die Interpretation bekannter, sondern ebenfalls die Interpretation unbekannter Situationen. So sollte das System auch in der Lage sein, die zur Planung der Prüfung notwendigen Informationen eines bislang noch nicht geprüften, also bisher unbekannten Objektes zu erfassen.

Der Bereich *Computer Vision (CV)* beinhaltet das Verstehen eines Objektes, einer Szene aus einem Bild oder aus einer Sequenz von Bildern und erstellt auf deren Grundlage abstrakte Beschreibungen oder Handlungsanleitungen.[167] Nach PRIESE ergänzt CV die digitale Bildverarbeitung um den Prozess der Bildanalyse; darunter wird die Analyse elementarer Formen und die Identifikation von Objekten verstanden.[168]

Machine Vision (MV) kann als Anwendung von CV im industriellen Umfeld verstanden werden. GRAVES definiert MV folgendermaßen: „*Machine Vision (MV) is concerned with the engineering of integrated mechanical-optical-electronic-software systems for examining natural objects and materials, human and industrial artifacts, and manufacturing processes in order to detect defects and improve quality, operating efficiency, and safety of both products and processes. It is also used to monitor and control machines used in manufacturing.*“[169]

Die im Bereich MV verwendeten Algorithmen lassen sich jedoch bei komplexen Aufgabenstellungen im Bereich der Klassifikation von Objekten nicht mehr manuell parametrieren.[170] Zwar sind die Eingangsdaten und das angestrebte Ergebnis bzw. die Ausgabedaten bekannt, die durch den Entwickler festgelegte Systematik zur Transformation der Eingangs- in die Ausgangsdaten ist jedoch unklar. Alternativ bieten sich Verfahren an, die das natürliche Vorgehen der Objekterkennung auf die Informatik übertragen. Ein Algorithmus soll aus einer Menge an Trainingsdaten selbstständig lernen, was ein bestimmtes Objekt (etwa ein Bedienelement) ausmacht, um dieses in der späteren Anwendung, auch bei zuvor nicht vom System bekannten Realisierungen, klassifizieren zu können. Dieses Verfahren bezeichnet man als *Machine Learning* (Maschinelles Lernen ML).

---

[167] vgl. **Erhardt, A.** (2008), S. 2f

[168] vgl. **Priese, L.** (2015), S. 2f

[169] **Graves, M.; Batchelor, B.** (2003), viii

[170] vgl. **Süße, H.; Rodner, E.** (2014), S. 449

Die Gewinnung von Aussagen aus den mittels geeigneter Aufnahmetechniken gewonnenen Bildsignalen läuft nach BEYERER ET AL. in einer hierarchischen Verarbeitungskette ab, die in der folgenden Abbildung 4-3 aufgezeigt und im Folgenden näher erläutert wird.

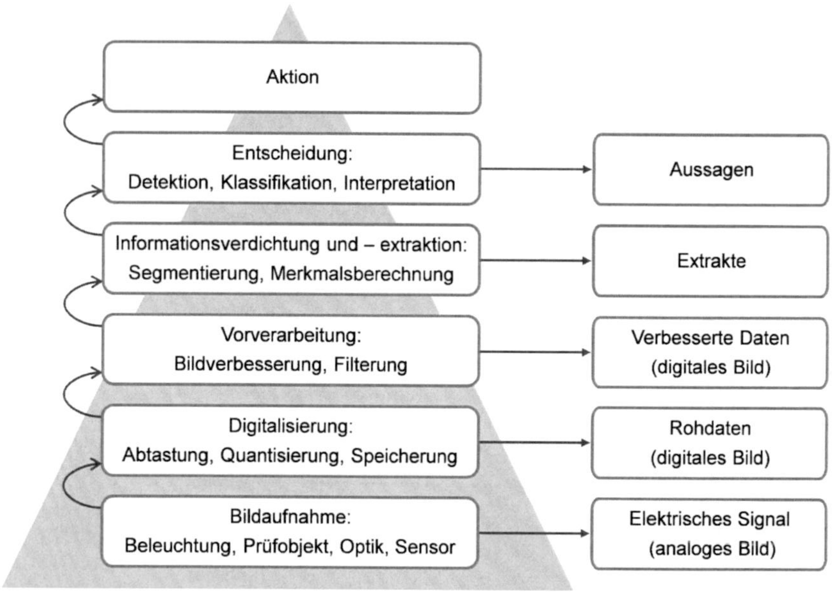

Abbildung 4-3 Verarbeitungskette der automatischen Sichtprüfung[171]

Bei der Bildaufnahme wird das von der Beleuchtung ausgestrahlte Licht vom Prüfobjekt zum Sensor reflektiert und dort in ein elektrisches Signal umgewandelt. Das analoge Signal wird zur Weiterverarbeitung im digitalen System (Rechner) digitalisiert. In den Rohdaten sind neben den gewünschten Informationen störende und irrelevante Anteile (Rauschen, Intensitätsinhomogenitäten usw.) enthalten. Bei der Vorverarbeitung wird daher versucht, diese Anteile zu unterdrücken oder abzuschwächen. Dies wird durch geeignete Bildoperationen und Transformationen erreicht. Aus den verbesserten Daten können im nächsten Schritt Teilbereiche durch Segmentierung extrahiert oder Merkmale berechnet und verdichtet werden. Die verdichteten Informationen werden dann genutzt, Entscheidungen bezüglich der vorliegenden Sichtprüfungsaufgabe zu treffen. Die getroffenen Aussagen führen im letzten Schritt zu einer bestimmten Reaktion.[172]

Im Abschnitt 4.3.1 werden bezogen auf den Anwendungszweck des Systems sowie der Prüfobjekte und der zu erfassenden Messpunkte die Anforderungen an die Fähigkeiten zur

---

[171] nach **Beyerer, J.; Puente León, F.; Frese, C.** (2012), S. 13f; **Heinrich, B.; Linke, P.; Glöckler, M.** (2017), S. 113

[172] vgl. **Beyerer, J.; Puente León, F.; Frese, C.** (2016), S. 13

Bildaufnahme, -verarbeitung und Informationsextraktion sowie zur Interpretation durch das System abgeleitet. Die Bildaufnahme stellt das Fundament der Bildverarbeitung dar, deshalb werden im Abschnitt 4.3.2 Varianten optischer Systeme zur Bildaufnahme vorgestellt und in Abschnitt 4.3.3 miteinander verglichen. Im Abschnitt 4.3.4 wird eine Betrachtung relevanter BV-Verfahren zur Analyse erfasster Bilddaten mit dem Ziel der Extraktion der notwendigen Informationen zur Analyse der Ist-Situation vorgenommen. Den Abschluss bildet ein Vergleich der Varianten von BV-Systemen sowie der ML-Verfahren in Abschnitt 4.3.5.

4.3.1 Anforderungen an die MV im Rahmen der Erfassung des Ist-Zustands

Die Detaillierung von Anforderung 5 im Kontext von MV und ML erfolgt ebenso wie die Betrachtung möglicher Lösungsvarianten anhand der in Abbildung 4-3 dargestellten Verarbeitungskette bezogen auf die Bildaufnahme (Schritt 1) sowie der nachfolgenden Verarbeitungsschritte getrennt und nacheinander. Um die Prüfung zu ermöglichen, muss das System im Rahmen der Erfassung der Ist-Situation mindestens folgende Aufgaben lösen:

- Erfassung, Identifikation und Lokalisation des Prüfobjekts in der Szene.
- Erfassung, Identifikation und Lokalisation der Messpunkte in Position zum Prüfobjekt.

Mit der Identifikation des Prüfobjekts kann eine Referenz zu bekannten Modelltypen hergestellt und Metainformationen – sofern diese vorhanden sind – abgerufen werden. Die Lokalisation erlaubt eine relative Beschreibung des Lenkrads zu dem Robotersystem, wodurch eine autonome Bahn- und Trajektorienplanung zur Durchführung der Prüfung möglich wird.

Aus den genannten Aufgaben lassen sich unter Einbeziehung der Literatur zu dem Thema Anforderungen an die Hardware zur Bildaufnahme (Bildaufnehmersystem – BAS) ableiten. Eine große Vielzahl möglicher Anforderungen beschreiben Hesse und Schnell sowie Keferstein und Marxer, die sich insbesondere auf den Betrieb sowie die Wirtschaftlichkeit beziehen.[173][174] Die Arbeiten der Autoren werden zur Anforderungsherleitung herangezogen, soweit sie für die Fragestellung relevant sind. Die Anforderung an die BAS, dass eine Erfassung von 3D-Szeneinformationen möglich sein soll, wurde hier nicht separat bewertet, da in den Vergleich ohnehin nur Verfahren zur 3D-Erfassung einbezogen wurden.

Das BAS erfasst idealerweise das vollständige Prüfobjekt, um eine nachgelagerte Bildverarbeitung, wie die Identifikation und Lokalisation, zu ermöglichen. Dies ist auch vor dem zeitlichen Hintergrund der Bildverarbeitung kritisch, da ansonsten ein sog. *Stitching*, die Überlagerung und Zusammenführung mehrerer Einzelaufnahmen zu einer größeren Aufnahme, notwendig wird.[175] Dieses Stitching ist sehr fehleranfällig und zudem rechenintensiv. Die daraus folgende Anforderung lautet wie folgt:

Anforderung 5-a **Der Aufnahmebereich des BAS umfasst den Bereich eines Prüfobjekts.**

---

[173] vgl. **Hesse, S.; Schnell, G.** (2014), S. 20

[174] vgl. **Keferstein, C.; Marxer, M.** (2015), S. 199

[175] vgl. **Davies, E.** (2012), S. 470f

Die Aufnahme des vollständig erfassten Prüfobjekts stellt die Grundlage für die Erfassung der Messpunkte dar. Da für diese Erfassung die Struktur der Drucktaster eindeutig messbar sein muss, ist nach dem Nyquist-Shannon'schen Abtasttheorem für die Aufnahme eine Auflösung notwendig, bei der die kleinste Objektstruktur mit mindesten 2 Pixeln abgetastet werden kann. Bei einem Prüfobjekt mit 400x400 mm Grundfläche und einer Stärke der auf den Drucktastern aufgebrachten Beschriftung von circa 0,4 mm ist mindestens eine Auflösung von 2048x2048 oder 4 Megapixel notwendig, um eine ausreichende Genauigkeit der Strukturabbildung zu erreichen:

Anforderung 5-b **Das BAS verfügt über eine 2D-Auflösung von mindestens 4 Megapixeln.**

Um aus den Aufnahmen des BAS Informationen z. B. über die in dem Prüfobjekt vorhandenen Messpunkte zu extrahieren, sollen die Aufnahmen neben einer hohen Auflösung auch Farbinformationen im sichtbaren Spektrum enthalten. So stehen mehr Bildinformationen zur Auswertung zur Verfügung. Die entsprechende Anforderung lautet:

Anforderung 5-c **Das BAS erfasst Farbinformationen der vorliegenden Objekte im sichtbaren Spektrum**.

Bei dem Einsatz optischer Sensoren sind Interferenzen durch andere Lichtquellen und der Einfluss unterschiedlicher Oberflächenstrukturen des Prüfobjektes auf die Messergebnisse zu berücksichtigen. Da das BAS für eine hohe Systemflexibilität auch bei unterschiedlich strukturierten Oberflächen und verschiedenen Materialien unter dem Einfluss wechselnder Lichtverhältnisse robust einsetzbar sein soll, wird dafür eine ausreichende Empfindlichkeit des Sensors vorausgesetzt, sodass keine Nachverstärkung benötigt wird, da diese zu Messungenauigkeiten und -fehlern führen kann. Für die Anforderung 5-d bedeutet das:

Anforderung 5-d **Das BAS ist unempfindlich gegenüber der eingesetzten Lichtquelle und den Oberflächenstrukturen der aufgenommenen Objekte**.

Das BAS soll keine besonderen Einschränkungen an das Gesamtsystem hinsichtlich Handhabung oder der Sicherheit stellen. So erfordert der Einsatz höherer Laserklassen bei optischen Sensoren u. U. eine Abschirmung der Strahlung oder persönlichen Sichtschutz für Mitarbeiter, was möglichst vermieden werden soll. Anforderung 5-e lautet daher:

Anforderung 5-e **Das BAS unterliegt keinen besonderen Auflagen hinsichtlich Handhabung und Sicherheit**.

Mittels der aufgenommenen Bilddaten sind die für die Prüfung relevanten Umweltinformationen über die Schritte der Vorverarbeitung, Informationsverdichtung bzw. -extraktion sowie Entscheidung (Klassifikation) zu ermitteln. Die Auswahlkriterien für Verfahren zur Merkmalsextraktion und Klassifikation ergeben sich aus dem Anwendungsszenario sowie dem daraus entwickelten Systemkonzept.

Maßgeblich für die Qualität und Vertrauenswürdigkeit des Prüfsystems ist eine hohe Treffgenauigkeit (engl. Accuracy) in Bezug auf die Identifikation des Prüfobjektes, die Erkennung und Lokalisation der Messpunkte sowie deren Klassifikationen. Die Accuracy gibt den Prozentsatz an korrekt bestimmten Klassen bzw. Labeln von allen bestimmten Instanzen an. Bei

Detektionsalgorithmen wird zudem häufig noch die Genauigkeit (engl. Precision) und die Trefferquote (engl. Recall) zur Einschätzung eines Verfahrens bestimmt. Die Werte können über eine Konfusionsmatrix auch für die Multiklassen-Klassifikation bestimmt werden. Darauf wird bei der Auslegung des Bewertungsverfahrens an anderer Stelle noch eingegangen.

Weiteres Auswahlkriterium ist die Toleranz gegenüber Varianzen in den zu bestimmenden Klassen. Mit jedem neuen, bislang nicht geprüften Objekt können auch neuartige Drucktaster vorliegen. Diese können sich etwa hinsichtlich deren Form, Aussehen oder Symbolmerkmal sich von den Drucktastern bereits bekannter Prüfobjekte unterscheiden. Ein Algorithmus, der sensitiv auf diese Intraklassenvarianz reagiert, wird auf die große Streuung der Drucktaster mit einer schlechten Trefferquote reagieren.

Aus der Literatur konnten keine konkreten Werte als Anforderungen für die Verfahren zur Merkmalsextraktion und Klassifikation abgeleitet werden. Daher erfolgt die Auswahl der Verfahren für die Erprobung im System auf Basis eines qualitativen Vergleichs verschiedener in der Literatur vorhandener Verfahren anhand der genannten Kriterien:

- Treffergenauigkeit des Verfahrens bei vergleichbaren Anwendungen.
- Robustheit des Verfahrens gegenüber Intraklassenvarianz.

Die zur Vorverarbeitung eingesetzten Verfahren variieren stark in Abhängigkeit von der gegebenen Aufgabenstellung, sowie der genutzten Hard- und Software. In der Literatur sind keine exakten Angaben über Art und Umfang der Vorverarbeitung für den jeweils vorliegenden Anwendungsfall zu finden. Trotzdem können die notwendigen Maßnahmen zur Vorverarbeitung oftmals aus dem gewählten Verfahren zur Merkmalsextraktion abgeleitet werden. Das bedeutet, dass die Reihenfolge der einzelnen Verarbeitungsschritte in der Entwicklung umgedreht wird: Die Vorverarbeitung wird bei der praktischen Implementierung an die Anforderungen der ausgewählten Algorithmen im Bereich der Merkmalsextraktion und Klassifikation bzw. an die gegebenen Bilddaten angepasst. Deshalb wird der Grundlagenteil zum Thema Vorverarbeitung in dieser Arbeit nur in den wesentlichen Gesichtspunkten behandelt.

4.3.2 Verfahren zur 3D-Bildaufnahme

Entsprechend der Abbildung 4-4 werden bei dem Vergleich von Verfahren zur integrierten Bildaufnahme nur Verfahren der 3D-Objekterfassung betrachtet. Verfahren zur 3D-Bildaufnahme basieren auf unterschiedlichen physikalischen Prinzipien, die nicht alle gleichermaßen zur Integration in das Konzept eines selbstoptimierenden Haptikprüfsystems geeignet sind. Verfahren, mit durchdringender Strahlung, wie z. B. Ultraschall, benötigen sehr kleine Arbeitsabstände und haben spezielle Sicherheitsauflagen und sind daher auf sehr kleine Objektbereiche beschränkt. Nicht-optische, reflektierende Verfahren wie Radar sind nicht für hohe Auflösungen konzipiert und deshalb ebenfalls ungeeignet.

Vielsprechend ist die Gruppe der Verfahren zur 3D-Bildaufnahme auf Basis optischer, berührungsloser Verfahren bzw. Sensoren auf Basis reflektierender Strahlung.[176] Diese können durch entsprechende Programmierung und unterstützende Software die erforderlichen Funktionen in einem einzelnen Sensor erfüllen. Dadurch wird die notwendige strukturelle Komplexität des Systems minimal gehalten, die sich aus der Kombination verschiedener Sensortypen und den damit entstehenden Schnittstellen ergibt. Auf eine detailliertere Erläuterung aller unterschiedlichen Prinzipien wird an dieser Stelle wie eingangs erläutert verzichtet. Für detaillierte Ausführungen sei auf die Werke von BEYERER[177] sowie HESSE UND SCHNELL[178] verwiesen. Eine Übersicht über die Verfahrensgruppen der 3D-Objekterfassung bietet Abbildung 4-4. Die in der weiteren Arbeit berücksichtigten Prinzipien sind dunkelgrau hervorgehoben.

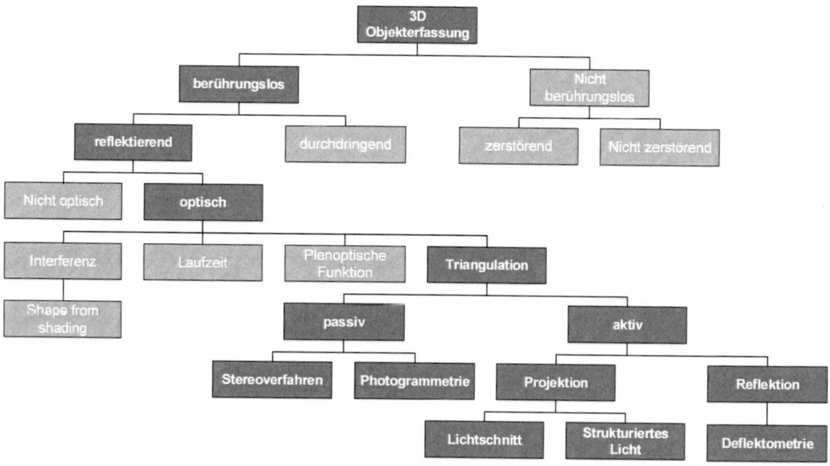

Abbildung 4-4 Verfahren in der 3D-Bildaufnahme[179]

Für den weiteren Vergleich werden wie bereits erwähnt optische Sensoren basierend auf dem Triangulationsprinzip betrachtet.[180] Bei der Triangulation handelt es sich um eine Methode zur Abstandsmessung, die auf den geometrischen Eigenschaften eines Dreiecks basiert.

Dieses Projektionsverfahren ist weitestgehend unabhängig von den optischen Eigenschaften des Prüfobjektes wie Farbe, Reflexivität und Streuverhalten des Lichts; da in erster Linie die Verzerrung des abgebildeten Punktes bzw. Musters betrachtet wird. Dazu ist es ausreichend, wenn lediglich ein Teil des reflektierten Lichts durch den Sensor aufgefangen wird.[181] Praktisch alle Verfahren nutzen als Detektor Industriekameras, bspw. mit CCD- (engl. Charged coupled

[176] vgl. **Schmitt, R., et al.** (2012), S. 110

[177] vgl. **Beyerer, J.; Puente León, F.; Frese, C.** (2012)

[178] vgl. **Hesse, S.; Schnell, G.** (2014)

[179] vgl. **Beyerer, J.; Puente León, F.; Frese, C.** (2012), S. 272

[180] vgl. **Schmitt, R., et al.** (2012), S. 110

[181] vgl. **Beyerer, J.; Puente León, F.; Frese, C.** (2012), S. 314

devices: ladungsgekoppeltes Bauteil) oder CMOS-Sensoren (engl. Complementary metal-oxid-semiconductor: sich ergänzender Metall-Oxid-Halbleiter).[182] Nach der Aufnahme sind unterschiedliche Analysen im Bereich der Bildverarbeitung möglich. Prinzipiell erlaubt die Vorgehensweise auch die Aufnahme einer Szene über das Stereoprinzip, um die 3D-Form des abgebildeten Objekts herzuleiten.[183]

Lichtschnittverfahren

Beim sogenannten Lichtschnittverfahren wird eine Lichtebene auf das Messobjekt projiziert, die das Prüfobjekt entlang ihres Profils schneidet. Wird nun das gestreute Licht dieser Profillinie von einer Kamera während eines Scanvorganges senkrecht zur Beobachtungsrichtung aufgezeichnet, so erhält man ein dreidimensionales Modell der Oberfläche. Über das Triangulationsverfahren können die Koordinaten der Kontur ermittelt und so Rückschlüsse auf die Gestalt des Körpers gezogen werden.[184]

Strukturlichtverfahren

Eine weitere Anwendung des Triangulationsverfahrens ist das Strukturlichtverfahren.

Im Gegensatz zum Lichtschnittverfahren wird nicht ein einzelner, sondern es werden simultan mehrere Lichtfächer auf das Prüfobjekt geworfen, die ein Projektionsmuster bilden. Sofern die Perspektive, aus der das Lichtmuster mittels spezieller Optiken bzw. einem rechnergesteuerten Videoprojektor erzeugt wird, nicht mit der der Sensorperspektive übereinstimmt, zeichnet letzterer ein verzerrtes Muster auf, das auf die Objektgeometrie zurückzuführen ist.[185]

Deflektometrie

Die Deflektometrie bedient sich desselben Prinzips wie das Strukturlichtverfahren und basiert wie dieses auf der Triangulation, erfordert allerdings spezifische optische Eigenschaften des Prüfobjekts. Einsatz findet diese Methode vor allem bei Prüfobjekten mit spiegelnden Oberflächen. Im Unterschied zum Strukturlichtverfahren wird kein Muster auf die Objektoberfläche projiziert, sondern die Reflektion eines Musters auf der Objektoberfläche aufgezeichnet. Die Fokussierung der Kamera liegt in diesem Fall auf dem Mustergenerator. Dadurch ist die Deflektometrie empfindlich gegenüber lokalen Änderungen in der Oberflächensteigung: Mit der Änderung der Oberflächennormalen verändert sich auch direkt der Strahlengang der Spiegelung und so das beobachtete Muster.[186] Das Verfahren ist ebenfalls für transparente Objekte geeignet: In diesem Fall bewirkt die Brechung an der Oberfläche des Objektes eine geometrieabhängige Verzerrung des Musters.[187]

---

[182] vgl. **Hesse, S.; Schnell, G.** (2014), S. 367ff

[183] vgl. **Keferstein, C.; Marxer, M.** (2015), S. 239ff

[184] vgl. **Hesse, S.; Schnell, G.** (2014), S. 374ff

[185] vgl. **Beyerer, J.; Puente León, F.; Frese, C.** (2012), S. 313

[186] vgl. **ebenda** (2012), S. 320f

[187] vgl. **ebenda** (2012), S. 322

Stereoverfahren

Wenn ein Objektpunkt aus zwei unterschiedlichen Blickwinkeln betrachtet wird, so lässt sich dessen Entfernung zum Sensor auf Grundlage des stereotypischen Prinzips bestimmen. Das Prinzip ist mit dem menschlichen Stereosehen vergleichbar, bei der ein fixierter Gegenstand im Schnittpunkt der beiden Sehachsen scharf abgebildet wird.[188] Es besteht für ein Kamerasystem folgender Zusammenhang zwischen den einzelnen Komponenten auf der Basis der Triangulation: Die Bildweite der beiden Kameras, der Abstand ihrer optischen Zentren sowie die Parallaxe und eine Änderung der Bildgröße zwischen den beiden Perspektiven, weisen eine geometrische Abhängigkeit auf. Für die Aufnahme einer statischen Szene ist es ausreichend, eine einzelne Kamera zur Aufnahme aus mehreren Perspektiven zu benutzen, sofern die Position der Kamera relativ zum Prüfobjekt als bekannt vorausgesetzt werden kann.[189]

Lichtfeld

Bei der Lichtfeldkamera, auch unter dem Namen plenoptische Kamera bekannt, handelt es sich um eine spezielle Kamera, die im Gegensatz zu einer konventionellen Kamera neben der Position und Intensität eines Lichtstrahls auch dessen Richtung aufzeichnet. Es wird somit ein sogenanntes Lichtfeld des Messobjektes aufgenommen. Das Lichtfeld beschreibt Punkte des Prüfobjektes in ihrer Position und der Orientierung. Der Lichtstrahl in Richtung des Sensors hat entlang der Geraden dieselbe Strahlintensität und ist somit unabhängig von der Distanz zum Objekt. Technisch ist es nur schwer möglich das gesamte Lichtfeld aufzuzeichnen. Neben einer Objektivlinse und einem Bildsensor ist hierzu für die Lichtfeldaufnahme ein Mikrolinsenarray notwendig, um den Strahlengang des Lichts aufzuzeichnen.[190]

Bei einer konventionellen Kamera ist an der Position des Mikrolinsenarrays bereits der Bildsensor lokalisiert, wodurch die Richtungsinformation der einfallenden Lichtstrahlen verloren geht. Im Vergleich dazu wird bei der Lichtfeldkamera das Prüfobjekt durch die Hauptlinse scharf auf dem Mikrolinsenarray dargestellt, wobei jede Mikrolinse wiederum die Ebene der Hauptlinse auf dem Sensorarray scharf abbildet. So werden nicht einzelne Lichtpunkte auf dem Bildsensor generiert, sondern der einfallende Lichtstrahl wird durch das Mikrolinsenarray zu einem Kreis aufgebrochen. So entsteht eine Aufnahme des Lichtpunktes aus mehreren Perspektiven.[191] Im Anschluss an die Aufnahme kann, ähnlich dem Stereoverfahren, ein dreidimensionales Objekt berechnet werden.

Lichtlaufzeitsensoren

Lichtlaufzeitsensoren sind optische Sensoren, die mit Hilfe des Laufzeitverfahrens Distanzen messen. Über einen Lichtimpuls wird das Messobjekt ausgeleuchtet und das reflektierte Signal aufgezeichnet. Für jeden Bildpunkt wird dann die Signallaufzeit ermittelt, die für das Zurücklegen der Distanz zwischen Objekt und Sensor benötigt wird. Mit der Tiefeninformation sowie

---

[188] vgl. **Hesse, S.; Schnell, G.** (2014), S. 395ff

[189] vgl. **Beyerer, J.; Puente León, F.; Frese, C.** (2012), S. 341ff

[190] vgl. **ebenda** (2012), S. 349f

[191] vgl. **ebenda** (2012), S. 351ff

der Pose des Sensors lässt sich dann im nächsten Schritt die Oberfläche eines aufgezeichneten Objekts rekonstruieren. Ein sog. Photomischdetektor wird in Kameras als Bildsensor eingesetzt und ist in der Lage, in einer einzelnen Aufnahme die räumliche Gestalt des Messobjekts aufzuzeichnen.[192]

4.3.3 Vergleich der betrachteten Verfahren zur Bildaufnahme

Die Auswahl eines geeigneten BAS zur Realisierung der Bildverarbeitungsfunktionalitäten des Prüfsystems erfolgt vor dem Hintergrund der in Abschnitt 4.3.1 formulierten Anforderungen. Eine Vielzahl der betrachteten Anforderungen bzw. Parameter weisen eine starke Korrelation zu dem spezifischen Sensormodell auf: Das Stereoverfahren lässt sich bspw. mit einer einzelnen Kamera anstelle eines Mehrkamerasystems umsetzen, das wiederum einen starken Einfluss auf Attribute, wie z. B. Bauraum und Gewicht hat. Der folgende Vergleich umfasst qualitative Faktoren und stützt sich dabei auf die Veröffentlichungen von INASAKI UND TÖNSHOFF[193], HESSE UND SCHNELL[194], sowie KEFERSTEIN UND MARXER[195].

Hinsichtlich der aus Anforderung 5-a folgenden Auflösung bieten sich generell Bildaufnahmeverfahren auf Basis von Flächensensoren an. Diese Anforderung wird von den zeilenbasierten Lichtschnittverfahren nicht erfüllt. Die anderen betrachteten Verfahren sind prinzipiell in der Lage, Flächenbereiche in einer Aufnahme zu erfassen, daher wird die Anforderung hier als erfüllt betrachtet.

Die Auflösung des BAS ist innerhalb der Lösungsklassen variabel und hängt wesentlich von dem gewählten System ab. Dennoch kann in Bezug auf Anforderung 5-b prinzipiell festgestellt werden, dass die 2D-Auflösung von Lichtfeldkameras im Allgemeinen geringer ist als bei den anderen Verfahren, die mit herkömmlichen CMOS oder CCD Sensoren ausgestattet sehr hohe Auflösungen erzielen können. Anforderung 5-b wird daher in Bezug auf das Lichtfeldverfahren als teilweise und in Bezug auf alle anderen Verfahren (Strukturlicht, Deflektometrie, Stereo und Lichtschnitt) als voll erfüllt bewertet.

Farbinformationen (Anforderung 5-c) werden durch das Stereoverfahren und das Lichtfeldverfahren erfasst. Die Anforderung kann hier daher als voll erfüllt bewertet werden. Die anderen Verfahren (Lichtschnitt, Strukturlicht sowie Deflektometrie) erfüllen die Anforderung hingegen nicht, da keine Farbinformationen erfasst werden.

Das Lichtschnitt- und das Strukturlichtverfahren sowie die Deflektometrie sind hinsichtlich der dadurch ermittelbaren Oberflächeneigenschaften auf geometrische Attribute begrenzt und sind durch die Art der Oberfläche nur eingeschränkt einsetzbar. Weiterhin können ungünstig texturierte Oberflächen auch beim Lichtfeldverfahren die Messung behindern. Daher wird bei

[192] vgl. **Fuchs, S.; May, S.** (2008), S. 274f

[193] vgl. **Tönshoff, H.K.; Inasaki, I.** (2001)

[194] vgl. **Hesse, S.; Schnell, G.** (2014)

[195] vgl. **Keferstein, C.; Marxer, M.** (2015)

den vier genannten Verfahren Anforderung 5-d als teilweise erfüllt und lediglich bei dem Stereoverfahren als voll erfüllt betrachtet.

In Bezug auf Anforderung 5-e gelten allein für das Lichtschnittverfahren auf Grund der eingesetzten Laser besondere Sicherheitsauflagen. Daher wird diese Anforderung bei diesem Verfahren als nicht erfüllt beurteilt. Bei allen anderen Verfahren gelten keine Auflagen, daher wird bei diesen die Anforderung als voll erfüllt bewertet.

Eine Zusammenfassung des Vergleichs der Verfahren zur 3D-Bildaufnahme bietet Tabelle 4-3. Auf Basis des Vergleichs wird für die weiteren Betrachtungen das Stereoverfahren für die Einsatzzwecke der Objektidentifikation und Szeneerfassung ausgewählt. Die mittels optischer BAS aufgezeichneten Bilddaten verfügen über eine hohe Auflösung, sodass auch komplexe Operationen im Bereich der Bildbearbeitung wie bspw. die Texterkennung leicht realisierbar sind. Dieser Aspekt ist bei den direkt am Prüfobjekt messenden Verfahren nicht gegeben. Auf dieser Grundlage ist ein Kamerasystem essenziell für die weitere Ausarbeitung des Konzepts, insbesondere für den Bereich der Identifikation von zu betätigenden Komponenten. Es handelt sich dabei um einen Sensor, der sich durch seine hohe Wirtschaftlichkeit und eine einfache Handhabung auszeichnet. Sofern eine höhere Messgenauigkeit erforderlich wird, kann das Kamerasystem unkompliziert um weitere Sensoren ergänzt werden.

Tabelle 4-3 Vergleich der Verfahren zur 3D-Bildaufnahme

Anforderung	Stereoverfahren	Strukturiertes Licht	Lichtschnitt	Lichtfeld	Deflektometrie
Flächenhafte Aufnahmegröße	●	●	○	●	●
Hohe 2D-Auflösung	●	●	●	◐	●
Erfassung von Farbinformationen	●	○	○	●	○
Unempfindlichkeit bzgl. optischer Störeinflüsse	●	◐	◐	●	◐
Keine Sicherheitsauflagen	●	●	○	●	●
Legende: ○ Anforderung nicht erfüllt ◐ Anforderung teilweise erfüllt ● Anforderung erfüllt					

4.3.4 Bildverarbeitungsverfahren

Basierend auf den verschiedenen Messverfahren kann über geeignete Bildverarbeitungsverfahren ein Tiefenbild bzw. 3D-Modell des Prüfobjektes erzeugt werden. Wie im vorherigen

Abschnitt erläutert erfassen einige BAS auch Informationen zur Oberflächengestalt wie etwa Farbinformationen. Im Folgenden werden Möglichkeiten aufgezeigt, aus diesen Daten Informationen für die Szene- und Objekterfassung sowie für die Identifikation der Drucktaster zu extrahieren. Die Umsetzung der Verarbeitungsverfahren erfolgt durch spezielle MV Software, auf die bei der Implementierung (vgl. Abschnitt 6.2.3) näher eingegangen wird.

4.3.4.1 Bildvorverarbeitung

Durch die Bildvorverarbeitung wird das originale Eingangsbild in ein neues Bild überführt, das zwar Ähnlichkeiten mit dem Eingangsbild aufweist, sich aber in bestimmter Hinsicht von ihm unterscheidet. Dabei kann es sich beispielsweise um eine Kontrastverbesserung oder das Herausfiltern von Rauschanteilen im Bild handeln. Im Zuge der Vorverarbeitung werden die Helligkeitswerte einzelner Bildpunkte oder die Lage der Punkte zueinander verändert. Bei den Funktionen, die zur Veränderung der Helligkeitswerte genutzt werden, kann man zwischen Punktoperationen und lokalen Operationen unterscheiden. Die Lage der Punkte zueinander wird durch geometrische Transformationen verändert.[196] Eine weitere Aufgabe der Vorverarbeitung besteht in der Segmentierung des Eingangsbilds durch Isolation von Objekten aus der Bildszene. Dies führt zu einer Reduktion des späteren Arbeitsbereichs und damit zu geringeren Datenmengen und kürzeren Rechenzeiten.[197]

Tabelle 4-4 gibt eine Übersicht über häufig verwendete Bildvorverarbeitungsverfahren, ihren Einsatzzwecken und typischen Anwendungen.[198] Im Folgenden werden die drei in der Tabelle aufgeführten Gruppen anhand ausgewählter Verfahren kurz erläutert.

Tabelle 4-4 Übersicht Bildvorverarbeitungsverfahren

Gruppe	**Verfahren**	**Zweck**	**Anwendung**
Punktoperationen	Grauwerttransformation	Kontrastverbesserung, Histogrammebnung	Inhomogene Helligkeit, kontrastschwache Bilder
	Bildarithmetik	Abweichungsdetektion, Shading-Korrektur	Vignettierung
Lokale Operationen	Lineare Filter	Glättung, Schärfung, Kantendetektion	Rauschen, Unschärfe
	Medianfilter	Glättung bei Erhalt der Kantenschärfe	Punktförmige Störungen

[196] vgl. **Demant, C.; Streicher-Abel, B.; Springhoff, A.** (2011), S. 29f

[197] vgl. **ebenda** (2011), S. 95

[198] vgl. **ebenda** (2011), S. 29ff

Segmentierung	Binärsegmentierung	Objektisolation	Hintergrundstörungen
	Kantendetektion	Objektisolation, Hervorhebung von Strukturen	Hintergrundstörungen, Rauschen

Punktoperationen

Unter die Punktoperationen fallen die Grauwerttransformation und die Bildarithmetik. Bei Punktoperationen ist der neu berechnete Parameter eines Pixels, wie etwa sein Grauwert $t_{r,c}$, nur abhängig vom ursprünglichen Pixel, bzw. seines ursprünglichen Grauwertes $g_{r,c}$, und nicht von anderen im Bild enthaltenen Pixeln. Durch Grauwerttransformation können Kontrastabschwächungen und Helligkeitsverluste im Bild in Folge falsch angebrachter Beleuchtung, Alterung der Beleuchtung oder Fremdlichteinfluss ausgeglichen werden. Häufig wird die Transformation durch eine Lookup-Tabelle oder als lineare Transformation ausgeführt. Durch Anpassung der Parameter kann der Kontrast und die Helligkeit des Bildes erhöht oder reduziert werden. Bei der Histogrammebnung wird jeder Grauwert des Eingangsbildes im Ausgangsbild durch einen Grauwert ersetzt, der sich aus der relativen Häufigkeit aller darunterliegenden Grauwerte ergibt.[199]

Lokale Operationen

Lokale Operationen unterscheiden sich von den Punktoperationen dadurch, dass zur Berechnung bzw. Bestimmung des neuen Parameters eines Pixels, wie seinem Grauwert, nicht nur ein einzelner Pixel des Eingangsbildes betrachtet wird, sondern eine ganze Gruppe von Pixeln. Diese Gruppe wird auch als Nachbarschaft oder Umgebung bezeichnet, oder bei der Anwendung von Filtern als Operator, Filterkern oder Filtermaske.[200]

Durch den Einsatz von linearen oder nichtlinearen Filtern lässt sich so beispielsweise der neue Grauwert als der Mittelwert der Grauwerte der direkt benachbarten Pixel berechnen. Je nach Auslegung des Filters lassen sich so das Bildrauschen durch einzelne Pixelgrauwerte verringern, Kanten schärfen bzw. hervorheben, Kantenrichtungen erfassen oder punktförmige Störungen eliminieren.[201]

Segmentierung

Durch die Segmentierung können Objekte aus der Szene des Bildes gelöst werden. Dadurch kann beispielsweise der Bereich für eine Objektsuche reduziert oder störende Hintergründe eliminiert werden. Ein einfaches Verfahren stellt die Binärsegmentierung dar, auch Schwellwertverfahren genannt. Die Grauwerte des Eingangsbildes werden dabei anhand eines

---

[199] vgl. **ebenda** (2011), S. 34f

[200] vgl. **ebenda** (2011), S. 29f

[201] vgl. **ebenda** (2011), S. 60ff

Schwellwerts in zwei Gruppen (im allg. schwarz oder weiß) aufgeteilt und so die Pixel segmentiert.[202]

Die Kantendetektion kann ebenfalls zu den Verfahren der Segmentierung gezählt werden. NIXON UND AGUADO unterteilen die Verfahren darin allgemein in Operatoren erster und zweiter Ordnung.[203] Die Operatoren der ersten Gruppe nutzen Ableitungen erster Ordnung zur Detektion, die Operatoren der zweiten entsprechend Ableitungen der zweiten Ordnung. Die Grenze bzw. Kante eines Objekts ist ein markanter Sprung der Intensitätswerte. Eine Ableitung erster Ordnung bildet die Steigung ab und ermöglicht damit die Detektion der Kanten. Der Prewitt-Kantendetektor nutzt zwei unterschiedliche 3x3-Pixel Masken, die über das Bild bewegt werden, um horizontale und vertikale Kanten zu detektieren. Der Canny-Operator ist der wohl bekannteste Operator zur Kantendetektion, da er u. a. eine gute Lokalisation mit minimaler Distanz zwischen erkannter und tatsächlicher Kante liefert. Dazu wird die erste Ableitung des Gauß-Filters mit dem Eingangsbild gefaltet. [204]

Das Ergebnis der Bildvorverarbeitung wird im nächsten Schritt der Merkmalsextraktion unterzogen. Das Merkmal (engl. feature) stellt ganz allgemein etwas dar, das im Bild gemessen, also aus den vorliegenden Bilddaten in ein oder mehrere Zahlenwerte überführt werden kann. Die Kombination mehrerer Merkmale in Form einer charakteristischen Verteilung oder Anordnung wird als Muster bezeichnet. Zur Detektion von Mustern müssen aus den vorliegenden Daten (Pixel bzw. Frequenzen) aussagekräftige Merkmale extrahiert werden, um diese anschließend auf Regelmäßigkeiten untersuchen zu können.[205]

4.3.4.2 Informationsverdichtung und -extraktion

Die Extraktion kann auch als Dimensionsreduktion bzw. Informationsverdichtung verstanden werden. Statt alle verfügbaren Daten zur Analyse zu nutzen, werden möglichst typische oder aussagekräftige Daten ausgewählt. Das führt zu einer Reduktion der Komplexität und der Rechenzeit. Zur Objektklassifikation oder -lokalisation sind bestimmte Merkmale, die Teil eines Musters sind, aus dem Bild zu extrahieren und zu analysieren. Die Extraktion ist in diesem Zusammenhang als zweistufiger Prozess zu verstehen: Der Detektion der Merkmale im Bildraum und ihre Überführung in numerische Werte im Merkmalsraum. Das Ziel ist es, genau die Merkmale zu extrahieren, die einerseits für Objekte innerhalb einer Klasse möglichst ähnlich sind und andererseits gegenüber Objekten aus anderen Klassen möglichst große Unterschiede aufweisen.[206]

Die Merkmale eines Objektes können in globale Merkmale (engl. global feature vectors, global image representation: globale Merkmalsvektoren oder Bildrepräsentationen) und lokale Merkmale (engl. local feature representation: lokale Bildrepräsentationen) unterschieden werden.

---

202 vgl. **ebenda** (2011), S. 95ff

203 vgl. **Nixon, M.; Aguado, A.** (2012), S. 241

204 vgl. **Beyerer, J.; Puente León, F.; Frese, C.** (2012), S. 692ff

205 vgl. **Parker, J.** (2011), S. 278ff

206 vgl. **Duda, R.; Hart, P.; Stork, D.** (2000), S. 11

Globale Merkmale beschreiben das ganze Bild bzw. die Region, in der das gesuchte Objekt in einem einzigen Merkmalsvektor zu sehen ist. Beispiele für globale Merkmale sind die Fläche des Objekts, sein mittlerer Grauwert oder seine Fourierbeschreibung. Diese Merkmale eignen sich für die Klassifikation von Objekten, können aber nicht zur Lokalisation verwendet werden und sind empfindlich gegenüber teilweiser Verdeckung des Objekts oder starker Blickwinkeländerung.[207]

Lokale Merkmale hingegen beschreiben unterschiedlich kleine Stellen des Objekts und sind daher robuster gegenüber Verdeckungen und Clutter (detailreicher Hintergrund bzw. Umgebung). Für die Repräsentation des ganzen Objekts sind mehrere Merkmalsvektoren nötig.[208] Algorithmen, die auf lokalen invarianten Merkmalen beruhen ermöglichen eine zunehmend robuster werdende Objekterkennung. Durch Nutzung dieser Merkmale ist die Detektion invariant gegenüber einer Reihe von Bildtransformationen, u.a. bezüglich Verschiebung, Rotation, Skalierung und affiner Deformation.[209]

Globale Methoden

Für globale Methoden wird ein Merkmal des gesamten Bildes extrahiert und in einem Merkmalsvektor gespeichert. Im einfachsten Fall werden dazu die Pixel-Intensitäten bzw. Grauwerte oder Farben beschrieben. Diese Merkmale sind allerdings keine besonders robusten Klassifikationskriterien, da sie aufgrund von schwankenden Beleuchtungsverhältnissen oder Farbvarianzen innerhalb der Klasse nicht konstant sind.[210] Anstelle der direkt verfügbaren Bildmerkmale können Merkmale aus dem Frequenzspektrum des Bildes zur Klassifikation genutzt werden. Zu den globalen Methoden zählen auch solche, die zur Bildung des Merkmalsvektors die unterschiedlichen Histogramme des Bildes betrachten. Eine Möglichkeit stellt dabei die Analyse des Grauwerthistogramms dar.[211]

Der HOG Detektor (engl. Histogram of Oriented Gradients: Histogramm ausgerichteter Gradienten) nutzt hingegen Richtungshistogramme. Dabei wird das gesamte Bild (oder eine Bildregion) in kleine Zellen gerastert. Für jede dieser Zellen wird nacheinander ein Richtungshistogramm berechnet und als HOG-Merkmalsvektor gespeichert. Die Richtungshistogramme sind relativ robust gegenüber Objekttransformationen.[212]

Lokale Methoden

Lokale Methoden arbeiten in einem zweistufigen Prozess: Im ersten Schritt werden Pixel im Bild ausgewählt, in deren Umgebung tatsächlich geeignete Keypoints vorhanden sind. Im nächsten Schritt wird die Umgebung dieser Pixel untersucht und es werden Merkmale berechnet, die gegenüber der gewählten geometrischen und photometrischen Transformation

---

[207] vgl. **Grauman, K.; Leibe, B.** (2011), S. 7ff; **Treiber, M.** (2010), S. 24

[208] vgl. **Lisin, D., et al.** (2005), S. 47

[209] vgl. **Grauman, K.; Leibe, B.** (2011), S. 11

[210] vgl. **ebenda** (2011), S. 63

[211] vgl. **Schiele, B.; Crowley, J.** (2000), S. 32ff

[212] vgl. **Nixon, M.; Aguado, A.** (2012), S. 241

invariant sind. Diese Berechnung wird im Bereich der BV *Deskriptor* genannt. Um Verwechselungen mit dem Begriff des Deskriptors, welcher in Abschnitt 2.1 im Kontext PQ eingeführt wurde, zu vermeiden, wird hierbei im Folgenden vom *Keypoint-Deskriptor* gesprochen.[213] Durch diesen zweistufigen Ansatz eignen sich lokale Methoden deutlich besser als globale Methoden für Anwendungen mit einer hohen Intraklassenvarianz oder Aufnahmesituationen in denen Clutter, Verdeckung oder Änderungen der Beleuchtung nicht vermieden werden können.

Ein sehr bekannter und verbreiteter Algorithmus zur Merkmalsextraktion ist der Scale Invariant Feature Transform (SIFT) Algorithmus. Als Detektor für Keypoints kommt die Difference of Gaussian (DoG) Funktion zum Einsatz. Ausgangspunkt ist, dass Informationen und Merkmale eines Bildes sich nicht nur anhand ihrer räumlichen Position im Bild, sondern auch anhand der Skalierungstiefe bzw. der Position im Skalenraum, an denen sie sich befinden, charakterisieren lassen. Details wie die Umrisse eines Hauses sind schon bei einer sehr groben Skalierung bzw. einem groben Maßstab zu erkennen, während feine Details wie die Struktur der Backsteine erst bei einem sehr feinen Maßstab sichtbar werden. Die durch den Detektor ermittelten Keypoints entsprechen Minimal- und Maximalwerte im Skalenraum um einen Bildpunkt. Zur Detektion der Keypoints wird das Originalbild mit der DoG-Funktion gefaltet und durch die Variation der Standardabweichung der gesamte Skalenraum untersucht.[214]

Eine Alternative zum SIFT-Algorithmus ist der Speeded-Up Robust Features (SURF) Ansatz. Dabei wird das Bild mit einer rechteckigen Filterimpulsantwort gefaltet, was die zweite Ableitung der Gauß-Funktion approximiert. Um wie beim SIFT-Algorithmus verschiedene Skalen untersuchen zu können, werden Impulsantworten unterschiedlicher Größe verwendet. Wie schon zuvor beim SIFT-Algorithmus beschrieben, werden die 26 Nachbarn eines Punktes untersucht und die Maxima der Determinanten bezüglich der Nachbarn stellen die charakteristischen Keypoints dar. Im folgenden Schritt werden die Keypoints mit einem Haar-Wavelet analysiert. In der lokalen Umgebung des Keypoints werden die Wavelet-Koeffizienten für die x- und y-Richtung berechnet und für die Teilregionen sowohl vorzeichenbehaftet wie auch absolut aufsummiert, sodass für jede Teilregion vier Merkmale und insgesamt einen 64-dimensionalen Merkmalsvektor resultieren.[215]

Der Maximally Stable Extremal Regions (MSER) Detektor ist in der Lage Blob-ähnliche Strukturen zu detektieren. Durch Festlegung eines Grauwertschwellwertes wird das Eingangsbild binarisiert. Der Schwellwert wird beginnend bei null schrittweise erhöht, was dazu führt, dass auf dem anfangs ganz weißen Bild nach und nach schwarze Regionen erscheinen. Einige dieser Regionen sind über eine gewisse Änderung des Schwellwerts hinweg konstant und werden als MSER-Regionen gespeichert. Im nächsten Schritt wird die Prozedur am Negativbild wiederholt. Die Position bzw. der Mittelpunkt der Regionen sowie eine charakteristische Skalierung, die aus der Größe der Regionen gewonnen werden, bilden die Eingangsdaten für

---

213 vgl. **Süße, H.; Rodner, E.** (2014), S. 571

214 vgl. **Treiber, M.** (2010), S. 155ff

215 vgl. **Beyerer, J.; Puente León, F.; Frese, C.** (2016), S. 915ff

den Keypoint-Deskriptor. Als Ergebnis liefert der MSER Detektor eher wenige Keypoints, aber die Detektion ist dafür vergleichsweise stabil.[216]

Für Extraktion von Features zur Klassifikation von Objekten mit hoher Intraklassenvarianz kann der Bag-of-Features (BoF) Ansatz verwendet werden. Dieser leitet sich aus der Dokumentenanalyse ab. Für Dokumente eines bestimmten Typs, bzw. aus einem bestimmten Topic, werden Wörterbücher angelegt, die mit Wörtern gefüllt sind, die häufig in diesen Dokumenten Verwendung finden. Im Wörterbuch über Sport würden z.B. Begriffe wie "Fußball", "Basketball" oder "Tennis", im Buch über Mathematik Begriffe wie "Addition", "Integral" oder "Matrix" auftauchen. Dieses Bag-of-Words (BoW) genannte Verfahren lässt sich auf die Klassifikation von Bildern übertragen. Statt Wörtern befinden sich im visuellen Wörterbuch die charakteristischen Merkmale des Objekts. Während der Trainingsphase werden die Merkmale von Modellbildern berechnet, im Merkmalsraum, beispielsweise einer Nearest Neighbour Strategie, geclustert und anschließend ein Histogramm über die Verteilung der Merkmale im Merkmalsraum erstellt. Im Mittelpunkt der einzelnen Cluster stehen die visuellen Wörter. In der Anwendung können die Histogramme der neuen Eingangsbilder mit den gelernten Histogrammen verglichen und anschließend eine Klassifikation vorgenommen werden.[217]

4.3.4.3 Entscheidung

Auf Basis der extrahierten Bildparameter können Entscheidungen bezüglich des vorliegenden Objektes getroffen werden. So können Objekte innerhalb einer Objektklasse bspw. anhand spezifischer Merkmale wie ihrer Größe, Form oder Farbgebung klassifiziert werden. Die Methoden ermöglichen beispielsweise die Erkennung von Zeichen und Schrift auf 2D-Objekten, sind aber auch auf 3D-Objekte anwendbar. In diesen Fällen wird oftmals mit 2D-Projektionen der 3D-Modelle gearbeitet, um ein *Matching* durchzuführen. Für diese Anwendungen stehen unterschiedliche, standardisierte Suchverfahren und Algorithmen zur Verfügung, die für verschiedene Parameter wie Geschwindigkeit oder Robustheit optimiert sind.

Die Klassifikation ist der zentrale Schritt bei der Erkennung von Mustern, dem Übergang von einer beschreibenden Ebene physikalischer, geometrischer oder sonstiger Merkmale hin zu einer symbolischen Ebene. Sie ist definiert als die Zuordnung eines durch einen Merkmalsvektor beschriebenen Objekts zu einer von mehreren vorgegebenen Klassen.[218]

Bei der folgenden Vorstellung von Entscheidungsverfahren wird zunächst ein Vertreter der nichtparametrischen Methoden, der k-Nächste-Nachbarn Schätzer, und anschließend die Methode der Entscheidungsbäume vorgestellt. Daraufhin werden Methoden auf Basis linearer Diskriminanz und Kernelfunktionen erläutert. Abgeschlossen wird der Abschnitt mit einer

---

[216] vgl. **Treiber, M.** (2010), S. 157ff

[217] vgl. **ebenda** (2010), S. 170f

[218] vgl. **Demant, C.; Streicher-Abel, B.; Springhoff, A.** (2011), S. 171

Beschreibung neuronaler Netze. Die Auswahl orientiert sich an der Zusammenstellung von Lernalgorithmen zur Multiklassen-Klassifikation nach MEHRA.[219]

Nichtparametrische Methoden

Bei parametrischen Methoden wird davon ausgegangen, dass die Modelle über den gesamten Eingaberaum gültig sind. Dies kann bedeuten, dass für alle Ein- und Ausgaben dieselbe lineare Funktion gelten muss, oder dass alle Beispiele einer Klasse einer Normalverteilung folgen. Bei nichtparametrischen Methoden ist dies nicht der Fall, es wird lediglich davon ausgegangen, dass ähnliche Eingaben auch ähnliche Ausgaben haben. Man spricht auch von instanzbasierten oder speicherbasierten Lernalgorithmen, da die Algorithmen die Instanzen in einer Look-Up Tabelle ablegen und anhand dieser interpolieren.[220]

Der K-Nächste-Nachbar-Klassifikator (KNN-Klassifikator) ist ein einfacher, aber sehr bekannter Klassifikator und gehört zu den nichtparametrischen Methoden.[221] Dabei werden für die Eingabedaten ihre Abstandsmaße zum Lerndatensatz bestimmt. Die Eingabe wird daraufhin der nächsten Klasse, also der Klasse zu der sie den geringsten Abstand aufweist, zugeordnet. Durch die Betrachtung mehrerer Nachbarn wird der Algorithmus robuster. Dann wird die Eingabe derjenigen Klasse zugeordnet, die innerhalb der K nächsten Nachbarn am häufigsten vorkommt. Zur Bestimmung des Abstands können verschiedene Abstandsmaße wie z. B. der euklidische Abstand verwendet werden.[222]

Lineare Diskriminanz und Kernelfunktionen

Die Methoden der linearen Diskriminanz beruhen auf der Annahme, dass die Instanzen einer Klasse auf lineare Weise von Instanzen anderer Klassen getrennt werden können. Dieser Ansatz ist ebenfalls nichtparametrisch, da keinerlei Kenntnis über die Dichten und Verteilungen benötigt werden. Ziel ist die korrekte Schätzung der Grenzen zwischen den Klassenregionen. Lineare Diskriminanten werden oft verwendet, da ihre Speicher- und Rechenzeitkomplexität linear ist. Für $K > 2$ Klassen gibt es K Diskriminanten, für jede Klasse existiert eine Hyperebene, sodass alle zur Klasse gehörenden Beispiele auf ihrer positiven und alle anderen auf der negativen Seite liegen. Falls sich die Klassen nicht linear trennen lassen, besteht noch die Möglichkeit der paarweisen Trennung. Dabei werden $K(K-1)/2$ lineare Diskriminanten genutzt, eine für jedes Paar von verschiedenen Klassen.[223]

Ein bekannter Vertreter zum Lernen der linearen Diskriminante ist die Support-Vektor-Maschine (SVM). Der SVM-Klassifikator ist einer der am meisten verwendeten Klassifikatoren, er wird häufig bei visuellen Erkennungsaufgaben aufgrund seiner Generalisierungsfähigkeit und der geringen Rechenzeit des Lern- und Testschrittes verwendet.[224] Ziel dabei ist, dass die

[219] vgl. **Mehra, N.; Gupta, S.** (2013), S. 572ff

[220] vgl. **Alpaydin, E.** (2010), S. 163f

[221] vgl. **Süße, H.; Rodner, E.** (2014), S. 462

[222] vgl. **ebenda** (2014), S. 462ff

[223] **Alpaydin, E.** (2010), S. 209ff

[224] **Süße, H.; Rodner, E.** (2014), S. 473

Instanzen einer Klasse nicht nur auf der richtigen Seite der Hyperebene liegen, sondern außerdem in gewisser Entfernung angebracht sind. Der Abstand der Trennebene zu den nächsten Instanzen auf jeder Seite, die auch als Support- Vektoren oder Stützvektoren bezeichnet werden, wird *Margin* genannt. Dieser Abstand soll durch die optimale Trennebene maximiert werden, wodurch die Berechnung der Hyperebene in ein Optimierungsproblem überführt wird.[225]

Die SVM lässt sich auch mit sog. Kernelfunktionen kombinieren. Als Kernelfunktionen werden Funktionen bezeichnet, mit denen eine nichtlineare Projektion der Merkmalsvektoren in eine deutlich höhere Dimension durchgeführt wird. Für jeden Fall von zwei linear nicht trennbaren Klassen existiert eine Abbildung, die eine anschließende Trennung der Klassen durch eine Hyperebene im neuen Raum möglich macht.[226] Diese Methodik wird auch als Kernel-Trick bezeichnet. Durch die Verwendung der Kernelfunktionen wird die Transformation und damit die explizite Berechnung der hochdimensionalen Merkmalsvektoren vermieden. Die Klassifikation durch die SVM kann im neu entstandenen hoch dimensionalen Merkmalsraum durchgeführt werden.[227]

Künstliche neuronale Netze

Künstliche neuronale Netze (kNN) orientieren sich in ihrem Aufbau und ihrer Funktion am menschlichen Nervensystem. Sie bestehen aus einer großen Anzahl einfacher, parallel arbeitender Einheiten, den sogenannten Neuronen, die sich Informationen in Form von Aktivierungssignalen über gerichtete Verbindungen zusenden. Die natürlichen Neuronen werden im künstlichen Netz durch Schwellwertelemente, auch Perzeptronen genannt, modelliert.[228]

Eine spezielle Form neuronaler Netze zur Verarbeitung von Daten, die eine gitterartige Struktur aufweisen sind sog. faltende neuronale Netze (engl. Convolutional Neural Network, CNN). Solche Daten sind beispielsweise in äquidistanten Zeitabständen aufgenommene Messwerte (1D Gitter) oder Bildinformationen (2D Gitter). Wie der Name schon andeutet, werden in diesem Netzwerk Faltungsoperationen in mindestens einer Schicht ausgeführt. CNN zeichnen sich durch drei besondere Eigenschaften aus: Einer geringen Anzahl an Interaktionen, dem Teilen von Parametern und der äquivarianten Abbildung. Die geringe Anzahl an Interaktionen führt dazu, dass nicht alle Ausgangsgrößen mit allen Eingangsgrößen interagieren. Bei der Verarbeitung eines Bildes, das mehrere Millionen Pixel umfasst, werden beispielsweise in den tieferen Schichten nur bedeutsame Merkmale weiterverarbeitet, die nur einige hundert oder tausend Pixel umfassen. Die Verarbeitung benötigt daher weniger Rechenoperationen und ist effizienter. Das Teilen von Parametern beschreibt die gemeinsame Nutzung desselben Parameters durch mehr als eine Funktion in einem Modell. Statt wie in einem traditionellen neuronalen Netz die Einträge der Gewichtungsmatrix nur exakt einmal bei der Berechnung des Ausgangs zu verwenden, werden die Parameter bei faltenden neuronalen Netzen mehrfach

---

[225] **Alpaydin, E.** (2010), S. 311

[226] **Duda, R.; Hart, P.; Stork, D.** (2000), S. 259

[227] **Süße, H.; Rodner, E.** (2014), S. 480

[228] vgl. **Kruse, R., et al.** (2015), S. 7

verwendet. Es wird nicht für jede Operation ein eigener Satz an Parametern gelernt, sondern nur ein einzelner Satz, der gemeinsam von mehreren Operationen genutzt wird. Dies reduziert den Speicherplatz des Modells. Ändern sich die Eingangswerte des Modells, verändern sich die Ausgangswerte in gleicher Weise. Wird beispielsweise ein Objekt in einem Eingangsbild verschoben, wird sich auch die Abbildung am Ausgang verschieben.[229] Drei aktuell häufig verwendete Netze sind das AlexNet, das Network in Network und GoogLeNet.[230]

Meta-Algorithmen

Neben den vorgestellten allgemeinen Klassifikationsverfahren existieren eine Reihe sogenannter Meta-Algorithmen im Bereich des maschinellen Lernens, die insbesondere bei der Bildverarbeitung bzw. Klassifikation von Bilddaten vielversprechende Ergebnisse erzielen. So wurde durch Viola und Jones zur Detektion von Objekten das sogenannte Viola-Jones-Framework entwickelt. Dieses stellt gleichzeitig Detektor und Klassifikator dar und nutzt einen Kaskadendetektor, um in einem über das Bild gleitenden Fenster (engl. Sliding-Window) das Vorhandensein eines Objekts bzw. einer Klasse vorauszusagen. Die Größe des Fensters wird in der Detektionsphase auf unterschiedlichen Größen skaliert, behält aber stets das Seitenverhältnis bei. Der Kaskadendetektor besteht aus mehreren Stufen, die jeweils aus gewichteten, schwachen Klassifikatoren zusammengesetzt sind. Über ein sog. *Boosting* (Adaptive Boosting bzw. AdaBoost[231]) kann die Genauigkeit durch einen gewichteten Mittelwert der Entscheidungen aller schwachen Klassifikatoren erreicht werden. In den Trainingsdaten müssen die Regionen mit einem Begrenzungsrahmen (engl. Bounding Box) gelabelt werden. Diese repräsentieren die positiven Instanzen, die für das Training verwendet werden sollen.[232]

4.3.5 Vergleich der Bildverarbeitungsverfahren

Auf Grund der fast unüberschaubaren Menge möglicher Verarbeitungsverfahren bzw. der Kombinatorik aus Merkmalsextraktions- und Klassifikationsverfahren ist eine umfangreiche Literaturanalyse unerlässlich, um die Auswahl einzuschränken. Dabei ist besonders die hohe inhaltliche Überschneidung der in der Literatur beschriebenen Anwendungsfälle zu dem zu entwickelnden Haptikprüfsystem ausschlaggebend für eine Prognose der erfolgreichen Umsetzung des Verfahrens im Prüfsystem. Ein Verfahren, das beispielsweise zur Klassifikation von Gemüsesorten eingesetzt wird, wird im Anwendungsfall vermutlich schlechter abschneiden als ein Verfahren zur Symbolerkennung. Daher wurde die Literaturrecherche auf Bereiche eingegrenzt, deren Problemstellungen und Aufgabengebiete der vorliegenden Anwendung ähneln. Dazu zählen u. a. die Bereiche Optical Character Recognition, Szenenklassifikation, Detektion, die Klassifikation von Straßenschildern und Straßenmarkierungen und die Symbolerkennung auf Skizzen und Schaltplänen.

---

[229] vgl. **Goodfellow, I.; Bengio, Y.; Courville, A.** (2016), S. 330ff

[230] vgl. **Tobias, L., et al.** (2016), S. 3531

[231] vgl. **Freund, Y.; Schapire, R.** (1997), S. 119

[232] vgl. **Viola, P.; Jones, M.** (2001), S. 511ff

In den Vergleich einbezogen werden die folgenden drei Schritte: Die Detektion von Messpunkten, die Lokalisation von Messpunkten im dreidimensionalen Raum sowie die Klassifikation von Prüfobjekten und Messpunkten.

Detektion von Messpunkten

Bei der Detektion von Messpunkten handelt es sich im engeren Sinne ebenso um eine Klassifikation von (Teil-)Objekten in einem 2D Bild, sodass die nachfolgend für die Klassifikation vorgestellten Algorithmen prinzipiell auch für die Detektion der Messpunkte anwendbar sind. Allerdings unterscheiden sich die Anforderungen an den Algorithmus. Um die Detektion möglichst robust zu halten sollte in diesem Schritt nicht zwischen unterschiedlichen Typen von Drucktastern unterschieden werden, damit eine vergleichsweise hohe Intraklassenvarianz bedingt durch die große Variation in der Ausführung der Drucktaster vorliegt (vgl. Abschnitt 4.1). Die Drucktaster haben in Relation zum Prüfobjekt kleine geometrische Abmessungen und müssen für die anschließende Lokalisation zuverlässig detektiert werden. Die Anzahl der zu erwartenden Messpunkte ist unbekannt, sodass ein ausgewählter Algorithmus eine schnelle multiple Detektion innerhalb des Bildes unterstützen sollte.

Zusätzlich zu den spezifizierten Rahmenbedingungen der Prüfobjektdetektion, weisen die Drucktaster weitere Attribute auf, die besonders beachtet werden sollten. Sie ähneln in der Regel ihrer direkten Umgebung in Bezug auf das Farbschema und die Auswahl der Materialien was die Extraktion von Merkmalen erschwert. Die wechselhaften Beleuchtungsverhältnisse und damit zusammenhängende Reflektionen bedingt durch die Materialoberflächen müssen auch berücksichtigt werden. Im Fokus der Betrachtung sind die Drucktaster, die eine Beschriftung und eine geschlossene Kontur aufweisen.

In einer von FRANK ET AL.[233] durchgeführten Voruntersuchung wurden unterschiedliche Ansätze, unter anderem auf Basis der Arbeiten von YU ET AL.[234] und KIM ET AL.[235] auf ihre Eignung zur Detektion von Drucktastern überprüft. Konturbasierte Verfahren, am Beispiel von formbasiertem Matching und Kantenextraktion, zeigen darin Schwächen aufgrund der hohen Variationen an Formen und der schlechten Differenzierung der Gestalt vom Hintergrund. Merkmalsbasierte Verfahren auf der Basis von SURF Features sind sehr stark auf die Druckschalterbeschriftungen fokussiert und können für einfach gestaltete Symbole nicht ausreichend Merkmale für ein zuverlässiges Template Matching extrahieren. Der Viola-Jones-Kaskadenklassifikator zeigt vielversprechende Resultate und zeichnet sich insbesondere dadurch aus, dass entgegen der form- und merkmalsbasierten Verfahren keine a-priori Informationen nach dem Training des Detektors benötigt werden. Zur Detektion der Messpunkte wird der empirischen Untersuchung folgend unter Berücksichtigung der Kriterien Treffgenauigkeit und Robustheit gegenüber Intraklassenvarianz der Viola-Jones-Klassifikator bei den weiteren Arbeiten

---

[233] vgl. **Frank, D., et al.** (2017), S. 117ff

[234] vgl. **Yu, X., et al.** (2009), S. 313ff

[235] vgl. **Kim, H.-H.; Kim, D.-J.; Park, K.-H.** (2012), S. 1597ff

berücksichtigt. Dieser weist auch eine für die möglichst verzögerungsfreie Planung des Prüfablaufs relevante sehr kurze Verarbeitungszeit auf.

Lokalisation von Messpunkten

Die Lokalisation von Messpunkten im Raum kann zunächst durch Auswertung der detektierten Bounding Box im zweidimensionalen Raum erfolgen. Deren Mittelpunkt kann als Referenz zur Position des Messpunktes, also dem Punkt, der bei der Druckschalterprüfung angefahren werden soll, genommen wird. Entsprechend der Anforderung 5-c zeichnet das Machine Vision System Farb- und Oberflächenwerte auf, die in eine strukturierte Punktwolke überführt werden können. Um die 3D Koordinaten des Messpunktes zu erhalten, können die mit den zweidimensionalen Messpunkten verknüpften Tiefendaten über eine Indizierung ausgelesen werden. Für die Lokalisation der Messpunkte ist daher keine gesonderte Betrachtung verschiedener Algorithmen notwendig.

Klassifikation von Prüfobjekten und Messpunkten

Bei der Klassifikation der im Prüfsystem relevanten Prüfobjekte (Lenkräder) und der Messpunkte (Drucktaster) handelt es sich um eine Multiklassen-Klassifikation. Jeder Lenkrad- bzw. Symboltyp stellt eine eigene Klasse dar. Im Betrieb muss schließlich jedes gefundene Objekt genau einer Klasse zugeordnet werden. Es wurden daher ausschließlich Algorithmen zur Klassifikation in Betracht gezogen, die sich für den Fall von multiplen Klassen eignen.

21 Quellen wurden hinsichtlich der Kriterien Treffgenauigkeit, Verarbeitungsgeschwindigkeit und Robustheit gegenüber Intraklassenvarianz verglichen. Nur Ansätze mit großer Ähnlichkeit zum vorliegenden Klassifikationsproblem wurden daraus für den weiteren Vergleich in Betracht gezogen. Bei dem Großteil der Quellen fehlten darüber hinaus Angaben zur Prüfdauer. Deshalb wird diese Anforderung nicht weiter zur Bewertung herangezogen (eine Liste der Quelle bietet Tabelle VII-8 in Anhang K).

Für die Merkmalsdetektion und Extraktion zeigen sich in vergleichbaren Anwendungsfällen Kombinationen lokaler und globaler Methoden als die mit der höchsten Treffgenauigkeit. Mit Kombinationen aus SVM, SIFT oder SURF und BoW konnten in verschiedenen Arbeiten bei der Erkennung von Verkehrsschildern Accuracy-Werte > 95 % erreicht werden. Auch die Nutzung von CNN zeigt hierbei hohe Accuracy-Werte (> 95 %). Die Kombination aus SVM, MSER und HOG zeigt als Verfahren eine etwas geringere Treffgenauigkeit (> 90 %). Alle vier Verfahren sind sehr robust gegenüber Intraklassenvarianzen. Auch der Ansatz aus einem MLP als sehr einfache Form eines neuronalen Netzes mit SIFT und SURF weist eine gute Treffergenauigkeit (> 90%) auf, ist jedoch nicht Robustheit gegen Intraklassenvarianz. Die ebenfalls für die Schildererkennung untersuchte Kombination aus HOG und kNN zeigt eine im Vergleich geringere Accuracy (< 90 %) und ist ebenfalls nicht robust gegenüber Intraklassenvarianz.

Der Vergleich ist in Tabelle 4-5 zusammengefasst. Im Weiteren werden für die Messpunktklassifikation auf Basis des Vergleichs die Ansätze SIFT + BoW mit SVM, CNN sowie MSER + HOG mit SVM implementiert und empirisch verglichen.

Tabelle 4-5 Vergleich von Klassifikationsverfahren auf Basis einer Literaturanalyse

Anforderung	SVM+SURF+ BoW	SVM+SIFT+ BoW	CNN	SVM+MSER+ HOG	HOG+KNN	MLP+SIFT/ SURF
Hohe Treffgenauigkeit	●	●	●	◐	○	◐
Robust gegen Intraklassenvarianz	●	●	●	●	○	○
Legende: ○ Anforderung nicht erfüllt ◐ Anforderung teilweise erfüllt ● Anforderung erfüllt						

4.4 Kraftsensorik

Die Objektivierung der subjektiv konnotierten und wahrgenommenen Betätigungshaptik bedingt die Erfassung geeigneter Messgrößen mit Verbindung zur haptischen Wahrnehmung (Anforderung 1). Dazu dient bei translatorischen Bedienelementen die Kraft-Weg-Darstellung (vgl. Abschnitt 2.1) bzw. die daraus extrahierten Kenngrößen.

Die Erfassung der Kraftkomponente des Kraft-Weg-Verhaltens ist über Kraftsensoren möglich, die die nichtelektrische Größe „Kraft“ in elektrische Signale umwandelt und dadurch digital auswertbar macht. Zur Messung kann die Sensorik entweder durch den Roboter zu einem Prüfobjekt oder aber das Prüfobjekt selbst zur Sensorik bewegt werden. Auf Grund der Größe der Prüfobjekte bietet sich die Lösung über eine in den Roboter integrierte Kraftsensorik an, weshalb im Folgenden auch nur dieser Fall betrachtet wird.

Die verbreitetste Art der Integration von Kraftsensoren in Robotersystemen ist die Anbringung vor dem taktilen Endeffektor direkt am Roboterarm als sog. „Kraftmessdosen“. Da diese Bauart bei den im Kapitel 3 verglichenen Systemen die vorherrschende Bauart der Kraftsensorik ist, ist diese Gegenstand der Untersuchung im folgenden Abschnitt.

Auf der Basis der menschlichen haptischen Wahrnehmung werden in Abschnitt 4.4.1 Anforderungen an die Kraftsensorik des Haptikprüfsystems abgeleitet. Darauffolgend werden in Abschnitt 4.4.2 grundsätzliche Prinzipien zur Kraftmessung vorgestellt. Den Abschluss bildet ein Vergleich der Messprinzipien auf Basis der Anforderungen, der im Abschnitt 4.4.3 vorgenommen wird.

4.4.1 Anforderungen an die Kraftsensorik

Für ein haptisches Messsystem sollten die Sensoren für die Kraft- und Wegaufnahme mindestens zehnmal bessere Sensitivität als die menschliche Hand besitzen.[236] Die Auflösung des Kraftsensors sollte daher etwa 0,01 N betragen.[237] Der Messbereich sollte außerdem etwa 0-10 N betragen.[238]

Für Anwendungen im Bereich der Oberflächenhaptik sind Sensoren mit einem Arbeitsfrequenzbereich von 0 – 1000 Hz nötig. Demgegenüber eignen sich für die Betätigungshaptik schon Sensoren mit einem Frequenzbereich von mindestens 0 – 10 Hz.[239] Es sollte ein Kraftsensor mit einem hohen Signal-Rausch-Abstand verwendet werden, damit keine Filter zur Rauschreduktion nötig sind. Schließlich würde der Einsatz eines Filters nicht nur das Rauschen, sondern auch den plötzlich auftretenden Kraftsprung abschwächen.[240] Weiterhin sollte das Kraftsignal stabil, monoton und wiederholbar sein.[241] Anforderung 2 lässt sich auf Basis der erwähnten Literatur folgendermaßen detaillieren:

Anforderung 2-a **Die Auflösung des Kraftsensors sollte ~<0,01 N betragen.**

Anforderung 2-b **Der Messbereich sollte 0-10 N betragen.**

Anforderung 2-c **Die Kraftmessung sollte in die jeweiligen Kraftangriffsrichtungen aufgeschlüsselt werden können.**

Anforderung 2-d **Das Kraftmesssignal sollte rauscharm, stabil, monoton und wiederholbar sein.**

Zusätzlich zu diesen auf Basis der Literatur formulierten Anforderungen wurden bei der Auswahl noch weitere implizite Anforderungen berücksichtigt. Dazu gehört zum einen, dass die Sensorik so kompakt sein sollte, dass diese als Sensor in ein kleines Robotersystem integrierbar ist. Außerdem sollte die Sensorik in Übereinstimmung mit der Definition des Anwendungsszenarios in Abschnitt 4.1 nicht durch einen engen Einsatzbereich eingeschränkt sein.

4.4.2 Sensortypen zur Kraftmessung

Die Wirkung von Kräften kann technisch nach CZICHOS entweder direkt, also durch ein aus der belasteten Substanz selbst verursachtem Messsignal oder indirekt, etwa durch Messung

---

236 vgl. **Shimoga, K.** (1993), S. 269

237 vgl. **Anguelov, N.** (2009), S. 46; **Doerrer, C.; Werthschuetzky, R.** (2002), S. 46; **Srinivasan, M.; Chen, J.** (1993), S. 125

238 vgl. **Dahiya, R., et al.** (2010), S. 7

239 vgl. **Matysek, M.; Kern, T.** (2009), S. 369

240 vgl. **Runkler, T.** (2010), S. 26f

241 vgl. **Dahiya, R., et al.** (2010), S. 7

einer zur Kraft äquivalenten Veränderung, gemessen werden.[242] Die Kraftaufnahme kann dabei nach GEVATTER UND GRÜNHAUPT prinzipiell auf Basis folgender acht Prinzipien erfolgen:[243]

Direkte Kraftaufnahmeprinzipien:

- Piezoelektrisches Prinzip
- Photoelastischer Effekt
- Resonator-Prinzip
- Magnetoelastisches Prinzip
- Hydraulisches Prinzip.

Indirekte Kraftaufnahmeprinzipien:

- Federkörperprinzip
- Kompensationsprinzip
- Gyroskop-Prinzip.

Tatsächlich kommen in der Praxis heutzutage fast nur noch auf Dehnungsmessstreifen (DMS) basierende Federkörper-Kraftaufnehmer sowie piezoelektrische Aufnehmer zum Einsatz. Alle weiteren Wirkprinzipien wie bspw. Sensoren mit elektromagnetischer Kompensation sowie Schwingsaiten-Aufnehmer (Resonator-Prinzip) konnten sich nie für den Anwendungsfall der Kraftsensorik durchsetzen oder werden auf Grund konstruktiver Schwachstellen nicht mehr eingesetzt.[244] Aus diesem Grund werden im folgenden Vergleich nur Sensoren auf Basis des piezoelektrischen Prinzips als direkte Kraftaufnehmer sowie auf dem Federkörperprinzip basierende als indirekte Kraftaufnehmer berücksichtigt.

Direkte Kraftaufnehmer auf Basis des piezoelektrischen Prinzips

Piezoelektrische Sensoren basieren auf dem Phänomen, dass bei der mechanischen Belastung piezoelektrischer Kristalle wie bspw. Quarz (SiO_2) an der Oberfläche elektrische Polarisationsladungen entstehen, die proportional zu der auf den Kristall einwirkenden Kraft ist. Abbildung 4-5 zeigt das Prinzip der Polarisationsentladung bei Belastung von Piezokristallen sowie beispielhaft einen für die Messung von Kräften in allen drei Raumrichtungen ausgelegten piezoelektrischen Sensor der Firma Kistler. Mittels des sog. Piezomoduls k_p als Konstante dieser Beziehung ist die Kraft aus der Ladung als entstandenes (allerdings noch verstärktes) Messsignal direkt bestimmbar. In piezoresistiven Sensoren bewirkt eine auf den Sensor einwirkende Kraft eine Veränderung des elektrischen Widerstandes einer im Sensor integrierten Schicht eines leitenden Materials (bspw. Kupfer - Cu). Aus dieser Widerstandsveränderung

[242] vgl. **Czichos, H.** (2015), S. 128

[243] vgl. **Gevatter, H.-J.; Grünhaupt, U.** (2004), S. 55

[244] vgl. **ebenda** (2004), S. 57

kann ebenfalls über entsprechende Materialkonstanten direkt auf die wirkende Kraft geschlossen werden.[245]

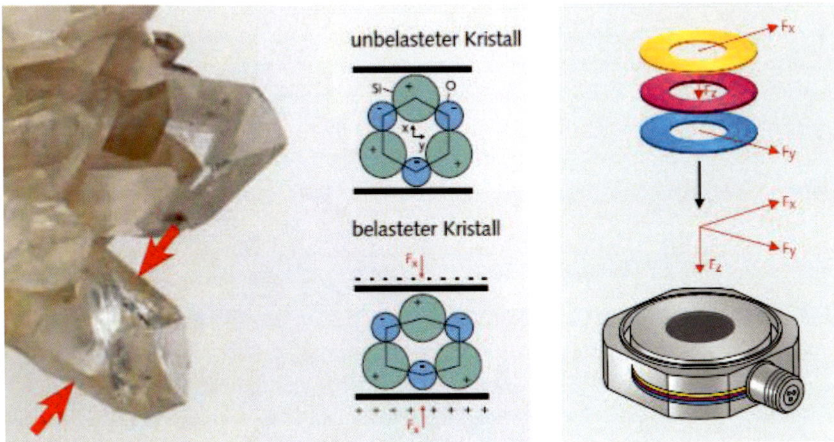

Abbildung 4-5 links: Polarisationsentladung piezoelektrischer Kristalle bei Krafteinwirkung; rechts: Piezoelektrischer 3-Komponenten Kraftsensor mit Kraftmessung über Scheiben aus Piezokristallen[246]

Indirekte Kraftaufnehmer auf Basis des Federkörperprinzips

Indirekte Kraftaufnehmer auf Basis des Federkörperprinzips wandeln eine wirkende Kraft zunächst physikalisch in eine Dehnung ε (DMS) oder einen Weg s (Federkraftmesser). Im Falle von Sensoren auf Basis von DMS ist das gedehnte Medium ein Draht oder eine Folie z.B. aus Silizium, dessen elektrischer Widerstand sich proportional zu der erfahrenden Dehnung verändert. Die DMS werden bspw. auf einen Metallstab geklebt, der infolge seiner eigenen Elastizität bei Krafteinwirkung eine Stauchung proportional zu seinem Elastizitätsmodul erfährt. Bei bekanntem Elastizitätsmodul ist die Dehnung der aufgeklebten DMS proportional zur Kraft bestimmbar und durch die Widerstandsveränderung als Messsignal abgreifbar.[247] Eine verbreitete Anwendung von DMS sind die umgangssprachlich auch „Mehrachs Kraftmessdosen" genannten Kraftmesssensoren, die häufig in der Robotertechnik zum Einsatz kommen und in ihrer modernen Form die Erfassung von den in allen drei Raumrichtungen angreifenden Kräften (*Fx*, *Fy* und *Fz*) und Drehmomenten (*Mx*, *My* und *Mz*) mittels eines Sensors ermöglichen.

---

[245] vgl. **Czichos, H.** (2015), S. 128f; **Tränkler, H.-R.; Fischerauer, G.** (2014), S. 35f

[246] vgl. **Kistler Group (Hrsg.)** , S. 47

[247] vgl. **Czichos, H.** (2015), S. 129ff; **Tränkler, H.-R.; Fischerauer, G.** (2014), S. 31f

4.4.3 Vergleich der Kraftsensorprinzipien

Auf Basis der genannten Anforderungen erfolgt ein qualitativer Vergleich der beiden wesentlichen Messprinzipien DMS und piezoelektrisch und darauf aufbauend eine Auswahl. Der Vergleich hinsichtlich Anforderung 2-a sowie Anforderung 2-b wird durch ein Rechenbeispiel erläutert: Hochsensible Kraftsensoren auf Basis von Piezokristallen weisen eine Linearitätsabweichung von ca. 0,5 % des Nennbereiches auf (z.B. der Mehrkomponentensensor MiniDyn der Firma Kistler[248]). Eine (mögliche) Kalibrierung eines solchen Sensors auf den Bereich 0-10 N bedeutet, dass dieser Sensor einen absoluten Fehler von 0,05 N aufweist. Demgegenüber weist ein DMS basierter Sensor wie bspw. der Sensor FT-Gamma der Firma ATI bereits in einer Standardkalibrierung im Messbereich 0-100 N einen Absolutfehler von lediglich 0,013 N auf.[249] Als Schlussfolgerung wird Anforderung 2-b für beide Sensoren als voll erfüllt, Anforderung 2-a für DMS-basierte Kraftaufnehmer als voll erfüllt und für piezoelektrische als nicht erfüllt bewertet.

Für die mehrachsigen Aufnahmen von drei bzw. sechs Kraftangriffsrichtungen (inkl. Momente) sind auf Basis beider Wirkprinzipien Sensoren vorhanden, sodass Anforderung 2-c in beiden Fällen erfüllt ist. Ein entscheidender Unterschied zwischen DMS- und piezobasierten Kraftaufnehmern besteht in der Sensitivität und Stabilität des Messsignals (Anforderung 2-d). KLECKERS merkt diesbezüglich an, dass für präzise und weniger dynamische bzw. hochfrequente Kraftmessungen Sensoren auf Basis von DMS die erste Wahl sind, da der bei den piezoelektrischen Sensoren inhärente Drift der Messwerte absoluter Natur ist und sich daher besonders bei gemessenen kleinen Kräften auswirkt.[250] Anforderung 2-d wird daher für DMS- basierte Kraftaufnehmer als voll erfüllt und für piezoelektrische als teilweise erfüllt bewertet.

Eine Zusammenfassung des Vergleichs zeigt Tabelle 4-6. Als Fazit ist festzuhalten, dass sich für den vorliegenden Anwendungsfall insbesondere auf Grund des nicht vorhandenen Drifts im Messsignal ein Kraftaufnehmer auf Basis des DMS-Sensorpinzips besonders gut eignet. Die eigentliche Messunsicherheit der Kraftmessung muss, speziell in Verbindung der Sensorik mit einem Manipulator als hochdynamisches Störelement, untersucht werden.

---

[248] vgl. **Kistler Group (Hrsg.)** (2016)

[249] vgl. **ATI Industrial Automation (Hrsg.)** (2021)

[250] vgl. **Kleckers, T.** (2012), S. 2306

Tabelle 4-6 **Vergleich piezoelektrischer und DMS-basierter Kraftaufnehmer für den Einsatz als Kraftaufnehmer im Haptikprüfsystem**

Anforderung	Piezoelektrische Kraftaufnehmer	Dehnungsmessstreifen-basierte Kraftaufnehmer
Auflösung ~<0,01 N möglich	○	●
Stabiler Messbereich 0-10 N	●	●
Kraftmessung kann in die jeweiligen Kraftangriffsrichtungen aufgeschlüsselt werden	●	●
Kraftmesssignal ist rauscharm, stabil, monoton und wiederholbar	◐	●
Legende: ○ Anforderung nicht erfüllt ◐ Anforderung teilweise erfüllt ● Anforderung erfüllt		

4.5 Selbstoptimierung

Das Haptikprüfsystem soll anhand der gewonnenen Messergebnisse zusammen mit dem bei der Ursachenforschung eingesetzten Expertenwissen in der Lage sein, seine Prozesse zu verbessern und auf unvorhergesehene, nicht in der Programmierung vorgesehene Ausnahmefälle, wie z. B. nicht bekannte Prüfobjekte, zu reagieren. Dazu wurde bereits in Abschnitt 4.3 die Fähigkeit zur Analyse der Ist-Situation (Anforderung 5) mittels Machine Vision betrachtet. Im Weiteren ist darüber hinaus zu prüfen, wie die Bestimmung der Systemziele (Anforderung 6) sowie die Anpassung des Systemverhaltens (Anforderung 7) realisiert werden können.

Die Verhaltensanpassung eines selbstoptimierenden Systems, welche diesem die Reaktion auf veränderte Umweltbedingungen ermöglicht, kann wie in Abschnitt 2.3.3 beschrieben durch Anpassung von *Parametern* des Systems, oder durch eine *Rekonfiguration* erfolgen. Im Falle des vorliegenden Prüfsystems bezieht sich die Veränderung der Umweltbedingungen auf die sich ändernde Produktqualität, welche bspw. durch Instabilitäten im Prozess oder Lerneffekte hervorgerufen werden können sowie die durch den Kundenwunsch entsprechende individuelle Produktvariante.

Nachfolgend werden im Abschnitt 4.5.1 die Anforderungen 5-7 im Kontext der Selbstoptimierung detailliert. Im Abschnitt 4.5.2 werden anschließend die unterschiedlichen prinzipiellen

Verfahren und Wirkmuster zur Selbstoptimierung näher erläutert. Den Abschluss bildet ein Vergleich der Ansätze zur Selbstoptimierung im Abschnitt 4.5.3.

4.5.1 Anforderungen an die Selbstoptimierung

Erfassung des Ist-Zustandes

Damit eine Selbstoptimierung hinsichtlich definierter Zielgrößen stattfinden kann, muss das System diese erfassen können. Konkret bedeutet dies, dass Messungen der Zielgrößen hinsichtlich der Zeit, der verbrauchten Energie und der erreichten Prüfgüte von früheren Prüfungen vorliegen muss. Diesbezüglich kann Anforderung 5 folgendermaßen detailliert werden:

Anforderung 5-k **Die für die Prüfung benötigte Zeit und Energie sowie die erreichte Qualitätsgüte der Prüfungen werden erfasst.**

Neben der eigentlichen Messung müssen Zielgrößen zur weiteren Verwendung gespeichert werden, um daraus Zusammenhänge oder Modelle abzuleiten. Als Werkzeug zur strukturierten Verwaltung der Messdaten kann eine Datenbank in Betracht gezogen werden. Die entsprechende Anforderung dazu lautet:

Anforderung 5-l **Die gemessenen Zielgrößen werden in einem Datenbanksystem gespeichert.**

Bestimmung der Systemziele

Um eine Bestimmung der Systemziele möglich zu machen, muss es zunächst möglich sein, die Einhaltung der extern gesetzten Ziele bei der aktuell geplanten Systemkonfiguration zu ermitteln. Da die für eine Prüfung notwendige Zeit, der Energieverbrauch, sowie die tatsächlich resultierende Prüfgüte im Allgemeinen vor Durchführung der Prüfung unbekannt sind, muss auf Modelle zur Bestimmung der Zielgrößen zurückgegriffen werden. Das Modell sollte dabei möglichst robust gegenüber möglichen nicht-repräsentativen Messfehlern in den erhobenen empirischen Daten sein:

Anforderung 6-a **Die zur Zielbestimmung genutzten Modelle sind robust gegenüber empirischen Messfehlern.**

Neben der Robustheit ist für eine möglichst unmittelbare Zielbestimmung notwendig, dass die Modelle im Rahmen der Optimierung in (weicher) Echtzeit auswertbar sind. Dementsprechend lautet eine weitere Anforderung:

Anforderung 6-b **Die zur Zielbestimmung genutzten Modelle sind in (weicher) Echtzeit auswertbar.**

Oberste Priorität bei der Zielbestimmung muss die möglichst gute Erfüllung extern vorgegebener Ziele sein. Innerhalb der durch die externen Ziele gegebenen Grenzen soll zudem eine allgemeine Optimierung der Ziele erfolgen.

Da die Optimierung von Zeit und Energie in Konkurrenz zu einer Optimierung der Prüfgüte steht, ist ein Abwägen der Zielgrößen untereinander unabdingbar. Das Abwägen der Ziele sollte zu einem möglichst guten Kompromiss im Sinne eines Pareto-Optimum innerhalb der durch die externen Ziele festgelegten Grenzen führen. Die entsprechende Anforderung dazu kann wie folgt formuliert werden:

Anforderung 6-c **Die durch das System bestimmten internen Ziele pareto-optimieren die gegebenen externen Ziele.**

Da Zeit selbst eine der zu bestimmenden Zielgrößen ist, sollte die benötigte Zeit zur Bestimmung der Systemziele im Vergleich zur benötigten Zeit für die Prüfung möglichst klein sein. Wie die Auswertung der Modelle sollte auch die Zielbestimmung in (weicher) Echtzeit oder nahezu in Echtzeit ablaufen. Diese Anforderung bedingt entsprechend schnell auswertbare Modelle und Optimierungsalgorithmen. Die daraus abgeleitete Anforderung lautet:

Anforderung 6-d **Die Bestimmung der Systemziele geschieht in (weicher) Echtzeit.**

Anpassung des Systemverhaltens

Mit jeder neuen Prüfung erhält das System einen weiteren Datensatz, mit dem es die vorliegenden Modelle unter Umständen näher an das reale Verhalten des Systems heranführen kann. Dadurch besteht eine Möglichkeit zur Entwicklung der Modelle für die Zielgrößen Energie/Zeitverbrauch für die Zeit. Diese Änderung muss auch bei der Adaption des Systemverhaltens durch eine Anpassung der Modelle berücksichtigt werden. Neben den Trajektorienmodellen kann sich die Qualitätslage der Prüfmerkmale ändern, was eine Anpassung von experimentell bestimmten Parametern bei der Bestimmung der Prüfgüte erforderlich macht. Die Anpassung des Systemverhaltens sollte auf Basis aller neu gewonnenen Informationen aus dem Prüfvorgang erfolgen. Daraus folgt:

Anforderung 7-a **Die Systemmodelle können dynamisch angepasst werden.**

Die dynamische Anpassung der Modelle bedingt das Vorliegen von Messpunkten, bspw. des Energieverbrauchs. Da die Berechnung empirischer Modelle umso rechenintensiver ist, je mehr Messpunkte für die Berechnung notwendig sind sollte für die Modellierung ein Verfahren gewählt werden, bei dem für die Berechnung der Modellparameter möglichst wenig Messpunkte benötigt werden. Die Anforderung lautet:

Anforderung 7-b **Die Anpassung der Modellparameter konvergiert schon bei wenigen Datenpunkten gegen optimale Modellparameter.**

Die genannten Anforderungen bedingen einerseits das Aufstellen von Modellen und andererseits die Anwendung von Optimierungsverfahren zur Ermittlung von Kompromissen zwischen den vorhandenen Zielgrößen. Daher werden im Folgenden Verfahren aus den Bereichen der Modellbildung sowie der Optimierung vorgestellt.

4.5.2 Verfahren der Selbstoptimierung

Verfahren der Selbstoptimierung sind in Anlehnung an SCHMIDT Methoden und Algorithmen, die dem System die Fähigkeit zur Anpassung des Systemverhaltens als Reaktion auf vorherige Ereignisse ermöglichen [251]. Dazu gehören insbesondere die Modellbildung sowie die Optimierung, die die Beschreibung von Verhalten und dessen Optimierung möglich machen.

4.5.2.1 Modellbildung

Unter einem Modell wird nach dem VDI eine vereinfachte Nachbildung eines geplanten oder existierenden Systems mit seinen Prozessen in einem anderen begrifflichen oder gegenständlichen System verstanden.[252] Nach STACHOWIAK weist dieses abbildende System gegenüber dem ursprünglichen System eine Reduktion auf die relevanten Parameter des Ausgangssystems (*Verkürzung*) auf und erfüllt eine bestimmte Funktion (*Pragmatismus*). Letztere Funktion ist beispielsweise die Lösung inverser Fragestellungen wie der Ermittlung hinsichtlich bestimmter Zielgrößen optimaler Systemparameter.[253]

White-Box Modelle

Werden Modelle für technische Systeme oder Prozesse nach der Art der Beschreibung klassifiziert, so werden *Strukturmodelle*, auch *White-Box-Modelle* genannt, von *Verhaltensmodellen*, sogenannten *Black-Box-Modellen* unterschieden. Das White-Box-Modell bildet kausale Zusammenhänge, die innerhalb eines Systems vorliegen, vollständig ab. Die analytische Beschreibung dieser Zusammenhänge kann bspw. durch physikalische Gesetzmäßigkeiten in Form von mathematischen Gleichungen oder durch Petri-Netze erfolgen.[254]

Black-Box Modelle

Sind die inneren kausalen Zusammenhänge eines Systems nicht bekannt, so ist das System durch ein Black-Box-Modell abzubilden.[255] Das Black-Box-Modell beschreibt statt der physikalischen Gesetzmäßigkeit, der das System folgt, das Eingangs- und Ausgangsverhalten eines Systems in deskriptiver Weise. Diese Modelle verwenden entweder einen allgemeinen Modellansatz zur Approximation des Verhaltens durch ein sogenanntes parametrisches Modell oder eine nicht-parametrische Darstellung.[256] Ein verbreitetes Verfahren zur Ermittlung von Black-Box-Modellen ist die Anpassung einer mathematischen Funktion an Messpunkte durch die Methode der kleinsten Quadrate im Rahmen der sog. *Ausgleichsrechnung*.[257]

Häufig verwendete Arten von Blackbox-Modellen sind kNN (siehe auch Abschnitt 4.3.4.3), welche als universeller Ansatz für eine Modellbildung entwickelt wurden.[258] Auf Grund des vergleichswiese einfachen Aufbaus kommt dabei häufig ein MLP zum Einsatz. Über ein Training

---

[251] vgl. **Schmidt, A.** (2006), S. 91

[252] vgl. VDI 3633 Blatt 1, **Verein Deutscher Ingenieure** (2014), S. 3

[253] vgl. **Stachowiak, H.** (1973), S. 130ff

[254] vgl. **Ament, C.; Glotzbach, T.** (2015), S. 1f

[255] vgl. **Sohlberg, B.** (2003), S. 225

[256] vgl. **Ament, C.; Glotzbach, T.** (2015), S. 1f

[257] vgl. **Schwarz, H.; Köckler, N.** (2009), S. 141

[258] vgl. **Nelles, O.** (2001), S. 239

des MLPs durch eine Veränderung der Gewichte bei den Eingängen können bei ausreichender Anzahl von Neuronen beliebige Funktionen approximiert werden.[259]

Grey-Box Modelle

Grey-Box-Modelle bilden eine Mischung aus White-Box- und Black-Box-Modellen. Im Gegensatz zum Black-Box-Modell werden schon einige einschränkende Vorannahmen über das Systemverhalten getroffen (bekannte Parameter und Modellgleichungen), während andere Teile (meist Parameter) unbekannt bleiben und wie bei Black-Box-Modellen aus Messdaten ermittelt werden müssen. Durch die Einbeziehung von Vorwissen, insbesondere Vorannahmen bei der Modellstruktur ist mit Grey-Box-Modellen eine präzisere Beschreibung des Systemverhaltens bei geringerer Parameteranzahl gegenüber Black-Box-Modellen möglich. Da Grey-Box-Modell auf Basis experimenteller Messergebnisse bestimmt werden, können mit ihnen im Gegensatz zu White-Box-Modellen auch komplexe Systemzusammenhänge ohne den Aufwand einer theoretischen Herleitung modelliert werden.[260]

Die Einfachheit der Modellzusammenhänge und die geringe Parameteranzahl erlauben in vielen Fällen eine Parameterschätzung bzw. Identifikation von Grey-Box-Modellen während der Laufzeit des Systems (*online*). Die Ermittlung der Parameter kann mittels rekursiver Verfahren erfolgen. Bei diesen muss ein Modell nicht mit jedem neu hinzugenommenen Messpunkt neu berechnet werden. Stattdessen wird die vorherige Parameterschätzung auf Basis des neuen Messwertes korrigiert. Dadurch ist es nicht notwendig, vorherige Messwerte zu speichern. Eine solche rekursive Parameterschätzung ist mit dem (Weighted) Recursive Least Squares-Verfahren (RLS) möglich. Dieses optimiert den Modellfehler für die gewählte Modellstruktur[261] auf Basis einer Least-Squares-Gütefunktion (kleinste Fehlerquadrate). In diese Gütefunktion kann ein sogenannter Vergessensfaktor eingeführt werden, was in der Regel dazu genutzt wird, aktuelle Messwerte für die Modellidentifikation höher zu gewichten als vergangene.[262]

Sind kontinuierliche bzw. parametrische Modelle des Systems vorhanden, können Verfahren der mathematischen Optimierung zur Ermittlung von Lösungen für bestimmte Zustände verwendet werden. Zur mathematischen Optimierung existieren eine Vielzahl von Verfahren, die vor allem für die Lösung komplexer numerischer Probleme entwickelt wurden. Die im Fall der gegenständlichen Systeme zu erwartenden Gleichungssysteme sind weniger komplexer Natur, weshalb zur Optimierung Standardverfahren ohne weiteren Auswahlprozess angewandt werden. Im Folgenden werden daher prinzipielle Möglichkeiten zur Optimierung verglichen.

4.5.2.2 Mathematische Optimierung

Im einfachsten Fall ist das Ziel einer mathematischen Optimierung die Minimierung einer Zielfunktion $f\colon \mathbb{R}^n \to \mathbb{R}$, die einen Parametervektor $\vec{x} \in \mathbb{R}^n$ mit n Komponenten auf einen reellen

---

[259] vgl. **ebenda** (2001), S. 251

[260] vgl. **Nelles, O.** (2001), S. 16; **Unbehauen, H.; Bohn, C.** (2016), S. 242

[261] Als Modellstruktur wird im weiteren das (Tupel) der Funktionale verstanden, die das System mathematisch beschreiben (die Modellgleichungen), vgl. **ebenda** (2016), S. 55ff

[262] vgl. **ebenda** (2016), S. 372ff

Wert abbildet.[263] Bei der Suche nach Optima der Zielfunktion wird unterschieden zwischen lokalen und globalen Optima. Ein lokales Minimum liegt vor, wenn die Zielfunktion innerhalb einer kleinen lokalen Umgebung $U_{\vec{x}^*}$ um $\vec{x}^*$ein Minimum annimmt. Ein globales Minimum liegt vor, wenn f an der Stelle $\vec{x}^*$ für alle $\vec{x} \in \mathbb{R}^n$ ein Minimum darstellt.[264] Da es kein direktes hinreichendes Kriterium für globale Optima gibt, aber jedes globale auch ein lokales Optimum ist, konzentrieren sich Lösungsverfahren zur Optimierung auf die Suche nach lokalen Optima.

In technischen Systemen können die Parameter häufig nicht beliebig, sondern auf Grund technischer Gegebenheiten nur innerhalb eines festen Wertebereichs verändert werden. So ist leicht vorstellbar, dass die Bewegungsgeschwindigkeit einer Roboterachse nicht beliebig steigerbar ist. Durch Hinzufügen von Bedingungen bei der Wahl des Parametervektors $\vec{x}$ entsteht ein sog. restringiertes Optimierungsproblem.

Die zu optimierenden Zielgrößen wie bspw. Zeit, Kosten und Qualität hängen in technischen Systemen in unterschiedlicher Art und Weise von denselben Systemparametern ab. Typischerweise stehen diese Zielgrößen dadurch bei einer multikriteriellen Optimierung miteinander im Konflikt; Änderungen im Parametervektor können zu positiven Auswirkungen auf eine Zielgröße und gleichzeitig zu negativen Auswirkungen auf eine andere Zielgröße führen.[265] Beispielsweise steht bei der Qualitätsprüfung das Ziel „minimale Prüfzeit" mit dem Ziel „maximale Prüfgüte" im Konflikt, da mit steigendem Prüfumfang zwar die Prüfgüte steigt, aber auch die benötigte Zeit zum Prüfen. Auf Grund der meist multidimensionalen Abhängigkeit der Zielgrößen voneinander ergibt die Lösung eines multikriteriellen Optimierungsproblems nicht *ein* Optimum, sondern einen Satz sog. *paretooptimaler* Optima. Die Zielfunktion bildet den Parametervektor dann nicht mehr auf die reellen Zahlen, sondern auf einem k-dimensionalen Raum reeller Zahlen ab, wobei k die Anzahl zu optimierender Zielgrößen ist: $f\colon \mathbb{R}^n \rightarrow \mathbb{R}^k$.[266]

Eine Lösung des multikriteriellen Optimierungsproblems ist in den wenigsten Fällen analytisch möglich. Stattdessen kommen numerische Verfahren zur Lösung zum Einsatz. Eine Übersicht über Verfahren, die speziell bei der Optimierung von Modellen im Kontext von Produktionssystemen Anwendung finden, bietet RAO.[267] Im Folgenden werden nach MEYWERK gradientenbasierte, (deterministische) und gradientenfreie und stochastische (metaheuristische) Optimierungsverfahren unterschieden.[268] Stochastische Verfahren kommen in der Regel auch ohne Informationen über den Gradienten aus, werden hier jedoch getrennt betrachtet, da sie aufgrund ihres nicht-deterministischen Verhaltens und der Verwendung von Zufallsvariablen eine spezielle Sorte von Optimierungsverfahren darstellen. Verfahren werden auf Basis eines von SIEGBERT ET AL. durchgeführten Vergleichs mehrerer Optimierungsalgorithmen für

---

[263] vgl. **Pieper, M.** (2017), S. 12
[264] vgl. **ebenda** (2017), S. 13
[265] vgl. **Pook, S.** (2011), S. 15
[266] vgl. **Pieper, M.** (2017), S. 44
[267] vgl. **Rao, R.** (2011), S. 4ff
[268] vgl. **Meywerk, M.** (2007), S. 271

Testprobleme zur Optimierung von geometrischen Eigenschaften von Düsen für Polymere beleuchtet.[269]

Gradientenbasierte Verfahren

Gradientenbasierte Verfahren beruhen auf der Nutzung von Gradienteninformationen zur Näherung an die Lösung. Beispielsweise wird bei manchen Verfahren die Lösung in Richtung des steilsten Abstiegs ausgehend von der aktuellen Näherungslösung angepasst. Die Nachteile der Verfahren liegen in der notwendigen Verfügbarkeit von Gradienteninformationen der Zielfunktion, sowie verschiedener Probleme bei bestimmten Eigenschaften der Zielfunktion. Probleme bereiten beispielsweise numerisches Rauschen einer Funktion, da der Gradient extreme Werte annehmen kann oder die Lösung nur gegen die lokalen Minima konvergiert. Ein anderes Problem stellen Unstetigkeiten dar, die, abgesehen davon, dass der Gradient dort nicht definiert ist, zu völlig falschen Suchrichtungen führen können.[270]

Auf Basis des genannten Vergleichs von SIEGBERT ET AL. wird die Betrachtung auf den SLSQP-Algorithmus (Sequential Least Squares Programing) beschränkt, der im Vergleich als bester gradientenbasiertes Verfahren mit Möglichkeiten zur Einbeziehung von Nebenbedingungen abschnitt. Die Anzahl an notwendigen Auswertungen der Zielfunktion lag im Vergleich von SIEGBERT ET AL. im Bereich 20-80 Auswertungen.[271]

Gradientenfreie Verfahren

Gradientenfreie Verfahren besitzen den Vorteil, dass sie keine Informationen über die Steigung oder Krümmung der Zielfunktion benötigen. Diese Eigenschaft macht sie robuster gegenüber numerischem Rauschen oder Unstetigkeiten, an denen die Zielfunktion nicht differenzierbar ist und gradientenbasierte Verfahren versagen können. Als Folge des Verzichts auf Gradienteninformationen müssen oft häufigere Funktionsauswertungen und langsamere Konvergenzeigenschaften als bei gradientenbasierten Verfahren in Kauf genommen werden.[272]

In dem genannten Vergleich benötigten die Algorithmen BOBYQA[273] und COBYLA[274] durchschnittlich die geringste Anzahl an Auswertungen der Zielfunktion. Die Anzahl der Auswertungen lag für die verschiedenen Probleme in einer Größenordnung von 10-30 Auswertungen für BOBYQA und 10-70 Auswertungen für COBYLA.[275]

Stochastische Verfahren

---

[269] vgl. **Siegbert, R., et al.** (2014), S. 791

[270] vgl. **Meywerk, M.** (2007), S. 271ff

[271] vgl. **Siegbert, R., et al.** (2014), S. 792

[272] vgl. **Meywerk, M.** (2007), S. 271ff

[273] vgl. **Powell, M.** (2009), S. 1

[274] vgl. **ebenda** (2007), S. 3vgl. **ebenda , 2007, S. 3**

[275] vgl. **Siegbert, R., et al.** (2014), S. 791

Unter stochastischen Verfahren werden Verfahren verstanden, die gezielt Zufallsvariablen bei der Suche nach dem Optimum einsetzen.[276] Der Einsatz eines solchen Verfahrens kann sinnvoll sein, wenn die Zielfunktion viele Nebenoptima aufweist, die für die Optimierung irrelevant sind. Vor allem gradientenbasierte Verfahren neigen dazu, gegen diese Nebenoptima zu konvergieren. Der Einsatz von Zufallsvariablen kann helfen, diese zu überwinden. Der Nachteil besteht in einem erhöhten Rechenaufwand und einer langsameren Konvergenz verglichen mit deterministischen Verfahren.[277] Für stochastische Verfahren gibt es eine große Auswahl an metaheuristischen Ansätzen. Ein verbreitetes Verfahren ist das Simulated Annealing. Dieses ist angelehnt an den physikalischen Vorgang des Abkühlens eines geschmolzenen Festkörpers. Abhängig von der Abkühlgeschwindigkeit ordnen sich die Moleküle in strukturierten Gittern an, um die freie Energie zu minimieren. Abhängig von der Temperatur sinkt beim Abkühlen die Wahrscheinlichkeit, mit der sich das Ergebnis noch verschlechtern darf. Die Energie repräsentiert übertragen auf ein Optimierungsproblem die Zielfunktion die minimiert werden soll und die Temperatur eine Wahrscheinlichkeit, mit der sich das Zwischenergebnis der Optimierung noch verschlechtern darf.[278]

4.5.3 Vergleich der Verfahren zur Selbstoptimierung

Die vorgestellten Modellierungs- und Optimierungsverfahren werden im Folgenden anhand der gestellten Anforderungen verglichen. Dies erlaubt die genauere Spezifikation der Selbstoptimierung im folgenden Kapitel 5.

Modellierung

Bei der Modellierung weisen White-Box-Modelle hinsichtlich Anforderung 6-a maximale Robustheit auf, da keine empirischen Daten zur Modellierung benötigt werden. Hinsichtlich der Black-Box-Modellierung wird diese Robustheit stark vom verwendeten Trainingsverfahren beeinflusst, ist jedoch im Allgemeinen durch die Notwendigkeit der Erhebung empirischer Daten schlechter als bei White-Box-Modellen, weshalb die Anforderung als teilweise erfüllt bewertet wird. Bei der Grey-Box-Modellierung ist die Robustheit etwa durch Verwendung eines Vergessensfaktors λ adaptiv einstellbar. Dieser gewichtet die älteren Messwerte mit zunehmendem Alter exponentiell abfallend mit λ^k. Anforderung 6-a wird daher für die Grey-Box-Modellierung ebenfalls als voll erfüllt bewertet.

Die schnelle Auswertbarkeit der Modelle (Anforderung 6-b) ist für White-Box-Modelle, insbesondere im Kontext mechatronischer Systeme, allgemein nicht gegeben. Sowohl die Modellierung als auch die Berechnung des Modells ist auf Grund der häufig vorhandenen nichtlinearen Gleichungssysteme und vorhandenen Differentialgleichungen aufwendig. Demgegenüber ist die Auswertung von Black- und Grey-Box-Modellen in der Regel in Echtzeit möglich,

[276] vgl. **Papageorgiou, M.; Leibold, M.; Buss, M.** (2015), S. 60

[277] vgl. **Meywerk, M.** (2007), S. 289

[278] vgl. **Papageorgiou, M.; Leibold, M.; Buss, M.** (2015), S. 61f

sodass hier keine Einschränkungen bestehen. Anforderung 6-b wird deshalb für White-Box-Modelle als nicht und für Grey- sowie Black-Box-Modelle als voll erfüllt bewertet.

Anforderung 7-a bedingt die dynamische Anpassbarkeit der Modelle an neue Daten. Die dynamische Anpassbarkeit widerspricht prinzipiell dem White-Box-Modellierungsprinzip, weshalb diese Anforderung hier nicht erfüllt ist. Bei der Black-Box-Modellierung hängt die Anpassbarkeit stark vom gewählten Modellierungsverfahren ab. Verfahren auf Basis neuronaler Netze benötigen für die notwendige Rückwärtspropagation als Trainingsverfahren meist hohe Rechenzeiten für das Training. Eine Anpassbarkeit ist jedoch gegeben. Anforderung 7-a wird daher in Bezug auf Black-Box-Modelle als voll erfüllt bewertet. Die dynamische Adaptivität ist eine der stärksten Motivationen für die Nutzung von Grey-Box-Modellen, daher wird die Anforderung hier als voll erfüllt betrachtet.

Neben der prinzipiellen Anpassbarkeit bedingt Anforderung 7-b eine möglichst aufwandsarme Anpassbarkeit der Modelle. Hier gilt in Bezug auf White-Box-Modelle das gleiche wie zuvor beschrieben, weshalb die Anforderung diesbezüglich als nicht erfüllt zu bewerten ist. Black-Box-Modelle konvergieren erst bei großen Datenmengen gegen optimale Modellparameter. Die Anforderung wird daher hier als nicht erfüllt betrachtet. Die Grey-Box Modellierung erweist sich in Bezug auf Anforderung 7-b als bestmögliche Wahl. Der in Abschnitt 4.5.2.1 genannte RLS Ansatz ist bereits mit sehr kleinen Datenmengen anwendbar und konvergiert im Laufe der Zeit gegen die optimalen Modellparameter.[279] Die Anforderung wird für Grey-Box-Modelle daher als voll erfüllt betrachtet.

Eine Zusammenfassung des Vergleichs zeigt Tabelle 4-7. Der Vergleich der drei unterschiedlichen Modellierungsverfahren zeigt, dass insbesondere Grey-Box-Modelle für den vorliegenden Anwendungsfall zeitnaher Optimierungsvorgänge in einem adaptiven technischen System geeignet sind.

[279] vgl. **Unbehauen, H.; Bohn, C.** (2016), S. 421f

Tabelle 4-7 Vergleich der drei prinzipiellen Modellierungsverfahren für die im Rahmen der Selbstoptimierung benötigten Modelle

Anforderung	White-Box-Modellierung	Black-Box-Modellierung	Grey-Box-Modellierung
Modelltyp ist robust gegenüber empirischen Messfehlern	●	◐	●
Modelltyp ist für die Echtzeitauswertung geeignet	○	●	●
Modelltyp kann dynamisch angepasst werden	○	●	●
Prinzipiell geringer Modellfehler bei Anpassung des Modelltyps auch bei geringer Datenmenge	○	○	●
Legende: ○ Anforderung nicht erfüllt ◐ Anforderung teilweise erfüllt ● Anforderung erfüllt			

Optimierung

Die beschriebenen Algorithmen stellen eine Auswahl aus den Bereichen gradientenbasierter, gradientenfreier sowie stochastischer Optimierungsverfahren dar und werden für einen kurzen Vergleich der Bereiche verwendet. Alle Algorithmen sind für nichtlineare Optimierungsprobleme geeignet und bis auf BOBYQA auch für solche mit nichtlinearen Nebenbedingungen. BOBYQA erlaubt nur lineare Nebenbedingungen an die Optimierungsvariablen. Ohne weitere Änderungen der Zielfunktion z. B. durch Straffunktionen ist eine Verwendung von BOBYQA bei einer Vorgabe von externen Zielen nicht möglich.

Die vorgestellten Optimierungsverfahren sind nicht direkt für die Lösung von Pareto-Optimierungsproblemen (Anforderung 6-c) geeignet. Da Simulated Annealing eher ein abstraktes Optimierungsschema darstellt, das leicht an verschiedene Probleme angepasst werden kann, wäre eine Anpassung, für die auch bereits Konzepte bestehen, durchaus denkbar.[280] Für alle anderen Verfahren wird eine skalare Zielfunktion benötigt. Über den Umweg, dass eine entsprechende Zielfunktion konstruiert wird, die eine Gewichtung der verschiedenen Zielgrößen vornimmt und einen Skalar als Optimierungskriterium zurückgibt, ist bei allen genannten

[280] vgl. **Czyżak, P.; Jaszkiewicz, A.** (1997)

Algorithmen eine Pareto-Optimierung möglich. Anforderung 6-c wird daher bei allen Verfahren als teilweise erfüllt bewertet.

Durch die Anforderung an eine schnelle Lösungsfindung (Anforderung 6-d) scheidet Simulated Annealing für das Zielsystem aus, da das Verfahren eine vergleichsweise langsame Konvergenzgeschwindigkeit aufweist und nur in Ausnahmefällen, wie bei sehr vielen Nebenminima, zum Einsatz kommen sollte. Bemerkenswert ist, dass im Vergleich der Optimierungsalgorithmen zwischen den gradientenfreien (BOBYQA, COBYLA) und dem gradientenbasierten (SLSQP) für dasselbe Testproblem SLSQP trotz Verwendung der Gradienteninformationen mehr Funktionsauswertungen benötigte als BOBYQA und COBYLA, wodurch der eigentliche Vorteil gradientenbasierter Verfahren einer schnelleren Konvergenz wegfällt.[281] Für SLSQP wird die Anforderung 6-d daher als teilweise und für BOBYQA und COBYLA als voll erfüllt bewertet.

Eine Zusammenfassung des Vergleichs zeigt Tabelle 4-8. Fasst man alle Aspekte zusammen, dann erfüllt COBYLA die Anforderungen an den Optimierungsalgorithmus am besten. Sofern keine externen Zielvorgaben und somit keine nichtlinearen Nebenbedingungen existieren, sollte BOBYQA statt COBYLA verwendet werden, da BOBYQA die restlichen Anforderungen genauso gut erfüllt, jedoch etwas schneller bei der Optimierung ist.[282]

Tabelle 4-8 **Vergleich der drei betrachteten prinzipiellen Optimierungsverfahren anhand beispielhafter Algorithmen aus den Bereichen**

Anforderung	**Simulated Annealing**	**Gradientenbasierte Optimierung (SLSQP)**	**Gradientenfreie Optimierung (BOBYQA/COBYLA)**
Das Verfahren löst multikriterielle Probleme hinsichtlich Pareto-Optima zuverlässig auf	◐	◐	◐
Das Verfahren ist echtzeitfähig	○	◐	●
Legende: ○ Anforderung nicht erfüllt ◐ Anforderung teilweise erfüllt ● Anforderung erfüllt			

[281] vgl. **Siegbert, R., et al.** (2014), S. 791f

[282] vgl. **ebenda** (2014), S. 791

4.6 Industrierobotik und Bewegungsplanung

Die Grundlage für das Haptikprüfsystem ist ein programmierbarer Manipulator. Die Bewegungsabläufe des Manipulators, die für die haptische Prüfung notwendig sind, sind durch Algorithmen der Bahnplanung zu ermitteln (Anforderung 1). Während der Prüfung liefert der Manipulator die Wegdaten für die Kraft-Weg-Darstellung (Anforderung 2). Er sollte entsprechend Anforderung 4 die notwendige Flexibilität zur Realisierung der unterschiedlichen Prüfbewegungen aufweisen. Gemäß der in Kapitel 3 verglichenen Prüfsysteme bietet sich ein Industrieroboter als geeignetes System an.

In der DIN 8373 wird aufgeführt, dass die programmierten Bewegungsabläufe eines Industrieroboters verändert werden können, ohne dass physikalische Veränderungen am Robotersystem notwendig sind. Physikalische Veränderungen bedeuten Veränderungen in der mechanischen Struktur oder des Steuerungssystems. Zusätzlich ist ein Industrieroboter von hoher Vielseitigkeit und kann an unterschiedliche Anwendungen durch physikalische Veränderungen adaptiert werden.[283]

Das Problem der *Bewegungsplanung (Motion Planning)* beschäftigt sich damit, ausgehend von einer Startpose q_{start} zu einer Zielpose q_{goal} eine kollisionsfreie Bewegung, auch *Bahn* oder *Pfad* genannt, für einen Roboter zu finden. Analog wird daher auch der Begriff der Bahnplanung verwendet. Die zu findende Bahn ist als eine Sequenz von Zwischenposen darzustellen. Das Problem der Bahnplanung besteht für einen Industrieroboter in den mechanisch-kinematischen Bedingungen, die durch die Begrenzungen der kinematischen Kette des Robotersystems auftreten.

Eine Pose des Roboters entspricht einer *Konfiguration* (*Gelenkwinkelstellung*) im *Konfigurationsraum* (*Gelenkwinkelraum*). Der Konfigurationsraum ist der Raum, der durch die Freiheitsgrade der kinematischen Kette des Roboters aufgespannt wird. In diesem Raum wird der gesamte Roboter in einem Punkt abgebildet. Im Folgenden wird der nicht durch Hindernisse blockierte Konfigurationsraum als *Freiraum* bezeichnet.

Der *Arbeitsraum* eines Roboters entspricht dem gesamten Volumen im euklidischen Raum, das vom Endeffektor überstrichen wird. Durch die Geometrie des Industrieroboters und die kinematischen Grenzen seiner Rotationsachsen wird dieser Arbeitsraum eingeschränkt (vgl. Abbildung 4-6).

[283] vgl. DIN EN ISO 8373, **Deutsches Institut für Normung** (1996), S. 2

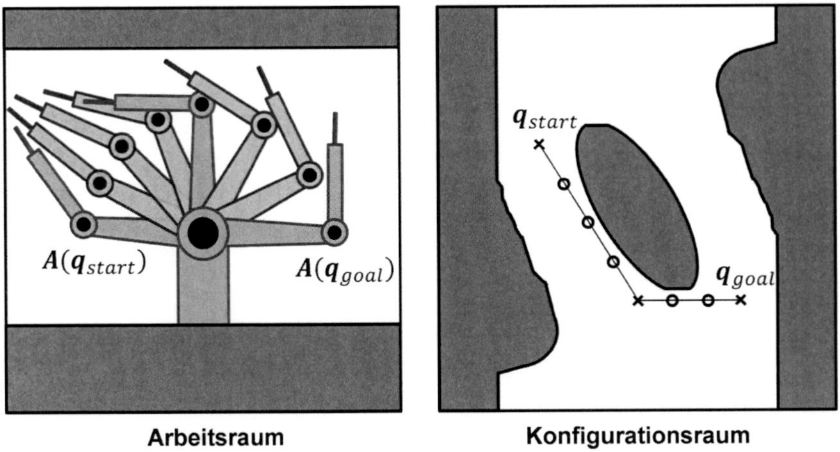

Abbildung 4-6 Arbeitsraum und Konfigurationsraum[284]

Eine Bahn, die durch die Zeit parametriert ist, wird als Trajektorie bezeichnet. Eine Trajektorie enthält demnach Informationen über Geschwindigkeiten und Beschleunigungen über die erste und zweite Ableitung nach der Zeit.[285] Allgemein betrifft die *Trajektorienplanung (Trajectory Planning)* neben dem reinen Auffinden eines kollisionsfreien Pfades die weitere Optimierung der Bewegung hinsichtlich einer bestimmten Zielfunktion.

Die Zielfunktion einer Optimierung kann z. B. die Minimierung der vom Roboter aufgenommenen Leistung sowie die für den Bewegungsablauf notwendige Zeit beinhalten.[286] So haben etwa Trajektorien mit abrupten Richtungswechseln eine erhöhte Leistungsaufnahme aufgrund wiederholter Anfahr- und Abbremsvorgänge der Aktoren. Der Einsatz „sanfter“ Trajektorien verspricht daher ein Energieeinsparpotenzial zwischen 10 % und 50 %.[287]

Im folgenden Abschnitt 4.6.1 werden zunächst die Anforderungen an den Manipulator und Bewegungsplanung aufgezeigt. Die prinzipiell für das System in Frage kommenden Roboterbauarten werden im Abschnitt 4.6.2 vorgestellt und im Abschnitt 4.6.3 mit den Anforderungen verglichen. Anschließend werden mögliche Verfahren zur Bewegungsplanung im Abschnitt 4.6.4 erörtert und im Abschnitt 4.6.5 anforderungsbasiert verglichen.

4.6.1 Anforderungen an den Manipulator und die Bewegungsplanung

Analog zum Vorgehen bei der Auswahl geeigneter Kraftsensoren lassen sich aus der menschlichen Sensorik und Aktorik Anforderungen an das einzusetzende Robotersystem ableiten.

---

[284] in Anlehnung an: **Ewert, D.; Ennen, P.** (2015), S. 7

[285] vgl. **Choset, H., et al.** (2005), S. 14f

[286] vgl. **Rubio, F., et al.** (2015), S. 3ff

[287] vgl. **Stoller, D.** (Sanfte Bewegungsabläufe) (2014)

Darüber hinaus entstehen Anforderungen an die Bewegungsplanungsfähigkeiten des Systems aus dem Anwendungszweck des Systems heraus.

Anforderung 2 wurde bereits in Abschnitt 4.4.1 in Hinblick auf die Kraftsensorik eingehend erörtert. Die Präzision, mit der der Roboter einen Punkt anfahren kann und die Position des Endeffektors ausgibt, ist entscheidend für das exakte Anfahren von Messpunkten, sowie die Bildung der Kraft-Weg-Verlaufskurven (in Verbindung mit den Kraftsignalen). In Anlehnung an die Auflösung der menschlichen Tiefenwahrnehmung kann Anforderung 2 bei der Betrachtung des Industrieroboters als Messwerkzeug folgendermaßen detailliert beschrieben werden:[288]

Anforderung 2-g **Die Messungenauigkeit der Wegaufnahme des Manipulators beträgt <= 0,01 mm.**

Gemäß Anforderung 4 ist als Industrieroboter für das Haptikprüfsystem eine Lösung notwendig, die über eine hinreichend große Bewegungsflexibilität verfügt. Größtmögliche Flexibilität bedeutet, dass der Roboter wie ein Mensch Posen in einem bestimmten Arbeitsraum erreichen kann. Dazu sind mindestens drei translatorische und drei rotatorische Freiheitsgrade, also sechs Freiheitsgrade insgesamt notwendig. In Anlehnung an ANGUELOV kann Anforderung 4 somit folgendermaßen ausdetailliert werden:[289]

Anforderung 4-a **Der Manipulator kann die Posen der Messpunkte in einem definierten Arbeitsvolumen nachbilden.**

Neben der Messungenauigkeit der Wegaufnahme sollte der Manipulator in der Lage sein, programmierte Positionen zuverlässig anzufahren. Wesentliches Bewertungskriterium für die Eignung des Manipulators für das Prüfsystem ist die Absolutpositionsgenauigkeit (AP). Diese indiziert, wie exakt vorgeplante Messpunkte durch den Roboter angefahren werden können. Eine AP von 0,02 mm bedeutet, dass bei 30-fachen wiederholtem Anfahren einer Soll-Pose mit einem mittleren Fehler - als Summe aus Positions- und Orientierungsfehler - von 0,02 mm gerechnet werden kann. Die AP kann über die spatiale Auflösung der menschlichen Fingerspitze spezifiziert werden. Wird als „Toleranz" in Anlehnung an VAN BOVEN UND JOHNSON die spatiale Auflösung der taktilen Sensorik der menschlichen Fingerspitze zu 1 mm angenommen[290], so sollte das System nach der „goldenen" Auswahlregel von BERNDT ET AL.[291] einen maximalen AP von 0,1 mm aufweisen:

Anforderung 4-b **Die Absolutpositionsgenauigkeit des Manipulators beträgt <=0,1 mm.**

Die autonome Planung des Prüfprogrammablaufes (Anforderung 1) bedeutet, dass der Roboter seinen Bewegungsablauf selbst ermitteln muss. Die Detaillierung dieser Anforderung erfolgt vor dem Hintergrund der hohen Bewegungskomplexität (Anforderung 4-a) von

288 vgl. **Anguelov, N.** (2009), S. 47

289 vgl. **ebenda** (2009), S. 48

290 vgl. **van Boven, R.; Johnson, K.** (1994), S. 2366

291 vgl. **Berndt, G.; Hultzsch, E.; Weinhold, H.** (1968), S. 470

Industrierobotern und erfordert einen Lösungsansatz, der den (mindestens sechs) Freiheitsgraden bzw. Dimensionen der Roboterkinematik angemessen ist.

Anforderung 1-a **Die Bewegungsplanung ist in der Lage zulässige Konfigurationen in höherdimensionalen Konfigurationsräumen (mind. 6D) zu ermitteln.**

Der Planungsansatz sollte zuverlässig und in möglichst geringer Zeit bzw. grundsätzlich in begrenzter Zeit in eine zulässige Lösung münden. Zulässig bedeutet hier im Wesentlichen, dass die Konfiguration des Manipulators in Start- und Zielpose sowie die während der Bewegung durch den Manipulator vollzogenen Achswinkelverläufe kollisionsfrei und von der Kinematik ausführbar sind. Auf Grund der Zeitkritikalität wird ein Planungsansatz, der in absehbarer Zeit ein lokales Optimum für das Planungsproblem erzeugt, für das System geeigneter sein, als ein Verfahren, das zwar gegen ein globales Optimum konvergiert, aber dafür unter Umständen sehr lange benötigt:

Anforderung 1-b **Die Bewegungsplanung terminiert möglichst echtzeitnah in einer zulässigen Lösung.**

Aus der Auslegung des Systems als selbstoptimierendes System folgt, dass es zur Bewegungsplanung Algorithmen nutzen sollte, deren Ergebnisse auch für spätere Planungsvorgänge teilweise nutzbar sind. So sollte etwa mit jedem Planungsvorgang die Zeit zur Neuplanung der Bewegung besser abgeschätzt oder bereits geplante kollisionsfreie Pfadabschnitte für ein bestimmtes Prüfobjekt bei Prüfung eines gleichen Prüfobjektes genutzt werden können.

Anforderung 1-c **Die Ergebnisse der Bewegungsplanung sind für spätere Planungsvorgänge nutzbar.**

4.6.2 Roboterbauarten für Fertigungssysteme

Als kinematische Kette bestehen Industrieroboter aus dem Zusammenbau einer Menge starrer Körper durch n Gelenke mit einem Freiheitsgrad. Unmittelbar benachbarte Glieder sind über ein Gelenk miteinander verbunden, wobei im Allgemeinen ein Gelenk als Dreh- oder Schubgelenk ausgeführt sein kann.[292] Industrieroboter können nach ihrer kinematischen Struktur in Roboter mit serieller Kinematik und Roboter mit paralleler Kinematik unterschieden werden.

Für den Einsatz in Fertigungssystemen geeignet sind nach CZICHOS insbesondere SCARA-Roboter (eng: Selective Compliance Assembly Robot Arm) mit vier Freiheitsgraden sowie 6-Achs-Roboter, die beide der Gruppe der Roboter mit serieller Kinematik angehören (vgl. Abbildung 4-7). SCARA-Roboter ermöglichen durch drei seriell angeordnete (parallele) rotatorische und einen translatorischen Freiheitsgrad sehr schnelle Bewegungsoperationen bei Aufgaben, die in einer zur translatorischen Achse orthogonalen Arbeitsebene eines zylinderförmigen Arbeitsraumes liegen. 6-Achs-Roboter können dagegen durch eine Verkettung von sechs seriell verschalteten rotatorischen Freiheitsgraden nahezu jeden beliebigen Punkt und eine

[292] vgl. **Xie, M.** (2008), S. 69f

dazu beliebige Orientierung in einem kugelförmigen kartesischen Koordinatensystem anfahren.[293]

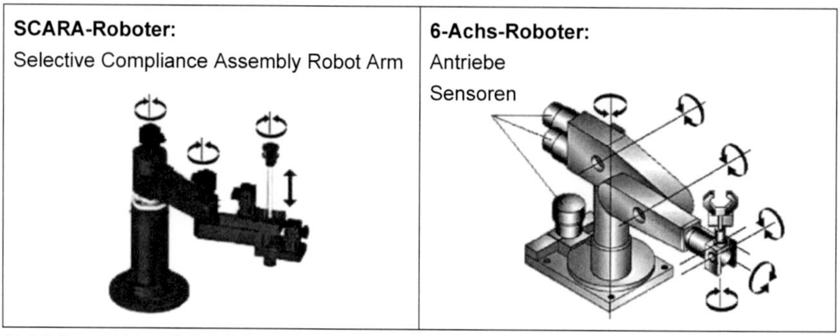

Abbildung 4-7 links: SCARA-Industrieroboter mit drei parallel angeordneten rotatorischen und einer translatorischen Achse; rechts: 6-Achs-Industrieroboter mit sechs seriell hintereinander geschalteten Rotationsachsen[294]

4.6.3 Vergleich der Roboterbauarten

Die beiden in Abschnitt 4.6.2 beleuchteten Roboterbauarten werden im Folgenden anhand von zwei Beispielsystemen beider Bauarten hinsichtlich der Anforderungen 2-g, 4-a und 4-b verglichen. Aufgrund der vergleichbaren Größe, Anschaffungskosten und des Arbeitsbereiches wird der SCARA-Roboter IRB 910 SC der Firma ABB mit dem 6-Achs-Roboter IRB 120, ebenfalls ABB, verglichen.

In Bezug auf Anforderung 2-g kann zwischen den beiden Bauarten kein Vergleich vorgenommen werden. Die Messunsicherheit hängt laut Auskunft des Herstellers stark von der zu lösenden Aufgabe ab und kann abweichen. Das ist abhängig von der Stelle im Arbeitsbereich an der der Roboter positioniert ist, der Geschwindigkeit, der Armkonfiguration, der Richtung, aus welcher er sich der Position nähert und der Laderichtung des Armsystems. Daher ist in jedem Fall eine Messsystemanalyse durchzuführen, um diese Anforderung zu verifizieren.

In Bezug auf Anforderung 4-a ist der prinzipielle Nachteil von SCARA- gegenüber 6-Achs-Robotern eindeutig. Während ein 6-Achs-Roboter wie der ABB IRB 120 ohne weitere Anlagen auch beliebige Punkte auf einer im kartesischen Koordinatensystem gekrümmten Ebene anfahren kann, ist dies mit einem SCARA-Roboter nur möglich, wenn der Punkt auf dieser Ebene bspw. durch einen Motortisch direkt parallel zur translatorischen Achse des Systems gekippt wird. Diese zusätzliche elektronische Komponente erhöht die Komplexität des

[293] vgl. **Czichos, H.** (2015), S. 213ff

[294] vgl. **ebenda** (2015), S. 215

Gesamtsystems, weshalb Anforderung 4-a in Bezug auf SCARA-Roboter nur als teilweise erfüllt gewertet wird.

SCARA-Roboter haben durch den wesentlich einfacheren kinematischen Aufbau eine höhere AP (Anforderung 4-b). Laut Datenblatt verfügt der IRB 910SC über eine AP 0,01 mm.[295] Demgegenüber verfügt der IRB 120 über eine AP von 0,02 mm.[296] In Bezug auf die AP ist der 910SC somit zwar genauer, beide Bauarten genügen jedoch voll der Anforderung.

Eine Zusammenfassung des Vergleichs zeigt Tabelle 4-9. Als Fazit ist festzuhalten, dass für den vorliegenden Anwendungsfall ein 6-Achs-Roboter geeigneter ist als ein SCARA-Roboter, da im vergleichbaren Aufbau eine ausreichende Bewegungsfreiheit bei geringerer Systemkomplexität vorhanden ist und auch die Präzisionsanforderungen erfüllt sind.

Tabelle 4-9 Vergleich der Roboterbauarten SCARA und 6-Achs

Anforderung	4-Achs SCARA	6-Achs Arm
Die Messungenauigkeit der Wegaufnahme des Manipulators beträgt <= 0,01 mm	n. a.	n. a.
Der Manipulator kann die Posen der Messpunkte in einem definierten Arbeitsvolumen nachbilden	◐	●
Die Absolutpositionsgenauigkeit des Manipulators beträgt <=0,1 mm	●	●
Legende: ○ Anforderung nicht erfüllt ◐ Anforderung teilweise erfüllt ● Anforderung erfüllt		

4.6.4 Verfahren zur Planung von Roboterbewegungen

Die Ermittlung zulässiger Bewegungen und deren Überführung in Trajektorien i.S. der Bewegungsplanung bzw. -programmierung kann gemäß CZICHOS vor dem eigentlichen Abfahren der Bewegung („Offline") oder während der Bewegung („Online") erfolgen. Vier prinzipielle Methoden können unterschieden werden:[297]

- Textuelle Programmierung von Anweisungsbefehlen für jede einzelne Achse des Roboters.

[295] vgl. **ABB Automation GmbH (Hrsg.)** (2017), S. 33

[296] vgl. **ABB Automation GmbH (Hrsg.)** (IRB 120) (2017), S. 34

[297] vgl. **Czichos, H.** (2015), S. 219f

- Manuelles Bewegen des Roboters an die gewünschten Positionen (bspw. mittels eines Handsteuergerätes) und Verbindung der Positionen mittels Bewegungsbefehlen (sog. Teach-in).
- Manuelles Führen eines Messgerätes entlang einer gewünschten Bahn und Speicherung dieser als Positionssequenz mit hoher Frequenz (sog. Playback-Verfahren).
- Simulationsbasierte Ermittlung kollisionsfreier Bewegungen durch mathematische Algorithmen und geeigneter Modelle des Zustandsraumes des Roboters.

Während in den ersten drei genannten Fällen dem Bediener die Bewegungsplanung obliegt, sind dafür im letzteren Fall Algorithmen notwendig. Nachfolgend werden zunächst prinzipielle Verfahren zur algorithmischen Lösung des *Bahnplanungsproblems* aufgezeigt (Abschnitt 4.6.4.1). Im Anschluss daran werden in Abschnitt 4.6.4.2 die zwei möglichen Verfahren zur Trajektorienplanung (vollständige Bewegungsplanung) erläutert: Der *entkoppelte Planungsansatz* (engl. *Decoupled Planning Approach*) einerseits und der *direkte Planungsansatz (*engl. *Direct Planning Approach)* andererseits.[298]

4.6.4.1 Ansätze zur Bahnplanung

Algorithmen und Methoden zur Bahnplanung für Roboter jeglicher Art basieren nach LATOMBE[299], CHOSET ET AL.[300] und LAVALLE[301] auf einem von vier grundsätzlichen Ansätzen. Diese im Folgenden kurz erläuterten Ansätze sind:

- Deterministische Roadmap-Algorithmen
- Zellendekomposition
- Potentialfeldmethode
- Zufallsbasierte/ Stichprobenbasierte Strategien.

Deterministische Roadmap-Algorithmen

Alle Roadmap-Algorithmen bedienen sich zur Planung einer abstrakten Repräsentation der Konnektivität des Freiraums, der sog. *Roadmap*. Das ist ein Netzwerk aus eindimensionalen Kurven, ähnlich einer Straßenkarte. Zunächst ist eine Roadmap für einen Konfigurationsraum mit den enthaltenen Hindernissen zu erstellen, die alle standardisierten kollisionsfreien Bahnen enthält. Dazu ist der Konfigurationsraum zunächst mit entsprechenden Gelenkwinkelstellungen zu belegen und die Kanten zwischen diesen Gelenkwinkelstellungen auf Kollisionen hin zu prüfen. Die Belegung kann nach festem Muster (deterministisch), oder zufällig bzw. probabilistisch erfolgen. Ist die Roadmap einmal erzeugt, reduziert sich die Bahnplanung darauf, die Start- und Zielkonfiguration mit der Roadmap zu verbinden und darin nach einem

---

[298] vgl. **Rubio, F., et al.** (2009), S. 1910

[299] vgl. **Latombe, J.-C.** (2001)

[300] vgl. **Choset, H., et al.** (2005)

[301] vgl. **LaValle, S.** (2006)

Pfad zu suchen. Deshalb ist der Ansatz insbesondere dann sinnvoll, wenn mehrere Wege innerhalb derselben Umgebung zu planen sind. Deterministische Roadmap-Algorithmen sind vollständig, d. h. sie garantieren die kürzeste Route für ein gegebenes Problem. Zu den Vertretern dieser Algorithmen zählen bspw. *Canny's Roadmap Algorithm*, der *Sichtbarkeitsgraph*, das *Generalisierte Voronoi Diagramm (GVD)*, die *Silhouette* und das *Freeway Netzwerk*.[302] Abbildung 4-8 zeigt exemplarisch einen Sichtbarkeitsgraphen und ein Voronoi-Diagramm für einen zweidimensionalen Konfigurationsraum:

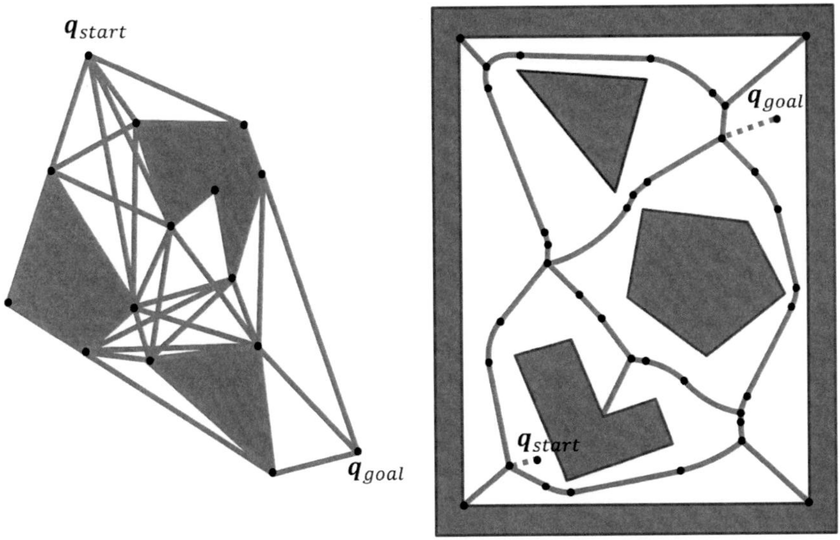

Abbildung 4-8 Zwei deterministische Roadmap-Algorithmen in zweidimensionalen Konfigurationsräumen – der Sichtbarkeitsgraph[303] (links) und das Voronoi-Diagramm[304] (rechts)

Deterministische Roadmap-Algorithmen sind auf niedrig-dimensionale Konfigurationsräume beschränkt. Das liegt daran, dass sie zwar jedes beliebige Pfadplanungsproblem in Konfigurationsräumen lösen können, der dafür notwendige Zeitaufwand jedoch mit der dimensionalen Ordnung des Konfigurationsraumes exponentiell ansteigt.[305]

Zellendekomposition

Die *Zellendekomposition* stellt einen alternativen Ansatz zur Erzeugung einer abstrakten Repräsentation des Freiraums mittels Roadmap dar. Der Freiraum wird in einzelne Zellen aufgeteilt. In einem sogenannten Nachbarschafts-Graphen werden die Nachbarschaftsbeziehungen

---

[302] vgl. **Choset, H., et al.** (2005), S. 124ff; **Latombe, J.-C.** (2001), S. 153ff

[303] in Anlehnung an **ebenda** (2001), S. 156

[304] in Anlehnung an **ebenda** (2001), S. 173

[305] vgl. **Choset, H., et al.** (2005), S. 142

zwischen aneinander angrenzenden Zellen gespeichert.[306] Zwei solcher Zellen sind benachbart, wenn sie eine gemeinsame Grenzlinie teilen. Die Knoten des Nachbarschafts-Graphen entsprechen den Zellen, die Kanten den Nachbarschaftsbeziehungen. Zur Bahnplanung zwischen Start- und Zielzelle, die die Startkonfiguration respektive die Zielkonfiguration enthalten, wird im Nachbarschafts-Graphen nach einer Verbindung gesucht. Die Lösung des Bahnplanungsproblems entspricht einer Sequenz von Zellen, die einen kollisionsfreien Kanal enthalten.[307]

Bei diesem Ansatz werden *exakte* und *approximierende* Methoden unterschieden. Im exakten Fall ist der Freiraum äquivalent zu der mathematischen Vereinigung der sich nicht überschneidenden Zellen.[308] Approximierende Methoden verwenden Zellen mit der immer gleichen, primitiven, vordefinierten Form (bspw. Quadraten). Hier teilen die Zellen den gesamten Konfigurationsraum und nicht nur den Freiraum. Dadurch sind den Zellen den Eigenschaften: *frei*, *gemischt* oder *belegt* zuzuordnen. Ist eine Zelle frei, so nimmt sie eine Region im Freiraum ein. Ist sie belegt, so ist sie deckungsgleich mit einer Region, die durch ein Hindernis im Konfigurationsraum eingenommen wird. Eine gemischte Zelle ist teilweise belegt. Aufgrund dieser Diskretisierung erlauben approximierende Verfahren nicht, ohne Beschränkung der Allgemeinheit, den Freiraum exakt zu repräsentieren.[309] Bekannte Algorithmen der Zellendekomposition sind der *Line-Sweep-* Algorithmus und die *Trapezoidale Dekomposition*.

Potentialfeldmethode

Bei der *Potentialfeldmethode* wird dem Konfigurationsraum eines Roboters künstlich ein Potentialfeld, wie es aus dem Elektromagnetismus bekannt ist, aufgeprägt. Hindernissen wird eine repulsive Potentialfunktion zugeordnet, die Zielkonfiguration erhält ein attraktives Potentialfeld. Ausgehend von der Startkonfiguration folgt der Roboter dem steilsten negativen Gradienten des erzeugten Gesamtfeldes. Ein bekannter Algorithmus, der diesem Ansatz folgt ist der sogenannte *Wellenfront-Planer*.

Unerwünschte Eigenschaft erzeugter Potentialfelder im Kontext dieses Ansatzes ist jedoch die Existenz lokaler Minima. Unter Umständen kommt es dazu, dass ein Planungs-Algorithmus, der diesem Ansatz folgt, in einem lokalen Minimum festhängt, ohne eine gültige Bahn zur Zielkonfiguration zu finden.[310]

Stichprobenbasierte Strategien

Den bisher beschriebenen Ansätzen stehen *zufallsbasierte* bzw. *stichprobenbasierte Strategien* gegenüber. Diese versuchen den enormen Rechenaufwand, der für die Erzeugung vollständiger Repräsentationen einer Umgebung vonnöten ist, maßgeblich zu reduzieren. Dies geschieht durch eine stichprobenartige Untersuchung des Konfigurationsraums. Zufällig oder

---

306 vgl. **ebenda** (2005), S. 12

307 vgl. **ebenda** (2005), S. 161

308 vgl. **Latombe, J.-C.** (2001), S. 200

309 vgl. **ebenda** (2001), S. 248f

310 vgl. **Choset, H., et al.** (2005), S. 77ff

gemäß einer definierten Heuristik werden Konfigurationen aus dem Konfigurationsraum ausgewählt und auf Kollisionsfreiheit geprüft. Alle kollisionsfreien Konfigurationen werden durch Pfadabschnitte miteinander verbunden, sofern diese Pfadabschnitte ebenfalls kollisionsfrei sind. Die verschiedenen Methoden dieses Ansatzes unterscheiden sich durch die Art und Weise, mit der die Stichproben erzeugt (engl. *Sampling*) und miteinander verbunden werden (engl. *Connecting*, vgl. Abbildung 4-9).

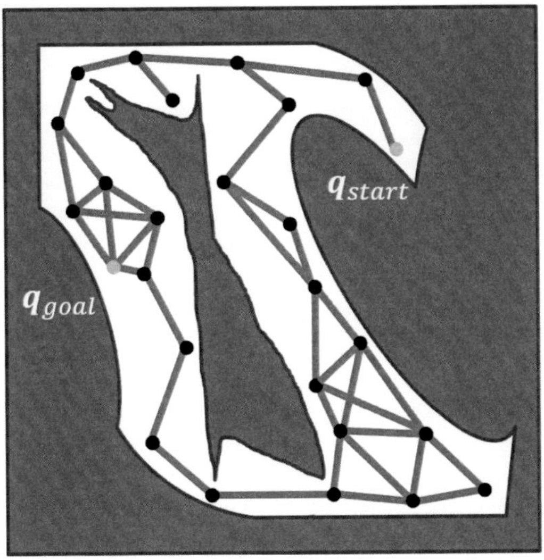

Abbildung 4-9 Zufallsbasierte Strategien – ein zweidimensionaler Konfigurationsraum mit Stichproben und deren Verbindungen[311]

Stichprobenbasierte Verfahren bzw. Algorithmen, die diesem Ansatz folgen, sind in der Lage, in komplexen, höherdimensionalen Konfigurationsräumen schnell zu operieren. Zudem können stichprobenbasierte Verfahren in Verbindung mit Roadmaps im Zeitverlauf steigendes Wissen über statische Konfigurationsräume gewinnen. Die Reduktion des Rechenaufwands zur Beherrschung der Komplexität geht allerdings mit einem Kompromiss in puncto Vollständigkeit des Verfahrens zur Lösung des Bahnplanungsproblems einher. Das bedeutet, dass unter Umständen ein stichproben-basierter Planer in endlicher Zeit keine Lösung für ein Bahnplanungsproblem findet, wenngleich eine solche Lösung im Konfigurationsraum existiert.[312] Zumindest für unendliche Rechenzeiten finden beispielsweise die verbreiteten Algorithmengruppen *Probabilistic Roadmap* (*PRM*) und *Rapidly-exploring Random Tree* (*RRT*) nachweislich für jedes Bahnplanungsproblem eine Lösung, falls eine solche existiert.

---

311 in Anlehnung an **Latombe, J.-C.** (2001), S. 173

312 vgl. **Choset, H., et al.** (2005), S. 197ff; **LaValle, S.** (2006), S. 185ff

4.6.4.2 Ansätze zur Trajektorienplanung

Entkoppelter Planungsansatz

Der *entkoppelte Planungsansatz* (engl. *decoupled planning approach*) teilt das vollständige Bewegungsplanungsproblem in eine Bahnplanung und eine Trajektorienplanung, die auf der ermittelten Lösung der Bahnplanung aufbaut.[313] Im Zusammenhang mit einem Dynamik-Modell wird für die berechnete Bahn $\boldsymbol{\tau}(s)$ ein Geschwindigkeitsprofil ermittelt, um eine (lokal) zeitoptimale Trajektorie unter Berücksichtigung gegebener Aktuator[314]-Grenzen zu generieren.[315] CHOSET schlägt zur Lösung dieses Problems den sog. *Time-Scaling Algorithmus* vor.[316]

Die mittels des Time-Scaling-Algorithmus gefundene Lösung stellt die global schnellste Trajektorie für einen gegebenen Pfad dar. Diese Lösung ist jedoch in nicht eindeutigen Konfigurationsräumen nur lokal optimal bezüglich der Frage, was die zeitoptimale Trajektorie ist, unabhängig davon, welcher kollisionsfreie Pfad zwischen Start- und Zielkonfiguration verwendet wird.[317] Eine Antwort lieferten 1988 SHILLER und DUBOWSKY, die vorschlagen, den Time-Scaling-Algorithmus wiederholt auf allen möglichen Bahnen zwischen q_{start} und q_{goal} auszuführen. Die schnellste ermittelte Trajektorie aller Bahnen ist dann die global zeitoptimale Trajektorie.[318]

Direkter Planungsansatz

Dem entkoppelten Planungsansatz zur Generierung optimaler Trajektorien steht der direkte *Planungsansatz* (engl. *Direct Planning Approach)* gegenüber. Ausgehend von einem Dynamik-Modell wird ein *Problem der Optimalen Steuerung* formuliert. Dieses Problem beinhaltet eine unter Randbedingungen zu optimierende Zielfunktion, um globale, zeit- bzw. energieoptimale Trajektorien zu berechnen. Von Nachteil ist, dass das Problem der Optimalen Steuerung unter gegebenen Randbedingungen für sämtliche Robotersysteme derart komplex ist, dass es analytisch nicht geschlossen zu lösen ist.[319] BJÖRKENSTAM ET AL. beschreiben das Problem in allgemeiner Form und erörtern die Formel ausführlicher.[320] STRYK und SCHLEMMER[321] sowie BJORKSTAM ET AL.[322] beschreiben zudem Möglichkeiten durch eine geschickte Wahl der Terme des Problems energie- oder zeitoptimale Lösungen herbeizuführen.

Das Problem der Optimalen Steuerung für Robotersysteme ist nur numerisch mit hohem Aufwand zu lösen. CHOSET schlägt dafür zwei Ansätze vor: Die *Nicht-Lineare Optimierung* und

[313] vgl. **ebenda** (2006), S. 841ff

[314] Aktuatoren sind bei Industrierobotern im Regelfall Elektromotoren, die die einzelnen Achsen antreiben.

[315] vgl. **Choset, H., et al.** (2005), S. 374ff

[316] vgl. **Choset, H., et al.** (2005), S. 376; **LaValle, S.** (2006), S. 853f

[317] vgl. **Choset, H., et al.** (2005), S. 384

[318] vgl. **Shiller, Z.; Dubowsky, S.** (1988), S. 370ff; **Shiller, Z.; Dubowsky, S.** (1991), S. 785ff

[319] vgl. **Choset, H., et al.** (2005), S. 384

[320] vgl. **Björkenstam, S., et al.** (2014), S. 196

[321] vgl. **Stryk, O. von**; **Schlemmer, M.** (1994)

[322] vgl. **Bjorkenstam, S., et al.** (2013)

die *Grid-Based Search* zur numerischen Bewältigung des Steuerungsproblems.[323] Die Lösung des *Problems der Optimalen Steuerung* ist die global zeit- bzw. energieoptimale Trajektorie für ein gegebenes Planungsproblem.

Für vollständige direkte Grid-Based Search-Algorithmen steigt jedoch mit der Zunahme an Dimensionen des Zustandsraums der Rechen- und Speicherbedarf rapide an [324]. Für mindestens sechsdimensionale Konfigurationsräume konnten in der Literatur keine Implementierungen gefunden werden. Die Verwendung von Heuristiken wie bspw. genetische Algorithmen ist auch hier eine Alternative. Empirische Untersuchungen wie bspw. die von DAKKA ET AL. zeigen jedoch, dass für die Ermittlung kollisionsfreier Trajektorien mit direkten Ansätzen selbst unter Nutzung solcher Heuristiken auf herkömmlichen PCs mit einem Verhältnis aus Planungszeiten zu Ausführungszeiten > 1000 zu rechnen ist. Bei einem Bewegungsablauf von 10 Sekunden beträgt die Planungszeit dann fast 3 h.[325]

Auf dem Gebiet der direkten Trajektorienplanung wurden mit den Algorithmen STOMP und CHOMP in den letzten Jahren zwei interessante neue Ansätze entwickelt. Diese verbinden die Vorteile stichprobenbasierter Planungsverfahren (Geschwindigkeit zur Findung von Lösungen) mit gradientenbasierten Suchalgorithmen für die Optimierung von dynamikabhängigen Zielgrößen (bspw. Energieverbrauch, Ausführungszeit, maximaler Ruck), verbunden mit den entsprechenden impliziten Zielfunktionen, nach und nach lernen zu können, um die Planungsergebnisse zu optimieren.[326] In dem von ZUCKER ET AL. bei der Evaluation von CHOMP beschriebenen Pick and Place Problem mit einem 7-Achs-Roboter und einer Reihe von Hindernissen fand der Algorithmus in 80 % der Fälle eine zulässige Trajektorie nach 0,34 s.[327]

4.6.5 Vergleich der Verfahren zur Bewegungsplanung

Die vier im letzten Abschnitt gegenübergestellten Verfahren zur Bahnplanung sowie die zwei prinzipiellen Ansätze zur Trajektorienplanung werden im Folgenden anhand der Anforderung 1-a bis Anforderung 1-c verglichen.

Bahnplanung

In Bezug auf Anforderung 1-a sind zwischen den Verfahren erhebliche Unterschiede festzustellen. Deterministische Roadmap-Algorithmen sind, wie zuvor dargestellt, prinzipiell in der Lage, höherdimensionale Planungsprobleme zu lösen, weshalb die Anforderung für diese als erfüllt angesehen werden kann. Dagegen ist die Zellendekomposition in höherdimensionalen Konfigurationsräumen nur noch schwer nachzuvollziehen. Zudem konnte kein Algorithmus der Zellendekomposition identifiziert werden, der bzgl. der Bahnplanung im sechsdimensionalen Konfigurationsraum des Industrieroboters im Haptik-Prüfstand besonders geeignet erscheint.

---

[323] vgl. **Choset, H., et al.** (2005), S. 385

[324] vgl. **ebenda** (2005), S. 399

[325] vgl. **Abu-Dakka, F., et al.** (2015), S. 681

[326] vgl. **Kalakrishnan, M., et al.** (2011); **Zucker, M., et al.** (2013), S. 1164ff

[327] vgl. **ebenda** (2013), S. 1189

Die Anforderung ist daher in Bezug auf die Zellendekomposition nicht erfüllt. Grundsätzlich sind die Verfahren des Potentialfeld-Ansatzes für höherdimensionale Konfigurationsräume geeignet.[328] Auch stichprobenbasierte Verfahren sind auf sechsdimensionale Konfigurationsräume anwendbar. Die Anforderung wird daher bei beiden Ansätzen als erfüllt bewertet.

Anforderung 1-b ist in Bezug auf deterministische Roadmap-Planungsalgorithmen als nicht erfüllt zu bewerten. Durch die exponentielle Zunahme an Planungszeit ist damit zu rechnen, dass diese Algorithmen in dem hier relevanten sechsdimensionalen Konfigurationsraum nicht in der geringeren Zeit robust zu einer zulässigen Lösung finden. Auch in Bezug auf die Zellendekomposition sind lange Rechenzeiten für die Dekomposition der Szene in kollisionsfreien Zellen zu erwarten[329], weshalb die Anforderung in Bezug auf diese Verfahren als nicht erfüllt bewertet wird. Potentialfeld-Planer sind dagegen insbesondere auf Grund der großen Probleme im Umgang mit lokalen Minima im Gesamtfeld problematisch:[330] Heuristiken wie *Random Walks* sind notwendig, um hier Lösungen zu finden.[331] Angesichts der eingeschränkten Zuverlässigkeit ist die Anforderung daher in Bezug auf Potentialfeld-Planer nur als bedingt erfüllt zu bewerten. Stichprobenbasierte Verfahren sind dagegen im Allgemeinen gegenüber anderen Verfahren in Bezug auf die Planungszeit im Vorteil, weshalb die Anforderung 1-b hier als voll erfüllt betrachtet wird.

Die Nutzung bereits vorhandener Planungsergebnisse resultierend aus Anforderung 1-c ist im Vergleich der Planungsverfahren insbesondere in Bezug auf Multi-Query-Planer wie solche auf Basis von Probabilistic- (z. B. der bereits vorgestellte PRM) oder Sparse- (z. B. SPARSE[332]) Roadmaps möglich. Werden beispielsweise drei oder mehr Posen mittels eines solchen Planers erfolgreich verbunden, kann prinzipiell auch eine beliebige Kombination einer Untermenge dieser Posen im Nachhinein und ohne weiteren Rechenaufwand verbunden werden, da alle möglichen Verbindungen bereits bei der Erstellung der Roadmap geprüft wurden. Demgegenüber sind auf Basis der Potentialfeldmethode geplante Pfade nur durch Auftrennung in einzelne Pfadabschnitte wiederverwendbar, da diese lediglich eine einzige zulässige Route für ein gegebenes Pfadproblem finden. Problematisch an der Wiederverwendung existierender Roadmaps ist jedoch, dass dieses Vorgehen nur bei gleichbleibendem Kollisionsraum angewendet werden kann. Ändern sich Position oder Orientierung der Objekte im Kollisionsraum, ist das nicht möglich. In Bezug auf das vorliegende Prüfsystem bedeutet dies, dass Roadmaps nur dann wiederverwendet werden können, wenn bei erneuter Prüfung eines geometrisch gleichen Prüfobjektes dessen Position und Orientierung exakt mit denen bei vorangegangenen Prüfvorgängen übereinstimmen. Single Query Planer wie etwa der erwähnte sehr populäre RRT nutzen bei erneuten Planungen in wiederkehrenden Umgebungen keine bestehenden Informationen zur Verbesserung des Planungsergebnisses.

---

[328] vgl. **Latombe, J.-C.** (2001), S. 295

[329] vgl. **Ramer, C.; Reitelshofer, S.; Franke, J.** (2013), S. 4

[330] vgl. **Choset, H., et al.** (2005), S. 89

[331] vgl. **Kuffner, J.; LaValle, S.** (2000), S. 1f

[332] vgl. **Coleman, D., et al.** (2015)

Unabhängig von der wiederholten Nutzung von Roadmaps können die Ergebnisse der Bewegungsplanung im Vorfeld der Prüfung genutzt werden, um eine bessere Abschätzung des notwendigen Zeitaufwandes der Prüfung zu ermöglichen, um etwa Parameter der Planung anzupassen, oder um durch wiederholte Simulationen energiegünstigere bzw. glattere Bahnen zu ermitteln. Auf Grund der Ausführungen wird Anforderung 1-c für deterministische sowie für stichprobenbasierte Verfahren als voll erfüllt bewertet. Bei Verfahren auf Basis von Potenzialfeldern ist die Anforderung hingegen nur als teilweise erfüllt zu bewerten, da keine direkt auf die Bahnabschnitte bezogenen, vergangenen Ergebnisse in die Neuplanung einfließen. Bei der Zellendekomposition können Informationen über kollisionsfreie Zellen für zukünftige Planungsvorgänge wiederverwendet werden, sobald diese für eine Szene berechnet wurden, so dass Anforderung 1-c hier ebenfalls als voll erfüllt bewertet wird.

Trajektorienplanung

In Bezug auf Anforderung 1-a konnten sowohl für den indirekten als auch den direkten Ansatz der Trajektorienplanung Verfahren identifiziert werden, die in höherdimensionalen Konfigurationsräumen zulässige Lösungen produzieren. Insofern ist diese Anforderung bei beiden Ansätzen erfüllt.

Bei der Betrachtung der beiden vorgestellten Ansätze zur Trajektorienplanung kann als wesentlicher Unterschied zwischen dem indirekten und dem direkten Ansatz festgestellt werden, dass im letzteren Fall eine Planung auf Basis wesentlich komplexerer Zustände vollzogen wird. Indirekte Ansätze sind daher in Bezug auf die Zeit zur Ermittlung einer zulässigen Lösung direkten Ansätzen überlegen, sodass Anforderung 1-b für den direkten Planungsansatz als voll und für den indirekten als teilweise erfüllt bewertet wird.

Anforderung 1-c kann in beiden Ansätzen als erfüllt angesehen werden. Ergebnisse vergangener Planungsvorgänge können gespeichert und zur genaueren Prognose genutzt werden.

Eine Zusammenfassung des Vergleichs zeigt Tabelle 4-10. Als Fazit ist festzuhalten, dass sich für Bewegungsplanungsvorgänge mit zeitlicher Kritikalität in höherdimensionalen Räumen, wie die eines 6-Achs-Roboters, indirekte Trajektorienplanungsansätze unter Nutzung probabilistischer Bahnplaner anbieten. Diese Planung garantiert dem System zwar kein optimales Ergebnis der Planung, jedoch können in sehr kurzer Zeit kollisionsfreie Lösungen ermittelt werden und die Planungszeiten fallen relativ gering aus.

Tabelle 4-10 Vergleich prinzipieller Bahn- und Trajektorienplanungsverfahren

	Bahnplanungsverfahren				**Trajektorien-planungsver-fahren**	
Anforderung	Determi-nistische Roadmap	Zellen-dekom-position	Po-tenti-alfeld	Stich-proben-basiert	Indi-rekt	Direkt
Verfahren erlaubt zuverlässige Ermittlung von Konfigurationen in Konfigurationsräumen >=6D	●	○	●	●	●	●
Verfahren terminiert möglichst echtzeitnah in einer zulässigen Lösung	○	○	◐	●	◐	●
Planungsergebnisse sind für spätere Planungsvorgänge nutzbar	●	●	◐	●	●	●
Legende: ○ Anforderung nicht erfüllt ◐ Anforderung teilweise erfüllt ● Anforderung erfüllt						

4.7 Fazit

In dem Kapitel wurde ein Grobkonzept (1. Konzeptiteration im DSR-Vorgehen) für das zu entwickelnde SO-Prüfsystem entworfen. Mittels der aufbauorientierten Selbstoptimierungsarchitektur MKR konnten die notwendigen Systembestandteile und damit zusammenhängenden Objektbereiche strukturiert abgeleitet werden. Es zeigt sich, dass die Unterteilung der Architektur in Schichten sowie Subsysteme einen nachvollziehbaren Gestaltungsrahmen zur Systementwicklung bietet, der offen gegenüber dem Entwicklungsgegenstand ist.

Zur weiteren Ausgestaltung des Systemkonzeptes wurde der Objektbereich Machine-Vision identifiziert und evaluiert, der einem selbstoptimierenden Prüfsystem die prinzipielle Fähigkeit zur Erfassung umweltrelevanter Informationen ermöglichen soll. In einem qualitativen Vergleich unterschiedlicher 3D-Bildaufnahmeverfahren konnte das Stereoverfahren als besonders vielversprechend herausgestellt werden. Die Analyse von Verfahren zur Bildverarbeitung zeigt, dass sich die Konzeption der BV-Prozesse an den vorgesehenen Verfahren zur Entscheidungsfindung ausrichten sollte. Für die Messpunktdetektion stellt der Viola-Jones-Kaskadenklassifikator eine geeignete Methode dar. Diese Detektion ermöglicht weiterhin ohne komplizierte Berechnungen die dreidimensionale Lokalisation von Messpunkten in der detektierten dreidimensionalen Szene. Für die Klassifikation von Messpunkten und Prüfobjekten sind, neben klassischen merkmalsbasierten Verfahren wie SIFT und SURF, insbesondere faltende neuronale Netze aus dem Bereich des Deep Learning besonders geeignet.

Die Untersuchungen im Bereich der Kraftsensoren zeigen die besondere Eignung von Sensoren auf Basis von DMS gegenüber piezoelektrischen Kraftsensoren. Gründe hierfür sind insbesondere der geringere Messfehler bei gleichem Messbereich und die fehlende Hysterese bei DMS-basierten Kraftsensoren.

Zur Auslegung der Selbstoptimierung wurden grundlegende Verfahren bzw. Varianten im Bereich der Modellbildung sowie der Optimierung analysiert. Eine sinnvolle Gestaltungsvariante der Selbstoptimierung stellt die modellbasierte, hierarchische, multikriterielle Systemoptimierung dar. Hierdurch wird im Speziellen die Komplexität der vorliegenden Optimierungsaufgabe reduziert. Als Ausgangsmodelle darin bieten sich Grey-Box Modelle an. Diese bieten in vielen Fällen einen guten Kompromiss aus Beschreibbarkeit sowie Identifizierbarkeit bzw. Parametrierbarkeit im Vergleich zu reinen White-Box oder Black-Box Modellen. Für die eigentliche Optimierung bieten sich gradientenfreie Verfahren an, die gegenüber anderen Verfahrenstypen auf Grund der heute verfügbaren hohen Rechenleistungen einen Geschwindigkeitsvorteil aufweisen.

Abschließend wurden in der Praxis verbreitete Roboterbauarten sowie Verfahren zur Planung von Bewegungen vorgestellt und ebenfalls anhand definierter Anforderungen verglichen. 6-Achs-Roboter sind demnach für das vorliegende System zu bevorzugen. Sie weisen gegenüber SCARA-Robotern eine höhere Flexibilität bei dennoch hinreichender Genauigkeit auf. Dem Benchmarking von Ansätzen zur Planung der Roboterbewegungen folgend, erweisen sich stichprobenbasierte Planungsansätze als sinnvoll für die zeitkritische Planung in hochdimensionalen Konfigurationsräumen. Für die Vergütung der Bahnen zu Trajektorien ist das entkoppelte Verfahren auf Grund der gegenüber der direkten Trajektorienplanung geringeren Komplexität und der daraus folgenden ebenfalls schnelleren Lösbarkeit zu bevorzugen.

Der sehr umfangreiche Lösungsraum für ein selbstoptimierendes Haptikprüfsystem wurde innerhalb des vergangenen Kapitels durch die Betrachtung der Methodenbereiche anforderungsbasiert eingegrenzt. Abbildung 4-10 stellt die eingegrenzten Methodenbereiche sowie die abgeleiteten Unteranforderungen in diesen Bereichen dar. Die Unteranforderungen fließen in Kapitel 5 in die Spezifikation eines Detailkonzeptes (2. Konzeptiteration im DSR-Vorgehen) ein. Dieses beinhaltet einen Versuchsaufbau mit konkreten Systemkomponenten sowie deren geplante Systemintegration sowie prinzipielle Systemabläufe.

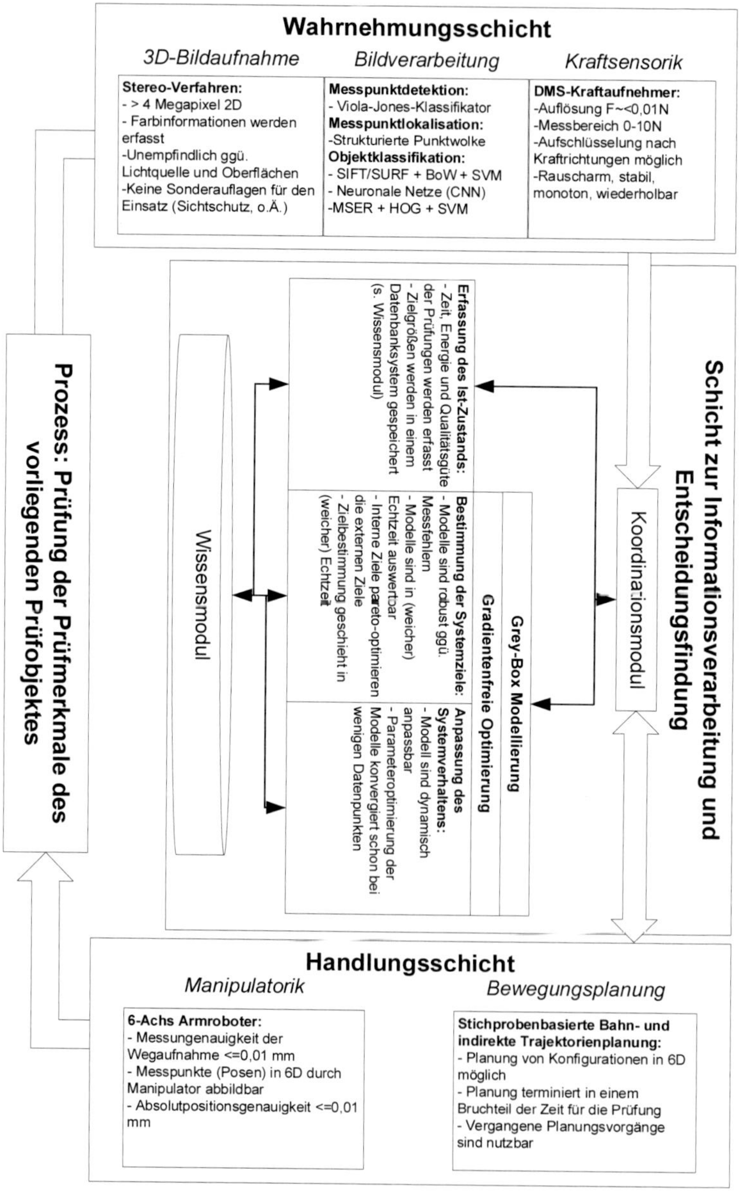

Abbildung 4-10 Lösungsbausteine für die Realisierung eines selbstoptimierenden Haptikprüfsystems anhand der MKR-Architektur (anforderungsbasiert eingegrenzt)

5 Detailkonzept des selbstoptimierenden Haptikprüfsystems

In Anlehnung an die DSR-Systematik erfolgte im Kapitel 2 eine Betrachtung der aus den wesentlichen Umweltdomänen entspringenden Anforderungen an das selbstoptimierendes Haptikprüfsystem, das im Folgenden als SHP bezeichnet wird. Ausgehend davon wurde in Kapitel 4 ein Grobkonzept des Systems entwickelt sowie Lösungsansätze im Bereich der Methodik verglichen. Diese Ansätze dienen als Grundlage für die Detailentwürfe des selbstoptimierenden Haptikprüfsystems auf der Grundlage der Unified Modelling Language (UML in Version 2.5).

Zunächst werden in Abschnitt 5.1 die Hardwarebestandteile des Systems als Versuchsstandaufbau beschrieben, die im Abschnitt 2.5 abgeleitet wurden. Daraufhin wird in Abschnitt 5.2 das konzeptionelle Systemverhalten auf Basis des in Abschnitt 4.2 erläuterten MKR Modells vorgestellt. Die Spezifikation des Selbstoptimierungsverhaltens in Abschnitt 5.3 bildet den Abschluss des Detailkonzeptes.

5.1 Systemstruktur und Versuchsstandaufbau

Die aktiven Hardwarebestandteile des Haptikprüfsystems bilden dessen Fähigkeiten und Limitationen ab und sind daher entscheidend für die Auswahl und Entwicklung entsprechender Systemprozesse. Auf Basis der Anforderungen wurde ein Prüfstand realisiert, dessen wesentliche Komponenten im Folgenden beschrieben werden. Abbildung 5-1 zeigt den Prüfstand mit der integrierten Hardware. Die darin dargestellten Komponenten werden im Folgenden näher beschrieben.

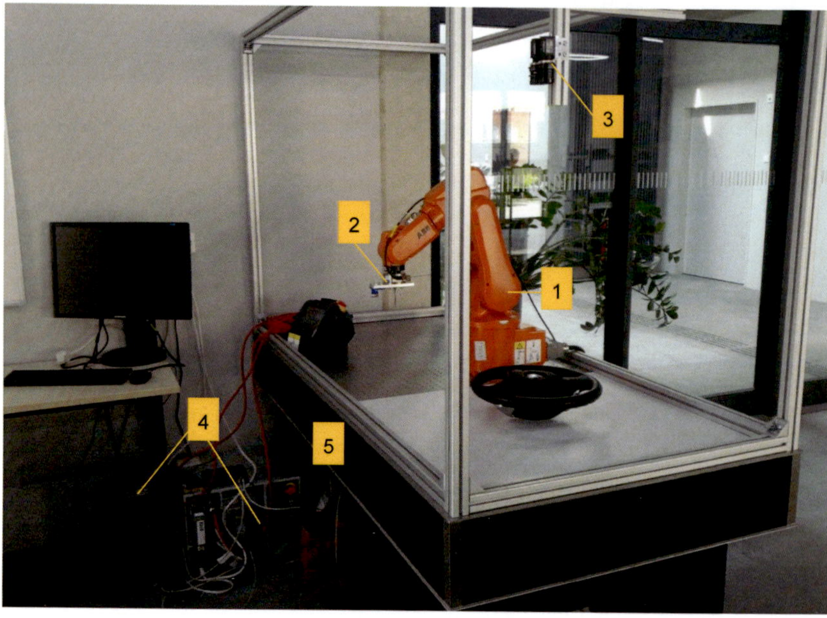

Abbildung 5-1 **Prüfstand selbstoptimierendes Haptikprüfsystem. 1) Robotersystem; 2) Kraftsensor; 3) Stereo-Kamerasystem; 4) Prüfstandrechner (links) und Robotersteuerung (rechts); 5) Optiktisch**

5.1.1 Robotersystem

Als Manipulator des Haptikprüfsystems kommt entsprechend dem Ergebnis des Vergleichs in Abschnitt 4.6.3 ein 6-Achs Roboter, das Modell IRB 120 der Firma ABB, ausgewählt. Die Nutzlast des Roboters beträgt 3 kg bei einem Eigengewicht von 25 kg. Der Roboter verfügt über eine maximale Reichweite von 580 mm, die einen annähernd kugelförmigen Bewegungsraum um den Roboter herum bildet. Die AP von 0,02 mm gemäß ISO 9283 des Roboters genügt wie schon erwähnt, der notwendigen Genauigkeit des Systems.[333]

Die Bedienelemente, die auf den unterschiedlichen Beispielprüfobjekten angebracht sind, befinden sich alle in einem Größenbereich > 10 mm, sodass eine Abweichung vom Mittelpunkt dieser Schalter von 0,02 mm eine radiale Abweichung von maximal 0,4 % bedeutet. Es kann also davon ausgegangen werden, dass der Manipulator den zu betätigenden Schalter mit Sicherheit auch dann trifft, wenn dieser als Pose korrekt im Programmablauf des Roboters vorliegt. Aus der Betrachtung kann die prinzipielle Eignung des IRB 120 als Manipulator für das System geschlossen werden. Tatsächlich ist der verwendete IRB 120 etwa doppelt so genau,

[333] vgl. **ABB Automation GmbH (Hrsg.)** (2017), S. 32ff

wie der nächst genauere 6-Achs-Roboter seiner Größenklasse, der FANUC LR Mate 200iD/4SC.[334]

Die vom Hersteller ABB bereitgestellte Steuerung IRC 5 Compact dient standardmäßig als Steuerungssystem des IRB 120, das die direkte Kommunikation der Stellbefehle an den IRB 120 weitergibt und die Bewegung zur Laufzeit regelt.[335] Die Steuerung stellt eine Schnittstelle zwischen dem Manipulator und dem zum Ausführen von Softwarebefehlen genutzten (Personal) Computer dar. Diese Komponente wird in Abschnitt 5.1.4 beschrieben.

Weiterhin verfügt der IRB 120 über eine Werkzeugaufnahme, die als Interface für die zu Messzwecken genutzte Sensorik dient. Im Folgenden wird die genutzte Kraftsensorik beschrieben.

5.1.2 Kraftsensorik

Zur Messung von Kraft-Weg-Verläufen von Schaltern kommt der drahterodierte Messkörper *F/T Gamma* des Herstellers *Schunk* zum Einsatz (vgl. Abschnitt 4.4.3). Dieser ist als Endeffektor mit der Werkzeugschnittstelle des IRB 120 verbunden. Zum Einsatz kommt ein Silizium-DMS Kraftaufnehmer (vgl. Abschnitt 4.4.1). Der Sensor ist in der gewählten Kalibrierung (*SI-32-2.5*) in der Lage, Kräfte in allen drei Raumrichtungen im Bereich von bis zu 32 N (x, y) bzw. 100 N (z) zu erfassen. Weiterhin können Momente bis zu 2,5 Nm um jede Raumachse gemessen werden. Der Messkörper erlaubt die Befestigung von Endeffektoren, Werkzeugen oder anderen Anbauten über vier zentrische, am Rand angebrachtem M6-Gewinde sowie drei nahe des Mittelpunkts angebrachtem M3-Gewinde (vgl. Abbildung 5-2).[336]

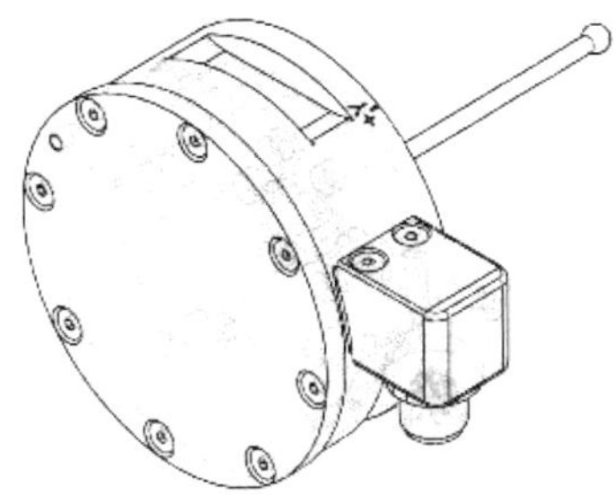

Abbildung 5-2 Rückseitige Ansicht des Messkörpers Schunk F/T-Gamma mit werkzeugseitig angebrachtem Stift-Endeffektor

Der F/T Gamma überschreitet mit maximal 100 N den maximal notwendigen Messbereich um ein Zehnfaches. Der Absolutfehler von maximal 0,0125 N in Z-Richtung entspricht in etwa der Grenze der noch vom Menschen wahrnehmbaren Kraft (vgl. Abschnitt 4.4.1). Damit kann auch

[334] vgl. **FANUC UK Ltd. (Hrsg.)**

[335] vgl. **ABB Automation GmbH (Hrsg.)** (2017)

[336] vgl. **ATI Industrial Automation (Hrsg.)** (2021)

die prinzipielle Eignung des Kraftsensors für eine hinreichend genaue Kraftmessung i.S. der menschlichen Haptik als gegeben angesehen werden.

5.1.3 Bildaufnahme

Für die Bildaufnahmefunktionalitäten des Systems kommt ein Stereo-Vision-System zum Einsatz. Dabei werden zwei Industriekameras Typ XCG-CG510C des Herstellers Sony (vgl. Abbildung 5-3) verwendet. Durch die Nutzung baugleicher Kameras und Objektive sollen die Einflussgrößen auf das Stereosystem so gering wie möglich gehalten werden.

Abbildung 5-3 Sony XCG-CG510C[337]

Die Kameras sind mit einem CMOS Sensor mit 2464x2056 Pixeln ausgestattet. Die Zellgröße beträgt 3,45x3,45 µm, womit sich eine Sensorgröße von 8,5x7,1 mm ergibt.[338] Die Kameras sind im Prüfstand lotrecht zum Tisch und parallel zueinander an der Kamerahalterung befestigt. Der Abstand der Kameramitten bzw. Sichtachsen zueinander beträgt 44 mm. Der Abstand zum Prüfobjekt beträgt circa 76 cm. Um das Prüfobjekt gemäß Anforderung 5-a in einer Aufnahme voll zu erfassen werden die Kameras mit Objektiven vom Typ LM12HC der Firma Kowa Optimed Europe Ltd. ausgerüstet, die eine Brennweite von 12 mm haben.[339]

5.1.4 Datenverarbeitung und Steuerung

Zur Verarbeitung aller relevanten Datenströme, der Ausführung von Software und übergeordneter Steuerungsprozesse kommt eine Workstation der Firma Dell zum Einsatz (Tower 5810). Dieser Rechner verfügt über einen 40 Gigabyte (GB) großen Arbeitsspeicher und einen Intel Xeon CPU E5-1630 v3 Prozessor (CPU) mit vier Kernen mit jeweils 3,7 Gigahertz Taktrate. Als Grafikkarte (GPU) kommt eine NVIDIA Quadro M5000 mit acht GB Grafikspeicher zum Einsatz. Diese stellt dem System 2048 sog. *CUDA Cores*, parallele Recheneinheiten auf der GPU, zur Verfügung. Durch die CUDA Architektur können bestimmte Berechnungen im Bereich des maschinellen Lernens auf die GPU ausgelagert werden, wodurch diese weitaus schneller als auf der CPU ablaufen.[340]

---

[337] vgl. **Sony Corporation (Hrsg.)** (2015), S. 1

[338] vgl. **Sony Corporation (Hrsg.)** (2015), S. 2

[339] vgl. **Kowa** (2015)

[340] vgl. **Sanders, J.; Kandrot, E.; Dongarra, J.** (2015), S. 1ff

5.1.5 Passive Peripherie

Neben den aktiven Komponenten des Prüfstands wird für den Aufbau des Prüfstands ein optischer Tisch in den Abmessungen 2000x1000x1000 mm (Länge x Breite x Höhe) eingesetzt. Passive Dämpfer zwischen der Tischplatte und den Tischbeinen reduzieren etwaige durch die Bewegungen des Manipulators induzierte Schwingungen, die die Messergebnisse verfälschen könnten. Die Tischplatte selbst verfügt über ein Gewinderaster in der Dimension M6 im Abstand von 25 mm. Außerdem kommen ITEM-Profile für die Aufhängung des Stereo-Systems zum Einsatz.

5.2 Beschreibung des Systemverhaltens

Im Folgendem wird das erarbeitete Detailkonzept für ein selbstoptimierendes Haptikprüfsystem vorgestellt. Die einzelnen Systemkomponenten werden aus Aufbausicht mit dem in Abschnitt 4.2 vorgestellten MKR Modell beschrieben (vgl. Abbildung 5-4), während die Prozesse in der Unified Modeling Language (UML) Version 2.5, einer grafischen Modellierungssprache zur Dokumentation und Modellierung objektorientierter Systeme, modelliert werden. Ursprünglich von der Object Management Group, einem technischen Konsortium führender internationaler Softwareunternehmen mit dem Ziel der Entwicklung von herstellerunabhängigen und systemübergreifenden Standards objektorientierter Systeme, entwickelt, ist es mittlerweile eine der dominierenden Modellierungssprachen und mit der Vorgängerversion UML 2.4.1 auch innerhalb der ISO mit ISO/IEC 19505-1 und 19505-2 normiert.[341]

[341] vgl. **Object Management Group (Hrsg.)** (2015), S. 1

5.2.1 Systemkonzept auf Basis des Modells MKR in zweiter Iteration

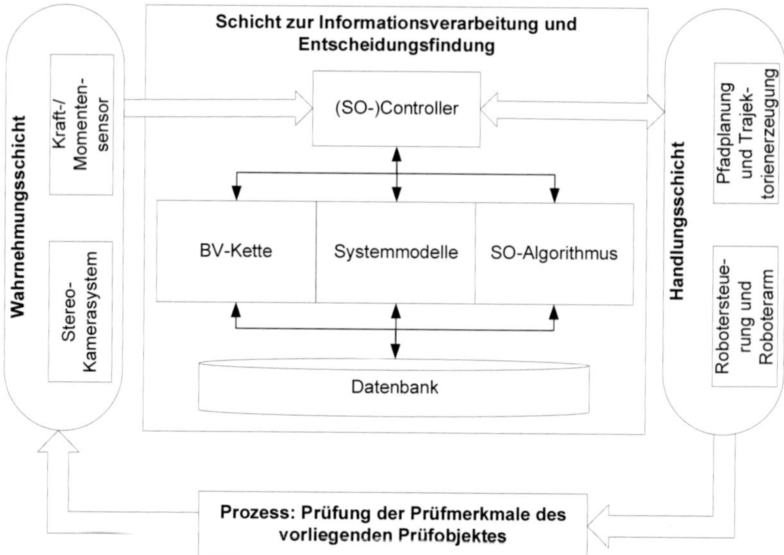

Abbildung 5-4 MKR Modell des haptischen Prüfsystems (2. Iteration)

Das in Abbildung 5-4 dargestellte MKR Modell ist auf das in der Forschungsarbeit betrachtete Prüfsystem angepasst. Die physischen Systemkomponenten aus Abschnitt 5.1 sowie zentrale Softwarekomponenten werden in die drei Modellschichten eingeordnet und ihre Wirkzusammenhänge, beginnend mit der Wahrnehmungsschicht, erläutert. Im derzeitigen Entwicklungsstand liegt der Fokus auf den funktionalen Systembeziehungen aus Modulsicht. Systemattribute, die das Zeitverhalten oder sicherheitsrelevante Aspekte betreffen, werden vorerst nicht betrachtet.

Wahrnehmungsschicht

Das zentrale Element in der Wahrnehmungsschicht ist die externe Sensorik des Systems. Diese Schicht umfasst neben den Komponenten des Stereo-Kamerasystems auch die Kraft- und Positionssensoren für die haptische Prüfung. Diese Komponenten ermöglichen dem Prüfsystem, Informationen aus der direkten Umgebung zu beziehen, hier speziell die Aufzeichnung der Szene sowie die in der haptischen Prüfung anfallenden Messdaten. Die für die Konfiguration und Kalibration der Sensoren erforderlichen Daten sind in der Wissensdatenbank in der Schicht zur Informationsverarbeitung und Entscheidungsfindung abgelegt und werden über das Koordinationsmodul zur Verfügung gestellt, welches auch die aufgezeichneten Daten zur weiteren Verarbeitung weiterleitet. Die Sensoren werden über Softwarelösungen angesprochen und getriggert, die ebenso der Wahrnehmungsschicht zuzuordnen sind.

Schicht zur Informationsverarbeitung und Entscheidungsfindung

Die Schicht zur Informationsverarbeitung und Entscheidungsfindung umfasst die Bildverarbeitung sowie die Prozesse der Selbstoptimierung. Das Koordinationsmodul ist Bestandteil des SO-Controllers und ermöglicht die Übermittlung der aufgezeichneten Daten an die Module für die Analyse, Modellbildung und Selbstoptimierung.

Die aus der Wahrnehmungsschicht aufgezeichneten Daten werden im Analysemodul vorverarbeitet und ausgewertet. Aus der aufgezeichneten Szene werden mit Hilfe von Algorithmen zur Detektion und Lokalisation von Prüfobjekten und Messpunkten notwendige Informationen für die Prüfplanung extrahiert und mit den Metadaten in der Wissensdatenbank verknüpft. Die Wissensdatenbank dient als Datenspeicher für alle die Prüfung betreffenden Daten und alle a priori bekannten Informationen über die Systemumgebung und das System, insbesondere die vortrainierten Modelle des Machine Vision Systems und die Modelle der Selbstoptimierung. Analog zur Modellbildung cyberphysischer Systeme repräsentiert das Analysemodul somit das Welt- und Domänenmodell. Die Messdaten der Kraft- und Positionssensoren werden im Analysemodell entsprechend dem Bewertungsmodell, welches im Folgenden Abschnitt 5.3.2 im Rahmen der Spezifikation der Selbstoptimierung vorgestellt wird, ausgewertet. Dadurch wird eine Aussage über die qualitative Beschaffenheit des Prüfobjekts unter Berücksichtigung der menschlichen Wahrnehmung generiert.

Die Selbstoptimierung greift neben den ermittelten Informationen des Ist-Zustands auf die innerhalb der Schicht vorliegenden Modelle zu. Auf Basis vorgegebener externer Zielgrößen werden interne Ziele für eine Prüfung auf Basis der registrierten Informationen über den Ist-Zustand abgeleitet und der Prüfumfang über ein Kostenmodell ermittelt, wobei die Prüfgüte und der Ressourcenaufwand Kostenbestandteile darstellen. Es erfolgt eine modellbasierte Optimierung der Parameter der Trajektorie. Sofern das Ergebnis dieser Optimierung mit den externen Zielen konform ist, werden die ermittelten Parameter sowie der Prüfumfang an das Koordinationsmodul der Handlungsschicht zur Durchführung der Prüfung weitergegeben.

Handlungsschicht

In der Handlungsschicht sind der Sechsachs-Roboter bzw. die Maschinensteuerung verortet. Der in der Steuerung ablaufende Maschinenregelkreis ist von der Selbstoptimierung entkoppelt und überwacht einerseits die Aktuatormomente des Roboters und regelt andererseits die Bewegung auf Grund der mittels des Kraft-/Momentensensors gemessenen Kraft während der Prüfung. Diese Kraftregelung ist notwendig, da die zum Messen notwendige Bewegung des Roboters taktil mit dem Prüfobjekt interagiert und daher neben der eigentlichen Aufzeichnung der Messdaten während des Berührvorgangs definierte Kraftgrenzen eingehalten werden müssen, bis zu denen der Roboter verfährt, um Beschädigungen des Prüfobjekts zu vermeiden. In der Handlungsschicht findet auch die Umwandlung der bestimmten internen Ziele in eine Trajektorie statt. Im engeren Sinne erfolgt die Steuerung des Kraft- und Positionssensors ebenso über die Robotersteuerung, da ein synchrones Verfahren des Roboters und das Aufzeichnen von Messdaten erforderlich sind.

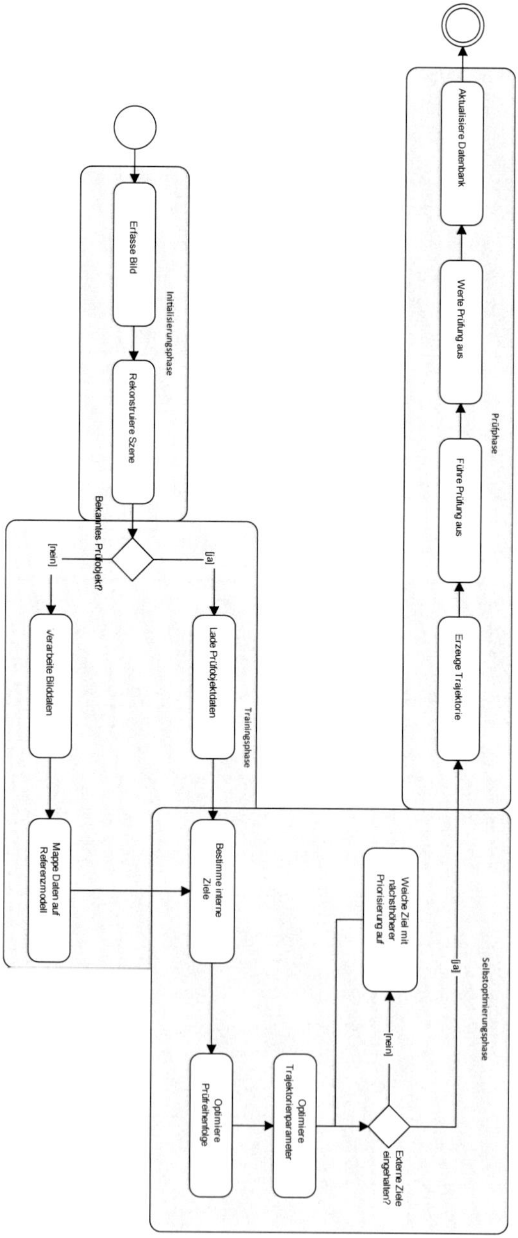

Abbildung 5-5 Grobes Aktivitätsdiagramm des automatischen Prüfsystems

5.2.2 Beschreibung des zentralen Systemprozesses

Im Folgendem werden die konkreten Phasen innerhalb des zentralen Systemprozesses zur Planung und Durchführung einer Prüfung durch das System anhand von Aktivitätsdiagrammen erläutert. Die Abbildung 5-5 zeigt das abstrahierte Systemverhalten des automatischen Prüfsystems und unterscheidet zwischen zwei grundlegenden Prozessabläufen:

1. Das untersuchte Prüfobjekt ist dem System bereits bekannt, sodass Metadaten nach einer positiven Identifikation aus der Datenbank abgerufen werden können.
2. Es handelt sich um ein unbekanntes Prüfobjekt.

Für ein bekanntes Prüfobjekt werden lediglich die notwendigen Daten, also Position und Identität, über entsprechende Algorithmen akquiriert, sodass nicht alle Prozessschritte der Bildverarbeitung durchlaufen werden müssen. Für ein unbekanntes Prüfobjekt ist es hingegen erforderlich, die Messpunkte zu bestimmen und diese Informationen mit einem Referenzmodell zu verknüpfen. Im Weiteren werden die vier Phasen des Prozessablaufes, beginnend mit der Initialisierungsphase, im Detail erläutert. Abbildung VII-9 in Anhang C ist das vollständige Aktivitätsdiagramm zu entnehmen. Die Beschreibung des Systemprozesses erfolgt nach den in Abbildung 5-5 benannten Phasen.

Initialisierungsphase

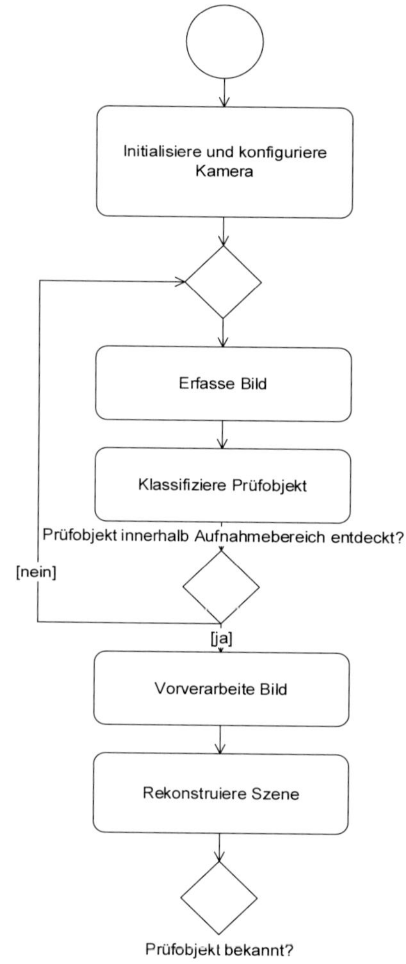

Abbildung 5-6 Detailliertes Aktivitätsdiagramm: Initialisierungsphase

In der in Abbildung 5-6 beschriebenen ersten Phase wird zunächst das Stereosystem initialisiert und die Einstellungen entsprechend den Umgebungsbedingungen angepasst. Da mit Umgebungslicht gearbeitet wird, ist insbesondere eine Anpassung der Belichtungszeit erforderlich. Daraufhin werden die Kameras über einen Softwaretrigger ausgelöst und das aufgezeichnete Bild der linken Kamera klassifiziert. Sofern ein Prüfobjekt vorhanden ist und sich im Sichtfeld des Stereosystems befindet, wird der Prozess fortgesetzt. Andernfalls durchläuft das System den Prozess der Bildakquise und der Klassifikation eine Schleife, bis ein Prüfobjekt erfasst wird. Dies dient zugleich auch als Initialisierung des Prüfprozesses aus einem Standby Modus heraus.

Entsprechend der ausgewählten Methode der Objekterfassung, dem passiven Stereoverfahren, werden die aufgezeichneten Bilder vorverarbeitet und auf Basis der Kamerakalibration die Szene als 3D Objekt rekonstruiert. Die Implementierung dieses Schrittes erfolgt in Kapitel 6.

Trainingsphase

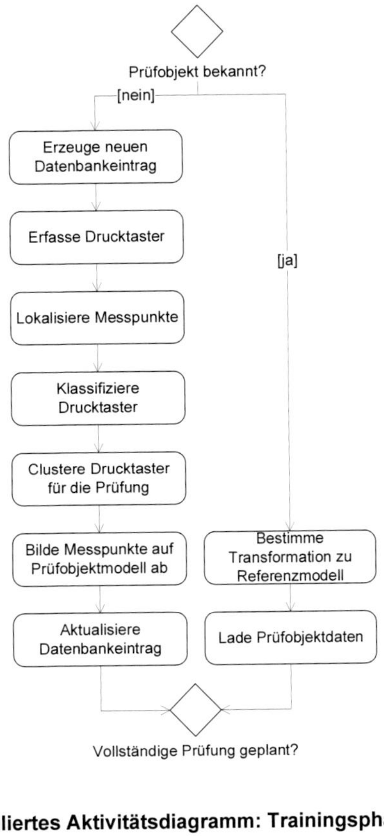

Abbildung 5-7 Detailliertes Aktivitätsdiagramm: Trainingsphase

Das Ergebnis der Klassifikation entscheidet über den weiteren Verlauf in der Bildverarbeitungskette, dargestellt in Abbildung 5-7. Sofern das Prüfobjekt dem System bekannt ist und Metadaten der Datenbank vorliegen, werden diese für die weitere Prüfung genutzt. Dies umfasst die tatsächlich zu prüfenden Prüfmerkmale eines Prüfobjektes und das Oberflächenmodell für die Kollisionsvermeidung in der Bahn- bzw. Trajektorienplanung. Neben der Identität des Prüfobjektes ist es außerdem erforderlich, die Transformation des gespeicherten Referenzmodells auf die vorliegende Szene zu berechnen, um die Messpunkte korrekt lokalisieren zu können. Bei einem unbekannten Prüfobjekt müssen diese Informationen noch generiert werden.

Bei der Erfassung eines neuen Prüfobjektes wird zunächst ein Datenbankeintrag angelegt. Im nächsten Schritt erfolgt die Detektion der Messpunkte in 2D, gefolgt von der Ermittlung der dazugehörigen 3D Koordinaten sowie der Orientierung der Messpunkte im Raum. Diese werden anhand ihrer Symbole bzw. Beschriftungen klassifiziert und für die haptische Prüfung zu Clustern zusammengefasst. Nun müssen die detektierten und lokalisierten Messpunkte auf ein Referenzmodell, im besten Fall das CAD Modell des Prüfobjektes oder ein hochaufgelöster Laserscan, übertragen werden. Sollte kein Referenzmodell zur Verfügung stehen, wird aus der rekonstruierten Szene das Oberflächenmodell des Prüfobjekts extrahiert und als Referenzobjekt deklariert. Der eingangs erstellte Datenbankeintrag wird dann um diese Informationen ergänzt.

Selbstoptimierungsphase

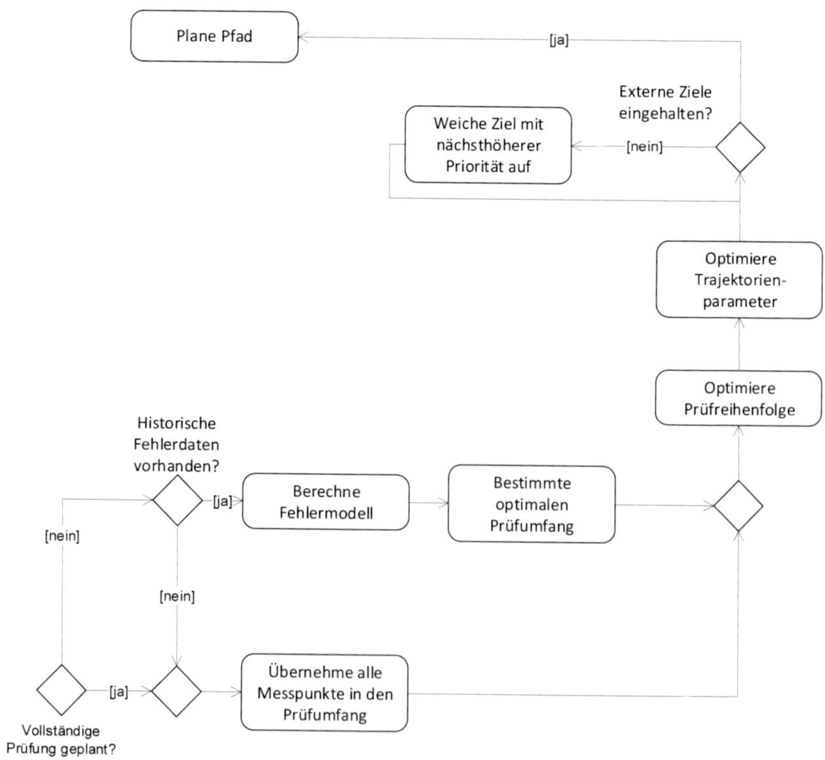

Abbildung 5-8 Detailliertes Aktivitätsdiagramm: Selbstoptimierungsphase

Der Prozess der Selbstoptimierung (vgl. Abbildung 5-8) läuft in drei Stufen ab. Zunächst wird der Prüfumfang, also die Menge der Messpunkte für die Prüfung, als zentrales internes Systemziel bestimmt. Diese Menge entspricht bei einer ersten Prüfung sowie in regelmäßigen Zeitabständen je Prüfobjektklasse allen auf dem Prüfobjekt vorhandenen Messpunkten. Ansonsten wird anhand des vorliegenden Fehlermodells sowie der historischen Prüfdaten eine Stichprobenmenge der Messpunkte ermittelt.

Die Bestimmung des Prüfumfangs erfolgt auf Basis vergangener Prüfergebnisse sowie externen, gewichteten Zielvorgaben, wie beispielsweise einer minimalen Prüfgüte sowie Zeit- und Energiezielen. Zur Berechnung selbst wird eine Kostenfunktion angesetzt, in der Modelle der externen Zielgrößen zum Einsatz kommen. Die Optimierung des Prüfumfangs erfolgt also modellbasiert unter den gegebenen Rahmenbedingungen sowie vorgegebenen Nebenbedingungen für die Optimierung.

In einem zweiten Schritt wird die Reihenfolge in der die Messpunkte geprüft werden optimiert. Ziel ist eine möglichst kurze Route im Prüfablauf. Als dritter Schritt erfolgt eine modellbasierte Optimierung der Geschwindigkeits- und Beschleunigungsparameter der eigentlichen Bewegung als weitere interne Ziele des Prozesses. Nachfolgend wird auf Basis aller bestimmten internen Systemziele final die Einhaltung der externen Systemziele überprüft. Ist das Ergebnis nicht zielkonform, werden zunächst die internen Systemziele entgegen ihrer Priorität aufgeweicht, z. B. indem die maximal zulässige Prüfzeit vergrößert wird. Sobald Zielkonformität gegeben ist, wird das Ergebnis der Selbstoptimierung an die Prüfphase übergeben.

Prüfphase

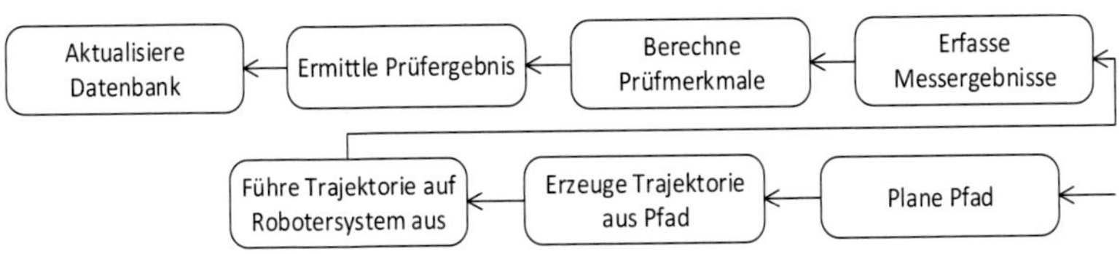

Abbildung 5-9 Detailliertes Aktivitätsdiagramm: Prüfphase

Zu Beginn der Prüfphase (vgl. Abbildung 5-9) wird die Bahnplanung durchgeführt und die hinterlegten Parameter für den Messablauf (z. B. die maximal während des Messvorgangs auszuübende Kraft) aus der Datenbank abgerufen. Die Bahn wird über die Robotersteuerung in Verbindung mit den übergebenen Bewegungsparametern in eine Trajektorie umgewandelt und von dort an den Roboter weitergeleitet, der die Prüfung durchführt. Die über die Kraft- und Positionssensorik aufgezeichneten Messdaten werden ausgewertet und geben Aufschluss über die Qualität des Prüfobjekts. Abschließend werden die Prüfergebnisse mit den Parametern der Prüfung inklusive der angesetzten internen Ziele in der Datenbank gespeichert und die Modellparameter für die Modelle der Selbstoptimierung aktualisiert.

5.3 Spezifikation der Selbstoptimierung

Die Ermittlung einer zulässigen Lösung für den folgenden Prüfablauf ist Gegenstand der Selbstoptimierung des Prüfsystems. Die innerhalb dessen zu optimierenden Parameter wurden in Abschnitt 5.2.2 beschrieben.

Im Rahmen der Selbstoptimierung besteht nach GAUSEMEIER ein wesentlicher Schritt in der Zielbestimmung. Für das vorliegende System werden in diesem Schritt die externe Zielvorgaben Energie, Zeit, Qualität miteinbezogen. Zielvorgaben werden dabei als Grenzvorgaben verstanden, die z. B. der Verantwortliche für das Fertigungssystem, in das das Prüfsystem eingebettet ist, vorgibt. Dies könnte etwa eine maximale an die Taktzeit einer Fertigungslinie angelehnte Zeitvorgabe sein. Vorgegeben werden können also im vorliegenden System beispielhaft: Maximaler Energieverbrauch, maximale für die Prüfung verfügbare Zeit und minimales durch die Prüfung absicherbares Qualitätsniveau. Da diese Ziele in Konkurrenz zu einander stehen, muss für den Fall, dass nicht alle Ziele gleichzeitig eingehalten werden können, eine Priorisierung vorliegen, die vorgibt, welche Ziele vorrangig erfüllt werden bzw. welche externen Ziele als erstes vernachlässigt werden sollen. Für den Fall, dass eine Einhaltung aller externen Zielvorgaben möglich ist, soll für die drei konkurrierenden Zielgrößen ein Pareto-Optimum gefunden werden (Anforderung 6-c). Da wie in Abschnitt 4.5.2.2 erläutert ein multikriterielles Optimierungsproblem eine Menge von Pareto-Optima aufweist, wird ein weiteres Kriterium zur Auswahl eines konkreten Pareto-Optimums benötigt. Die Auswahl eines Optimums aus der Menge an Pareto-Optima kommt einem Abwägen der Zielgrößen gegeneinander gleich. Als Kriterium dient eine Kostenfunktion, die mittels der Menge aller möglichen Pareto-Optima minimiert werden soll. Die zwei konzipierten Anpassungsmöglichkeiten im Rahmen dieses Pareto-Optimierungsproblem der Zielgrößen wurden bereits in Abschnitt 5.2.2 thematisiert: Die Anpassung des Prüfumfangs und die Anpassung der Trajektorienparameter (Reihenfolge in der die Messpunkte angefahren werden, Soll-Geschwindigkeit der Bewegung auf der Trajektorie, maximal zulässige Beschleunigung auf der Trajektorie). Für das Konzept werden die Anpassung des Prüfumfangs und die Anpassung der Trajektorienparameter als sequenzielle und damit unabhängige Optimierungsprobleme betrachtet.

Die folgenden Abschnitte erläutern die Grundlagen des Wirkmusters der Selbstoptimierung. Zunächst wird die Kostenfunktion, die der Optimierung durch das System zugrunde liegt, im Abschnitt 5.3.1 vorgestellt. In Abschnitt 5.3.2 wird das für die Selbstoptimierung entwickelte, zentrale Schema zur Bewertung der erhobenen Messdaten beschrieben.

5.3.1 Gesamtkosten der Prüfung

Die (laufenden) Gesamtkosten des Prüfprozesses entstehen in Anlehnung an VAN VOLSEM ET AL. im Wesentlichen durch den direkt mit dem Prüfprozess verbundenen Einsatz von Ressourcen (Zeit, Energie), durch die mit der Detektion von Fehlern verbundenen Kosten etwa für

Nacharbeit oder Entsorgung sowie die Kosten auf Grund nicht erfolgter Prüfung.[342] Die Gesamtkostenfunktion ist in Formel 5-1 dargestellt.

Formel 5-1 Gesamtkosten der Prüfung als Ausgangspunkt der Selbstoptimierung

$$C = C_{insp} + C_{error} + C_{quality}$$

C_{insp}= Ressourceneinsatz für die Prüfung eines Teils

C_{error}= Kosten für das Beheben eines detektierten Fehlers

$C_{quality}$= Kosten auf Grund nicht erfolgter Prüfung

C_{insp} beinhaltet die Kosten des unmittelbaren Prüfprozesses durch die aufgewendeten Ressourcen, Energie und Zeit bei der Prüfplanung und der Durchführung der Prüftrajektorie. C_{insp} ist damit direkt abhängig von Planungsdauer, Prüfumfang und den mit der Trajektorie der Prüfung verbundenen Prozessparametern (Reihenfolge der ausgewählten Messpunkte, Geschwindigkeit und Beschleunigung der Bewegung). Die daraus entwickelte Kostenformel ist Formel 5-2.

Formel 5-2 Erwartungswert der direkt mit der Prüfung verbundenen Kosten

$$C_{insp} = c_t t_{plan} + c_t t_{traj} + c_E E_{traj}$$

t_{plan}= Zeitbedarf für die Planung/Vorbereitung der Prüfung

t_{traj}= Zeitbedarf für die Prüfung selbst

E_{traj}= Energieverbrauch für die Prüfung

c_t , c_E= Umrechnungsfaktoren von Zeit bzw. Energie in Kosten.

Auf Basis einer Prüfung wird entschieden, ob ein Prüfobjekt die Prüfung als fehlerfrei „besteht" (engl. pass) oder als fehlerhaft „durchfällt" (engl. fail). Insgesamt können sich vier diskrete Fälle als Ergebnis der Prüfung ergeben. Die Kosten für Nacharbeit oder Entsorgung sowie auf Grund nicht erfolgter Prüfung leiten sich aus diesen vier möglichen Fällen ab:

- True pass: Das Lenkrad wird richtigerweise als fehlerfrei klassifiziert.
- False pass: Das Lenkrad wird fälschlicherweise als fehlerfrei klassifiziert, weil Fehler nicht erkannt werden oder nicht im Prüfumfang auftreten.

---

[342] vgl. **van Volsem, S.; Dullaert, W.; van Landeghem, H.** (2007), S. 625

- True fail: Das Lenkrad wird richtigerweise als fehlerhaft klassifiziert.
- False fail: Das Lenkrad wird fälschlicherweise als fehlerhaft klassifiziert.

In C_{error} sind die zusammengefassten Kosten enthalten, die durch das Beheben von detektierten Fehlern anfallen. Diese hängen von der Wahrscheinlichkeit ab, mit der bei der Prüfung die Fälle „True fail" und „False fail" auftreten. C_{error} wird definiert als Erwartungswert der Kosten bezogen auf die beiden Fälle (vgl. Formel 5-3). Der Koeffizient der Kosten für das Beheben möglicher Fehler c_{defect} wird als konstant angenommen.

Formel 5-3 Erwartungswert der Kosten für das Beheben detektierter Fehler

$$C_{error} = p(\text{true fail})c_{defect} + p(\text{false fail})c_{defect}$$

c_{defect}= Kosten für das Beheben eines (möglichen) Fehlers

$p(\text{true fail})$= Wahrscheinlichkeit, dass das Teil richtigerweise als fehlerhaft klassifiziert wird

$p(\text{false fail})$= Wahrscheinlichkeit, dass das Teil fälschlicherweise als fehlerhaft klassifiziert wird.

In $C_{quality}$ werden alle Kosten zusammengefasst, die die Qualität des geprüften Lenkrades betreffen, also in dem Fall anfallen, dass das Lenkrad als fehlerfrei klassifiziert wird. Analog zu C_{error} wird $C_{quality}$ als Erwartungswert der Kosten für die Fälle „True pass" und „False pass" berechnet und hängt somit von der Wahrscheinlichkeit des Eintretens ab (vgl. Formel 5-4). Da im Falle einer korrekten Klassifikation des Teils als fehlerfrei keine Kosten entstehen, wirken ausschließlich die Kosten bei fälschlicher Klassifikation als fehlerfrei auf die Funktion ein.

Formel 5-4 Erwartungswert der Kosten bei fehlerfreiem Ergebnis der Prüfung

$$C_{qualiy} = p(\text{false pass})c_{false\ pass} + [(p(\text{true pass})c_{true\ pass}) = 0]$$

$c_{false\ pass}$= Kosten für die Auslieferung eines fehlerhaften Teils

$p(\text{false pass})$= Wahrscheinlichkeit, dass das Teil fälschlicherweise als fehlerfrei klassifiziert wird.

Eine Reihe von Gesichtspunkten erschweren die Optimierung der Gesamtkostenfunktion. Zum einen handelt es sich um ein gemischt-ganzzahliges Problem, also ein Problem, das sowohl kombinatorische Optimierungsprobleme als auch Optimierungsprobleme mit reellen Variablen enthält. Das kombinatorische Optimierungsproblem besteht dabei in der Auswahl der Messpunkte für einen Prüfvorgang. Das Optimierungsproblem der reellen Variablen besteht in der Wahl von Geschwindigkeit und Beschleunigung auf der Trajektorie. Ein weiteres Problem besteht darin, dass die Energie- und Zeitmodelle für den vorliegenden Roboter sehr wahrscheinlich nichtlinear von Geschwindigkeit und Beschleunigung abhängen, was die Optimierung zusätzlich erschwert.

Für das Bestimmen der Prüfprozesskosten C_{insp} werden der Prüfumfang sowie die Trajektorienparameter modellbasiert optimiert. Für die Berechnung von C_{error} und C_{qualiy} werden die Wahrscheinlichkeiten für die vier unterschiedlichen Fälle des Prüfergebnisses auf Basis eines statistischen Fehlermodells geschätzt. Ausgangspunkt ist ein Bewertungsschema der Prüfobjekte auf Grundlage der Bewertung der einzelnen Prüfmerkmale unter Berücksichtigung von Wahrnehmungsschwellen.

5.3.2 Bewertungsschemata der Prüfobjekte

Die Entscheidung, ob ein Prüfobjekt fehlerfrei (pass) oder fehlerhaft ist (fail), erfolgt auf Basis definierter Bewertungsschemata. Diese Schemata basieren in Übereinstimmung mit Anforderung 3 auf der aus dem Weber'schen Gesetz abgeleiteten Theorie der Differenzschwellen. Die Homogenität gemessener Prüfmerkmale wird weiterhin in Anlehnung an das in Abschnitt 2.1 vorgestellte Ebenenmodell der Wahrnehmung[343] in räumlich zueinander gehörigen Wahrnehmungsclustern beurteilt. Ein Prüfobjekt wird dann als fehlerfrei angesehen, wenn das jeweilige Schema jedes darin enthaltene Wahrnehmungscluster als fehlerfrei bewertet.

Wie in Abschnitt 2.1 erwähnt, beträgt die für die Bewertung der Kraftwirkung eines Drucktasters relevante Differenzschwelle der menschlichen Fingerspitze bei statischer Krafteinwirkung etwa 10 %. Daraus lässt sich die Annahme ableiten, dass eine Menge an Prüfmerkmalen genau dann als homogen wahrgenommen wird, wenn für alle zu diesen Prüfmerkmalen $i = 1, \dots, N$ gehörenden vergleichbaren Kennwerten Formel 5-5 gilt.

Formel 5-5 **Homogenitätsbedingung gemessener Kraftkennwerte auf Basis der haptischen Differenzschwelle**

$$\frac{\Delta x}{x_i} = \frac{|x_j - x_i|}{x_i} \leq 0.1 \quad \text{für alle j} = 1, \dots, N$$

x_i= Gemessener kraftbezogener Kennwert von Prüfmerkmal i.

Der in Formel 5-5 enthaltene Bruch wird genau dann maximal, wenn x_i dem minimalen gemessenen Wert $x_{min} = \min_{i=1,\dots,N}(x_i)$ einer Menge von Messwerten und x_j dem maximalen gemessenen Wert $x_{max} = \max_{j=1,\dots,N}(x_j)$ entspricht. Damit lässt sich die Bedingung in Formel 5-5 konservativ abschätzen durch $\frac{|x_{max}-x_{min}|}{x_{min}} < 0.1$ und umformen, sodass sich Formel 5-6 als Bedingung für eine homogene Menge an Prüfmerkmalen ergibt.

343 vgl. **Falk, B.; Quattelbaum, B.; Schmitt, R.** (2010), S. 217

Formel 5-6 Schätzer der Homogenitätsbedingung gemessener Kraftkennwerte

$$x_{max} \leq 1.1 x_{min}$$

x_{max}= Maximaler in einer Prüfmerkmalsmenge gemessener Kennwert

x_{min}= Minimaler in einer Prüfmerkmalsmenge gemessener Kennwert.

Die in Formel 5-6 formulierte Bedingung bedeutet auch, dass die Prüfmerkmale bei einer Fehlerbestimmung nicht mehr unabhängig voneinander bewertet werden können. Beispielsweise kann eine in sich homogene Menge von Prüfmerkmalen bereits durch einen Ausreißer als inhomogen wahrgenommen und somit als fehlerhaft bewertet werden. Es ist bei dieser Bedingung nicht möglich, eindeutig festzustellen, durch welches Prüfmerkmal ein Fehler verursacht wurde, da sowohl der Ausreißer als auch die restliche Prüfmerkmalsmenge als Fehlerquelle infrage kommen.

Abgesehen von der relativen Bewertung der betrachteten Prüfmerkmale zueinander wird auch eine absolute Bewertung der Prüfmerkmale auf Basis eines klassischen Toleranzintervalls vorgenommen. Dies trägt dem möglichen Fall Rechnung, dass die gesamte Stichprobe an Prüfmerkmalen tatsächlich einem technischen Defekt, wie etwa einer mechanischen Sperre auf Grund eines Einbaufehlers, unterliegen könnte. In diesem Fall würde die Stichprobe unter Umständen als homogen bewertet, obwohl das Prüfmerkmal ganz offensichtlich die eigentliche Funktion nicht erfüllen kann. Daher wird zusätzlich zu Formel 5-6 noch die Einhaltung von absoluten Intervallgrenzen $X_{min,abs}, X_{max,abs}$ als Bedingung in Formel 5-7 für die Fehlerfreiheit eines Prüfmerkmals definiert.

Formel 5-7 Toleranzbasierte Bedingung für die Fehlerfreiheit eines Prüfmerkmals

$$X_{min,abs} \leq x_i \leq X_{max,abs} \quad \text{für alle i=1,...,N}$$

$X_{min,abs}$= Untere Grenze des Toleranzbereichs gemessener Kennwerte der Prüfmerkmale

$X_{max,abs}$= Obere Grenze des Toleranzbereichs gemessener Kennwerte der Prüfmerkmale

x_i= Gemessener kraftbezogener Kennwert von Prüfmerkmal i.

Mittels der in Formel 5-6 sowie Formel 5-7 genannten Bedingungen können Schemata abgeleitet werden, die darüber entscheiden ab wann ein Wahrnehmungscluster als fehlerhaft eingestuft wird. Die beiden im Folgenden vorgestellten Schemata basieren beide auf den genannten Bedingungen, kommen jedoch zu unterschiedlichen Zeitpunkten im gesamten Ablauf einer Prüfung zum Tragen. Das erste Schema wird zur Abschätzung der Fehlerwahrscheinlichkeit einer Stichprobe von Prüfmerkmalen im Rahmen der Planung und Selbstoptimierung verwendet. Das zweite Schema kommt nach Durchführung einer Prüfung zur Abschätzung der

Wahrscheinlichkeit des Vorliegens eines Fehlers in den nicht geprüften Prüfmerkmalen zum Einsatz, dabei werden die aus der aktuellen Prüfung vorliegenden Ergebnisse einbezogen.

Fehlerbewertungsschema 1: Fehlerabschätzung auf Basis von Homogenitätsbetrachtung

Das erste Bewertungsschema bewertet die Fehlerwahrscheinlichkeit einer Stichprobe von Prüfmerkmalen ausschließlich anhand der beiden in Formel 5-6 sowie Formel 5-7 genannten Bedingungen. Diese Art der Bewertung garantiert, dass ein Lenkrad nur dann als fehlerhaft klassifiziert wird, wenn tatsächlich ein Fehler vorliegt. Da sich für dieses Bewertungsschema die Ergebniswahrscheinlichkeiten relativ anhand eines statistischen Fehlermodells abschätzen lassen, wird es innerhalb der Selbstoptimierung zur Anpassung des Prüfumfangs genutzt.

Fehlerbewertungsschema 2: Fehlerwahrscheinlichkeiten nicht geprüfter Merkmale

Das zweite Schema zieht zur Bewertung der Stichprobenmessung die Wahrscheinlichkeit einer Fehlbewertung der Wahrnehmungscluster mit ein. Betrachtet man die in Abschnitt 5.3.1 definierten vier möglichen Ergebnisse einer Stichprobenprüfung, dann ergeben sich die mit der auf eine Prüfung folgenden Entscheidung verbundenen Kostenerwartungswerte im Falle einer Einstufung des Prüfobjekts als „fehlerfrei“ (pass) nach Formel 5-8 und im Falle der Einstufung als „fehlerhaft“ (fail) nach Formel 5-9.

Formel 5-8 Kostenerwartungswert bei Einstufung eines Prüfobjekts nach Prüfung als fehlerfrei

$$C_{pass} = (1 - P_{Restfehler})c_{true\,pass} + P_{Restfehler}c_{false\,pass}$$

$P_{Restfehler}$= Wahrscheinlichkeit mit der mindestens ein nicht geprüftes Prüfmerkmal fehlerhaft ist

$c_{true\,pass}$= Kosten für den mit dem Fall „true pass“ verbundenen Ergebnis der Prüfung

$c_{false\,pass}$= Kosten für den mit dem Fall „false pass“ verbundenen Ergebnis der Prüfung.

Formel 5-9 Kostenerwartungswert bei Einstufung eines Prüfobjekts nach Prüfung als fehlerhaft

$$C_{fail} = P_{Restfehler}c_{true\,fail} + (1 - P_{Restfehler})c_{false\,fail}$$

$P_{Restfehler}$= Wahrscheinlichkeit mit der mindestens ein nicht geprüftes Prüfmerkmal fehlerhaft ist

$c_{true\,fail}$= Kosten für den mit dem Fall „true fail“ verbundenen Ergebnis der Prüfung

$c_{false\,fail}$= Kosten für den mit dem Fall „false fail“ verbundenen Ergebnis der Prüfung.

Wird angenommen, dass die mit einem positiven Prüfergebnis verbundenen Kosten allgemein geringer sind, als die mit einem negativen Prüfergebnis ($C_{pass} < C_{fail}$) verbundenen, sollte ein Lenkrad als fehlerfrei bewertet werden, wenn die damit verbundenen Kosten geringer sind, als die mit der Einstufung als fehlerhaft. Da in der Regel der Fall „false pass" in Folge der damit verbundenen Auslieferung mangelnder Qualität kostspielig sein wird, ergibt sich über die Anpassung von $c_{false\,pass}$ eine entsprechende Möglichkeit zur Einstellung der noch zulässigen Grenze von $P_{Restfehler}$, also inwieweit das Unternehmen es in Kauf nimmt ggfs. fehlerhafte Teile auszuliefern. Löst man diese Ungleichung nach $P_{Restfehler}$ auf, ergibt sich in Abhängigkeit der mit den vier Entscheidungsfällen verbundenen Kostensätzen ein Entscheidungskriterium für eine „fehlerfrei"-Bewertung (vgl. Formel 5-10).

Formel 5-10 Entscheidungskriterium für die Bewertung eines Prüfobjektes als fehlerfrei

$$P_{Restfehler} < \frac{c_{false\,fail} - c_{true\,pass}}{z} \quad \text{für } z > 0 \text{ bzw.}$$

$$P_{Restfehler} > \frac{c_{false\,fail} - c_{true\,pass}}{z} \quad \text{für } z < 0 \text{ mit}$$

$$z = c_{false\,pass} - c_{true\,pass} + c_{false\,fail} - c_{true\,fail}$$

$c_{true\,fail}$= Kosten für den mit dem Fall „true fail" verbundenen Ergebnis der Prüfung

$c_{false\,fail}$= Kosten für den mit dem Fall „false fail" verbundenen Ergebnis der Prüfung

$c_{true\,pass}$= Kosten für den mit dem Fall „true pass" verbundenen Ergebnis der Prüfung

$c_{false\,pass}$= Kosten für den mit dem Fall „false pass" verbundenen Ergebnis der Prüfung.

Für eine sinnvolle Nutzung des Bewertungsschemas sollte die Ungleichung $c_{true\,pass} < c_{false\,fail} \leq c_{true\,fail} < c_{false\,pass}$ bestand haben. Dies folgt aus den folgenden Überlegungen:

Der kostengünstigste Fall sollte der sein, dass das Prüfobjekt keinen Fehler aufweist, so geprüft und sofort freigegeben wird, da dann im Vergleich zu allen anderen Fällen keine Reparatur-, Nachprüfungs- oder Schadenersatzkosten auftreten. Die Kosten für die Fälle „false fail" sowie „true fail" müssen höher als für den Fall „true pass" sein, da in diesen Fällen das Produkt als Ausschuss deklariert wird und somit Reparatur-, Nacharbeits- oder Neuproduktionskosten zu erwarten sind. In dem Fall, dass ein Unternehmen bei jedem fehlerhaften Prüfergebnis eine Nachprüfung durchführt, sind die Kosten für „false fail" kleiner als „true fail". Die Kosten für den Fall „false pass" müssen am höchsten sein. Andernfalls wäre eine Prüfung sinnlos, weil der Erwartungswert im Falle $c_{false\,pass} \leq c_{true\,fail}$ unabhängig von der Fehlerrate für eine Klassifikation als fehlerfrei immer günstiger wäre als eine Klassifikation als fehlerhaft. (vgl. Formel 5-11, $c_{true\,pass} < c_{false\,fail}$ weiterhin vorausgesetzt).

Formel 5-11 Kostenerwartungswert für die Klassifikation von Prüfobjekten bei $c_{false\,pass} \leq c_{true\,fail}$

$$E(c_{pass}) - E(c_{fail}) = (1-p)c_{true\,pass} + pc_{false\,pass} - \left[pc_{truefail} + (1-)p_{false\,fail}\right]$$
$$= (1-p)\left(c_{true\,pass} - c_{false\,fail}\right) + p\left(c_{false\,pass} - c_{true\,fail}\right) < 0$$

E: Erwartungswert des der jeweiligen Kosten bei Bewertung des Prüfobjekts

p: Fehlerwahrscheinlichkeiten des Prüfobjekts.

Es ist ohne die Kenntnis der tatsächlichen Prüfergebnisse nicht möglich, die Wahrscheinlichkeiten für das Zutreffen der beiden jeweils in Formel 5-10 dargestellten Bedingungen in Abhängigkeit einer bestimmten Stichprobengröße analytisch zu bestimmen. Die Schätzung dieser Wahrscheinlichkeiten wäre zeitlich aufwendig. Daher wird dieses Schema bei der Auswahl und Optimierung der Stichprobe nicht herangezogen werden. Die Restfehlerwahrscheinlichkeit nach dem Messen der Stichprobe kann dagegen relativ einfach berechnet werden. Das Ergebnis von Schema zwei ist bei $\frac{c_{false\,fail} - c_{true\,pass}}{z} = 1$ und z>0 bzw. daraus folgend $c_{false\,pass} = c_{true,fail}$ gleich mit dem von Schema eins.

Das zweite Fehlerbewertungsschema entspringt dem Grundgedanken, dass Fehler in haptischen Prüfmerkmalen von deren relativer Ausprägung zueinander abhängig sind. Gängige Prüfungsplanungsverfahren wie die ISO 2859/3951 gehen bei der Bewertung von Prüfmerkmalen von einer unabhängigen Bewertung dieser aus. Dadurch steht bereits vor der Prüfung fest, wie hoch die Fehlerwahrscheinlichkeit der nicht geprüften Prüfmerkmale ist. Diese bleibt unverändert solange die Stichprobe darauf hindeutet, dass die angenommenen Fehlerwahrscheinlichkeiten korrekt waren.

Bei einer voneinander abhängigen Bewertung von Prüfmerkmalen, wie im vorliegenden Fall, wird durch die eigentliche Prüfung einer Stichprobe auch Wissen über das Fehlerverhalten der ungeprüften, aber von der Stichprobe abhängigen, Prüfmerkmale gewonnen. Dadurch wird eine Neubewertung und genauere Einschätzung von deren Fehlerverhalten sinnvoll und möglich.

5.4 Fazit

Auf Basis des vorliegenden Grobkonzeptes und der daraus abgeleiteten methodischen Grundlagen wurde ein Detailkonzept für das SHP entwickelt. Bestandteile sind die beschriebene hardwaretechnische Systemstruktur, die zentralen Prozesse des Systemverhaltens im Rahmen der Prüfung sowie die Wirkweise der Selbstoptimierung.

Ein DMS-basierter Sensor dient zur Aufnahme von Kräften und ermöglicht zusammen mit einem 6-Achs Roboter die kraftgeregelte Bewegung des Endeffektors in sechs Freiheitsgraden. Die Empfindlichkeit der Komponenten bildet die Sensibilität der menschlichen taktilen Rezeptorik sowie Mechanorezeptorik ab. Ein Stereo-Kamerasystem mit zwei baugleichen Farbkameras ermöglicht zwei- und dreidimensionale Bilderfassung in variablem Arbeitsabstand. Um eine hohe Trainings- und Verarbeitungsgeschwindigkeit der Bildverarbeitungsmodelle, insbesondere neuronaler Netze, zu erreichen, kommt in der zentralen Recheneinheit des Systems eine parallelverarbeitungsfähige Grafikkarte mit sogenannten „CUDA“-Rechenkernen zum Einsatz.

Das Systemverhalten ist in der Modellierungssprache UML beschrieben und knüpft an die MKR-Architektur des Grobkonzeptes an. Die Unterteilung des zentralen Systemprozesses in vier Phasen zeigt den modularen Aufbau des Systems. So kann bspw. die Erfassung der Szene innerhalb der Initiierungsphase relativ getrennt von der eigentlichen Selbstoptimierung gestaltet und weiterentwickelt werden. Die MKR-Architektur erweist sich auch bei diesem Detaillierungsschritt als hilfreich für die konzeptionelle Strukturierung.

Der zentrale Systemprozess hängt davon ab, ob das erfasste Prüfobjekt bekannt ist oder nicht. So wird bei einem bislang noch nicht untersuchten Prüfobjekttyp ein neuer Datenbankeintrag erzeugt, der das Anlegen einer Prüfhistorie und damit auch die Anwendung eines statistischen Fehlermodells bei zukünftigen Prüfungen ermöglicht. Dabei werden die Fehlerwahrscheinlichkeiten der Prüfobjekte mittels zweier unterschiedlicher Fehlerbewertungsschemata ermittelt. Das erste Schema ermöglicht eine Abschätzung der Wahrscheinlichkeit eines geprüften Defektes für das vorliegende Prüfobjekt *vor* der Prüfung und die Nutzung dieser Information zur Optimierung der Menge der Messpunkte. Das zweite Schema nutzt die gemessenen Kennwerte der Prüfmerkmale, um die verbleibende Wahrscheinlichkeit, dass das Prüfobjekt einen Defekt aufweist, genauer abschätzen zu können. Dieses Schema bezieht das Prinzip der Wahrnehmungsschwellen in die Bewertung des Prüfobjektes ein und setzt die Einzelergebnisse der Prüfmerkmale in Relation zueinander. Damit liegt ein entscheidender Unterschied zu herkömmlichen Stichprobenplanungsverfahren vor.

Die Optimierung geschieht auf Basis der als Kostenfunktion formulierten externen Ziele und ist von der Bewegungsplanung entkoppelt. Die Optimierung umfasst mehrere Schritte und sieht neben einer Optimierung des Prüfumfangs auch eine Optimierung der Prüfreihenfolge sowie der Bewegungsparameter der Prüfbewegung vor. Durch die Entkopplung von der Bewegungsplanung ist es prinzipiell möglich, in einem vereinfachten Dimensionsraum zu optimieren und erst nach Feststellung des Prüfumfangs die exakte, kollisionsfreie Prüfbewegung im Bewegungsraum des Prüfroboters zu planen. Dies beschleunigt den Zyklus aus Prüfumfangsplanung- und Optimierung – Prüfung auf Zulässigkeit zu externen Zielen – Anpassung des Prüfumfangs oder der internen Ziele.

Abschließend kann festgestellt werden, dass in dem Konzept des SHP die Gestaltungsgrundsätze selbstoptimierender Architekturen eingehalten wurden (vgl. Anhang B). Das bedeutet:

- Die Planungsebene und die reaktive Maschinenebene bleiben getrennt. Die Prozesse zur Steuerung des Roboters laufen auf der Hardwaresteuerung ab, während die Planung auf einem separaten PC erfolgt.

- In den Maschinenregelkreis wird während der Laufzeit nicht eingegriffen. In eine Bewegung des Roboters wird seitens der Selbstoptimierung nicht eingegriffen, sondern nur vorher oder danach.

- Die Erfassung der Umgebungszustände erfolgt mittels geeigneter Sensoren.
- Die Ergebnisse durchgeführter Prüfungen und der damit verbundenen Planungsvorgänge werden in Datenbanken zur späteren Verwendung gespeichert und zur Selbstoptimierung genutzt.
- Das zukünftige Verhalten wird auf Basis bisheriger Zustände (Prüfergebnisse) sowie aktueller Zustände (externer Ziele) optimiert.

Das Detailkonzept erlaubt durch die Spezifikation der Hardware sowie des Systemverhaltens die Implementierung konkreter Teillösungen. Diese erfolgt im Kapitel 6.

6 Implementierung der Lösungskonzepte

In Kapitel 5 wurden, aufbauend auf dem in Kapitel 4.2 entwickelten Entwurf und den im selben Kapitel betrachteten methodischen Grundlagen, Detailkonzepte für die Realisierung des SHP entwickelt. Innerhalb des vorliegenden Kapitels wird die Implementierung dieser Lösungskonzepte insbesondere aus softwaretechnischer Sicht beschrieben. Dies stellt die Basis für die empirische Evaluation der Lösungen sowie des Systemkonzeptes in Kapitel 7 dar.

Im Abschnitt 6.1 werden zunächst die für die Implementierung genutzten Softwarelösungen bzw. Programmiersprachen innerhalb der realisierten Softwarearchitektur vorgestellt. Anschließend folgt die Beschreibung der implementierten Lösungen, der Verfahren und Algorithmen in Abschnitt 6.2.

6.1 Softwarearchitektur

In diesem Abschnitt wird die Softwarearchitektur des SHP in den Vordergrund gerückt. Es werden zunächst die zentralen Softwarekomponenten mit ihrer Funktionalität vorgestellt. Die Abhängigkeiten zwischen den Komponenten sind in Abbildung 6-1 als Datenflussdiagramm dargestellt. Das Hauptaugenmerk des Diagramms liegt in den theoretischen Datenflüssen anstelle der realen Datenflüsse, da die gesamte Kommunikationsstruktur in ein Python Skript, dem sogenannten SO-Controller, eingebettet ist und über dieses verwaltet wird. Die Notation des Datenflussdiagramms folgt der Spezifikation nach GANE & SARSON.[344]

[344] vgl. **Gane, C.; Sarson, T.** (1992)

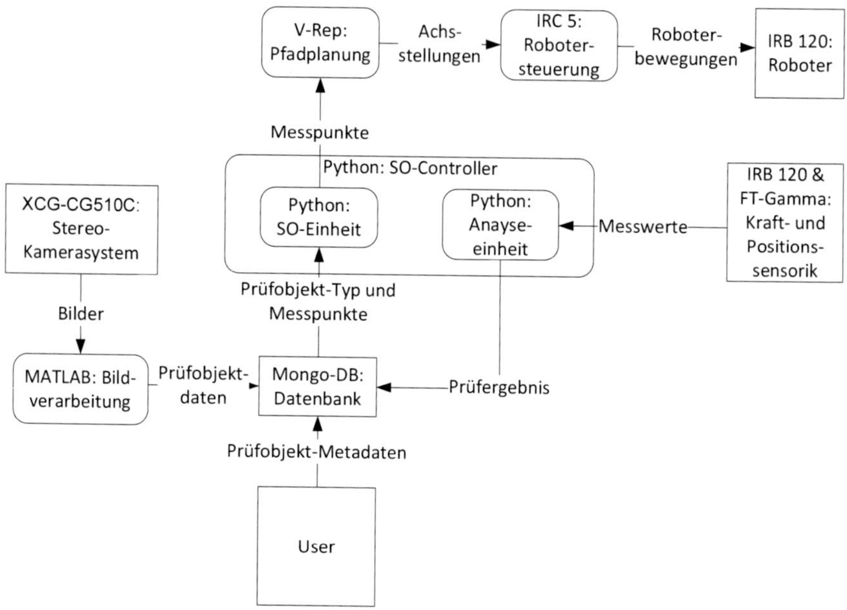

Abbildung 6-1 Datenflussdiagramm des automatischen Prüfsystems

Python: SO-Controller

Die zentrale Softwareeinheit der Architektur ist der SO-Controller. Dieser beinhaltet die vom eigentlichen Maschinenregelkreis getrennte Steuerung über alle Systemfunktionen, die außerhalb der Robotersteuerung ablaufen. Die dadurch vorgenommene Trennung von Maschinenregelkreis und der eigentlichen Selbstoptimierung entspricht dem Gestaltungsaspekt aller betrachteten Architekturen für selbstoptimierende Systeme (vgl. Abschnitt 2.3.3). Durch diese Aufteilung wird nicht intern in den Maschinenregelkreis eingegriffen, sodass auch damit verbundene Gefahren wie z. B. die Aussetzung von Sicherheitsabfragen prinzipbedingt vermieden werden.

Die Einheit entscheidet über die jeweils folgende Aktivität des Systems und ruft dazu entsprechende Funktionen aus anderen Softwareumgebungen auf bzw. übermittelt relevante Daten. Der SO-Controller steht dabei über Sockets in einer Client-Server-Beziehung als Client zu anderen Softwarelösungen. Sockets sind eine standardisierte Datenschnittstelle zwischen Anwendungssoftware und Betriebssystem. Daten werden in Blöcken zusammengefasst an eine Hardwareschnittstelle (hier: Ethernet) bzw. einen Localhost bei Kommunikation innerhalb eines Computers übergeben und von dort aus über ein Protokoll (hier: Transmission Control Protocol/Internet Protocol, TCP/IP) an eine andere Instanz (Software oder Hardware) übermittelt. Diese Form der Kommunikation erlaubt über Erweiterungen z. B. auch den Aufruf von Funktionen einer Systeminstanz (bspw. Software) aus einer anderen Instanz heraus.[345]

Der SO-Controller ist in der Programmiersprache *Python (Version 2.7)*[346] realisiert. Durch eine große Anzahl bereits vorhandener Bibliotheken können in Python rasch neue Algorithmen und Funktionen in bestehenden Code implementiert und getestet werden. Zudem kann Python als Skriptsprache verwendet werden, wodurch der Aufwand für das Testen von Softwarecode gering bleibt.

MongoDB: Datenbank

Alle die Prüfung betreffenden Informationen werden in einer Datenbank abgelegt, die durch die Software MongoDB verwaltet wird. Die dokumentenorientierte Datenbanksoftware *MongoDB (Version 3.4)*[347] ist eine Open Source Software mit einer als NoSQL klassifizierten Lösung zur Verwaltung von Daten. Sie ist durch ihre Schemafreiheit gekennzeichnet, da keine vordefinierte Tabellenstruktur zur Speicherung der Daten existiert und im Sinner agiler Softwareentwicklung veränderte Anforderungen sowie eine hohe Skalierbarkeit unterstützt werden. Die Informationen selbst werden im BSON Format gespeichert. Auf die Datenbank in MongoDB haben drei Systemkomponenten vollen Zugriff: MATLAB, Python sowie der User.

MATLAB: Bildverarbeitung

Die Lösungen im Bereich Machine Vision sind in *MATLAB (Version 2017a)* [348] implementiert. MATLAB ermöglicht die Entwicklung verschiedenster Anwendungen zu industriellen und wissenschaftlichen Zwecken, bspw. zur Lösung von Aufgaben im Bereich des ML oder eben der BV.

Die Komponente Bildverarbeitung umfasst alle direkten Bildverarbeitungsprozesse sowie relevante Systemmodelle in einer Umgebung und wird vom SO-Controller über die Python API (eng: Application Programing Interface, Schnittstelle zur Anwendungsprogrammierung) initiiert. Die akquirierten Bilder werden vorverarbeitet und die Szene mit den Kalibrierungsdaten des Stereosystems als 3D-Objekt rekonstruiert. Die Identifikation und Lokalisation des Prüfobjekts erfolgt für jede Prüfung. Sofern es sich um ein unbekanntes Prüfobjekt handelt, werden potenzielle Messpunkte detektiert, lokalisiert und klassifiziert. Diese Informationen werden über eine klassifizierende ID-Nummer mit den Metadaten des Prüfobjekts verknüpft, und die vollständigen aufgezeichneten Daten an die MongoDB übertragen und gespeichert. Bei einem bekannten Prüfobjekt können über diese ID Informationen hinsichtlich der Messpunkte, wie historische Daten der Prüfmerkmale und Klassifikation und Lokalisationsdaten, aus der MongoDB bezogen werden. Zu Beginn einer Prüfung stellt MATLAB eine Verbindung zur MongoDB her, die dem Prozess eine eindeutige ID zuweist, und als Information am Ende der

[345] vgl. **Schill, A.; Springer, T.** (2012), S. 46

[346] vgl. **Python Software Foundation (Hrsg.)** (2017)

[347] vgl. **MongoDB, I. (Hrsg.)** (2017)

[348] vgl. **The MathWorks, I. (Hrsg.)** (2021)

Bildverarbeitungskette zurück an den SO-Controller fließt. Eine präzise Auflistung der exportierten Daten ist dem Kapitel 6.2.3 zu entnehmen.

MATLAB realisiert die direkte Kommunikation mit der MongoDB über das *Database Toolbox Interface for MongoDB*.[349] Über die Objektklasse *mongo* kann die Datenbank verwaltet werden und ermöglicht so den Import und Export von Daten.

V-REP: Pfadplanung

Die Simulationsumgebung V-REP *(Version 3.4)* der Firma Coppelia Robotics mit der darin eingebetteten Open Motion Planning Library (OMPL) repräsentiert die Komponente der Trajektorienplanung für das autonome Prüfsystem. V-REP ermöglicht dies über die Ausführung von Skripten in der prozeduralen Programmiersprache *Lua*[350]. Auch V-REP verfügt über ein API, welches den Anruf von Skripten aus anderen Umgebungen heraus erlaubt. Sobald eine Trajektorie, die sich aus geometrischen Gelenkwinkelstellungen des Roboters zusammensetzt, berechnet wird, wird diese mit den Metadaten der Trajektorienplanung an Python übertragen und von dort an die Robotersteuerung weitergeleitet.

IRC 5: Robotersteuerung

Bei der von V-REP erzeugten Trajektorie handelt es sich um geometrische Gelenkstellungen des Roboters für eine diskrete geometrische Bahn, die im csv-Dateiformat gespeichert wird. Zur Ausführung der Bewegung durch die IRC 5 werden diese Gelenkwinkelstellungen unter Berücksichtigung der Parametrierung in Bewegungsinstruktionen in die Maschinensprache ABB *RAPID* übersetzt. RAPID-Funktionen laufen innerhalb der Software *RobotWare (Version 6.0.3)* der Robotersteuerung ab, wobei die Software die parallele Abarbeitung mehrerer Funktionen in sog. *Tasks* erlaubt.

IRB 120 & FT-Gamma: Kraft- und Positionssensorik

Die Kraftsensorik mittels des Kraft- und Momentensensors und die interne Positionssensorik des Roboters sind Teil des Maschinenregelkreises. Dieser ist wie erwähnt von der übergeordneten (SO-) Steuerung getrennt. Dies ist notwendig, da die Messung von Widerstandskräften bei der Druckschalterbetätigung synchron mit der Roboterverfahrbewegung ausgeführt wird. Die gemessenen Daten werden durch die Robotersteuerung verarbeitet und an Python als Messgrößen zurückgegeben.

6.2 Beschreibung der implementierten Lösungen

In diesem Abschnitt werden aufbauend auf der im vorherigen Abschnitt vorgestellten Softwarearchitektur die implementierten Softwarelösungen und Algorithmen detaillierter beschrieben. Im Bereich Bildverarbeitung und Bewegungsplanung wurden teils mehrere Algorithmen implementiert bzw. betrachtet, die im Kapitel 7 hinsichtlich ihres Einsatzes in dem SHP

---

349 vgl. **The MathWorks, I. (Hrsg.)** (2021)

350 vgl. **PUC-Rio (Hrsg.)** (2017)

empirisch analysiert werden. Zur Erläuterung der Abläufe kommen sowohl grafische als auch textuelle Beschreibungen zum Einsatz. Die textuelle Beschreibung der Abläufe erfolgt in sog. Pseudocode, einer nicht maschinell interpretierbaren Textform für Programmcode.[351] Auf Grund der im Bereich der Programmierung standardmäßigen Verwendung der englischen Sprache, werden englische strukturelle Begriffe, wie for, while if, Input und Output verwendet. Um die Komplexität der Implementation und deren Beschreibung dessen zu reduzieren, wird außerdem mit jedem Messpunkt nur genau ein kontinuierlich gemessenes Prüfmerkmal verknüpft, sodass die Messung eines Prüfmerkmals und die Messung eines Messpunktes analog sind.

6.2.1 Ablaufsteuerung und Kommunikation

Der Großteil der implementierten Systemabläufe wird über den SO-Controller initiiert. Als Ausnahmen sind die Schnittstellen zur Hardware, speziell die Aufzeichnung der Szene mit dem Stereosystem, die Bewegungsinstruktionen an den Roboter sowie die haptische Messung, anzuführen. Das Sequenzdiagramm in Abbildung 6-2 enthält eine abstrahierte Übersicht über die realen Kommunikationsprozesse zwischen den Softwarekomponenten, wobei die Kommunikation innerhalb einer Softwarekomponente sowie der Datenabruf aus der Datenbank nicht berücksichtigt werden.

Das Sequenzdiagramm gibt auch eine Besonderheit in der Durchführung der Prüfung wieder. Ein Prüfdurchlauf lässt sich in n+1 Segmente gliedern, wobei n dem Prüfumfang entspricht. Die Trajektorienplanung erfolgt synchron zur Ausführung der Bewegungsinstruktion und Messung: Sobald die Trajektorie zwischen dem letzten und dem nächsten Messpunkt berechnet ist, wird sie an die Robotersteuerung zur Durchführung weitergeleitet. Parallel dazu wird der nächste Trajektorienabschnitt berechnet. Das Prüfsystem beginnt und beendet einen Prüfprozess in derselben Ausgangsposition.

[351] vgl. **Mehlhorn, K.; Sanders, P.** (2008), S. 26

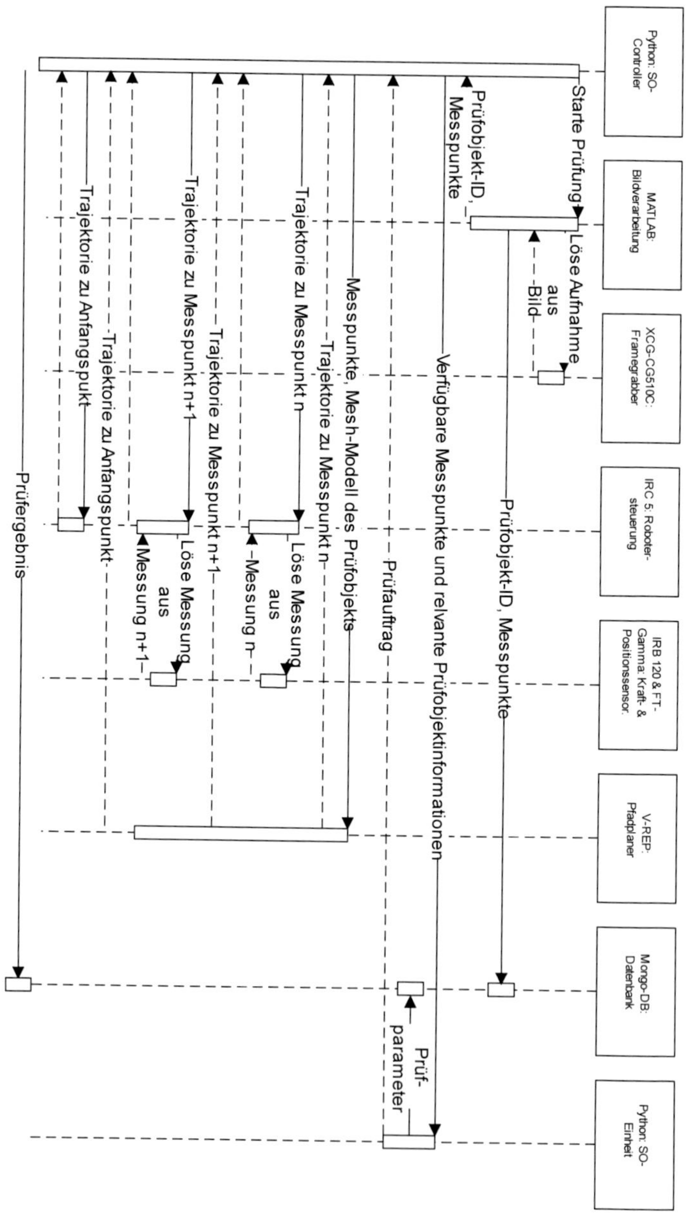

Abbildung 6-2 Sequenzdiagramm der Systemabläufe

Die bei der Prüfung entstehenden Messdaten werden zunächst in der Robotersteuerung aufgenommen und zwischengespeichert. Von dort müssen sie wiederum an den SO-Controller geschickt werden, um dort die Auswertung zu ermöglichen. Die Schnittstelle zwischen dem SO-Controller und der Robotersteuerung ist für die tatsächliche Durchführung der Prüfung kritisch. Zur Realisierung der beschriebenen parallelisierten Kommunikation wurden auf der Robotersteuerung vier in RAPID geschriebene Grundfunktionalitäten implementiert, die in verschiedenen Tasks ablaufen, welche in Anhang F näher beschrieben sind.

Durch die konsequente Trennung von Maschinenregelkreis und SO-Controller mittels der beschriebenen Tasks kann der Roboter mit seiner Steuerung als abgekapseltes System betrachtet werden, der nur die Dienste Send und Receive zur Verfügung stellt und ansonsten alle Bewegungen und Messungen autark durchführt. Es kann also davon ausgegangen werden, dass sich der Roboter entsprechend des gesendeten Pfades nach kurzer Übertragungs- und Verarbeitungszeit bewegt und nach Abschließen einer einzelnen Messung diese Messwerte an den Computer überträgt. Diese Dienste werden bestätigt. Auf dieses System kann von der Remote API Python zugegriffen werden. Das Python-Skript stellt die Kommunikationsverwaltung, ähnlich eines Masters im Netzwerk dar, mit den Aufgaben weitergeleitet, abgespeichert und getriggert werden. Von hier aus werden die einzelnen Programme mit ihren jeweiligen Berechnungen ausgelöst und mit Daten/Parametern an diese gesendet. Der Ablauf des Hauptskripts des Python Controller ist in Programmcode 1 pseudohaft dargestellt. Die Darstellung zentraler Softwareprozesse des Systems in Pseudocode wird

Programmcode 1: Ablaufsteuerung der Prozesse durch den Python-Controller (Pseudocode)

Input:
    Trigger: Neues Prüfobjekt in Szene
Output:
    Benötigte Zeit für die Prüfung
    Benötigte Energie für die Prüfung
    Ergebnis der Prüfung und resultierende Prüfgüte

```
verbinde mit V-REP
verbinde mit IRC5
starte log thread (warte auf Daten und speichere in Datei)
erhalte Daten von Matlab/mongoDB (Prüfobjekt-ID, Messpunkt-IDs, Position des Prüfobjektes)
sende Daten an Selbstoptimierung
erhalte interne Ziele (Messpunkte, Geschwindigkeit, Beschleunigung)
sende Daten zu V-REP (# Messpunkte, verwendeter Pfadplanungsalgorithmus)
importiere und positioniere Lenkrad-Mesh in V-REP
kopiere und positioniere Messpunkte in V-REP (Position der Messpunkte)
starte Simulation in V-REP
wiederhole solange # bereits erhaltener Trajektorienabschnitte < # Messpunkte
        erhalte aktive Trajektorienabschnitts-ID from V-REP
        wenn ein neuer Trajektorienabschnitt fertig geplant wurde
                lese und schreibe in Trajektorienliste
                sende Trajektorienabschnitt an IRC5
                starte Messvorgang am Ende der Trajektorie
        ende_wenn
ende_wiederhole
```

```
warte auf Messdaten
löse Verbindung zu IRC5
erhalte und speichere Energieverbrauch der Prüfbewegung (Drehmoment)
schließe Kommunikations mit IRC5
speichere Prüfdauer (Gesamte Prüfzeit)
löse Verbindung zu V-REP
werte Messdaten aus
speichere Messdaten
```

Nach dem Verbindungsaufbau zu V-REP und der Robotersteuerung via TCP/IP wird ein paralleler Thread gestartet, um das wie bereits beschrieben, gleichzeitige Senden und Empfangen zur Robotersteuerung zu ermöglichen. Die von Matlab ermittelten für die Planung der Prüfung relevanten Daten werden über die MongoDB bezogen, sobald das Skript einen trigger erhält, dass die Erfassung der Szene abgeschlossen ist. Die relevanten Daten werden an das Selbstoptimierungsskript gesendet, welches die internen Ziele für die Prüfung (Messpunkte, Geschwindigkeit der Bewegung, Beschleunigung der Bewegung) zurückgibt. Diese Daten sowie der zu verwendende Bahnplaner werden an V-REP zur Planung der Prüfbewegung übergeben. Daraufhin wird durch das Skript das erzeugte 3D-Modell des Prüfobjektes sowie die relevanten Messpunkte bzw. deren Repräsentation als Posen in V-REP importiert und im Raum positioniert bzw. orientiert. Dadurch, dass diese Abläufe von Python und nicht V-REP aus ausgeführt werden, kann das in V-REP ablaufende Skript sehr statisch gestaltet werden, wie in Abschnitt 6.2.5 gezeigt wird.

Nach dem Einladen aller relevanten Planungsaspekte wird die Bahnplanung gestartet. Ab diesem Zeitpunkt wird durch das Python Skript ständig abgefragt, welche Bahn aktuell berechnet wird. Sobald dieser Wert sich ändert, liest Python die erzeugte Bahn aus und schickt diese Punkt für Punkt an die Robotersteuerung. Am Ende eines Bahnabschnitts wird die Prüfbewegung angehängt, wodurch die Messung getriggert wird. Während dieses Ablaufs werden wie beschrieben parallel Messdaten empfangen.

Sobald keine Messdaten mehr gesendet werden und die Prüfbewegung abgeschlossen ist, wird der Verbindungsabbau eingeleitet. Die zur Ermittlung des Energieverbrauchs relevanten Daten (das Drehmomentintegral der einzelnen Achsen) werden übermittelt und die Verbindungen zur Robotersteuerung sowie zu V-REP daraufhin getrennt. Die Trennung der Verbindung zu V-REP zwischen den Prüfungen hat den Vorteil, dass alle darin vorhandenen Signale bzw. Objekte in der Umgebung intern zurückgesetzt werden, wodurch die Planungsvorgänge aufeinanderfolgender Prüfungen sauber getrennt werden. Zum Schluss erfolgt die Auswertung der Prüfung selbst und das Speichern der erzeugten Daten in der Datenbank.

6.2.2 Datenverwaltung

Für einen selbstoptimierenden Prozess ist eine kontinuierliche Versorgung und Verarbeitung von Informationen über die Umwelt und den Zustand des Systems erforderlich. Wichtig ist daher eine Komponente zur Speicherung und Verwaltung der Daten.[352]

Zur Speicherung und Verwaltung der Daten kommt im vorliegenden System eine objektrelationale Datenbank zum Einsatz. Diese Mischform aus objektorientierter und relationaler Datenbank hat einen komplexeren Aufbau als relationale Datenbanken, da statt einfacher Tabellen komplexe Objekte gespeichert werden. Die Konsequenz daraus ist ein höherer Aufwand im Entwurf und der Programmierung der Datenbank, wobei jedoch Änderungen ohne größeren Aufwand nachträglich eingefügt werden können. Bei technischen und multimedialen Anwendungen eignet sich die objektorientierte Datenbank gut, da der Aufbau direkt die Realität widerspiegelt.[353] Die eingesetzte Datenverwaltungslösung auf Basis der Software MongoDB bietet aus Systemsicht die folgenden weiteren Vorteile:

- Lokale und globale Daten können voneinander unterschieden werden. Dadurch verringert sich die Menge an Daten, die bspw. im Rahmen der Analyse des Ist-Zustandes oder bei der Suche nach den externen Systemzielen berücksichtigt werden müssen.
- Die Datenbank kann analog zu vorhandenen Klassenhierarchien strukturiert werden und spiegelt damit auch den aktuellen Stand der Softwarestruktur wider.
- Die Datenbank kann mit verschiedenen Datentypen umgehen, um bspw. Messergebnisse direkt zu speichern oder Dokumentenlinks zu CAD-Dateien bereitzustellen.
- Die Zugriffszeiten sind vergleichsweise kurz.
- Einträge können mit hoher Geschwindigkeit nach Eigenschaften gefiltert werden. So können beispielsweise alle Messungen, deren Ergebnisse nicht in Ordnung waren, aus den gesamten Messungen herausgefiltert und untersucht werden.

In der exemplarisch implementierten Datenbank in MongoDB werden die Daten in zwei getrennten Teildatenbanken gespeichert. Alle notwendigen Modelldaten und Parameter, die für die Planung der derzeit aktiven Prüfaufgabe notwendig sind, werden als sog. Systemdaten abgelegt. Dazu gehört das derzeit aktive Prüfobjekt, deren Messpunkte, die Zuteilung dieser zu Clustern, die vorhandenen Fehlermodelldaten sowie die aktuellen externen Ziele und Parameter. Die gesamte Historie des Systems, wie etwa die bei der Prüfung unterschiedlicher Prüfobjekte erhobenen Ausprägungen der Prüfmerkmale/der Messpunkte, die jeweils ermittelten internen Ziele und gefahrenen Trajektorien oder Messwerte von Trajektorien für den Abgleich der Modelle werden in einem abgetrennten Archiv abgespeichert.

Die Struktur, mit der die Daten in der jeweiligen Datenbank abgelegt sind, ist in Abbildung 6-3 (Systemdaten) und Abbildung 6-4 (Archiv) dargestellt. Die Systemdaten-Datenbank enthält

---

[352] **Brecher, C.** (2011), S. 849ff

[353] **Schicker, E.** (2017), S. 12ff

immer nur ein Objekt vom Typ „ExterneZiele", das jeweils die aktuellen Zielvorgaben repräsentiert. Zudem enthält die Datenbank eine Liste mit Prüfobjekten, die jeweils aus mehreren Drucktastern und Clustern bestehen. Die Cluster enthalten die IDs der Drucktaster aus denen sie bestehen. Die Drucktaster enthalten die aktuellen Daten für das Fehlermodell des damit verbundenen Prüfmerkmals.

In der Archiv-Datenbank fasst ein „Prüfobjekt" alle Prüfungsparameter und Messwerte zusammen. Das „Messpunkt"-Objekt enthält die kennwertbezogenen Messwerte, die Koordinaten des Messpunktes, sowie der kennwertbezogenen Erwartungswert und die Standardabweichung als Parameter für das Fehlermodell, die zum Prüfungszeitpunkt geschätzt wurden. „InterneZiele" enthält die adaptierten Ziele des jeweiligen Prüfvorgangs. „Trajektorie" enthält alle gewählten Trajektorienparameter, sowie die Messwerte von Energie und Zeit.

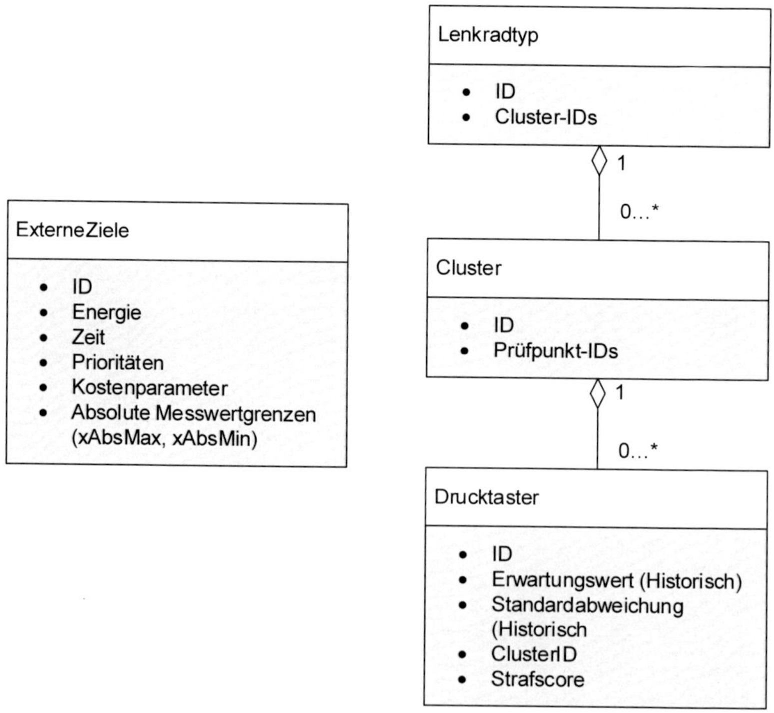

Abbildung 6-3 Struktur des Systemdatenteils der exemplarischen Systemdatenbank

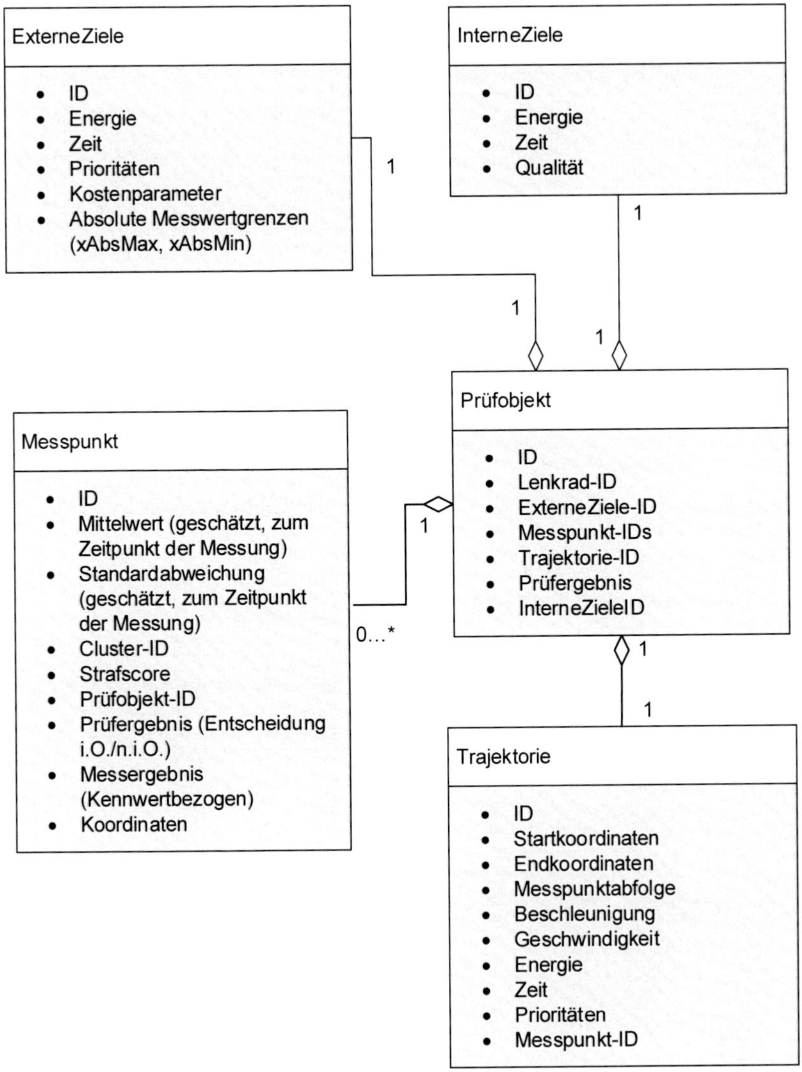

Abbildung 6-4 Struktur des Archivteils der exemplarischen Systemdatenbank

6.2.3 Bilderfassung und -verarbeitung

Im Rahmen der Erfassung der Ist-Situation sind durch das Prüfsystem alle Informationen über Prüfobjekt und -merkmale zu erfassen, die zur Planung der Prüfung und korrekten Zuordnung der Prüfergebnisse notwendig sind. Zentral sind hierfür die Prozesse im Kontext der Bildverarbeitung: Aus den mittels des Stereo-Kamerasystems erfassten Bildpunkten sind alle relevanten Informationen zu extrahieren. Dazu gehören neben Art (der Klasse), Position und Orientierung des Prüfobjektes die Klasse, Position und Orientierung der darauf vorhandenen Messpunkte sowie die dreidimensionale Repräsentation des Prüfobjekts als Szene für die Planung der Bewegungen. Die gesamte implementierte Bildverarbeitungskette ist in Programmcode 2 pseudohaft dargestellt.

Programmcode 2: Prozesskette der Bildverarbeitung (Pseudocode)

```
Input:
        Stereobildpaar
        Klassifikator für Prüfobjektklassifikation und -lokalisation
        Detektor für Messpunktdetektion
        Klassifikator für Messpunktklassifikation
        Kameraeinstellungen
        Stereokalibrierungsdaten
Output:
        Rekonstruierte und segmentierte Szene (Punktwolke)
        Position, Orientierung und Klasse des Prüfobjekts
        Position, Orientierung und Klasse der Messpunkte
setze Arbeitsraum zurück
lade Modelle (Klassifikationsmodelle)
initiiere und verbinde Kameras
wiederhole solange Ergebnis WAHR
        erfasse Bild
        klassifiziere Bild
        bestimme Position des Prüfobjektes
        wenn [Prüfobjekt ist innerhalb des Aufnahmebereichs]
                unterbreche
        ende_wenn
ende_wiederhole
entzerre und rektifiziere Bilder
rekonstruiere 3D-Szene
segmentiere die Punktewolke des Prüfobjekts mittels 2D-Maske
transformiere rekonstruierte Szene in Weltkoordinatensystem
ermittle Messpunkte
lokalisiere Messpunkte
schätze Normalenvektor der Messpunkte
klassifiziere Drucktaster
markiere Messpunkt in Punktewolke
erzeuge Mesh
stelle Ergebnisse grafisch dar
exportiere Ergebnisse nach Datenbank
```

Im Folgenden werden zunächst die Identifikation, die Klassifikation sowie die Lokalisation der Prüfobjekte beschrieben. Darauffolgend wird die Rekonstruktion der dreidimensionalen Szene auf Basis der 2D-Bildpunkte vorgestellt. Auf der Ebene der Messpunkte werden die Detektion sowie die Lokalisation beschrieben, gefolgt von der Klassifikation. Den Abschluss bildet die Erzeugung einer kantenbasierten Repräsentation des Prüfobjektes als sog. *Mesh*.

Prüfobjektidentifikation und -klassifikation

Für die eindeutige Zuordnung von Prüfergebnissen ist es notwendig, dass auch ungeprüfte Prüfobjekte zumindest hinsichtlich ihrer Metainformationen als Objekte in der Datenbank vorhanden sind. Bei der Erfassung der Prüfobjekte wird daher jedem Objekt eine eindeutige Klasse zugewiesen, um dieses identifizieren zu können.

Um Prüfobjekte erkennen und klassifizieren zu können, wird ein bestehendes CNN auf Basis von AlexNet genutzt. Das CNN bildet wiederum die Basis für ein Faster RCNN. Das CNN ist in der Lage, ein Bild zu klassifizieren. Allerdings ist erforderlich, dass der Input eine bestimmte Größe hat und nur eine Klasse einem Bild zugeordnet wird. Das Modell ist also nicht in der Lage, mehrere Instanzen eines oder mehrerer Objekte in einem Bild zu erkennen. Faster RCNN stellt eine Erweiterung um diese fehlende Funktionalität dar. Es wird ein zweites Netz trainiert, das ein region proposal für potenzielle Bildbereiche beinhaltet, in denen sich das Objekt befinden kann. Dabei wird auch das initiale CNN als Input geringfügig umtrainiert. Ergebnis des trainierten Faster RCNN bei der Anwendung ist danach der identifizierte Typ des vorliegenden Prüfobjektes sowie der Bildbereich, in dem dieses lokalisiert ist mit einem dazugehörigen Konfidenzwert. Ein beispielhaftes Ergebnis des Faster RCNN ist in Abbildung 6-5 abgebildet.

Abbildung 6-5 Mittels Faster RCNN klassifiziertes Eingangsbild mit Konfidenzwert

3D-Szeneerfassung

Stimmen die an die Bewegungsplanung übergebene 3D-Szene sowie die darin lokalisierten Messpunkte in Bezug auf die x-y-z-Koordinaten nicht mit der Realität überein, werden die Messpunkte im Prüfablauf unter Umständen nicht angefahren. Im schlimmsten Fall wäre eine Kollision des Roboters mit dem Prüfobjekt möglich. Die Lokalisation und 3D-Erfassung der Prüfobjekte ist daher kritisch zur korrekten Durchführung der Prüfung und der dazu notwendigen Bewegungsplanung.

Die Lokalisation und 3D-Erfassung des Prüfobjektes wird durch die Überlagerung der einzelnen Bilder des Stereo-Systems ermöglicht. Die Bilder der einzelnen Kameras werden zunächst entsprechend der Parameter der Stereokalibration entzerrt und rektifiziert. Dies ist notwendig für die darauffolgende Erstellung einer Disparity Map, die die Basis zur Berechnung der 3D Punktwolke darstellt. Die Disparity Map zeigt für jeden überlagerten Pixel die Disparität zwischen den Bildern an.

Die so erzeugte Punktewolke ist noch stark mit Punkten außerhalb des eigentlichen Prüfobjektes verrauscht. Daher wurden zwei sequenzielle Filteroperationen implementiert. Zunächst wird die Punktwolke mittels eines Abstandsfilters gefiltert und im Anschluss mit einer sog. Maske versehen. Zwei Masken wurden zu Vergleichszwecken implementiert. Einerseits die sog. morphologische Operation des Öffnens[354] und andererseits eine von CHAN UND VESE[355] auf aktiven Konturen basierende Maske. Abbildung 6-6 zeigt beispielhaft die mittels aktiver Konturen rekonstruierte Szene (vgl. Abbildung VII-25 in Anhang J für eine vergrößerte Ansicht). Die Erzeugung der gefilterten Punktwolke wird in Anhang J detaillierter beschrieben.

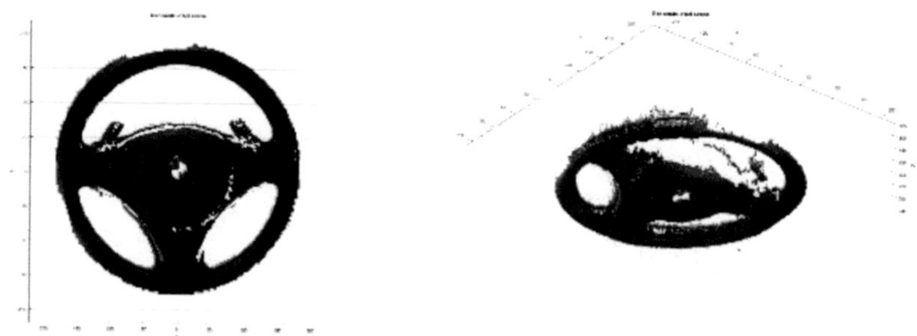

Abbildung 6-6 Mittels aktiver Konturen segmentierte Rekonstruktion der Szene

Messpunkterfassung und -lokalisation

Die Ermittlung der Positionsdaten erfolgt in einem zweistufigen Verfahren. Zunächst werden die Positionen der Messpunkte in dem aufgezeichneten 2D Bild detektiert, bevor die

---

[354] vgl. **Erhardt, A.** (2008), S. 179ff

[355] vgl. **Chan, T.; Vese, L.** (2001), S. 266ff

zugehörigen 3D Koordinaten ermittelt werden. Die Lokalisation der Messpunkte erfolgen im 2D Bild nach der Prämisse, dass die Messpunkte separat als einzelne Klasse erkannt werden.

Als Detektionsalgorithmus wird die Viola-Jones Object Detection Framework Implementierung in MATLAB genutzt.[356] Prinzipiell ist es möglich, wie auch für die Identifikation des Lenkrads, ein Faster RCNN für die vorliegende Problematik zu nutzen. Allerdings kann dabei nicht mit herunterskalierten Bildern gearbeitet werden, da die Messpunkte in Relation zu dem Prüfobjekt sehr klein sind. Eine Skalierung des Bildes hätte den Informationsverlust der Messpunkte zur Folge. Bereits sehr kleine Symbole und Druckschalter würden mit der Umgebung verschmelzen und keine Detektion erlauben. Die Nutzung des vollaufgelösten Bildes in Verbindung mit dem Faster RCNN Algorithmus ist jedoch aufgrund der beschränkten Hardwarevoraussetzungen keine praktisch anwendbare Lösung. Die Nutzung der tatsächlichen Bildgröße hätte eine enorme Vergrößerung der Rechenzeit sowohl im Rahmen des Trainings als auch bei der Detektion zur Folge, sodass auf den Viola-Jones Detektor zurückgegriffen wird. Dieser lässt sich gegenüber dem Faster RCNN nicht einfach umtrainieren, kann aber mit hochaufgelösten Bildern als Input umgehen.

Als Ergebnis des Viola-Jones Detektors liegen die Zentren der Messpunkte in Pixelkoordinaten vor. Zu diesen x-y-Koordinaten werden in einem nächsten Schritt die zugehörigen z-Werte aus der Punktwolke bestimmt. Sollte der identische Pixelwert keine zugeordneten Koordinaten haben (da beispielsweise die Disparity Map „Löcher" hat), wird der nächste Wert als Zentrum des Messpunkts identifiziert (nearest neighbour). Um die Orientierung zu bestimmen, erfolgt die Berechnung der Normalen zur Ebene der nächsten Punkte des identifizierten Zentrums (next neighbours). Ergebnis sind die X-, Y- und Z-Koordinaten sowie die Orientierung des Messpunkts. Ein beispielhaftes Ergebnis der Detektion und Lokalisation in der 3D-Punktwolke zeigt Abbildung 6-7.

[356] vgl. **Viola, P.; Jones, M.** (2001), S. 511ff

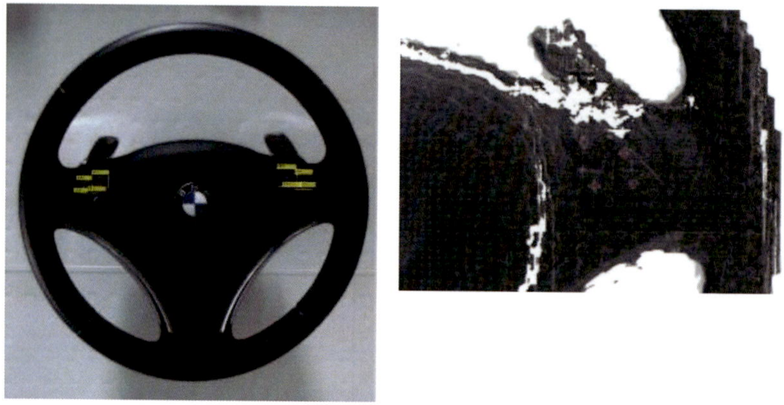

Abbildung 6-7 Links: Mittels Viola-Jones (in 2D Pixelkoordinaten) detektierte Messpunkte; Rechts: Mittels Punktwolke (in 6D) lokalisierte Messpunkte

Messpunktklassifikation

Zur Klassifikation der Messpunkte werden aus Bildausschnitten extrahierte Merkmale zum Trainieren einer Support Vector Machine (SVM) genutzt, beziehungsweise die Originalaufnahmen zum Trainieren eines neuronalen Netzes verwendet. Für das neuronale Netz wird ein bereits vorhandenes CNN umtrainiert. Die Merkmalsextraktion erfolgt durch die SIFT-, SURF- und HOG-Algorithmen.

Für die Anwendung der SIFT- und SURF-Algorithmen (vgl. Abschnitt 4.3.4.2) werden die aufgenommenen Bilder zunächst in Graufarbenbilder überführt (vgl. Abbildung VII-26 in Anhang K). Da die Originalaufnahmen im Hintergrund einen relativ hohen Rauschanteil aufweisen, werden die Graufarbenbilder einer Filterung durch einen Medianfilter unterzogen. Für die Detektion der Symbole sind die unterschiedlichen Grautöne des Bildes uninteressant, ähnlich wie bei der Detektion von Schriftzeichen ist stattdessen ein möglichst großer Kontrast wünschenswert. Daher wird das gefilterte Bild binarisiert. Um die Datenmenge weiter auf die wesentlichen Merkmale des Symbols zu reduzieren wird eine Kantendetektion mit dem Canny-Operator durchgeführt. So bleibt zum Schluss nur noch die Kontur des Symbols ohne störenden Hintergrund zur Detektion übrig.

Für die Durchführung der Merkmalsextraktion durch den HOG-Algorithmus werden in den Originalbildern gemäß der Beschreibung in der Veröffentlichung von GREENHALGH[357] die Maximal Stable Extremal Regions (MSER) bestimmt (vgl. Abbildung VII-27 in Anhang K). Dazu wird das Originalbild zunächst in ein Graufarbenbild überführt. Der MSER-Algorithmus bestimmt daraufhin möglichst gleichmäßige Regionen, die außerdem eine gewisse Größe aufweisen

[357] vgl. **Jack Greenhalgh, M.** (2015), S. 128

müssen. Anschließend werden die gefundenen Regionen aus dem Originalbild extrahiert und somit eine Segmentierung des Symbols vom Hintergrund herbeigeführt.

Da für den SIFT-Algorithmus keine Implementierung von MATLAB vorhanden ist, wird ein Third-Party Tool (*VLFeat*) genutzt. Die Implementierung entspricht dem Original von LOWE, abgesehen von der Speicherung der Keypoints in einem etwas anderen Format.[358] Der SIFT-Merkmalsextraktor liefert auch bei den nur wenige Merkmale aufweisenden Messbildern der Symbole verschiedene Features (vgl. Abbildung VII-28 in Anhang K).

Für den SURF-Algorithmus wird die bereits vorhandene Implementierung von MATLAB genutzt, die sich an der Veröffentlichung von BAY orientiert.[359] Zur Einstellung des Detektors stehen mehrere Parameter zur Verfügung, dazu zählen *MetricThreshold*, *NumOctaves* und *ROI*. Mittels des *MetricThreshold* wird der Schwellwert der stärksten Merkmale eingestellt, wird dieser Wert verringert, steigt die Anzahl der gefundenen Merkmale. *NumOctaves* legt die Anzahl der Filteroktaven fest, durch höhere Werte werden größere Blobs gefunden. Durch Einstellung der *ROI* - Rectangular Region of Interest wird die Anwendung des Detektors auf einen Bildbereich beschränkt. Bei der Implementierung des Algorithmus werden alle Werte auf den Standardwerten belassen, da so die meisten Merkmale extrahiert werden können. Eine Region of Interest wird hier nicht verwendet. Auf die gefundenen Keypoints wird anschließend ein Algorithmus angewendet, der an den übergebenen Bildpunkten den Keypoint-Deskriptor berechnet und abspeichert. Dabei wird für jeden Keypoint die Orientierung des gefundenen Merkmals berechnet (vgl. Abbildung VII-29 in Anhang K).

Zur Verdichtung der gefundenen Merkmale wird der BoF Ansatz verwendet. Dabei werden alle gefundenen Merkmale eines Symboles geclustert und zu einem Bag zusammengefasst. Für die Verwendung in Kombination mit dem SURF-Algorithmus kann die in MATLAB bereits implementierte Variante der BoF-Funktion genutzt werden. Dazu muss der Funktion nur der Datensatz mit den Trainingsbildern übergeben werden. In Kombination mit dem SIFT-Algorithmus muss allerdings eine eigene Funktion geschrieben werden. Diese wird von der BoF-Funktion für jedes einzelne Trainingsbild aufgerufen, sie berechnet die SIFT-Merkmale und gibt diese an die BoF-Funktion zurück.

Für den HOG-Algorithmus kann ebenfalls eine Implementierung von MATLAB genutzt werden. Dabei werden im gesamten Bild die HOG-Deskriptoren berechnet und extrahiert. Als Zellgröße der HOG-Zelle wurde eine 4x4 Pixel Zelle gewählt, da dadurch ausreichend viele Merkmale extrahiert werden können, ohne dass der Merkmalsvektor zu groß und damit die Rechenzeit zu lang wird.

In Kombination mit den erstellten Bag-of-Features kann eine speziell zur Multi-Klassen-Klassifikation von Bilddaten implementierte Funktion von MATLAB zum Training der SVM genutzt werden. Dazu wird der Funktion lediglich der zuvor berechnete BoF zusammen mit dem Trainingsdatensatz übergeben. Zu den Einstellungsparametern gehören u. A. *LearnerOptions*

---

[358] vgl. **Lowe, D.** (2004), S. 91ff; **The VLFeat Authors (Hrsg.)** (2007)

[359] vgl. **Bay, H., et al.** (2008)

wodurch die Verwendung einer eigenen SVM-Vorlage festgelegt wird. In dem Template wird eine polynomiale Kernelfunktion mit einer Ordnung von 7 festgelegt. Dadurch werden deutlich bessere Erkennungsquoten erreicht, als mit einer linearen oder radialen Kernelfunktion möglich ist.

Da bei dem Klassifikationsverfahren mit dem HOG-Deskriptor auf die Verwendung des BoF verzichtet wird, kommt zum Training der SVM eine andere Funktion zum Einsatz. Dazu werden zunächst alle berechneten HOG-Merkmale in einer Tabelle gespeichert. Diese werden gemeinsam mit einer Liste der zu den einzelnen Drucktastern gehörenden Symbolnamen der SVM-Funktion übergeben. Diese nutzt das one-versus-one Verfahren, um mittels der binären SVMs eine Multiklassen-Klassifikation durchzuführen.

Für die Klassifikation mit neuronalem Netz kommen das bereits bei der Algorithmenauswahl beschriebene AlexNet und das Transfer Learning Verfahren zum Einsatz. Die Anzahl der vollständig verbundenen Schichten des AlexNet wird auf die Anzahl der Klassen reduziert und die letzte Schicht als Klassifikationsschicht festgelegt. In den Trainingsoptionen wird die initiale Lernrate auf 0,001 festgelegt, dies führt zu etwas längeren Trainingszeiten aber dafür zu sehr guten Resultaten. Die Anzahl der Trainingsdurchläufe wird auf 20 gesetzt, da bei geringeren Werten keine ausreichende Genauigkeit des Netzes erreicht wird, bei höheren Werten das Training jedoch noch länger dauert. Bei jeder Iteration wird ein sogenannter Minibatch, also eine Teilmenge des Trainingsdatensatzes genutzt, um das Update der Gewichte durchzuführen. Da die Trainingsdatensätze für ein neuronales Netz sowieso schon eher klein sein, wird die Minibatchgröße auf 64 festgelegt.

Erzeugung der 3D-Szene für die Bahnplanung

Der nächste Schritt im Prüfprozess nach der Detektion und Lokalisation der Messpunkte besteht in der selbstoptimierenden Prüfplanung und der damit verbundenen Bahnplanung in V-REP. Hierzu ist ein Oberflächenmodell des Prüfobjektes für die Kollisionsvermeidung erforderlich. Sofern keine CAD Daten oder ein hochaufgelöster Laserscan in der Datenbank abgelegt sind, muss ein Oberflächenmodell auf Basis der segmentierten Rekonstruktion der Szene erzeugt werden. Über eine Triangulation von Punkten werden die Oberflächen des Oberflächenmodells rekonstruiert. Die MATLAB-Erweiterung *Surface Reconstruction from scattered points cloud (open surfaces)*[360] implementiert die Abwandlung eines Crust Algorithmus[361]. Ein Beispiel für das Ergebnis der Triangulation zeigt Abbildung 6-8.

---

[360] **Giaccari, L.** (2017), S. 1

[361] **Amenta, N.; Bern, M.; Kamvysselis, M.** (1998), S. 1ff

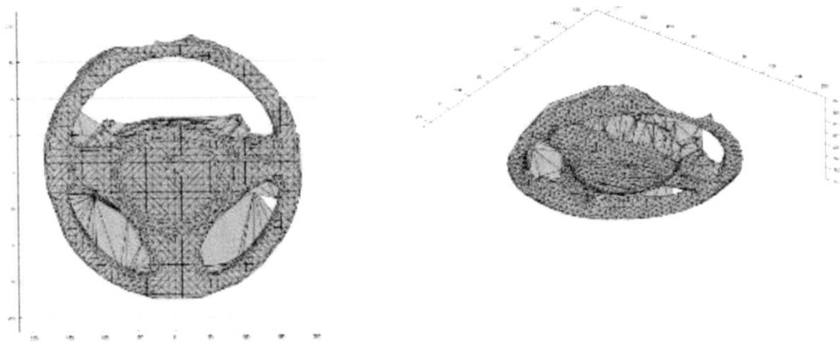

Abbildung 6-8 Mittels Triangulation rekonstruiertes Oberflächenmodell aus der Punktwolke

Datentransfer mit MongoDB

Zu Beginn einer jeden Prüfungsroutine erstellt MongoDB eine einzigartige Identifikationsnummer, um die während der Prüfung aufgezeichneten Daten in einer lokalen Dokumentensammlung zu dokumentieren und falls erforderlich die Rekonstruktion der Bildverarbeitungskette zu ermöglichen. Für ein dem System unbekanntes Prüfobjekt werden weiterhin die Metadaten aufgezeichnet. Die folgende Aufzählung enthält eine Übersicht über die kommunizierten Daten, die im JSON Format der Datenbank gespeichert werden:

- Kamerakonfiguration
- Aufgezeichnetes Stereobildpaar
- Rekonstruierte Szene (Punktwolke und Oberflächenmodell)
- Lenkradinformationen (Lenkradtyp)
- Druckschalterinformationen (Position und Typ der Druckschalter in Bezug auf das Kamerakoordinatensystem in 2D und 3D)
- Durchlaufzeit der Prozesskette der Bildverarbeitung.

6.2.4 Messdatenerfassung und -verarbeitung

Zur Extrahierung der haptischen Parameter aus den Messdaten müssen sie aufgearbeitet werden. Um die benötigte Zeit für die Messung zu reduzieren, wurde für die Messdatenaufnahme eine Methode implementiert, die sich an der Eilannäherung und Anschnitterkennung der Schleiftechnik orientiert:[362] Der Roboter verfährt kraftgesteuert mit einer deutlich erhöhten Geschwindigkeit solange, bis eine bestimmte Kraft, z. B. 1,0 N, gemessen wird. Dann wird der

[362] vgl. **Böhm, C.** (2002), S. 67

Messtaster mit hoher Geschwindigkeit zurückbewegt, bis kein Kontakt mehr mit dem Bedienelement besteht. An dieser Stelle wird die Messung mit der niedrigen Verfahrgeschwindigkeit gestartet.

Bei den aufgenommenen Messdaten handelt es sich um die vom Kraftsensor erfassten Kräfte, sowie die im gleichen Zeitstempel aufgenommene, aktuelle Position des Messtasters bezogen auf die z-Achse im Weltkoordinatensystem des Roboters. Die Messdaten enthalten auch Kräfte und Wege, die vor und nach der Antastung des Bedienelements durch den Messtaster aufgenommen wurden. Vor der Messdatenverarbeitung muss der Start- und Endpunkt des Kontakts zwischen dem Messtaster und dem Bedienelement bestimmt werden, damit die Messdaten auf den Kraft-Weg-Verlauf reduziert werden können.

Zur sicheren Bestimmung des Ausgangspunkts P_0 wird trotz des Messrauschens und der durch die Bewegung des Roboters induzierten Schwingung im Kraftverlauf zu Beginn der Messung folgendes Vorgehen angewendet: Wenn der Kraftwert ab einem gewissen Punkt dauerhaft bis zum Erreichen einer Kraft von 1,0 N über einem Schwellwert von 0,1 N liegt, wird der letzte Punkt mit einer Kraft < 0,1 N als Ausgangspunkt P_0 definiert. Der Endpunkt beeinflusst keinen haptischen Parameter und wird daher gleich dem Startpunkt gesetzt.

Danach werden die Vorzeichen der Kräfte und Wege angepasst und sämtliche Wegdaten auf den Startpunkt der Messung P_0 bezogen. Eine Glättung der erfassten Messdaten, z. B. mittels gleitendem Mittelwert, wird vor der Auswertung nicht vorgenommen, weil ein rauscharmer Kraftsensor verwendet wird und durch die Glättung die schlagartig auftretenden lokalen Extrema geglättet würden.

Aus den so vorverarbeiteten Messdaten werden die haptischen Parameter P_1, P_2, P_6 und P_7 mit Hilfe eines Algorithmus errechnet (siehe Abbildung 2-4 in Abschnitt 2.1). Mit Hilfe dieser Parameter können die restlichen Parameter des Kraft-Weg-Verlaufs bestimmt werden. Der Snapsprungpunkt (P_3) kennzeichnet den Punkt, an dem die Kraft wieder das Niveau des Betätigungspunkts (P_1) erreicht hat. Wenn der exakte Kraftwert in der aufsteigenden Flanke nicht nochmals auftaucht, wird die Stelle mit dem nächstkleineren und -größeren Wert gesucht und dazwischen interpoliert. Ein analoges Vorgehen wird für den Rücksprungpunkt (P_8) verwendet, der in Bezug zum Kraftniveau des Rückstellpunkts (P_6) steht.

Zur Bestimmung der haptischen Parameter aus den aufgenommenen Messdaten (Kraft- und Wegdaten) müssen die lokalen Maxima und Minima im Kraftverlauf ermittelt werden. Durch eine Multiplikation der Messwerte mit -1 werden Minima in Maxima umgewandelt. Zum Auffinden von Minima lassen sich so die gleichen Methoden wie bei der Ermittlung von Maxima anwenden (vgl. Abbildung 6-9).

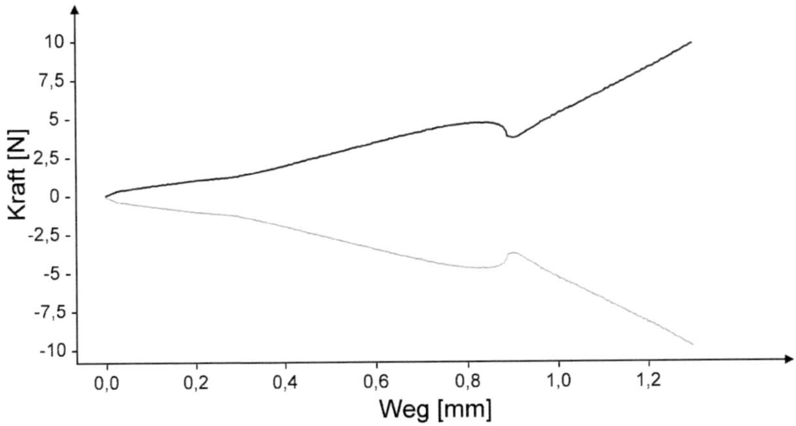

Abbildung 6-9 Beispielhaft gemessener Kraftverlauf auf dem Hinweg in ursprünglicher Form (dunkel) sowie invertiert (hell). Das lokale Minimum der blauen Kurve bei 0,9 mm ist ein lokales Maximum in der grünen Kurve.

Die Methode des lokalen Maximums prüft für jeden Punkt der Messdaten, ob der Wert des Punkts größer ist als die benachbarten Werte in der Umgebung vor und nach diesem Punkt. Die Umgebung kann dabei ausgehend von einem Punkt links und rechts vom Zentrum beliebig vergrößert werden. Kleine Umgebungen liefern in einem verrauschten Messsignal sehr viele lokale Maxima. Demgegenüber werden bei einer zu großen Umgebung vorliegende lokale Extrema unter Umständen nicht erkannt.

Die Methode des lokalen Maximums liefert eine große Anzahl möglicher Kandidaten für lokale Extremstellen. Zum Herausfiltern des besten Kandidaten für das lokale Maximum wird die Schartenhöhe aller Kandidaten berechnet. Die Schartenhöhe gibt an, wie stark ein Gipfel (lokales Maximum) aufgrund seiner Höhe und Position im Vergleich zu anderen Gipfeln herausragt. Ausgehend von dem Ort des lokalen Maximums wird sowohl auf der linken als auch auf der rechten Seite des Gipfels ein Intervall bestimmt. Für jedes Intervall wird die Größe des Intervalls solange erweitert, bis der Wert an der Intervallgrenze größer als der Wert des lokalen Maximums oder das Ende der Messdaten erreicht wird. Die Intervalle rechts und links des Gipfels sind in der Regel unterschiedlich groß. In beiden Intervallen wird dann nach dem kleinsten Wert gesucht. Der größere von beiden Werten wird genutzt, um die Differenz zwischen diesem Wert und dem Gipfel zu bilden. Diese Differenz ist die Schartenhöhe des betrachteten Gipfels (vgl. Abbildung 6-10).[363]

[363] Grundlegende Überlegungen für die Entwicklung des hier verwendeten Algorithmus wurden entnommen aus: **The MathWorks, I. (Hrsg.)** (2017). Vergleiche auch: **O'Haver, T.** (2021), 226 ff.

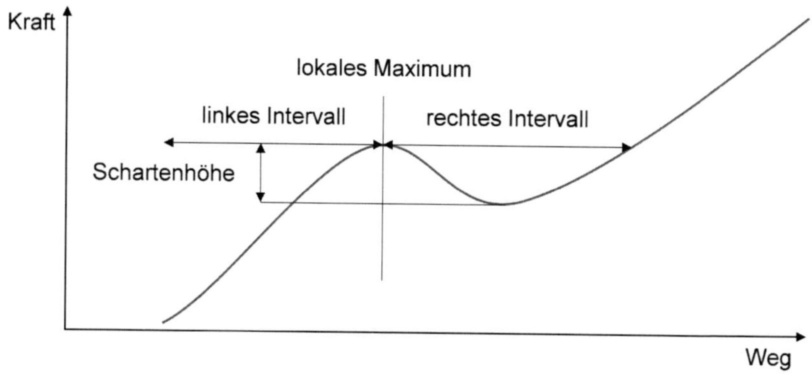

Abbildung 6-10 Vorgehensweise zur Ermittlung der Schartenhöhe für ein lokales Maximum

Es werden im Kraft-Weg-Verlauf insgesamt vier lokale Extrema gesucht: Das lokale Maximum und Minimum des Hinwegs, sowie das lokale Maximum und Minimum des Rückwegs. Der Kandidat mit der größten Schartenhöhe wird dabei jeweils als lokales Extremum ausgewählt.

In manchen Fällen tritt der Kraftwert des lokalen Extremwerts (in Folge von Messsignalrauschen) mehrmals hintereinander auf. Die Schartenhöhe ist in diesem Fall ebenfalls gleich. Der Ort des lokalen Extremwerts wird dann als arithmetischer Mittelwert aus dem ersten und letzten Ort des Auftretens definiert.

Darstellung der Messergebnisse

Nach der Verarbeitung der Messdaten werden die Messergebnisse in der Kraft-Weg-Darstellung dargestellt. Die berechneten Punkte P_1, P_2, P_3, P_6, P_7 und P_8 werden im Kraft-Weg-Verlauf mit einem roten Punkt markiert. Wenn für einen dieser Punkte nicht die exakte Position bestimmt werden konnte, wird der Bereich mit einem roten Balken angezeigt. Sehr häufig ist dies für den Snapsprungpunkt (P_3) und den Rücksprungpunkt (P_8) der Fall, weil die dazugehörige Kraft des Betätigungspunkts (P_1) bzw. des Rückstellpunkts (P_6) im Kraftverlauf nicht wieder (exakt) auftritt (vgl. Abbildung 6-11).

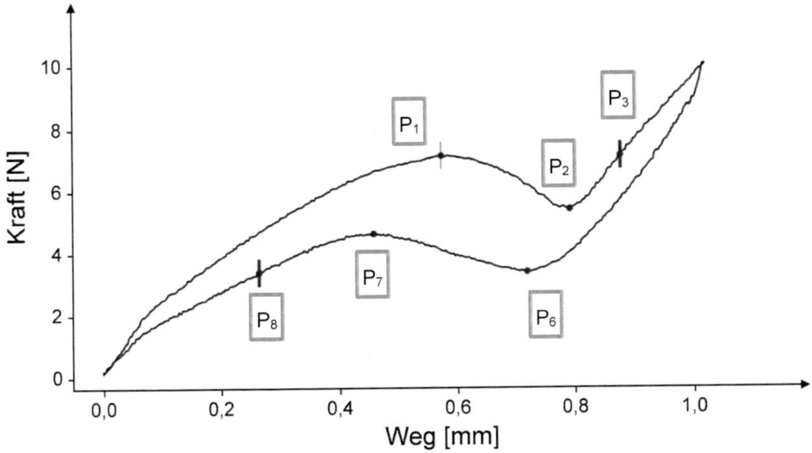

Abbildung 6-11 Kraft-Weg-Darstellung mit Markierung der Punkte P1, P2, P3, P6, P7 und P8

Die Zahlenwerte der haptischen Parameter werden in einer Tabelle geführt. Durch die Farbcodierung der einzelnen Tabellenfelder wird bewertet, ob sich die einzelnen Werte innerhalb der von ANGUELOV ermittelten optimalen Bereiche befinden (vgl. Tabelle VII-1 in Anhang A).

Außerdem ist die Möglichkeit des Vergleichs von zwei Messungen durch die Methode der mittleren quadratischen Abweichung gegeben. Um die Bildung der quadratischen Abweichung $[F_1(S_i) - F_2(S_i)]^2$ an den gleichen Orten S_i zu ermöglichen, müssen die Kraft-Verläufe auf äquidistant verteilten Punkten S_i interpoliert werden. Für nähere Informationen zu den implementierten Formeln zur Bestimmung verschiedener Größen aus dem Kraft-Weg-Verlauf sei auf Anhang A verwiesen.

Die aus der Kraft-Weg-Darstellung extrahierten Messdaten werden durch den SOC verarbeitet. In der derzeitigen Implementierung wird entsprechend des gewählten Bewertungsschemas (vgl. Abschnitt 5.3.2) hierbei lediglich der Messpunkt P_1 bzw. die Messgröße F_1 betrachtet. Die Ergebnisse der Berechnung nach der Prüfung werden entsprechend an die MongoDB weitergeleitet.

6.2.5 Prüfprogrammerzeugung

Die Erzeugung der zur Prüfung von Objekten notwendigen kollisionsfreien Bewegung (Bahn) erfolgt durch den Aufruf eines Lua Skripts in V-REP. Das Skript selbst ist in Pseudocode in Programmcode 3 dargestellt.

Programmcode 3: Skript zur Ausführung der Bahnplanung in V-REP (Pseudocode)

```
Input:
        Oberflächenmodell
        Messpunkte
        Zu verwendender Planungsalgorithmus
Output:
        Kollisionsfreie Pfadabschnitte für die Prüfbewegung
initialisiere Roboter
erhalte Planungsdaten von Python (# Messpunkte, Planungsalgorithmus, Prüfobjekt-ID)
importiere Mesh
setze Startposition als letztes Ziel
wiederhole bis aktiver Messpunkt = # Messpunkte
        ermittle zulässige Zielkonfiguration (aktiver Messpunkt)
        berechne Distanz bis Messpunkt
        bestimme # sampling Schritte für Pfadabschnitt
        finde kürzesten Pfad
        exportiere Pfad in csv
        sende Signal an V-REP (aktiver Messpunkt geplant)
ende_wiederhole
lösche Szene
sende Signal an V-REP (fertig)
```

Durch den SOC werden Informationen über das derzeit vorliegende Objekt sowie die Posen der Messpunkte über die Remote API an V-REP übertragen. Daraufhin wird das Bahnplanungsskript aufgerufen, das eine zulässige Bahn ermittelt, die anschließend zurück an den SOC gesendet wird. Zu diesem Zeitpunkt ist zwar eine Bahn vorhanden, diese kann jedoch noch nicht von der Robotersteuerung verarbeitet werden. Die aus einer Liste von Achswinkelpositionen bestehende mittels V-REP generierte Bahn wird zu diesem Zweck innerhalb des SOC in eine Folge von Bewegungsbefehlen in RAPID umgewandelt. Diese Folge wird schließlich an die Robotersteuerung über die Socket-Verbindung gestreamt, wo ein Task die nach und nach ankommenden Instruktionspakete abarbeitet und den Roboter so in Bewegung versetzt.

Zur Bahnplanung wird das in V-REP enthaltene OMPL-Plugin eingesetzt und erweitert. Standardmäßig sind darin eine Reihe von Single- und Multi-Query Planern enthalten. Dazu gehören unter anderem die bereits als vielversprechend für das System herausgestellten Roadmap-basierten Planer PRM und SPARSE. Weiterhin kann eine große Anzahl von Single-Query Planern wie z. B. der RRT-Algorithmus eingesetzt werden. Neben diesen verbreiteten Planern wurde das OMPL-Plugin im Rahmen dieser Arbeit um zwei weitere, sog. erfahrungsbasierte Planer erweitert, die als *Lightning*[364] und *Thunder*[365] bezeichnet werden. Im Kern handelt es sich dabei wie bei PRM und SPARSE um Multi-Query-Planer. Die Planer arbeiten bei der

[364] vgl. **Berenson, D.; Abbeel, P.; Goldberg, K.** (2012), S. 3671ff

[365] vgl. **Coleman, D., et al.** (2015), S. 900ff

Erzeugung neuer Pfade jedoch nicht allein auf Basis einer bereits generierten Roadmap, wie etwa der PRM, sondern auch auf Basis bereits generierter Pfade bzw. daraus diskretisierter Abschnitte, auf die über eine Pfadbibliothek zugegriffen wird. Die Algorithmen unterscheiden sich voneinander in der Art, wie aus bestehenden Pfaden oder Pfadabschnitten neue Pfade generiert werden. Da es hierbei um das Auffinden nützlicher Pfade und das Ändern dieser hinsichtlich der neuen Zielstellung geht, bezeichnen die Erfinder dieses Vorgehen als sog. Retrieve-Repair (RR). Die Implementierung von Lightning und Thunder erfolgt auf Grund der vielversprechenden Geschwindigkeit der Lösungsfindung bei wiederkehrenden Planungsaufgaben in dynamischen Kollisionsräumen bzw. Planungsszenarien. Vorteil dieser Planer ist, dass sehr schnelle Single-Query Planer wie z. B. der RRT (vgl. Abschnitt 4.6.4.1) für die Neuplanung genutzt werden können, da deren Ergebnisse danach aufgebrochen und in die Erfahrungsdatenbank eingespeist werden, sodass diese wiederverwendet werden können.[366] Der RR sowie der Single-Query Planer laufen bei einer Query parallel ab. Der zuerst mit einer gültigen Lösung terminierende Algorithmus liefert das Ergebnis (den Pfad). Der Einsatz eines erfahrungsbasierten Planers folgt dem Gedanken der Selbstoptimierung:

- Unter Kenntnis der aktuellen Planungsaufgabe im Sinne der Sequenz der abzufahrenden Zielkonfigurationen sowie des aktuell vorliegenden Kollisionsraums wird das Ziel (der eigentliche Pfad als zulässige Verbindung aller zulässigen Konfigurationen) bestimmt.
- Durch jedes erfolgreiche Planungsergebnis wird das Verhalten des Planers insofern angepasst, als dass er mit zunehmender Wahrscheinlichkeit das Ergebnis des RR-Algorithmus nutzt, anstatt auf ein Ergebnis des Single-Query Planers zu warten.

6.2.6 Selbstoptimierung

Wie in Abschnitt 5.3.1 beschrieben, besteht das grundlegende Optimierungsproblem darin, die in Formel 5-1 beschriebene Funktion zu optimieren. Die Optimierung findet sequenziell in drei aufeinanderfolgenden Schritten statt. Zunächst erfolgt die Optimierung des Prüfumfangs, dann die der Prüfreihenfolge und dann die der Bewegungsparameter Geschwindigkeit und Beschleunigung. Die Optimierung erfolgt unter Verwendung der in 6.2.2 beschriebenen Datenbankstruktur.

Prüfumfang

Im ersten Schritt der Selbstoptimierung erfolgt die Anpassung des Prüfumfangs. Für die Bestimmung der benötigten Energie und Zeit für die Prüfung werden in diesem Schritt vereinfachte Modelle verwendet, bei denen die Parametrierung der Trajektorie außen vor bleibt, um einen schnellen Schätzwert zu erhalten. Die weiterhin in die Kostenfunktion eingehenden Wahrscheinlichkeiten p(*) sind statistische Größen, die durch ein statistisches Fehlermodell

---

[366] vgl. **ebenda** (2015), S. 903

geschätzt werden. Sowohl die vereinfachten Modelle des Zeit- und Energiebedarfs sowie das statistische Fehlermodell werden in Anhang D erläutert respektive hergeleitet.

Die Kostenfunktion hängt bei dem vorliegenden Optimierungsschritt also lediglich vom Prüfumfang U, also den konkret geprüften Messpunkten auf dem Prüfobjekt ab. Der Prüfumfang stellt eine Teilmenge aller verfügbaren Messpunkte auf dem Prüfobjekt $\{B_1, \ldots, B_{N_{B,ges}}\}$ dar und soll die in Formel 5-1 beschriebene Kostenfunktion minimieren. Durch Vorgabe der Zielgrößen Zeit, Energie und Qualität entstehen zudem Nebenbedingungen für die Optimierung. Die Zielgrößen werden durch die maximale Prüfzeit, den maximal zulässigen Energieverbrauch sowie den maximal zulässigen „false pass“ Fehler spezifiziert. Daraus ergibt sich ein Optimierungsproblem entsprechend Formel 6-1.

Formel 6-1 Minimierungsproblem der Kostenfunktion

Finde einen Prüfumfang $U \subset \{B_1, \ldots, B_{N_{B,ges}}\}$ *so, dass* $C(U) \rightarrow min.$ mit

$C(U) = C_{insp}(U) + C_{error}(U) + C_{quality}(U)$ unter den Nebenbedingungen:

$$t_{traj}(U) \leq t_{max}$$
$$E_{traj}(U) \leq E_{max}$$
$$p_{false\ pass}(U) \leq p_{max}$$

U= Messpunktmenge

B_i= Binärer Indikator für die Prüfung von Messpunkt i (nein/ja)

t_{max}= Zielgröße für das Maximum der Prüfzeit

E_{max}= Zielgröße für das Maximum des Energieverbrauchs

p_{max}= Zielgröße für den maximal zulässigen „false pass“- bzw. Alpha-Fehler.

Aufgrund der Nicht-Linearitäten in dem in Anhang D beschriebenen statistischen Fehlermodell zur Berechnung von $C_{error}(U)$ und $C_{quality}(U)$ handelt es sich um ein nichtlineares Optimierungsproblem mit Nebenbedingungen. Durch Codierung der Menge an Messpunkten in einem Binärvektor $(1,0, \ldots ,1,0) \in \{0,1\}^{N_{B,ges}}$ (1: Messpunkt ist im derzeitigen Prüfumfang enthalten; 0: Messpunkt ist im derzeitigen Prüfumfang nicht enthalten), ergibt sich ein ganzzahliges (genauer: binäres) kombinatorisches Optimierungsproblem mit Nebenbedingungen.

Da die Größe des Lösungsraums des Problems mit zunehmender Anzahl an Messpunkten auf einem Prüfobjekt stark ansteigt ($2^{N_{B,ges}}$ Lösungsmöglichkeiten) stellt das Ausprobieren aller Möglichkeiten ab einer gewissen Anzahl an Messpunkten aufgrund der zeitlichen Anforderungen keinen sinnvollen Lösungsansatz mehr dar.

Um die Echtzeitanforderung zu erfüllen und das Problem des exponentiell wachsenden Lösungsraumes zu vermeiden, werden für solche kombinatorisch komplexen Probleme in der

Praxis häufig heuristische Verfahren verwendet.[367] Für das vorliegende System ist eine Lösung des Optimierungsproblems mittels eines heuristischen Ansatzes ebenfalls eine effiziente Möglichkeit, um innerhalb kurzer Zeit eine im Vergleich zur Vollprüfung optimierte Lösung zu finden.

Für die Optimierung der Kostenfunktion bietet sich eine Greedy-Heuristik an, die ausgehend vom aktuellen Prüfumfang immer genau die Option durchführt (Messpunkt hinzufügen/entfernen), die die größte Kosteneinsparung zur Folge hat. Die Lösung wird im Allgemeinen nicht global optimal sein, aber solange als Startpunkt der Optimierung die Vollprüfung gewählt wird, ist das Ergebnis der Optimierung stets besser oder mindestens genauso gut wie eine Vollprüfung hinsichtlich der Gesamtkosten für die Prüfung.[368]

Da die in den Nebenbedingungen eingeschränkten Zielgrößen im Konflikt miteinander stehen, existiert nicht immer eine Lösung, in der alle Nebenbedingungen erfüllt sind. Jedoch ist für jede beliebige (sinnvolle) Vorgabe an Zielgrößen immer eine triviale Lösung bekannt, die mindestens eine Nebenbedingung erfüllt:

- Eine 100 %-Prüfung erfüllt immer die Qualitätsvorgabe, da $p_{false\ pass} = 0$
- Bei einem Prüfumfang von 0 wird immer das Zeit- oder Energieziel eingehalten, da dann $E_{traj} = 0$ und $t_{traj} = 0$ gilt.

Ausgehend von diesen bekannten Lösungen kann der Greedy-Algorithmus ausgeführt werden, der nach einer Lösung sucht, in der weitere Nebenbedingungen erfüllt sind. Dazu wird angenommen, dass eine Priorisierung der Zielgrößen bzw. der Nebenbedingungen möglich ist und vorliegt. Die höhere Priorisierung einer Zielgröße gegenüber einer anderen bedeutet, dass die Erfüllung oder möglichst gute Annäherung an die geforderte Nebenbedingung immer Vorrang vor der Erfüllung oder Annäherung der mit der niedriger priorisierten Zielgröße geforderten Nebenbedingung hat. Alle Ziele müssen für den gewählten Lösungsalgorithmus unterschiedlich priorisiert sein. Eine gleiche Priorisierung ist also nicht zulässig.

Die Erfüllung der Nebenbedingungen kann aus den hergeleiteten Formeln der vorherigen Kapitel bestimmt werden:

- Nebenbedingung 1): $p_{false\ pass}(U) \leq p_{max}$ lässt sich mit Formel VII-17 überprüfen.
- Nebenbedingung 2): $t_{traj}(U) \leq t_{max}$ lässt sich über den entsprechenden Teil aus dem in Formel VII-9 formulierten Modell umformulieren zu der Bedingung $N_{sample} \leq \left\lfloor \frac{t_{max}}{t_B} \right\rfloor = N_{max,time}$.

---

[367] vgl. **Zimmermann, H.-J.** (2008), S. 278

[368] vgl. **Grundmann, W.** (2002), S. 65

- Nebenbedingung 3): $E_{traj}(U) \leq E_{max}$ lässt sich ebenfalls analog zur vorherigen aus dem anderen Modellteil in Formel VII-9 umformulieren zu $N_{sample} \leq \left\lfloor \frac{E_{max}}{E_B} \right\rfloor = N_{max,energy}$.

Da bei der Optimierung des Prüfumfangs nicht immer eine Lösung existiert, die alle Nebenbedingungen erfüllt bzw. für den Fall, dass eine Lösung existiert, die im Allgemeinen unbekannt ist, versucht der Optimierungsalgorithmus zunächst - ausgehend von der zurzeit besten Lösung - die nächstniedriger priorisierte Nebenbedingung und letztendlich möglichst viele der höchstpriorisierten Nebenbedingungen zu erfüllen. Der Optimierungsalgorithmus ist pseudohaft in Programmcode 4 beschrieben.

Programmcode 4: Algorithmus zur Optimierung des Prüfumfangs (Pseudocode)

```
Input:
        Grenzwerte Zielgrößen
        Priorität Zielgrößen
        Gesamtmenge der Messpunkte
        Modelle (Fehler, Zeit, Energie)
Output:
        Prüfumfang
        Kostenabschätzung
-----------------------------------------------------------------
wenn [Zielpriorität = Qualität]
        setze Prüfumfang = Vollprüfung
        setze Optionx = Entferne Messpunkt
wenn sonst [Zielpriorität = Energie/Zeit]
        setze Prüfumfang = Minimaler Prüfumfang
        setze Optionx = Füge Messpunkt hinzu
wenn sonst [keine Zielpriorität gegeben]
        setze Prüfumfang = Vollprüfung
ende_wenn
berechne maximalen Prüfumfang der Energie- & Zeitkonform ist
wiederhole solange [Zielgröße1 = erfüllt und Zielgröße2 = nicht erfüllt]
        berechne p(false pass) für alle Möglichkeiten von Optionx
        wähle Optionx mit niedrigster p(false pass) die Zielgröße1 erfüllt
        wenn [keine Option verfügbar]
                unterbreche
        ende_wenn
ende_wiederhole
wiederhole solange [Zielgröße1 = erfüllt und Zielgröße2 = erfüllt und Zielgröße3 = nicht erfüllt]
        berechne p(false pass) für alle Möglichkeiten von Optionx
        wähle Optionx mit niedrigster p(false pass) die Zielgröße1 und Zielgröße 2 erfüllt
        wenn [keine Option verfügbar]
                unterbreche
        ende_wenn
ende_wiederhole
wiederhole solange [Zielgröße1 = erfüllt und Zielgröße2 = erfüllt und Zielgröße3 = erfüllt]
        berechne Kosten für alle Möglichkeiten einen Messpunkt hinzuzufügen/zu entfernen
        wähle Option mit größter Kostenreduktion, die alle Zielgrößen erfüllt
        wenn [keine Option verfügbar]
```

```
                    unterbreche
            ende_wenn
    ende_wiederhole
```

Der Algorithmus startet bei der bekannten Lösung für das höchstpriorisierte Ziel (voller oder gar kein Prüfumfang). Nachfolgend versucht der Algorithmus bei gleichzeitiger Einhaltung aller derzeit erfüllten am höchsten priorisierten Ziele durch Veränderung des Prüfumfangs (Hinzufügen oder Entfernen von Messpunkten) das nächstniedrigere Ziel zu erfüllen. Da es sich um eine Greedy-Heuristik handelt, wird dabei immer der Messpunkt hinzugefügt/entfernt, der die beste neue Lösung verspricht. Ist keine Anpassung des Prüfumfangs unter Einhaltung der bisher erfüllten Nebenbedingungen mehr möglich, dann kann das nächstniedrigere Ziel nicht erfüllt werden. Sind alle Nebenbedingungen erfüllt, wird unter Einhaltung aller Nebenbedingungen die Zielfunktion optimiert.

Die Möglichkeiten der Anpassung sind in Abbildung 6-12 dargestellt. Die grüne Grenze stellt dabei als Beispiel den maximalen Prüfumfang zur Einhaltung des Zeitziels, die blaue den zur Einhaltung des Energieziels dar. Die rote Grenze (minimaler Umfang zur Einhaltung der Qualitätsvorgabe) ist unbekannt.

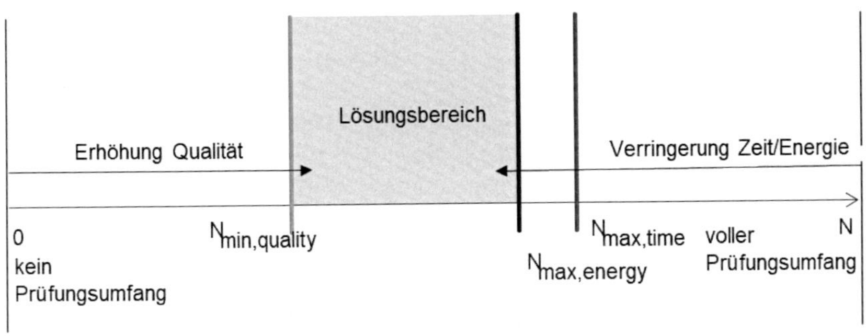

Abbildung 6-12 Veranschaulichung des zulässigen Lösungsbereiches bei der Optimumsuche im Rahmen der Bestimmung des Prüfumfangs

Da bei der Optimierung unter Berücksichtigung der Nebenbedingung(en) die Zielfunktion $C(U)$ optimiert werden soll, stellt, sobald alle Nebenbedingungen erfüllt sind, die Lösung mit dem niedrigsten Kostenfunktionswert bei gleichzeitiger Einhaltung der Nebenbedingungen immer die beste Lösung dar. Diese Optimierung erfolgt innerhalb des orangefarbenen Bereichs in Abbildung 6-12, der den Schnittmengenbereich aller Bereiche zur Erfüllung einer Zielvorgabe und somit der Erfüllung aller Nebenbedingungen darstellt. Sind keine Ziele vorgegeben, kann sofort zur Reihenfolgenoptimierung übergegangen werden.

Reihenfolge der Prüfung

Nach der Optimierung des Prüfumfangs folgt eine Optimierung der Reihenfolge, in der die ausgewählten Messpunkte angefahren werden. Nimmt man an, dass Start- und Endpunkt einer Trajektorie identisch ist, dann handelt es sich dabei um eine Art Traveling Salesman

Problem[369], bei dem eine optimale Reihenfolge einer „Rundreise“ über alle Merkmale gefunden werden muss.

Optimal heißt für den vorliegenden Anwendungsfall entweder zeit-, energie- oder kostenoptimal. Als Heuristik für alle drei Arten von Optima kann die Suche nach einer Route mit der kürzesten zurückgelegten Gesamtstrecke gewählt werden, da sowohl Zeit als auch Energie und daraus folgend die Kosten einer Teilstrecke mit abnehmender Länge tendenziell sinken. Für diese Heuristik fallen die Optima von Zeit, Energie und Kosten somit zusammen und werden aus diesem Grund im Folgenden nicht mehr explizit unterschieden.

Das Traveling Salesman Problem ist ein np-schweres Problem, d. h. es existiert kein Algorithmus, der das Problem in polynomieller Worst-Case Laufzeit exakt löst. Es existieren zwar exakte Algorithmen, jedoch sind diese relativ komplex und benötigen dementsprechend viel Rechenleistung. Um die definierte Anforderung einer schnellen Optimierung innerhalb kürzester Zeit erfüllen zu können, bietet sich die Verwendung einer Heuristik an. Heuristiken liefern relativ schnell nicht-optimale Lösungen.[370]

Für das vorliegende Problem wird eine Nearest-Neighbour-Heuristik verwendet. Dabei wird ausgehend von einem zufälligen Startknoten immer der nächstgelegene unbesuchte Knoten als nächstes besucht. Ein Vorteil besteht darin, dass die asymptotische Laufzeit nur sehr geringfügig mit der Menge der Knoten zunimmt. Als Nachteil wird genannt, dass am Ende der Tour oft eine relativ lange Wegstrecke in Kauf genommen werden muss.[371]

Geschwindigkeit und Beschleunigung bei der Bewegung

Nach dem Lösen des Traveling Salesman Problems werden im Rahmen der Trajektorienoptimierung und im Sinne des gewählten entkoppelten Trajektorienplanungsansatzes (vgl. Abschnitt 4.6.5) die Parameter Geschwindigkeit und Beschleunigung des Prozesses variiert. Dadurch soll der Zeit- und Energiebedarf der Prüfung optimiert werden.

Als zentrale Zielfunktion, die bei der Optimierung der Trajektorienparameter minimiert werden soll, dient wie schon in den vorherigen Schritten beschrieben, die in Formel 5-1 definierte Kostenfunktion. Die Kostenfunktion dient als Kriterium zum Abwägen der optimierten Zielgrößen Zeit und Energie. Da der Term $C_{error} + C_{quality}$ lediglich vom Prüfumfang abhängt, kann die modellbasierte Optimierung der Trajektorienparameter auf die Minimierung der direkt mit der Prüfung verbundenen Kosten (vgl. Formel 5-2) fokussieren. Die Modelle für Zeit- sowie Energieaufwand der Prüfung in Abhängigkeit der Parameter Geschwindigkeit, Beschleunigung sowie der Distanz der Prüfbewegung wird in Anhang E detailliert erläutert.

Die Modellparameter werden mit dem, ebenfalls in Anhang E beschriebenen, RLS-Algorithmus bestimmt. Für die Implementierung wurde das bestehende Python-Paket „*padasip*“ verwendet. Als Initiallösung des Parametervektors wird aus einem kleinen Datensatz von zwanzig

---

[369] vgl. **Häberlein, T.** (2012), S. 237

[370] vgl. **Nagamalai, D.; Kumar, A.; Annamalai, A.** (2013), S. 126

[371] vgl. **Häberlein, T.** (2012), S. 249

zufälligen Messungen für Energie und Zeit die gewöhnliche Least-Squares-Lösung der Parameter berechnet. Die Verwendung des LS-Schätzvektors beschleunigt die Konvergenz gegen die optimalen Modellparameter.

Die Optimierung der Zielgrößen findet unter Nebenbedingungen statt. Diese Nebenbedingungen ergeben sich einerseits aus den externen Zielvorgaben für den maximalen Zeit- und Energieverbrauch der Prüfung sowie aus den Grenzen des Roboters für die Geschwindigkeit und Beschleunigung bei der Bewegung. Neben einer Obergrenze sollte auch eine Untergrenze für Geschwindigkeit und Beschleunigung vorgegeben werden, da ansonsten bei einer Wahl einer der Parameter nahe bei null die Zeit zum Abfahren der Trajektorie gegen unendlich strebt. Dies könnte beispielsweise durch ein fehlerhaft angepasstes Energie-/Zeitmodell oder Probleme bei der Optimierung passieren und als Folge das System für einen längeren Zeitraum lahmlegen. Die Untergrenze soll die Auswirkungen eines solchen Fehlers einschränken, Formel 6-2 indiziert die entsprechenden Nebenbedingungen.

Formel 6-2 **Nebenbedingungen aus den externen Zielvorgaben für Zeit- und Energieverbrauch bei der Prüfung sowie den Grenzen der Roboterdynamik**

$$t_{total}(v,a) \leq t_{max}$$

$$E_{total}(v,a) \leq E_{max}$$

mit

$$v_{min} \leq v \leq v_{max}$$

$$a_{min} \leq a \leq a_{max}$$

t_{total}: Geschätzter Gesamtzeitaufwand für die Prüfung inklusive Trajektorienplanung

E_{total}: Geschätzter Gesamtenergieaufwand für die Prüfung inklusive Trajektorienplanung

v_{min}/v_{max}: minimale/maximale Geschwindigkeit

a_{min}/a_{max}: minimale/maximale Beschleunigung.

Aufgrund der (möglicherweise) nichtlinearen Modellfunktionen für Energie und Zeit kann angenommen werden, dass die Nebenbedingungen t_{total} sowie E_{total} nichtlinear sind. Eine Erfüllung aller Nebenbedingungen ist nicht immer möglich. In einem solchen Fall wird die niedriger priorisierte externe Zielvorgabe vernachlässigt. Sollte immer noch keine Einhaltung der verbleibenden Nebenbedingungen möglich sein, wird eine möglichst gute Annäherung an die höher priorisierte externe Zielvorgabe angestrebt. Im Gegensatz zu den Nebenbedingungen t_{total} sowie E_{total} sind die Nebenbedingungen für Geschwindigkeit und Beschleunigung linearer Natur. Sie dürfen darüber hinaus nicht durch das System aufgeweicht werden.

Damit kann das vollständige Optimierungsproblem als nichtlineares Optimierungsproblem unter linearen und nichtlinearen Nebenbedingungen charakterisiert werden. Zum Lösen kann der in Abschnitt 4.5.2.2 indizierte beschriebene COBYLA-Algorithmus genutzt werden. Falls keine externen Ziele für Energie und Zeit vorliegen, oder diese als unendlich gesetzt wurden, fallen die nichtlinearen Nebenbedingungen aus Formel 6-2 weg, und es kann auch der ebenfalls in Abschnitt 4.5.2.2 erwähnte BOBYQA-Algorithmus genutzt werden. Als maximale Genauigkeit, mit der die optimalen Parameter bestimmt wird, sollte die minimale Toleranz gewählt werden, die der Roboter bei der Ausführung noch unterscheiden kann. Eine genauere Bestimmung ist nicht sinnvoll und stellt eine Verschwendung von Ressourcen dar, sofern der Roboter die Parameter nicht entsprechend genau anwenden kann.

6.3 Fazit

Im vorliegenden Kapitel wurde die Implementierung der konzipierten Abläufe des SHP in entsprechende Softwarebestandteile dargestellt. Als zentrale Steuerungsinstanz des Systems dient ein in Python implementierter (SO-)Controller. Dieser greift auf verschiedene Anwendungen zur Realisierung der Systemfunktionen zur Laufzeit zu. Dazu gehören die in Matlab realisierte Bildverarbeitungskette sowie die in V-REP durchgeführte Pfadplanung sowie die in MongoDB implementierte Datenbank. Diese Anwendungen sowie der SO-Controller laufen auf einer Workstation als gemeinsamer Recheninstanz ab. Zudem werden mithilfe von Skripten über die Robotersteuerung aus Pfadbefehlen Trajektorien erzeugt und Messdaten aufgenommen sowie mit dem SO-Controller kommuniziert.

Die Verbindung zwischen den auf der Workstation sowie den auf der Robotersteuerung ablaufenden Prozessen erfolgt mittels Socket-Kommunikation. Diese ermöglicht es unter anderem von der Robotersteuerung aus parallel Messdaten von der Robotersteuerung an den SO-Controller zu senden und neue Bewegungsinstruktionen von diesem zu empfangen.

Die objektorientierte, nichtrelationale Datenbanklösung MongoDB dient als Wissensspeicher und kann flexibel an etwaige Veränderungen des Anwendungszwecks des Systems angepasst werden. Daten können darin in beliebiger Form als Objekte mit beliebigen Beziehungen zueinander abgelegt werden. Durch entsprechende APIs können alle anderen Systemlösungen mit der MongoDB verbunden werden. Im Anwendungsfall werden die direkt die Prüfung betreffende Daten sowie Archivdaten innerhalb der Datenbank aufgeteilt, um die Transparenz der Datenbankstruktur zu erhöhen.

Zur Erfassung des Ist-Zustands fragt das System relevante Datenbankinformationen der zurzeit aktiven sowie vergangener Prüfungen ab. Im Rahmen der vorgestellten Bildverarbeitungsprozesse werden das vorliegende Prüfobjekt sowie damit zusammenhängende Messpunkte, deren Position im Raum und Zuordnung zu entsprechenden Clustern erfasst. Die Szene selbst wird dreidimensional erfasst und als trianguliertes Modell abgespeichert, um eine kollisionsfreie Bahnplanung zu ermöglichen. Bei den implementierten Bildverarbeitungslösungen werden insbesondere Verfahren aus dem Bereich des Machine bzw. Deep Learning eingesetzt, die als Vorteil keine bzw. kaum separate Operationen der Bildvorverarbeitung und Merkmalsextraktion benötigen.

Innerhalb der Erfassung des Ist-Zustands werden außerdem die ausgewerteten Messdaten der Merkmale, die Messungen der Zielgrößen Zeit, Energie, Qualität sowie die aktuellen Parameter der verwendeten Modelle erfasst. Die Auswertung der Messungen hinsichtlich der

Parameter des Kraft-Weg-Verlaufs erfolgt dabei mittels entsprechender Operationen der Extremwertsuche.

Die bestimmenden (internen) Ziele des Systems sind der jeweilige Prüfumfang, die Reihenfolge der Prüfung sowie die Geschwindigkeit und Beschleunigung, mit denen die Prüfbewegung zwischen zwei zu prüfenden Merkmalen zu parametrieren ist. Der ermittelte Prüfumfang sowie die Reihenfolge der Prüfung werden als Messpunktliste an die Bahnplanung übergeben, die in V-REP mittels unterschiedlicher Planer stattfinden kann. Das darin ablaufende Skript empfängt die Messpunkte sowie die triangulierte Szene und übergibt die als zulässig geplanten Trajektorienabschnitte direkt an die Robotersteuerung, auf der diese ausgeführt werden.

Die Ermittlung der internen Ziele ist Aufgabe der implementierten Algorithmen der Selbstoptimierung. Zentrales Mittel zur Bestimmung des Prüfumfangs, der Beschleunigung und der Geschwindigkeit ist die bereits in Abschnitt 5.3.1 beschriebene Kostenfunktion der Prüfung.

Zunächst wird der Prüfumfang auf Basis der zu erwartenden Fehlerwahrscheinlichkeit der Prüfung sowie der externen Zielvorgaben anhand der Kostenfunktion mittels einer Greedy-Heuristik optimiert. Die Fehlerkosten werden dazu auf Basis eines probabilistischen Fehlermodells geschätzt. Zeit- und Energiebedarf werden über vereinfachte lineare Modelle abgeschätzt. Dabei werden die vorgegebenen externen Ziele (maximale Prüfzeit, maximaler Energieverbrauch, maximal zulässiger Alpha-Fehler) bei vorliegenden Konflikten aufgeweicht, bis die verbleibenden Ziele eingehalten werden. Die Einhaltung externer Zielgrößen hat folglich eine höhere Priorität als die Minimierung der Kostenfunktion.

Im Anschluss an die Optimierung des Prüfumfangs wird die kürzeste Rundreise in der die Messpunkte geprüft werden sollen durch eine Nearest-Neighbour-Heuristik ermittelt. Schließlich werden Zeit- und Energiebedarf der Prüfung auf Basis der beschriebenen Kostenfunktion anhand rekursiv geschätzter Modelle mittels eines gradientenfreien Optimierungsalgorithmus optimiert.

Die Anpassung des Systemverhaltens geschieht nach der Messung über eine Anpassung der Modellparameter. Auf Basis der Messungen werden die Modellparameter der Energie- und Zeitmodelle des Roboters sowie des Fehlermodells der gemessenen Merkmale angepasst. So verändert das System im Zeitverlauf sein Planungsverhalten, je nachdem welche Objekte es in der Vergangenheit geprüft hat, welche Ergebnisse dabei erzielt wurden und wie exakt die Schätzung des Prüfergebnisses mit dem tatsächlichen Ergebnis übereinstimmt.

Die implementierten Lösungen werden im folgenden Kapitel 7 einer umfassenden empirischen Analyse unterzogen. Dazu gehören auch Vergleiche verschiedener für den gleichen Anwendungszweck implementierter Algorithmen, insbesondere im Bereich der Bildverarbeitung.

7 Systemanalyse

Durch Implementierung der in Kapitel 5 beschriebenen Hardwarelösungen und den im Kapitel 6 darauf abgestimmten beschriebenen Softwarelösungen liegen Funktionsprototypen vor, anhand derer die Einsatzfähigkeit und Einschränkungen des SHP bewertet bzw. analysiert werden kann. Die Methodik der Systemanalyse wird in Abschnitt 7.1 vorgestellt. Bestandteil dieser Analyse ist sowohl der Vergleich mit den anfangs gestellten Anforderungen als auch die Betrachtung von Leistungsparametern der implementierten Lösungen. Die Vorstellung der qualitativen und quantitativen Ergebnisse der Analyse erfolgt in Abschnitt 7.2. Im Anschluss daran folgt eine kritische Reflexion der Ergebnisse der Validierung. Darüber hinaus wird das Weiterentwicklungspotenzial des Systems aufgezeigt.

7.1 Analysemethodik

Die Analyse des Systems bzw. der Systembestandteile erfolgt wie in Abschnitt 1.2 beschrieben anhand einer an das V-Modell angelehnten Testmethodik. Die durchgeführten Tests selbst entsprechen den eingangs gestellten und ausdetaillierten Anforderungen. So werden bspw. im Folgenden Modultests (etwa Tests zum Vergleich verschiedener Bildverarbeitungsalgorithmen zur Messpunktklassifikation) und Integrationstests (etwa Tests zur Ermittlung der gesamten Durchlaufzeiten und resultierenden Gütemaße für die Bewegungsplanung und die Bildverarbeitungskette) durchgeführt. Diese Tests umfassen nach LIGGESMEYER sowohl Funktionstests, Leistungstests oder auch Stresstests.[372] Die einzelnen Analysepunkte werden einheitlich hinsichtlich des Versuchsdesigns, der Durchführung und der Auswertung ausgeführt.

7.2 Ergebnisse und Diskussion der Systemanalyse

7.2.1 Grenzfälle der Belastung von Steuerung und Kommunikation

Die Kommunikation zwischen dem Python Controller und der Robotersteuerung beinhaltet auf Seiten der Robotersteuerung, wie in Abschnitt 6.2.1 beschrieben, das Empfangen von Informationen zur Trajektorienberechnung in dem Task Receive und das Senden von Messdaten in dem Task Send. Wie beschrieben, laufen diese Tasks parallel ab, um die Pseudo-Threading Funktionalität der Robotersteuerung auszunutzen. Während einer Messung werden die Tasks wird innerhalb einer while-Schleife eine Wartezeit ausgelöst, um die korrekte Aufnahme der Messsignale zu ermöglichen. Die Übermittlung von Achswinkelstellungen und das Senden der Messdaten finden daher während der Bewegung des Roboters zwischen den Messpunkten statt. Wird eine neue Messung gestartet, wird ein laufendes Senden von Messdaten unterbrochen.

Innerhalb der Validierung der Steuerungsabläufe und der Kommunikation wird anhand geeigneter Belastungsfälle geprüft, welche Latenzen bei unterschiedlichen Datenmengen auftreten,

[372] vgl. **Liggesmeyer, P.** (2009), S. 377

wie lange das Senden inkrementeller Trajektorieninformationen dauert und worin die daraus abgeleiteten Grenzen für die Bewegungsparameter des Roboters bestehen. Dadurch soll evaluiert werden, ob und inwieweit Totzeiten durch die interne Kommunikation im System entstehen, die die gesamte Prüfungszeit negativ beeinflussen. Betrachtet werden dabei das gleichzeitige sowie separate Senden und Empfangen von Messdaten bzw. Trajektorieninformationen. Informationstechnisch sind die Messdaten sowie die Trajektorieninformationen repräsentiert durch Zeichenketten (Strings) mit maximal 32 bzw. 35 Zeichen Länge. Jeder String bildet einen Mess- bzw. Informationspunkt in der Zeitebene.

Versuchsdesign

Die Versuche zur Grenzbelastung der Kommunikationsabläufe der entwickelten Steuerung umfassen die folgenden drei Fälle:

1. Ausschließliches Empfangen von Trajektorieninformationen.
2. Ausschließliches Senden von Messwerten.
3. Paralleles Empfangen und Senden.

Im ersten Fall wird die Anzahl der übermittelten Trajektorieninformationspunkte in den Stufen 1, 10, 100, 1000 und 10.000 sequenziell erhöht. Die gemessene Zielgröße ist die gesamte Sendezeit. Aus der Anzahl der Punkte und der Sendezeit werden die Sendezeit pro Trajektorieninformationspunkt sowie der Kommunikationsoverhead berechnet. Im zweiten Fall wird in wiederholten Versuchen eine vollständige Messung, bestehend aus circa 3400 Messpunkten, bedingt durch die Verfahrgeschwindigkeit der Messbewegung, der Samplingrate des Sensors sowie der statischen Messdistanz, übermittelt. Zielgrößen sind die gesamten Sendezeiten zur Übermittlung der Messung sowie die Sendezeit pro Messpunkt. Im dritten Fall werden ebenfalls vollständige Messungen von 3400 Messpunkten von der Robotersteuerung an den Python Controller übermittelt. Gleichzeitig wird eine Liste von 10.000 Trajektorieninformationspunkten an die Robotersteuerung gesendet, um die Kommunikation kontinuierlich maximal zu belasten. Gemessene Zielgrößen sind die gesamten Sendezeiten für die Übermittlung der Messpunkte, die Sendezeit pro Messpunkt sowie die in der gesamten Sendezeit übermittelte Menge an Trajektorieninformationspunkten und die daraus ermittelte Sendezeit pro Trajektorieninformationspunkt.

Versuchsdurchführung

Die Durchführung der Versuche erfolgt auf dem Prüfstand. Zur Feststellung der Trajektorieninformationspunkte werden zufällige Gelenkwinkelstellungen in einem Bereich des erreichbaren Konfigurationsraums des Roboters erzeugt. Diese Gelenkwinkelstellungen werden durch die Bahnplanung mit zulässigen Bahnen verknüpft, die in Achswinkelstellungen diskretisiert als Trajektorieninformationspunkte an die Robotersteuerung geschickt werden. Die Zeitmessung für das Senden der Trajektorieninformationspunkte sowie das Empfangen von Messdaten erfolgt im Python Controller Skript. Bei den Versuchsdurchläufen, bei denen eine Kraft-Weg-Messung im Durchlauf enthalten war, wurden diese als Punkt zwischen Start- und Zielpose eingefügt.

Versuchsauswertung

Die Auswertung des ersten Versuchs ist in Abbildung 7-1 dargestellt. Es ergibt sich beim Senden von 10000 Trajektorieninformationspunkten eine minimale Latenz von 10,07 ms pro Punkt und eine Gesamtsendezeit von 101,5 s. Bei Übertragung eines einzigen Punktes beträgt die Sendezeit im Durchschnitt 806 ms.

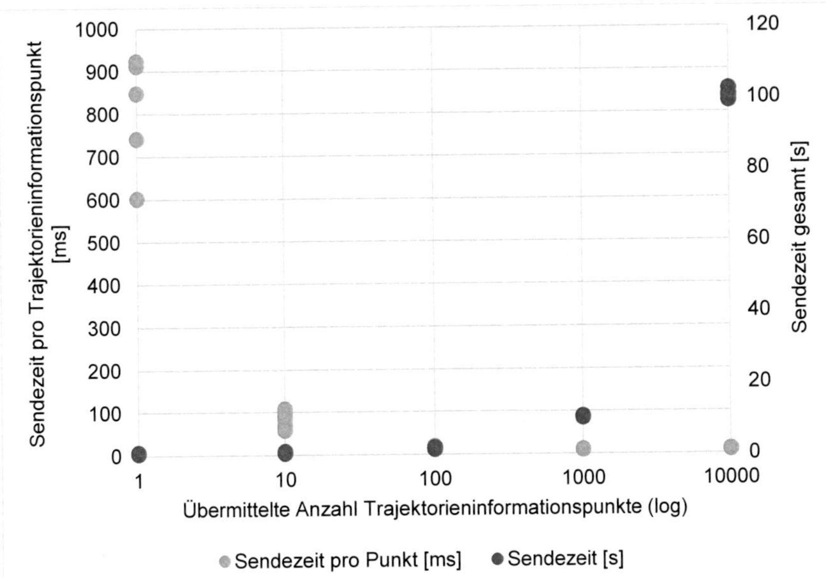

Abbildung 7-1 Ermittelte Sendezeiten von Trajektorieninformationen bei ausschließlichem Senden von Trajektorieninformationspunkten

Die Betrachtung der unterschiedlichen Sendezeiten je nach Menge der übertragenen Punkte lässt die Vermutung zu, dass ein zeitlicher Overhead von circa 800 ms pro Gesamtübertragung oder ein nichtlinearer Zusammenhang zwischen Punktemenge und Sendezeit vorliegen. Der zeitliche Overhead könnte durch die Abarbeitung der Zeichenkettenliste im Python Controller sowie durch die Zeitmessung an sich begründet sein. Mit Hilfe der Messdaten kann für das reine Senden bzw. Empfangen von Trajektorien ein Modell der Sendezeit gebildet werden (vgl. Formel 7-1).

Formel 7-1 Empirisches Modell für die Sendezeit bei Übertragung von Trajektorieninformationen an die Robotersteuerung

$$Sendezeit_{Trajektorie} = Overhead + Anzahl\ an\ Punkten * Sendezeit\ pro\ Punkt$$

$$Overhead \cong 800\ ms$$

$$Sendezeit\ pro\ Punkt \cong 10{,}07\ ms.$$

Aus dem ersten Versuch lässt sich die maximale Verfahrgeschwindigkeit bei paralleler Übermittlung der Trajektorie bestimmen. Zu Beginn der Übertragung vergeht zunächst der erwähnte zeitliche Overhead von circa 800 ms. Währenddessen werden bereits 5-10 Trajektorieninformationspunkte gesendet. Im Anschluss an den Overhead erfolgt die Übermittlung jedes weiteren Punkts mit circa 10 ms. Wird die ermittelte Bahn in Trajektorienabschnitte von circa 1 mm Länge unterteilt, ergibt sich eine maximale Verfahrgeschwindigkeit des Roboters von 100 mm/s. Durch Vergrößerung der Trajektorienabschnitte erhöht sich dementsprechend die maximale Verfahrgeschwindigkeit bei gleichzeitiger Übertragung der Trajektorienpunkte.

Die Auswertung des zweiten Versuchs indiziert die minimale Sendezeit pro Messpunkt. Im Versuch zeigen sich mittlere Sendezeiten für eine vollständige Messung zwischen 3,637 s und 3,814 s. Die Menge an Punkten für eine vollständige Messung schwankt dabei leicht zwischen 3406 und 3413 Punkten, woraus sich eine mittlere Sendezeit pro Messpunkt von 1,092 ms ergibt (vgl. den markierten Mittelwert im Boxplot in Abbildung 7-2), und ist damit etwa um Faktor 10 geringer als die Sendezeit der Trajektorienpunkte von dem Prüfstandrechner an die Robotersteuerung.

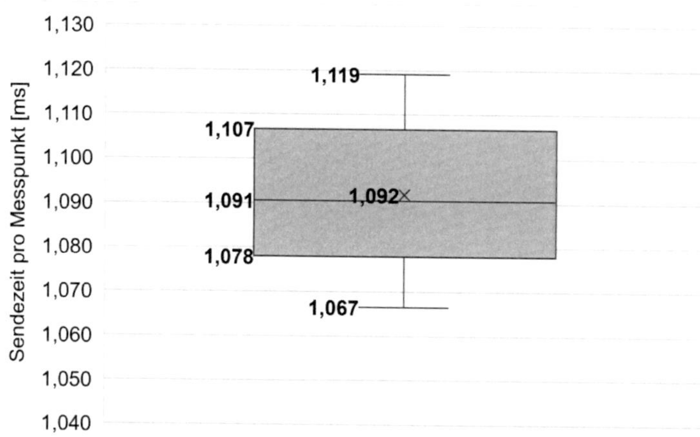

Abbildung 7-2 Ermittelte durchschnittliche Sendezeiten pro Messpunkt bei ausschließlichem Senden von Messpunkten

Der dritte Versuch ermöglicht eine Analyse des implementierten parallelen Sendens bzw. Empfangens von Trajektorieninformationspunkten und Messwerten. Von Interesse ist hierbei insbesondere, ob das Senden von Trajektorieninformationen das Senden von Messdaten signifikant verlangsamt. Für das Senden der Messdaten ist das insofern weniger problematisch, als dass das Senden unterbrochen und fortgesetzt werden kann. Unter Umständen könnte jedoch eine große, am Ende der gesamten Prüfung noch zu übertragene Menge an Messwerten zu einer Verzögerung führen. Abbildung 7-3 zeigt die Sendezeiten vollständig übermittelter Messungen und die dabei empfangene Menge an Trajektorieninformationspunkten.

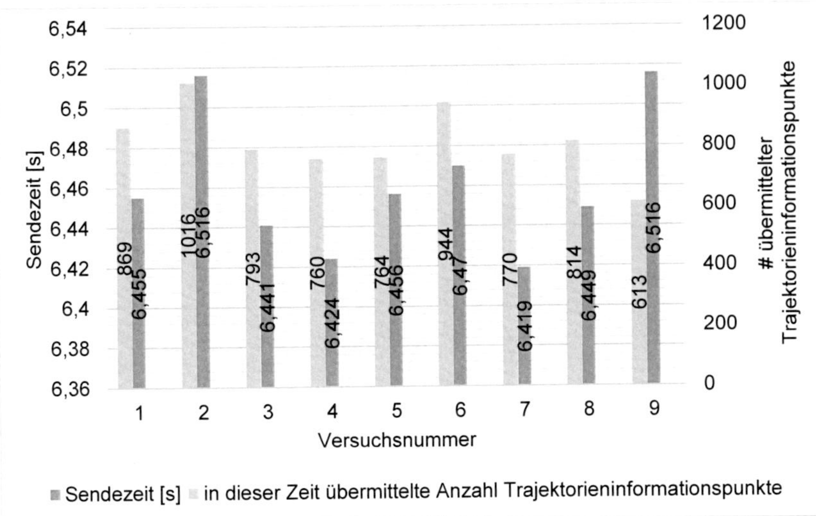

Abbildung 7-3 Ermittelte Sendezeiten für gesamte Messungen und parallel übertragene Trajektorieninformationspunkte

Der Versuch zeigt, dass sich die Sendezeiten für das Senden einer vollständigen Messung signifikant vergrößern, wenn gleichzeitig Trajektorieninformationen übermittelt werden; sie erreichen Werte von durchschnittlich etwa 3,7 s auf etwa 6,5 s. Die Sendezeiten pro Messpunkt betragen im Mittel 1,9 ms gegenüber 1,09 ms, wenn gleichzeitig keine Trajektorieninformationen übermittelt werden. Interessanterweise verringert sich jedoch die Sendezeit pro Trajektorieninformationspunkt bei paralleler Übertragung leicht, von 10,07 ms auf etwa 8,08 ms im Mittel. Grund hierfür könnte sein, dass der Overhead nicht gleichmäßig am Anfang der Übertragung auftritt, sondern sich auf den Anfang und das Ende aufteilt.

Die implementierte parallele Kommunikation zwischen der Robotersteuerung und dem Python Controller ist daher aus Sicht des Gesamtsystems als sehr positiv zu bewerten. Während der messfreien Bewegungen können ohne Verluste gleichzeitig zu den Trajektorieninformationen Messwerte gesendet werden. Die unvollständige Übertragung von Messwerten einer Messung vor dem Start der nächsten Messung ist dabei wenig problematisch. Die Übertragung der Messwerte wird während der nächsten Messung einfach unterbrochen und an der Stelle fortgesetzt, sobald der Kommunikationskanal wieder geöffnet wird. Nachdem ein Objekt vollständig geprüft wurde, können die restlichen Messwerte parallel zur Vorbereitung der nächsten Prüfung übertragen werden. Abschließend kann festgehalten werden, dass im Versuch durch die Parallelisierung der Übertragung ca. 4,5 s an Übertragungszeit pro Messpunkt eingespart werden können, was etwa 20 s bei einer Prüfung von 5 Messpunkten bedeutet.

7.2.2 Ermittlung optimaler Messprozessparameter und Messsystemfähigkeitsanalyse

Zur Prüfung der Eignung des Systems für den Anwendungsfall einer Haptikprüfung wird eine Messsystemfähigkeitsanalyse durchgeführt. Um eine möglichst hohe Fähigkeit des Messsystems zu erreichen, werden vor Beginn der Fähigkeitsanalyse mögliche Einfluss- und Störgrößen auf die Messung qualitativ untersucht. Auf Basis dieser qualitativen Analyse werden die Parameter des Messprozesses optimiert. Diese Optimierung geschieht auf Basis der Ergebnisse des Versuchs. Nachdem die Prozessparameter optimiert wurden, wird die Fähigkeit des Messsystems anhand der ausgewählten Methode analysiert.

Zur Standardisierung des Vorgehens bei der Ermittlung der Prüfmittelfähigkeit wurden im Laufe der Zeit verschiedene statistische Methoden entwickelt. Zwei bekannte Methoden sind im *VDA (Verband der Automobilindustrie) Band 5*[373] und in der *MSA (Messsystemanalyse)* 4[374] festgelegt. Die grundlegenden Vorgehensweisen bei MSA 4 und VDA 5 und den daraus abgeleiteten Firmenrichtlinien sind ähnlich: Es werden Kennwerte berechnet und diese in Relation zu einer Bezugsgröße, wie beispielsweise einer Bauteiltoleranz, gesetzt. Unterschreitet der Fähigkeitskennwert die Grenze von 30% kann der Messprozess bei beiden Verfahren angenommen werden.

Die MSA 4 hat weltweit einen sehr hohen Verbreitungsgrad. Das ist vorteilhaft, weil das verwendete Messsystem für keinen bestimmten Hersteller oder Zulieferer überprüft wird. Vorteil von VDA 5 ist, dass mehr Einflussparameter berücksichtigt werden (vgl. Tabelle VII-2 in Anhang G).[375] MSA 4 hat jedoch gegenüber VDA 5 den Vorteil, dass die Fähigkeitsberechnung auch ohne Referenzwert möglich ist, weil die systematische Abweichung getrennt von der Berechnung des Fähigkeitskennwert in einem t-Test bewertet wird. Aus diesen Gründen wird an dieser Stelle zur Eignungsprüfung MSA 4 ausgewählt.

7.2.2.1 Ermittlung optimaler Messprozessparameter

Versuchsdesign

Es existiert kein genormtes Vorgehen zur Einfluss- und Störgrößenanalyse. In der vorliegenden Arbeit wird auf Basis einer qualitativen Voranalyse ein Wirkungsflächenversuchsplan zur quantitativen Systemanalyse und Optimierung des Messprozesses durchgeführt. Durch den Wirkungsflächenversuchsplan sollen auch nichtlineare Effekte und Wechselwirkungen der Messprozessparameter berücksichtigt werden.[376]

[373] vgl. VDA Band 5, **Verband der Automobilindustrie** (2021)

[374] vgl. AIAG MSA-4, **Automotive Industry Action Group** (2010)

[375] vgl. **Dietrich, E.** (2011), S. 34

[376] vgl. **Montgomery, D.** (2013), S. 478ff

Bei der qualitativen Systemanalyse wird bereits die komplexe Wechselwirkung der dynamischen Systeme Roboter und Kraftsensor bei der Messung deutlich. Es ergeben sich die folgenden drei prinzipiellen Einfluss- bzw. Störgrößen auf den Messprozess:

- Ungleichheiten am Messobjekt (Messobjekt und Bedienereinfluss).
- Stöße und Schwingungen (Umwelt).
- Die Tastgeschwindigkeit des Roboters (Messmethode).

Eine detaillierte Beschreibung der Systemanalyse bietet Anhang G. Aus den identifizierten Einflussgrößen können die wesentlichen Prozessparameter, die im Rahmen des Messprozesses zu optimieren sind, abgeleitet und als Faktoren in einen Versuchsplan überführt werden. Die drei im Versuchsplan variierten Faktoren mit den jeweiligen Versuchsräumen sind:

- Tastgeschwindigkeit: 0,5 – 3-5 mm/s
- Dämpfung: 200 – 1800 Ns/m
- Tiefpassfilter: 1 – 125 Hz.

Zur Untersuchung der Faktoreffekte und –wechselwirkungen wird ein Wirkungsflächenversuchsplan mit insgesamt 20 Durchläufen angesetzt und durchgeführt. Dieser wird zur Analyse der Streuung fünfmal wiederholt, insgesamt werden 100 Versuche gefahren. Die Planung der Versuche und die Auswertung der Messergebnisse bezogen auf die Einflussanalyse wurde mittels der Statistiksoftware Minitab durchgeführt.

Versuchsdurchführung

Die Einflussanalyse wird an einem einzelnen Druckschalter eines Lenkrads von einem einzelnen Bediener durchgeführt. Um Störeinflüsse der Messposition zu vermeiden, blieb das Lenkrad während der Durchführung der Einflussanalyse am selben Ort.

Versuchsauswertung

Die Auswahl der optimalen Messprozessparameter orientiert sich an der Streuung der Messwerte bei den jeweiligen Einstellungen. In vorausgegangenen Untersuchungen des Messsystems wurden die gemessenen Kräfte als kritische Faktoren zum Bestehen der MSA identifiziert. Aufgrund der ereignisorientierten Wahrnehmung sind besonders die Werte des Kraftsprungs (Betätigungskraft F_1 und die Schaltkraft F_2) wichtig, wie aus dem im Abschnitt 5.3.2 beschriebenen Bewertungsschema hervorgeht.

Im Rahmen der qualitativen Systemanalyse wurde festgestellt, dass höhere Tastgeschwindigkeiten des Roboters die lokalen Maxima und Minima im Kraft-Weg-Verlauf glätten (vgl. Abbildung VII-15 in Anhang G). Um die Aussagekraft der Messungen zu erhöhen, wird daher bei der Ableitung der optimalen Messprozessparameter weiterhin darauf geachtet, dass die lokalen Maxima des Kraftverlaufs (Betätigungskraft F_1 und Rücksprungkraft F_7) möglichst groß und die lokalen Minima (Schaltkraft F_2 und Rückstellkraft F_6) möglichst klein sind. Diese Vorgehensweise ist möglich, weil die Kräfte von Drucktastern unabhängig von der

Betätigungsgeschwindigkeit sind.[377] Die betrachteten Faktoren und Zielgrößen der Einflussanalyse des Messprozesses sind in Abbildung 7-4 zusammengefasst dargestellt.

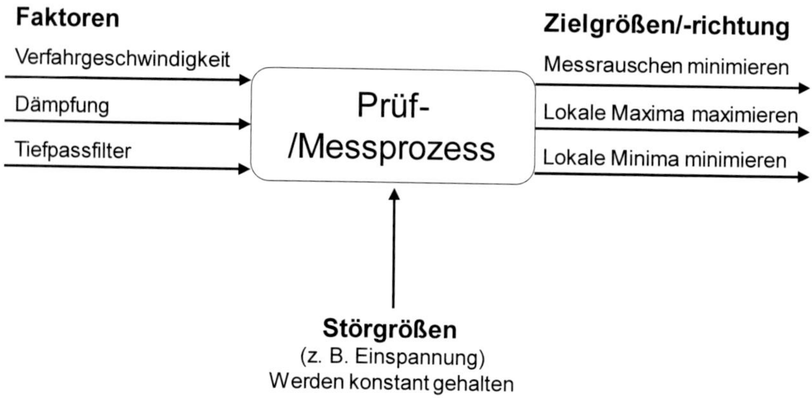

Abbildung 7-4 Einfluss- und Störgrößen auf die Zielgrößen und damit verbundene Optimierungsrichtung des Messprozesses in einer Black-Box Darstellung

Auf Grundlage der zuvor genannten Auswahlkriterien wurden für die Messwerte und ihre Standardabweichungen jeweils eine Zielwertoptimierung durchgeführt. Das Ergebnis beider Zielwertoptimierungen ist in der folgenden Tabelle 7-1 aufgelistet. Darüber hinaus bieten Abbildung VII-18 und Abbildung VII-19 in Anhang G eine detailliertere Übersicht über das Ergebnis der Zielgrößenoptimierung.

Tabelle 7-1 Ergebnisse der Versuche zur Ermittlung optimaler Messparameter

Zielgröße	Optimaler Wert auf Basis der durchgeführten Versuche		
	Dämpfungskonstante [Ns/m]	Tiefpassfilter [Hz]	Tastgeschwindigkeit [mm/s]
Streuung der Kräfte F1, F2, F6, F7	652,52	1	1,2
Maximierung lokaler Maxima (F1 & F7), Minimierung lokaler Minima (F2 & F6)	975,76	1	1,29

377 vgl. **Weir, D., et al.** (2004), S. 189

Der optimale Tiefpassfilter beträgt in beiden Fällen 1 Hz. Die optimale Tastgeschwindigkeit des Roboters befindet sich in einem sehr kleinen Bereich von 1,20-1,29 mm/s. Die Dämpfung sollte 652,52 oder 975,76 Ns/m betragen. Da die Streuung direkt das Rauschen des Messsignals indiziert, wird die Einstellung der Tastgeschwindigkeit auf 1,2 mm/s und der Dämpfung auf 653 Ns/m für das System als optimal betrachtet. Mit den ermittelten Einstellungen sowie dem beschriebenen Messverfahren wird die Analyse des Messsystems auf Basis der 4. Ausgabe der MSA durchgeführt (t-Test und Gauge Repeatability & Reproducibility, GRR).

7.2.2.2 Analyse des Messsystems

Versuchsdesign

Die Analyse der Messunsicherheit geht der Frage nach, ob das Messsystem die einem Prüfmerkmal zugrundeliegende Kraft-Weg-Charakteristik hinreichend sicher erfasst. Die MSA 4 sieht dazu eine Analyse der systematischen Abweichung (bias) mittels t-Test vor der Durchführung der GRR vor. Zur Durchführung der MSA sind einerseits Referenzwerte sowie, idealerweise, Toleranzen der gemessenen Merkmale vorhanden. Da keine Referenzwerte für die Drucktaster verfügbar sind oder nur durch ein genaueres Messsystem ermittelt werden können, werden diese durch den Mittelwert von zehn Messungen festgelegt.

Die Toleranz wird aus der haptischen Differenzschwelle abgeleitet. Die PQ von Drucktastern wird entsprechend Abschnitt 2.1 und dem daraus abgeleiteten Bewertungsschema in Abschnitt 5.3.2 im Wesentlichen durch die haptischen Differenzschwellen bzw. davon abhängigen Disharmonien beeinflusst. Entsprechend stellen haptische Differenzschwellen des Menschen eine geeignete Bezugsgröße für die Eignungsprüfung eines haptischen Messsystems dar. Für die räumliche Wahrnehmung an der Fingerspitze beträgt die Differenzschwelle 0,5-1 mm. Wegen der kleinen Wege wird hier 0,5 mm ausgewählt. Die Differenzschwelle für die Kraft an den Fingerspitzen beträgt bei stillgehaltener Hand 5-10 % und bei bewegter Hand 33 % vom Kraftniveau. Für die Betätigung der Tasten am Lenkrad ist, im Gegensatz zu Tasten im Bereich der Mittelkonsole, von keiner Handbewegung auszugehen. Die Differenzschwelle der Kraft steigt bei geringen Kräften an, deswegen wird mit 10 % die obere Grenze ausgewählt.

Da es sich bei der Streubreite des Messsystems (GRR) um eine Standardabweichung handelt, sollte laut MSA-4 bei einem Vergleich mit einer Toleranz die GRR mit dem Faktor 6 multipliziert bzw. die Toleranz durch den Faktor 6 geteilt werden, um eine Kennzahl zu erhalten, die einen Großteil der statistisch möglichen Streubreite enthält. Unter Umständen dürfen auch kleinere Faktoren benutzt werden.[378] In der Praxis werden zum Beispiel die Faktoren 4 (95,45 % Vertrauensbereich) oder 5,15 (99 %) benutzt.[379] In dieser Arbeit wird für die Berechnung des %GRR-Wertes jedoch der Faktor 1 verwendet. Dafür sind die folgenden Gründe ausschlaggebend:

---

[378] vgl. AIAG MSA-4, **Automotive Industry Action Group** (2010), S. 122

[379] vgl. **Conrad, S.; Dietrich, E.** (2015), S. 64

- Das Überschreiten der Differenzschwelle beeinträchtigt im Gegensatz zu einer Toleranz nicht die Funktion des Bauteils. Der sichere Betrieb des Fahrzeugs ist trotzdem möglich.
- Die Differenzschwellen wurden unter Laborbedingungen ermittelt und werden von den Versuchspersonen nur in 50 % der Fälle erkannt.[380]
- Aufgrund der mechanischen Wirkungsweise der Bedienelemente und der Positionsabhängigkeit der Messwerte liegt eine innere Teilestreuung vor. Für diese zusätzliche Streuungskomponente ist nicht das Messgerät ursächlich, weshalb deren Auswirkungen kompensiert werden sollten.[381] Um den Einfluss von der Messposition auf die innere Teilestreuung zu minimieren, wurde die Messposition am Prüfobjekt markiert (vgl. Abbildung 7-5).

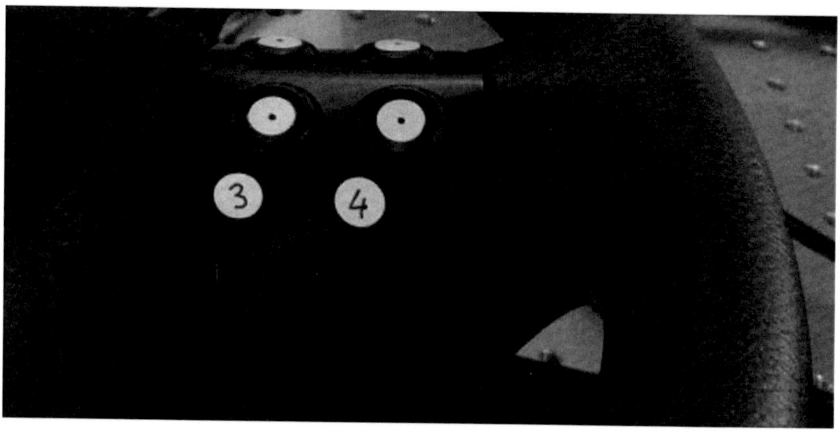

Abbildung 7-5 Kennzeichnung der Messposition zur Minimierung der inneren Teilestreuung

Für die Untersuchung der systematischen Abweichung (t-Test) wurden, wie in der Praxis üblich, 50 Wiederholmessungen an einem Drucktaster durchgeführt. Dieser Test gilt als bestanden, wenn der zu t_{bias} gehörende p-Wert kleiner als die Irrtumswahrscheinlichkeit $\alpha = 0{,}05$ ist oder der Wert Null innerhalb des Vertrauensbereichs $1 - \alpha$ liegt. Im Anschluss an den bestandenen t-Test wurde die Wiederholbarkeit und Reproduzierbarkeit des Messprozesses im Rahmen der Gauge Repeatability and Reproducibility (GRR) bestimmt. Dazu wurden zwölf verschiedene Drucktaster von zwei Bedienern jeweils dreimal gemessen. Dies ergibt einen Umfang von 72 Messungen. Wegen des großen Einflusses der Tastgeschwindigkeit auf die Messung wurde die MSA mit einer geringeren Geschwindigkeit wiederholt, während die anderen Einstellungen beibehalten wurden, um zu prüfen, ob auf Kosten der benötigten Zeit für die

[380] vgl. **Pang, X.; Tan, H.; Durlach, N.** (1991), S. 532

[381] vgl. **Dietrich, E.; Schulze, A.** (2014), S. 85f

Messung eine höhere Messsystemfähigkeit erreicht werden kann. Hintergrund ist, dass ANGUELOV in einer ähnlichen Untersuchung eine deutlich niedrigere optimale Tastgeschwindigkeit von 0,5 mm/s ermittelte.[382] Diese Tastgeschwindigkeit wird für den zweiten MSA Versuch gewählt.

Versuchsdurchführung

In der Messsystemanalyse wird der Einfluss der Messvorrichtung explizit untersucht, weswegen das Lenkrad jedes Mal aus der Position entnommen und wieder neu platziert wird. Die Messung erfolgt bis auf die Positionierung des Lenkrads automatisch. Deswegen wird in der Messsystemanalyse die Untersuchung der Streuung des Messsystems (GRR) von zwei Bedienern durchgeführt, um einen eventuell vorhandenen Bedienereinfluss berücksichtigen zu können. Wenn die hierbei ermittelte Wiederholstreubreite (EV) deutlich größer als die Vergleichstreubreite (AV) ist, kann der Bedienereinfluss in zukünftigen Analysen des Messsystems vernachlässigt werden.[383]

Versuchsauswertung

Untersucht wurde zunächst die systematische Abweichung des Messsystems anhand des t-Tests. Die Ergebnisse des t-Tests sind in Tabelle VII-3 in Anhang G dargestellt. Es zeigt sich, dass teilweise signifikante systematische Abweichungen (t<0,05) vorliegen. So etwa bei der Schaltkraft F2. Die Ergebnisse des t-Tests sollten jedoch mit äußerster Vorsicht interpretiert werden, unter anderem weil bei der MSA keinerlei Bewertung der tatsächlichen Größe des bias erfolgt und insbesondere Messsysteme mit geringer Streuung benachteiligt sind, da es bei diesen schnell zu einem signifikanten Ergebnis kommen kann. Diese und weitere Gründe sind ursächlich für die Tatsache, dass der t-Test z. B. in der Interpretation der MSA von Mitgliedern der AIAG selbst (Ford, GM) ignoriert wird.[384] Auch bei der hier durchgeführten Untersuchung liegen die Grenzen der Vertrauensbereiche für alle (auch bei signifikantem bias) Größen betragsmäßig unter 0,019 mm bzw. 0,046 N, was bei Absolutwahrnehmungsschwellen von 0,5 mm und Betätigungskräften im Bereich >>1 N gering erscheint. Die Messsystemanalyse wird daher wie geplant mit dem Versuch zur Bestimmung der GRR fortgesetzt und wird nicht auf Grund des t-Tests als gescheitert betrachtet. Die Auswertung der GRR, welche mittels ANOVA durchgeführt wurde, ist in Tabelle VII-4 in Anhang G dargestellt. Wegen der Abhängigkeit der Bezugsgröße von der Höhe der Kraft wurde der %GRR-Wert einmal in Bezug zur kleinsten gemessenen Kraft $F_{i,min}$ ($\%GRR_{min}$), einmal zur größten gemessenen Kraft $F_{i,max}$ ($\%GRR_{max}$) und einmal zur durchschnittlich gemessenen Kraft $F_{i,MW}$ ($\%GRR_{MW}$) bestimmt. Für kleinere Bezugsgrößen wird die %GRR größer, weswegen $\%GRR_{min} > \%GRR_{MW} > \%GRR_{max}$ gilt. Wegen der statischen Differenzschwelle von 0,5 mm ist die %GRR der Wegdaten S_i in allen drei Fällen gleich und wird nur einmal aufgeführt. Im Folgenden wird als Eignungskennwert %GRR der auf dem Durchschnitt der Messungen basierende Wert $\%GRR_{MW}$ betrachtet.

---

382 vgl. **Anguelov, N.** (2009), S. 50

383 vgl. **Dietrich, E.; Schulze, A.** (2014), S. 102

384 vgl. **Conrad, S.; Dietrich, E.** (2015), S. 38; **GM Powertrain (Hrsg.)** (2010)

Wenn der Wert von %GRR kleiner als 10% ist, gilt das Messsystem als fähig. Als bedingt fähig wird das Messsystem in einem Bereich von 10-30 % bezeichnet. Die %GRR-Werte aller Wegdaten liegen in einem Bereich von 0,8-2,1 % und damit deutlich unterhalb der geforderten 10 % für ein fähiges System. Der Gradient des Kraftanstiegs liegt mit 4.6% ebenfalls weit unterhalb von 10%. Die %GRR-Werte der Kräfte steigen vom lokalen Maximum des Hinwegs F_1, über das lokale Maximum des Rückwegs F_7, sowie dem lokalen Minimum des Hinwegs F_2, bis der %GRR-Wert für das lokale Minimum des Rückwegs F_6 über 10 % liegt und damit nur bedingt fähig ist. Grund hierfür ist das unterschiedliche Kraftniveau, welches die Bezugsgröße für den %GRR-Wert darstellt. Schließlich ist der absolute GRR-Wert für F_1, F_2, F_6 und F_7 mit etwa 0,06 nahezu gleich für alle Kräfte.

Das Messsystem ist nicht geeignet, um die Differenzkräfte F_{MAX} und F_{MIN} zu bestimmen, die aus der Differenz der lokalen Maxima (F_1, F_7) bzw. Minima (F_2, F_6) gebildet werden (vgl. dazu Formel VII-7 und Formel VII-5 in Anhang A). Einerseits verringert sich durch die Differenzbildung die Bezugsgröße für die %GRR. Andererseits werden Streueinflüsse beider Werte addiert.

Es besteht eine Wechselwirkung zwischen Bediener und Teil, wenn der p-Wert der Interaktion (IA) kleiner als die Irrtumswahrscheinlichkeit $\alpha = 0{,}05$ ist. Die gemessenen Kräfte weisen keine signifikanten Wechselwirkungen auf. Signifikante Interaktionen traten jedoch bei den gemessenen Wegen S_W, S_S, S_7 und S_{SP} auf. Im vorliegenden Fall wäre, neben zufälligen Störgrößen und fehlerhafter Messposition, vor allem eine fehlerhafte Orientierung des Lenkrads möglich, da der Drehwinkel des Lenkrads beliebig ist. Eine konstruktive Maßnahme wäre z. B. ein Anschlag. Allerdings sind Maßnahmen wegen der niedrigen %GRR-Werte der Wege nicht zwingend nötig.

Untersucht wurde weiterhin, inwiefern durch eine deutlich niedrigere Tastgeschwindigkeit (0,5 mm/s) die GRR deutlich gesteigert werden kann. Die Ergebnisse der Wiederholung der MSA sind in Tabelle VII-5 in Anhang G dargestellt.

Die Messsystemfähigkeit steigt durch die Verringerung der Geschwindigkeit auf den von ANGUELOV ermittelten Wert nicht. Wegen des deutlich niedrigeren Zeitbedarfs der Messung bei gleicher Messsystemfähigkeit empfiehlt sich daher die Verwendung der ursprünglichen Tastgeschwindigkeit von 1,2 mm/s.

7.2.3 Analyse und Ermittlung optimaler Verfahren in der Bildverarbeitungskette

Die im Rahmen der Erfassung der Ist-Situation implementierten Lösungen zur Bildverarbeitung und dem maschinellen Lernen werden im Folgenden hinsichtlich einer Reihe von Parametern experimentell analysiert. Dabei wird unterschieden zwischen der empirischen Analyse der Verfahren zur Prüfobjektidentifikation und -klassifikation, zur 3D-Szeneerfassung, zur Messpunkterfassung und -lokalisation und zur Messpunktklassifikation. Abschließend erfolgt eine Betrachtung der zeitlichen Performance der gesamten BV-Kette.

Zur Validierung der implementierten Algorithmen stehen zehn unterschiedliche Prüfobjekte zur Verfügung, die sich analog zum in Abschnitt 4.1 beschriebenen Anwendungsszenario unterscheiden (vgl. Abbildung 7-6). Um die Flexibilität des Systems zu bewerten, werden nur sieben dieser Prüfobjekte für das Training der im System implementierten Algorithmen genutzt, sodass drei Prüfobjekte dem System unbekannt sind und als Validierungsobjekte dienen.

Abbildung 7-6 Prüfobjekte für Training und Validierung der Bildverarbeitungsalgorithmen

7.2.3.1 Prüfobjektidentifikation und -klassifikation

Versuchsdesign

Die Identifikation und Klassifikation der Prüfobjekte basiert, wie in Abschnitt 6.2.3 beschrieben, auf der Annahme, dass das Unternehmen alle derzeit in Produktion befindlichen Varianten kennt und daher entsprechende Metadaten der Varianten vorliegen. Sobald eine neue Variante dazu genommen wird, ist der Klassifikator für die Prüfobjekte (das Faster RCNN), der auch zur Identifikation selbst genutzt wird, um diesen Datensatz zu erweitern. Aus diesem Grund wurden zur Validierung des Prüfobjektklassifikationsverfahrens ausschließlich Aufnahmen der drei Lenkräder aus dem Set „Prüfobjekte für die Validierung" genutzt.

Die Basis bildet AlexNet, das auf drei zu klassifizierende Prüfobjekttypen umtrainiert wird. Hierzu werden zunächst 60 Bilder der Lenkräder mit dem Stereokamerasystem aufgezeichnet und die Lenkräder aus den Bildern extrahiert. Dann wird der Trainingsdatensatz durch Bildmanipulation erhöht. Damit stehen 120 Bilder je Lenkradtyp und insgesamt 360 Bilder zur Verfügung. Da AlexNet auf einen Input von 227 x 227 px trainiert ist, werden die Bilder entsprechend quadratisch ausgeschnitten und dann skaliert, sodass das originale Seitenverhältnis bestehen bleibt.

Das CNN bildet die Basis für das Faster RCNN. Das CNN ist in der Lage, ein Bild zu klassifizieren, allerdings ist dazu erforderlich, dass der Input eine bestimmte Größe hat. Jeweils einem Bild wird eine Klasse Bild zugeordnet. Das Modell ist also prinzipiell nicht in der Lage, mehrere Instanzen eines oder mehrerer Objekte in einem Bild zu erkennen. Im Zuge dessen wird auch das initiale CNN als Input geringfügig umtrainiert. Der gesamte Trainingsdatensatz wird vor dem Training zufällig in einem Verhältnis von 80 %/20 % (Trainingsdaten/Testdaten) aufgeteilt.

Das Verfahren ist angelehnt an die Prinzipien der Messsystemanalyse bzw. Gage R&R Studie. Anhand der wiederholten Analyse der Validierungsobjekte wird die Konfidenz in die Entscheidung des Prüfobjektklassifikators bestimmt.

Versuchsdurchführung

Für das initiale Training des CNN werden die vorgeschlagenen Standardparameter aus MATLAB übernommen (vgl. Tabelle VII-6 im Anhang K). Als einzige Größe beeinflusst die initial learning rate das Ergebnis des Trainings und wird für das Umtrainieren des CNN auf 0,01 gesetzt. Das Training des CNN dauert 701,13 s.

Es werden vier Phasen des Trainings durchlaufen, mit einer initial learning rate von 10^{-5} für die ersten beiden Durchläufe und 10^{-6} für die beiden letzten. Für weitere Parameter wird der Standardwert übernommen (vgl. CNN). Die vier Phasen zum Training des Faster RCNN sind:

- Training eines RPN,
- Training eines Fast R-CNN mit dem modellierten RPN,
- Retraining des RPN mit weight sharing mit dem Fast-RCNN und
- Retraining des Fast-RCNN mit dem aktualisierten RPN.

Aufgrund der Hardwarebeschränkungen des Rechners und zur Minimierung der Trainings- und Rechenzeit wird das Eingangsbild zu einem sechszehntel der ursprünglichen Größe skaliert (2014 x 2464 px auf 506 x 616 px, Eingangsbild ist die rektifizierte Aufzeichnung der Szene mit der Kamera). Die Trainingsdaten für das Faster RCNN sind somit kleiner skalierte Aufnahmen der Validationslenkräder, die mit dem MATLAB Training Image Labeler gelabelt worden sind. Das Training des Faster RCNN dauert 2050 s.

Versuchsauswertung

In der Anwendung des trainierten Faster RCNN zur Detektion ergibt sich im Mittel eine Konfidenz bezüglich der Klasseneinteilung von 0,9266 bei einer Detektionszeit von im Mittel 0,0468 s. Tabelle 7-2 zeigt die Ergebnisse der Detektion aufgeteilt auf die drei betrachteten Prüfobjekte.

Tabelle 7-2 Performance des Faster RCNN bei der Detektion und Klassifikation

Faster RCNN	Val 1	Val 2	Val 3	Alle
Recall	1	1	1	1
Precision	1	1	1	1
Konfidenz	0,9778	0,9314	0,8706	0,9266
Erste Detektion	0,1663 s	0,1537 s	0,1432 s	0,1452 s
Detektionszeit	0,0517 s	0,0512 s	0,0483 s	0,0468 s

Recall und Precision erzielen vielversprechende Werte von 100%. Der Konfidenzwert kann theoretisch als Schwellwertelement für die Detektion bisher unbekannter Prüfobjekte verwendet werden. Die Detektionszeit liegt im Durchschnitt mehrerer Messungen unter 0,05 s und erfüllt somit die Anforderung einer schnellen Detektion. Eine detaillierte Untersuchung zur korrekten Lokalisierung des Lenkrads über die durch das Faster RCNN ermittelte Bounding Box wird nicht durchgeführt, da die Position im weiteren Prüfprozess lediglich als Indikator dafür genutzt wird, ob sich das Lenkrad im Sichtfeld beider Kameras befindet. Dies bildet wiederum die Grundvoraussetzung zur vollständigen Rekonstruktion der Szene und somit des Prüfobjekts.

7.2.3.2 3D-Szeneerfassung

Versuchsdesign

Um die Größenordnung des mittleren Fehlers des Prüfsystems bei der 3D-Szeneerfassung zu bestimmen, wird ein Abgleich zwischen dem Machine Vision System lokalisierten Messpunkten für ein bestimmtes Prüfobjekt und den manuell gemessenen Punkten durchgeführt. Da die Messpunkte durch das System in Referenz zu der linken Kamera des Systems detektiert werden, ist eine Transformation in das Weltkoordinatensystem, in dem auch der Roboter agiert, notwendig. Dazu werden vier Schritte ausgeführt:

1. Kalibration des Stereokamerasystems zur Ermittlung des Reprojektionsfehlers (mean reprojection error).
2. Manuelle Vermessung der Messpunkte mit dem Roboter.
3. Ermittlung der Messpunkte mittels der Bildverarbeitungskette.
4. Bestimmung der gemittelten Transformationsmatrix zwischen dem Koordinatensystem der Kamera und den Weltkoordinaten.

Die so bestimmte gemittelte Transformationsmatrix wird auf die detektieren Messpunkte angewandt, wodurch die bestimmten Messpunkte in das Weltkoordinatensystem transformiert werden. Dies erlaubt den direkten Vergleich zwischen (realen) gemessenen und detektierten Punkten und damit die Ermittlung des gesamten dreidimensionalen Systemfehlers.

Neben der Ermittlung des Systemfehlers werden die zwei implementierten Verfahren zur Segmentierung der 3D-Punktwolke verglichen. Ergebnisse der Segmentierung werden für das Verfahren der morphologischen Öffnung sowie der aktiven Konturen qualitativ verglichen. Außerdem erfolgt ein quantitativer Vergleich auf Basis der für die Segmentierung benötigten Zeit. Für den Vergleich werden die drei Validierungsobjekte jeweils zehnmal manuell leicht unterschiedlich positioniert und die Segmentierung entsprechend angewendet.

Versuchsdurchführung

Die Kalibrierung des Kamerasystems zur Bestimmung des Reprojektionsfehlers erfolgt mittels der von MATLAB bereitgestellten Stereo Calibration Toolbox. Nähere Informationen zum Vorgehen liefert Anhang J.

Abbildung 7-7 Manuelle Vermessung der Messpunkte

Zur Vermessung der Messpunkte des Prüfobjektes werden diese manuell mit dem Roboter angefahren und die ermittelten Positionen des Endeffektormittelpunktes (eng: Tool center point, TCP) ausgelesen (vgl. Abbildung 7-7). Im Fokus liegt hier die Ausrichtung nach dem Mittelpunkt des Symbols vor der Positionierung im Zentrum des Druckschalters. Es wird je Validationsobjekt ein Datensatz mit jeweils zwei Messungen aufgezeichnet.

Nachdem die Messpunkte mit dem Roboter gemessen worden sind, wird die Szene mit dem Stereokamerasystem aufgezeichnet und durchläuft die gesamte Bildverarbeitungskette. Falsch positiv detektierte Messpunkte werden manuell entfernt und die Koordinaten der richtig detektierten Messpunkte ermittelt. Wie bereits zuvor erwähnt, werden die Messpunkte durch das System in Referenz zu der linken Kamera des Systems detektiert, sodass eine Transformation in das Weltkoordinatensystem notwendig ist.

Um die allgemeingültige Transformationsmatrix der Kamera in das Weltkoordinatensystem zu ermitteln, wird entweder die Relation über ein externes System gemessen oder über das Matching der detektierten und gemessenen Messpunkte in MATLAB berechnet. Die ermittelten Messpunkte des Stereosystems werden hierzu über einen iterativen Suchalgorithmus (Iterative closest points, ICP)[385] in die gemessenen Punkte transformiert, wobei der quadratische Abstand zwischen den Punkten minimiert wird. Ergebnis dieser Prozedur ist eine Transformationsmatrix und darüber hinaus eine Aussage zur Abbildungsqualität der Messpunkte. Für den Datensatz werden auf diese Weise sechs unterschiedliche Transformationsmatrizen ermittelt. Aus diesen wird mittels eines von BUSS beschriebenen Verfahrens[386] die gemittelte Transformationsmatrix bestimmt, die im nächsten Schritt auf die detektieren Messpunkte angewandt wird, wodurch die bestimmten Messpunkte in das Weltkoordinatensystem transformiert werden. Dies erlaubt den direkten Vergleich zwischen (realen) gemessenen und detektierten Punkten.

Für den Vergleich der beiden betrachteten Segmentierungsmasken werden während des Versuchs die Zeitinformationen während des Durchlaufs durch MATLAB selbst erfasst.

Versuchsauswertung

Im Ergebnis der Stereokalibration wird ein Reprojektionsfehler von 0,5 px vorausgesagt. Im Mittel kann die Position aufgenommener Punkte durch das Kamerasystem bei wiederholter Erfassung derselben Szene mit einer Genauigkeit von 0,5 px bestimmt werden. Bei einem Arbeitsabstand zur Lenkradoberfläche von etwa 80 cm entspricht dies bei dem vorliegenden Kamerasystem einem Reprojektionsfehler von circa 0,1 mm. Die mittlere Unsicherheit der Robotermessung liegt mit 0,32 mm leicht über der in Anforderung 4-b geforderten AP. Durch ein exakteres Kalibrierungsverfahren des Roboters ist dieser Fehler wahrscheinlich noch zu reduzieren. Der mittlere Fehler der Abbildung liegt bei 1,03 mm. Der gesamte Systemfehler mit der gemittelten Transformationsmatrix liegt zwischen 1,2 mm und 1,99 mm mit einem Mittel von 1,42 mm. Tabelle 7-3 zeigt die Ergebnisse der Fehlermessungen.

---

385 vgl. **Chen, Y.; Medioni, G.** (1991), S. 2724

386 vgl. **Buss, S.; Fillmore, J.** (2001), S. 95ff

Tabelle 7-3 **Ergebnisse zum Systemfehler der 3D-Szeneerfassung**

Fehlerart	BMW	Ford	Mercedes	Mittelwert
Unsicherheit der Robotermessung	0,3792 mm	0,2355 mm	0,3442 mm	0,32 mm
Mittlere Fehler der Abbildung	1,1025 mm	0,9225 mm	1,0667 mm	1,03 mm
Systemfehler	1,9909 mm	1,0624 mm	1,2036 mm	1,42 mm

Die auf den betrachteten Prüfobjekten vorhandenen Drucktaster haben einen kleinsten Durchmesser/Seitenmaß von etwa 11 mm. Wird der maximale im Versuch beobachtete Systemfehler von etwa 2 mm darauf bezogen, ergibt dies einen relativen Systemfehler von 12.9%. Die Abweichung der mit Hilfe des Stereosystems ermittelten 3D-Szene ist im schlimmsten Fall immer noch so gering, dass die ermittelten Messpunkte über 3 mm von der Begrenzung des Drucktasters entfernt liegen. Entsprechend gilt auch für das zur Kollisionsdetektion verwendete aus der Punktwolke gebildete Mesh, dass dessen äußerste Kontur maximal 2 mm von der tatsächlichen Kontur des Prüfobjektes abweicht. Für die Planung der Prüfbewegungen mittels Simulation reicht also ein Sicherheitsabstand zum virtuellen Prüfobjekt in etwa dieser Größenordnung aus, um Kollisionen zum tatsächlichen Prüfobjekt zu vermeiden.

Der Versuch zum Vergleich der Segmentierungsverfahren zeigt, dass die Erstellung einer Maske mit aktiven Konturen mit 0,75 s die fünffache Zeit benötigt im direkten Vergleich zur morphologischen Öffnung auf Basis der binarisierten Disparity Map (0,15 s).

Die Resultate der Segmentierung mit Masken aus morphologischer Öffnung und aktiven Konturen sind in der Abbildung 7-8 dargestellt. Darin zeigt sich, dass für das Verfahren über aktive Konturen konturtreuere Masken erstellt werden. Dieses Attribut ist im Weiteren zur Erzeugung des Oberflächenmodells wichtig, da dadurch zuverlässiger unerwünschte Punkte aus der Punktwolke segmentiert und weniger störende Oberflächensegmente mit dem modifizierte Crust Algorithmus (vgl. Abschnitt 6.2.3) trianguliert werden können. Dadurch wird eine glattere Oberfläche des Kollisionsobjekts erzeugt, was der Trajektorienplanung zugutekommt. Als negativ ist bei beiden Verfahren die mühselige Feinabstimmung der Parameter zu erwähnen. Das ausgewählte Strukturelement der morphologischen Öffnung sorgt bei dem Prüfobjekt Val 3 für eine Segmentierung von Teilen des Prüfobjekts. Im geringen Maße trifft dies auch für Val 2 für beide Verfahren zu. Für die weitere Vorgehensweise sollte zugunsten der höheren Qualität der langsamere Algorithmus mit aktiven Konturen ausgewählt werden.

Val 1 Val 2 Val3

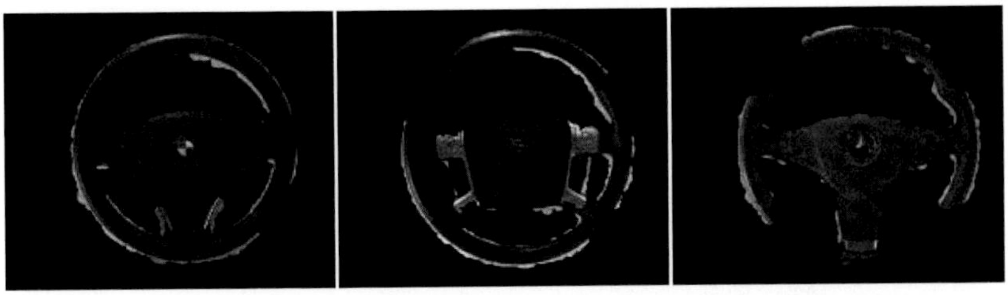

Segmentierung mit Maske aus morphologischer Öffnung

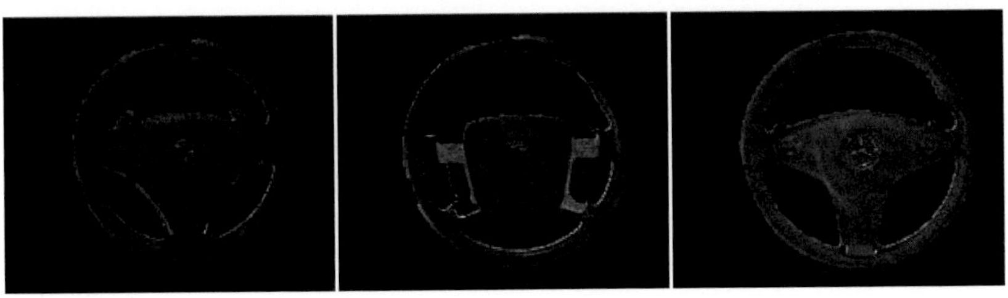

Segmentierung mit Maske aus aktiven Konturen

Abbildung 7-8 Punktwolkensegmentierung mittels morphologischer Öffnung (oben) und aktiven Konturen (unten)

7.2.3.3 Messpunkterfassung und -lokalisation

Versuchsdesign

Zur Messpunkterfassung und -lokalisation kommt wie in Abschnitt 6.2.3 beschrieben, das Viola-Jones Detection Framework zum Einsatz. Für das Trainingsset der Druckschalter werden je Lenkrad insgesamt 27 Bilder aufgezeichnet. Es werden jeweils Bilder aus neun unterschiedlichen Perspektiven für das komplette Lenkrad bzw. die linke und rechte Hälfte aufgezeichnet, sodass der erste Rohdatensatz 189 Bildern umfasst. Durch Bildmanipulation wird der Trainingsdatensatz auf 1.134 Bilder erweitert, die mit dem MATLAB Image Training Labeler gelabelt werden. Die Bounding Boxes werden so gesetzt, dass der gesamte Drucktaster innerhalb der Box erfasst wird. Dadurch ist dem Machine Vision System nachher bekannt, aus welchen Bildregionen Features für das Training des Algorithmus extrahiert werden sollen. Insgesamt enthält der Trainingsdatensatz 5.940 gelabelte positive Instanzen. Analog zur Erweiterung des Trainingssets werden die negativen Bilder für das Training erzeugt. Dazu werden aus den aufgezeichneten Bildern die Druckschalter entfernt und der verbliebene Anteil an Bildinformationen als negativ klassifiziert. Um den Datensatz zu erhöhen werden die Daten wiederum durch unterschiedliche Filter und Rauschen weiter manipuliert. Insgesamt liegen damit für das Training 28.158 negative Instanzen vor.

Die Performance des Viola-Jones Detektors hängt in entscheidendem Maße von seiner Parametrierung ab. Relevante Parameter sind dabei vor allem die Anzahl der Kaskaden (NumCascadeStages) sowie die zulässige Wahrscheinlichkeit mit der innerhalb eines Kaskadenschrittes ein Messpunktdetektiert wird, obwohl es sich in Wahrheit nicht um einen handelt (FalseAlarmRate). Letzteres kann etwa die fälschliche Erkennung des Markensymbols als Messpunkt sein. Eine Übersicht über den betrachteten Parameterraum liefert Tabelle 7-4.

Tabelle 7-4 Parameter des Cascade Detectors

Faktor	Bereich	Default	Min	Max	Einfluss
NumPos-Instances	5940	-	-	5940	
Object Training Size	36 x 32 px (B x H)	Auto (Median Verhältnis B x H pos. Instanzen)	36 x 32	100 x 86	Für schnelleres Training kleiner, für maximale Präzision annähern an erwartete Größe
NumCascadeStages	[0 - X]	20	10	30	Höhere Anzahl erhöht Präzision und Trainingszeit, erfordert aber mehr Samples (abhängig von der FalseAlarmRate und der TruePositiveRate)
FalseAlarm-Rate	[0 - 1]	0.5	0.3	0.7	Geringe Werte für hohe Komplexität (langsamere Detektionszeit aber höhere Präzision), hohe Rate erfordert eine höhere NumCascadeStages
TruePositiveRate	[0 - 1]	0.995	-	-	Minimal erforderlicher Wert pro Stufe, hoher Wert erhöht Komplexität und Trainings- sowie Detektionszeit
FeatureType	[Haar, LBP, HOG]	HOG	-	-	Haar-like features, Local binary pattern, HOG

Für die Ermittlung optimaler Parameter wird ein Wirkungsflächenversuchsplan durchgeführt, wobei die Anzahl der Kaskaden sowie FalseAlarmRate auf jeweils fünf Stufen variiert werden. Der Versuchsplan ist in Tabelle 7-5 dargestellt.

Tabelle 7-5 Angepasster Wirkungsflächenversuchsplan

StdR-folge	DlaufR-folg	Punkt-typ	Blö-cke	Num Cascade Stages	False Alarm Rate
6	1	1	1	30	0,5
3	2	-1	1	15	0,6
5	3	-1	1	10	0,5
9	4	0	1	20	0,5
2	5	1	1	25	0,4
8	6	-1	1	20	0,7
4	7	1	1	25	0,6
7	8	-1	1	20	0,3
1	9	1	1	15	0,4

Zur Validierung der Positionsgenauigkeit der detektierten Messpunkte wird der optimierte Algorithmus auf ein Validationsset (zehn Stereobildpaare je Validationsobjekt, insgesamt 60 Bilder) angewendet, deren Druckschalter dem Algorithmus bisher unbekannt sind. Die Werte zwischen automatischer Detektion und manuellem Labeling mittels MATLAB Training Image Labeler werden gegenübergestellt.

Versuchsdurchführung

Nach der Aufnahme und dem manuellen Labeling der Bilder inklusive der Definition der Bounding Boxes wird der Versuchsplan entsprechend umgesetzt. Die Trainingszeiten des Detektors variieren zwischen den neun durchgeführten Versuchen teils sehr stark und reichen von etwa 2.100 s bis 694.000 s, was einem Zeitraum von acht Tagen allein für das Training des Algorithmus entspricht. Der hohe zeitliche Trainingsaufwand indiziert bereits die Komplexität eines kaskadierenden Detektors wie dem Viola-Jones, wobei ein gewisser Zusammenhang zu der Zahl der trainierten Kaskaden festgestellt werden kann (vgl. Tabelle VII-7 in Anhang K).

Versuchsauswertung

Die Ergebnisse des Versuchsplans werden zur Optimierung des Algorithmus mit Hilfe der in der Software Minitab enthaltenen Zielgrößenoptimierung verwendet. Dabei werden zwei Varianten optimaler Einstellungen erzeugt: In der ersten Version werden der Recall und die Precision im Verhältnis der Wichtigkeit 3:1 als Antwort berücksichtigt und daraufhin optimiert. Für den zweiten Fall wird der maximal erzielbare Recall als Optimierungsgröße gewählt. Der

Hintergrund ist, dass die nachgelagerte Symboldetektion als zusätzlicher Filter für falsch positive Detektionen genutzt werden kann, um die Precision zu steigern. In beiden Fällen wird die Detektionsgeschwindigkeit nicht in die Zielgrößenoptimierung einbezogen, da diese bei allen Versuchen in etwa gleich ist (vgl. Abbildung VII-20, Abbildung VII-21 sowie Tabelle VII-7 in Anhang K). Der folgenden Tabelle 7-6 ist der Vergleich zwischen den beiden erzeugten optimalen Parametereinstellungen auf Basis der Versuche zu entnehmen.

Tabelle 7-6 Optimierter Detektionsalgorithmus

Attribut	Parametervariante 1	Parametervariante 2
Recall	0,86	0,93
Precision	0,87	0,64
Speed	2,49 s	
Training time	92.164 s	13.021 s
Positive Instanzen	5.940	5940
Bildquelle	7 Trainingslenkräder	7 Trainingslenkräder
Negativbilder	28.158	28.158
Object Training Size	32 x 36 (auto)	32 x 36 (auto)
Num Cascade Stages	18	10
False Alarm Rate	0,425253	0,348485

Wie Tabelle 7-6 zu entnehmen ist, stellt die Parametervariante 1 einen guten Kompromiss aus Recall und Precision dar. Sofern ein guter Indikator für false positives vorhanden ist, sollte auf die Parametervariante 2 zurückgegriffen werden, bei der der Recall nochmals um 0,07 Prozentpunkt höher liegt.

Die Ergebnisse des Versuchs zur Ermittlung der 2D-Positionsgenauigkeit sind Tabelle 7-7 zu entnehmen. Die durchschnittliche Größe der Bounding Box für die Drucktaster beträgt etwa 80 x 82 px, sodass die mittlere Positionsgenauigkeit von 3,71 px unter 5% der Seitenlänge der Bounding Boxes liegt. Ein Pixel des Bildes entspricht bei den verwendeten Bilddaten im Abstand der Kamera zu den Messpunkten einer realen Größe von 0,23 mm, sodass der Fehler der Detektion im Mittel unter 1 mm zum ground truth beträgt.

Tabelle 7-7 Positionsgenauigkeit des optimierten Viola-Jones Detektors

	Val 1	Val 2	Val 3	Mittelwert
Mittlere Abweichung	3,52 px	4,06 px	3,54 px	3,71 px

7.2.3.4 Messpunktklassifikation

Versuchsdesign

Die Bewertung der vier implementierten Algorithmen erfolgt anhand von vier separaten Kriterien. Dabei handelt es sich um die tatsächliche Erkennungsquote, die Prüfdauer, die Toleranz des Verfahrens, die Toleranz gegen Intraklassenvarianz und die Größe des zum Training benötigten Datensatzes. Besonders wichtig ist eine hohe Erkennungsquote, da sie maßgeblich für die Qualität und Verlässlichkeit der Klassifikation ist. Da die gewünschte Flexibilität des Systems eine hohe potenzielle Intraklassenvarianz impliziert, ist die Toleranz des Verfahrens gegenüber der Intraklassenvarianz ausschlaggebend für die Gesamterkennungsquote und damit ebenfalls für die korrekte Funktion des Prüfsystems. Die Erkennungsquote und die Toleranz gegenüber Intraklassenvarianz erhalten daher die höchste Gewichtung. Eine geringe Prüfdauer ist ebenfalls von hoher Bedeutung, aber nicht so bedeutend wie die Erkennungsquote, daher wird ihre Gewichtung eine Stufe niedriger angesetzt. Die Erkennungsquote und Prüfdauer können außerdem als Ausschlusskriterien genutzt werden, falls die Werte eines Verfahrens so schlecht sind, dass ein Einsatz im Prüfsystem nicht realisierbar ist. Die Größe des Datensatzes wurde im Vergleich dazu mit der geringsten Gewichtung versehen. Tabelle 7-8 fasst die Bewertungskriterien und deren Gewichtung zusammen.

Tabelle 7-8 Bewertungsmaßstab zur Auswertung der Metadaten und deren Gewichtung

Kriterium		**Punktevergabe**	**Gewichtung**
B1	**Erkennungsquote**	Ranking, Punkte für Platz im Ranking	3
B2	**Prüfdauer**	benötigte Prüfdauer für Accuracy > 90 %, Ranking, Punkte für Platz im Ranking	2
B3	**Toleranz ggü. Intraklassenvarianz**	Ranking nach Accuracy, Punkte für Platz im Ranking	3
B4	**Größe des Datensatzes**	benötige Datensatzgröße um Accuracy > 90 % zu erreichen: • klein: 3 Punkte • mittel: 2 Punkte • groß: 1 Punkt 90 % nicht erreicht: 0 Punkte	1

Zur Bewertung der drei implementierten Verfahren zur Messpunktklassifikation wurde aus jeweils fünf Originalaufnahmen der neun am häufigsten auf den verschiedenen Lenkradtypen vorkommenden Symbole mittels verschiedener Bildmanipulationen ein Stammdatensatz von 5000 Bildausschnitten erstellt. Bei den angewandten Manipulationen handelt es sich um Rotation (R), Verzerrung (V), Translation (T), Filtern mit unterschiedlichen Filtermasken (F), Hinzufügen von Rauschen (N) und Kontrastveränderung (K). Für jedes Symbol wurde die gleiche Anzahl an Bildern erstellt, da von einem gleichverteilten Auftreten im Prüfablauf ausgegangen wurde. Die Verwendung dieses balancierten Datensatzes garantiert, dass die Klassifikationsalgorithmen ausgeglichen trainiert werden und keine Symbole anhand mangelnder Trainingsbasis schlechter erkannt werden als andere. Wäre allerdings die korrekte Klassifikation eines bestimmten Symbols wichtiger als die Klassifikation der restlichen Symbole, könnte durch Anpassung der Datensätze und durch Änderungen im Trainingsverfahren das Klassifikationsverfahren entsprechend angepasst werden.[387]

Die Erkennungsquote (B1) wird bei jedem Versuch anhand der Konfusionsmatrix ermittelt. Neben der Bewertung als eigenständiges Kriterium wird die Quote außerdem zur Bewertung des Kriteriums B3 genutzt. Die Prüfdauer wird zum Abschluss des Trainings für die jeweils beste SVM bzw. das beste Netz anhand eines reduzierten Testdatensatzes mit zehn Bildern pro Klasse gemessen. Da davon auszugehen ist, dass die Größe des Datensatzes einen

[387] **Sun, Y.; Wong, A.; Kamel, M.** (2009), S. 687

Einfluss auf die Prüfdauer des Verfahrens hat, für die restlichen Kriterien jedoch die Prüfdauer als Bewertungsmaßstab unerheblich ist, werden nur die anhand der Stammdatensätze trainierten Klassifikatoren untersucht.

Zur Bewertung der Intraklassenvarianz werden nur die Hälfte der Lenkräder, auf denen sich die Symbole einer Klasse befinden, zum Training verwendet. Der Testdatensatz umfasst die Bilder der unbekannten Symbole auf der restlichen Hälfte der Lenkräder. Diese unterscheiden sich in ihrer Darstellung zum Teil erheblich von den trainierten Symbolen (vgl. Tabelle VII-8 sowie Tabelle VII-9 in Anhang K).

Die Bewertung hinsichtlich des Einflusses der Größe des Datensatzes erfolgt für drei separate Datensatzgrößen. Dabei werden für das HOG-Verfahren kleinere Datensätze verwendet, da hier die Manipulationen Rotation, Verzerrung und Translation nicht verwendet werden (das Verfahren ist prinzipbedingt nicht robust gegenüber diesen Manipulationen): Groß (der gesamte Stammdatensatz von 5000 Bildern bzw. 2000 bei HOG), Mittel (500 Bilder, 200 bei HOG) und Klein (100 Bilder, 40 bei HOG). Zur Absicherung der Ergebnisse wird eine Kreuzvalidierung durchgeführt. Dabei werden die Datensätze in zehn kleinere Teildatensätze aufgeteilt, von denen jeweils neun zum Training und einer zum Test verwendet wird. Dieses Verfahren wird zehnmal wiederholt, bis jeder Datensatz einmal als Testdatensatz zum Einsatz gekommen ist. Das Ergebnis in Bezug auf die Erkennungsquote wird dann gemittelt angegeben.[388] Die Kreuzvalidierung wird für die Versuche zur Intraklassenvarianz nicht durchgeführt, da hier nur der Vergleich von Bedeutung ist und der verwendete Datensatz keine Aussage über die grundsätzliche Fähigkeit des Verfahrens erlaubt. Die jeweiligen Datensätze sind in Tabelle 7-9 und Tabelle 7-10 zusammengefasst dargestellt.

Tabelle 7-9 Zum Test verwendete Stammdatensätze

Stammdatensatz	Verwendete Manipulationen	Besonderheiten
D1	F, N, K	
D2	R, V, T, F, N, K	
Abgeleiteter Datensatz		
Dx.IV		Die Daten werden gemäß Tabelle 5.2 in Training und Test aufgeteilt
Dx.K		100 (40) Bilder, zufällig extrahiert aus D2 (D1)

[388] vgl. **Alpaydin, E.** (2010), S. 486

Dx.M		500 (200) Bilder, zufällig extrahiert aus D2 (D1)

Tabelle 7-10 Bei den jeweiligen Versuchen genutzte Stammdatensätze

Kriterium	Trainingsdaten	Testdaten
B3	D1.IV bzw. D2.IV	D1 zw. D2
B1, B2, B4	D1.K, D1.M, D1, D2.K, D2.M, D2,	D1.K, D1.M, D1, D2.K, D2.M, D2,

Versuchsdurchführung

Für die Durchführung der Versuche wird bei jedem Verfahren zunächst mit dem kleinsten Datensatz begonnen. Anschließend werden die Versuche mit dem mittleren und großen Datensatz und zum Schluss die Versuche bezüglich Intraklassenvarianz und Variation der Objektpose durchgeführt.

Auffällig bei den Ergebnissen der Versuche ist, dass das Training des Verfahrens SURF, BoF, SVM deutlich länger dauert als das Training der restlichen Verfahren. So nimmt das Training mit dem kleinsten Datensatz bereits circa 50 Minuten in Anspruch. Da durch das SURF-Verfahren viele Merkmale im Bild gefunden werden, dauert das Erstellen des BoF schon 40 Minuten und nimmt damit den Großteil der insgesamt benötigten Zeit in Anspruch. Zum Vergleich: Das Training des Verfahrens SIFT, BoF, SVM dauert nur circa acht Minuten. Für den größten Datensatz dauert das Trainieren eines einzelnen Segments der Kreuzvalidierung mit SURF mehr als 30 Stunden. Da die Durchführung des restlichen Versuchs ungefähr zwei Wochen gedauert hätte, wurde das Training mit den restlichen Segmenten aufgrund mangelnder Praktikabilität nicht mehr vorgenommen.

Das Training des neuronalen Netzes profitiert von einer umfassenden Nutzung der GPU. Das Trainieren des Netzes mit dem großen Datensatz dauert daher nur ca. zwei Stunden. Das Training des Klassifikators MSER, HOG, SVM dauert ca. drei Stunden pro Segment (großer Datensatz).

Versuchsauswertung

Die Bewertung der Algorithmen erfolgt in einem zweistufigen Prozess. Zunächst werden die Rohdaten, die in unterschiedlichen Datenformaten vorliegen, ausgewertet und in vergleichbare Metadaten überführt. Diese Daten ermöglichen bereits Aussagen über das Verhalten der einzelnen Klassifikationsverfahren hinsichtlich Performance und über den Einfluss der Größe des Datensatzes zu treffen. Anhand dieser Metadaten wird anschließend ein Ranking der Verfahren vorgenommen, welches wiederum in ein Punktesystem überführt wird. Die Punkte werden mit den in Tabelle 7-8 festgelegten Gewichtungen multipliziert und so wird eine Gesamtnote für jedes Verfahren berechnet.

Versuch zur Prüfdauer (Kriterium B2)

Das CNN kann auf Grund der Architektur von AlexNet die Leistung der GPU ausnutzen. Dadurch liegt die Prüfdauer bei diesem Verfahren nur bei durchschnittlich 0,05 s pro Symbol. Ein Vergleich zeigt, dass die Prüfdauer des CNN um den Faktor 100 ansteigt, wenn dieses stattdessen auf der CPU ausgeführt wird. Die restlichen Verfahren benötigten eine längere Prüfdauer pro Symbol als das CNN auf der GPU, sind aber noch deutlich schneller als das CNN auf der CPU. Beim HOG-Verfahren ist die Prüfdauer relativ unabhängig von der Datensatzgröße, während beim SIFT- und SURF-Verfahren besonders bei einem großen Datensatz ein Anstieg der Prüfdauer zu erkennen ist. Dies lässt sich durch die Verwendung des BoF-Verfahrens erklären. Große Datensätze benötigen durch die aufwändigere Clusterbildung lange Trainingszeiten, die Einordnung eines neuen Merkmalsvektors in das große Cluster ist dementsprechend auch zeitaufwändiger. Eine Übersicht bietet Abbildung 7-9.

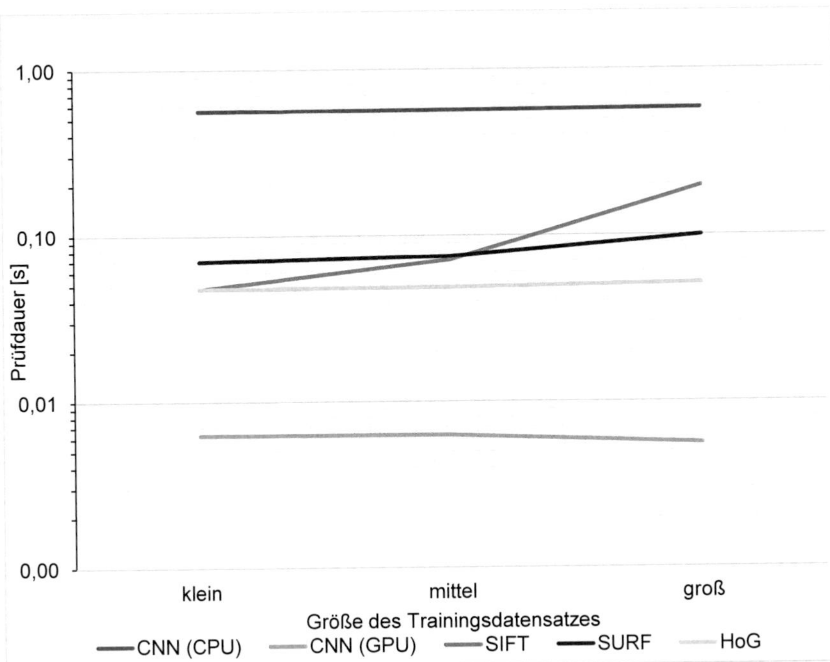

Abbildung 7-9 Prüfdauer in Abhängigkeit der Trainingsdatensatzgröße

Versuch zur Toleranz gegenüber Intraklassenvarianz (Kriterium B3)

Im Versuch hinsichtlich der Toleranz gegenüber Intraklassenvarianz zeigt sich ein erheblicher Unterschied in der Performance der Verfahren (vgl. Abbildung 7-10). Am besten schneidet hier das Verfahren mit HOG-Deskriptor ab, dicht gefolgt vom SURF-basierten Verfahren. Das CNN zeigt sich nicht sehr tolerant gegenüber der hohen Intraklassenvarianz des Datensatzes und landet auf Platz drei. Weit abgeschlagen ist das Verfahren auf Basis von SIFT, das mit knapp 28 % Trefferquote weniger als die Hälfte der Trefferquote vom vierten Verfahren erreicht. Dies ist vermutlich auf die geringe Anzahl der gefundenen Merkmale zurückzuführen. In vielen Symbolen wurden durch den SIFT-Extraktor nur sehr wenige (10-20) Merkmale gefunden. Liegen diese zusätzlich noch an wenig aussagekräftigen Positionen des Symbols - aussagekräftig im Sinne über die Intraklassenvarianz hinweg möglichst stabil - ist die Klassifikation eines unbekannten Symbols nur schlecht möglich. Der HOG-Detektor nimmt stattdessen als globale Methode deutlich mehr Merkmale auf, womit die Wahrscheinlichkeit übereinstimmende Merkmale in unterschiedlichen Symbolen einer Klasse zu finden steigt.

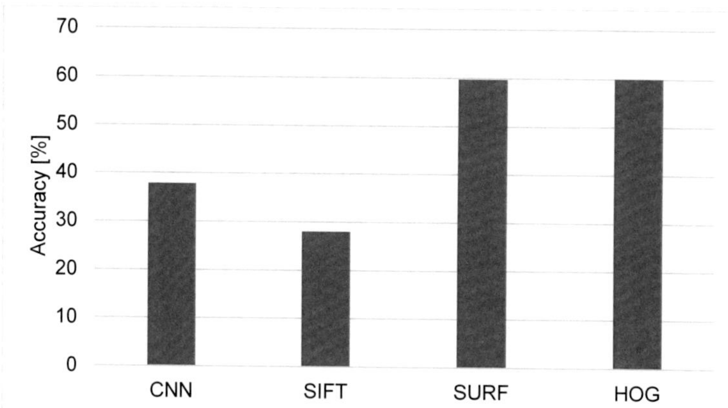

Abbildung 7-10 Accuracy (Treffergenauigkeit) verglichener Algorithmen gegenüber bei vorherrschender Intraklassenvarianz

Versuch zur Ermittlung der Erkennungsquote und dem Einfluss der Datensatzgröße (Kriterium B1 & B4)

Die Mittelwerte der Accuracy bei den einzelnen Versuchen der Kreuzvalidierung sind für die unterschiedlichen Datensatzgrößen in Abbildung 7-11 abgebildet. Die durchschnittliche Accuracy von CNN und HOG-Verfahren liegen schon beim kleinen Datensatz über 95 % und nahe beieinander. Durch Vergrößerung des Datensatzes kann eine Erhöhung der Accuracy auf 99,7 % (HOG) beziehungsweise 100 % beim CNN erreicht werden. Das Klassifikationsverfahren mit SURF als Merkmalsextraktor liegt im Mittelfeld, erreicht aber mit dem großen Datensatz ebenfalls eine durchschnittliche Accuracy von über 95 %. Bei diesem Wert handelt es sich allerdings nicht um einen Durchschnittswert, da wie erwähnt, mit dem großen Datensatz keine Kreuzvalidierung aufgrund einer zu langen Trainingsdauer vorgenommen werden konnte. Da jedoch schon die Steigerung der Datensatzgröße vom kleinen zum mittleren Datensatz eine Verbesserung der Treffsicherheit des Verfahrens bewirkt hat, kann davon ausgegangen werden, dass es sich bei der Quote von 95 % nicht um einen zufällig besonders guten Wert handelt. Das SIFT-Verfahren weist beim kleinsten Datensatz nur eine Accuracy von 51 %

auf und kann auch mit dem größten Datensatz nicht an die Treffsicherheit der anderen Verfahren aufschließen.

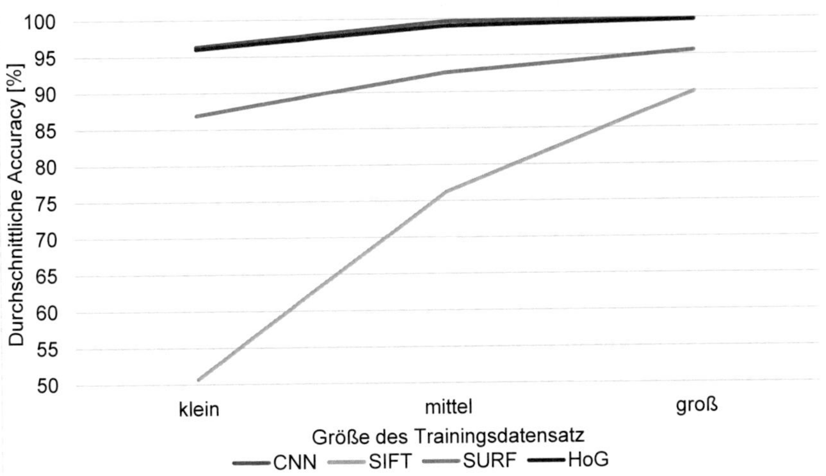

Abbildung 7-11 Accuracy (Treffergenauigkeit) verglichener Algorithmen in Abhängigkeit der Trainingsdatensatzgröße

Endergebnis

Die ermittelten Endergebnisse sind in Abbildung 7-12 grafisch sowie in der Tabelle VII-10 im Anhang K tabellarisch dargestellt. Im Endergebnis zeigt sich, dass sofern eine leistungsstarke GPU im Prüfsystem eingesetzt werden kann, das umtrainierte AlexNet zur Symbolklassifikation eingesetzt werden sollte. Es erzielt sehr gute Trefferquoten bei gleichzeitig minimaler Prüfdauer und kann außerdem mit nur wenigen Trainingsbildern erfolgreich trainiert werden. Steht im Prüfsystem keine ausreichende Grafikkarte zur Verfügung, sollte das Klassifikationsverfahren mit dem HOG-Deskriptor implementiert werden. Die Prüfung dauert mit diesem Verfahren etwas länger, dafür ist jedoch die Toleranz gegenüber Intraklassenvarianz höher und es reicht ebenfalls ein kleiner Datensatz zum Trainieren des Klassifikators aus. Außerdem beträgt der Unterschied in der durchschnittlichen Accuracy im Vergleich zum CNN nur 0,3 %. Trotz der langen Prüfdauer schneidet das CNN, wenn es auf der CPU ausgeführt wird, besser ab als das Klassifikationsverfahren mit dem SIFT-Merkmalsextraktor, dieses hat eine im Vergleich sehr schlechte Accuracy und selbst der große Datensatz ist für ein erfolgreiches Training nicht ausreichend. Das SURF-Verfahren befindet sich im Mittelfeld, hat gegenüber dem HOG-Verfahren die schlechtere Accuracy und benötigt den mittleren Datensatz für das Training, liegt jedoch aufgrund der geringeren Prüfdauer noch vor dem CNN mit CPU-Ausführung.

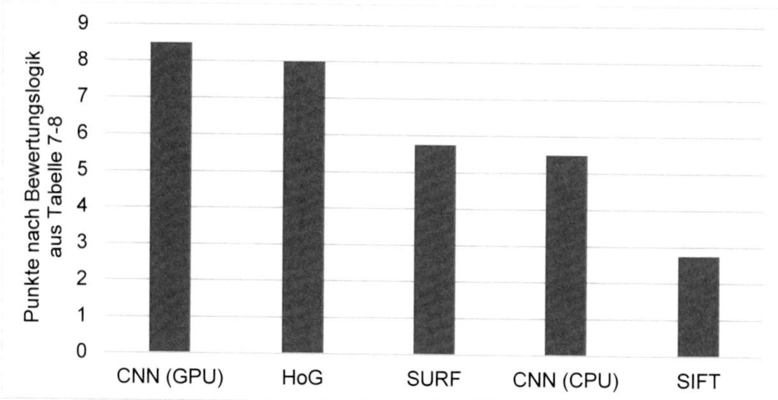

Abbildung 7-12 Endergebnisse des Vergleichs von Algorithmen für die Symbolklassifikation

7.2.3.5 Zeitliche Aspekte der gesamten Bildverarbeitungskette

Versuchsdesign

Die in MATLAB implementierte Bildverarbeitungskette wird abschließend als geschlossener Prozess analysiert. Qualitativ wird anhand der notwendigen Schritte bereits die Komplexität der Bildverarbeitung deutlich, die für ein flexibles Machine-Vision-System eines autonomen Prüfsystems notwendig sind (vgl. Programmcode 2 in Abschnitt 6.2.3). Zur Evaluierung der gesamten Bildverarbeitungskette werden 30 aufeinanderfolgende Durchläufe mit unterschiedlichen Prüfobjekten durchgeführt und die daraus resultierenden Zeiten für die Durchläufe sowie die unterschiedlichen Verarbeitungsschritte gemessen.

Versuchsdurchführung

Die Durchführung der Zeitmessversuche erfolgt mittels der drei Validierungsprüfobjekte. Die Zeitmessung selbst erfolgt im MATLAB. Dies ist insofern relevant, als dass die Zeitmessung selbst Rechenkapazität bindet und die eigentliche Zeit für den Bildverarbeitungsprozess dadurch erhöht werden könnte. Weiterhin zeigt sich in der Durchführung, dass die gemessenen Zeiten stark davon beeinflusst werden, ob die Ergebnisse der Prozessschritte in MATLAB visualisiert werden, oder nicht.

Versuchsauswertung

Ein Durchlauf der vollständigen Prozesskette dauert zum ersten Durchlauf rund 68,52 s. Die Aufteilung auf die wesentlichen Prozessbausteine ist in Tabelle 7-11 enthalten.

Tabelle 7-11 Durchlaufzeit des ersten Durchlaufs der Bildverarbeitungskette

Verarbeitungsschritt	Zeile in Programmcode 2	Durchlaufzeit
setze Arbeitsraum zurück und lade Modelle	1-2	10,14 s
initiiere und verbinde Kameras	3	30,32 s
erfasse Bild	5	0,62 s
alle folgenden Bildverarbeitungsschritte	Rest	27,44 s

Bei der Interpretation der in Tabelle 7-11 aufgeführten Ergebnisse muss bedacht werden, dass das Laden der benötigten Modelle sowie die Verbindung und das Starten der Kameras nur einmalig zu Beginn einer Prüfroutine erfolgt. Für den ersten Durchlauf der eigentlichen Bildverarbeitungsschritte werden 27,44 s benötigt, bei den folgenden 30 Durchläufen stellt sich ein Mittelwert von 14,72 s ein. Eine Aufschlüsselung der Zeitverteilung für die Bildverarbeitung findet sich in der folgenden Tabelle 7-12.

Tabelle 7-12 Aufschlüsselung der Durchlaufzeit für die Bildverarbeitung

Verarbeitungsschritt	Zeile in Programmcode 2	Durchlaufzeit
rekonstruiere 3D-Szene	6,13	1,14 s
segmentiere die Punktewolke (aktive Konturen)	14	0,95 s
ermittle Messpunkte	16	2,59 s
schätze Normalenvektor der Messpunkte (NN-Algorithmus)	18	7,41 s
erzeuge Mesh (crust-Algorithmus)	21	0,98 s
restliche Verarbeitungsschritte	Rest	1,58 s
Summe		14,65 s

Wie in Tabelle 7-12 ersichtlich, erfordert der für die Normalenberechnung und das Markieren der Messpunkte benötigte next neighbour Algorithmus mehr als 50% der Durchlaufzeit der Bildverarbeitung. Hier liegt daher das größte zeitliche Verbesserungspotenzial für die Bildverarbeitungskette. Weitere Potenziale zur zeitlichen Beschleunigung liegen (in absteigender Größe) in den Verarbeitungsschritten der Messpunktermittlung durch den Cascade Detektor, der Disparitätsberechnung für die Rekonstruktion der 3D-Szene, der Erzeugung des Mesh sowie der 2D Segmentation der Punktwolke mit aktiven Konturen.

Sofern die Normalenberechnung und das Markieren der Messpunkte außen vorgelassen werden, lässt sich eine Durchlaufzeit von 7,04 s (bzw. 11,5 s für den ersten Durchlauf) für die Bildverarbeitung erzielen. Die Differenz zur vorher gemessenen Zeit ist geringfügig höher als die Zeit für die Ausführung der Berechnung für die Normalen/das Markieren, da der Communication Overhead sowie leichte Schwankungen in der Auslastung des Prüfstandrechners zu berücksichtigen sind.

Ein eindeutiger Vorteil einer entsprechend geschlossenen autonomen Bildverarbeitungskette gegenüber der manuellen Programmierung ist der quasi eliminierte Aufwand zur Erfassung der relevanten Ist-Situationsdaten. Insbesondere zeigen die durchgeführten Untersuchungen, dass selbst mit Hilfe eines vergleichsweise kostengünstigen und nicht proprietären Stereo-Kamerasystems eine hohe Performance erreicht werden kann.

7.2.4 Analyse und Ermittlung optimaler Verfahren für die Bewegungsplanung

Versuchsdesign

Der vorliegende Versuch dient zur Auswahl der für diesen Anwendungsfall geeignete Algorithmen für die Bahnplanung. Zusätzlich sollen Erwartungswerte für die Planungszeit und Güte der Bewegungsbahn generiert werden, um die gesamte Prüfungsaufgabe genauer definieren zu können.

Zur Planung einer Bahn für ein durch Start- und Zielpose definiertes Problem ist zunächst mittels der inversen Kinematik eine zulässige Konfiguration zu ermitteln, bei dem der Endeffektor des Roboters die Orientierung der jeweiligen Zielpose einnimmt. Für die Lösung der inversen Kinematik wird die in V-REP implementierte Funktion genutzt. Um den Einfluss der Lösungszeit auf die Planung zu ermitteln, wird vor dem eigentlichen Vergleich der Bahnplaner ein Versuch mit jeweils 1000 zufälligen Start- und Zielposen durchgeführt, bei dem nur die Zeit zur Ermittlung gültiger Konfigurationen gemessen wird.

Für den Vergleich der Bahnplaner werden die, wie in Abschnitt 6.2.5 beschrieben, in der OMPL bereits implementierten Planungsalgorithmen genutzt. Zusätzlich werden die im Zuge dieser Forschungsarbeit in die Simulationsumgebung V-REP implementierten erfahrungsbasierten Planer Thunder und Lightning (vgl. Abschnitt 4.6.4.1) getestet. Zielgrößen des Versuchs sind also zum einen die Zeit, die für das reine Finden einer gültigen Bewegungsbahn für den Roboter benötigt wird, und andererseits die Güte dieser Bahn. Diese wird in der Länge im Konfigurationsraum und auch in der Pfadlänge im dreidimensionalen Raum betrachtet. Im Konfigurationsraum werden die diskreten Punkte einer Bahn als Bewegungen der Achsen skaliert mit der Größe der jeweiligen Drehachse verbunden und summiert. Im dreidimensionalen Raum werden die Punkte der Bahn durch lineare Strecken verbunden und diese Distanzen summiert. Für unterschiedliche Planungsaufgaben können diese Längen auf die direkte Distanz von Start- und Zielpunkt skaliert werden.

Bei der Betrachtung der implementierten erfahrungsbasierten Planer ist neben der Planungszeit und –güte insbesondere deren Entwicklung von Interesse. Nach der Grundidee dieser Planer, sollten sich diese in Hinblick auf Planungszeit oder Güte mit zunehmenden ähnlichen Planungsaufträgen verbessern und nach gewisser Zeit herkömmlichen Planern überlegen sein.

Die Zeitmessung erfolgt direkt im Child Script der Simulationsszene in V-REP. Bei diesem Versuch wird lediglich die Zeit gemessen, die der Planungsalgorithmus benötigt. Jeglicher Overhead, wie das Finden gültiger Zielkonfigurationen oder Ausrichten der Objekte, wird nicht betrachtet, um die Planer direkt miteinander vergleichen zu können.

Der Versuchsplan selbst sieht folgende Faktoren vor:

- Drei Prüfobjekte (Val 1-3) mit jeweils acht festen und vordefinierten Messpunkten.
- Die Prüfmenge wird aus der Menge aller Messpunkte bestimmt.
- Das Prüfobjekt wird im Rahmen des Versuchsplans von seiner Nulllage aus im Bereich -90° bis +90° gedreht.
- Das Prüfobjekt wird im Rahmen des Versuchsplans von seiner Nulllage aus in x- und y-Richtung um -50 mm bis +50 mm verschoben.

Da die Messpunkte auf allen drei Prüfobjekten in zwei Clustern vorliegen, führt die Auswahl der Messpunkte je nach Versuchspunkt zu einem Pfadplanungsproblem mit zwei unterschiedlichen Distanzen: einer kurzen Distanz von ca. 20 mm, wenn Start- und Zielkonfiguration innerhalb eines Clusters liegen, und einer langen Distanz von ca. 200 mm, wenn zwischen den Clustern geplant wird. Durch eine Skalierung der erzielten Pfadlänge auf die Distanz der Start- und Zielpunkte können Pfade miteinander verglichen werden. Eine Visualisierung des Versuchs bietet Abbildung 7-13.

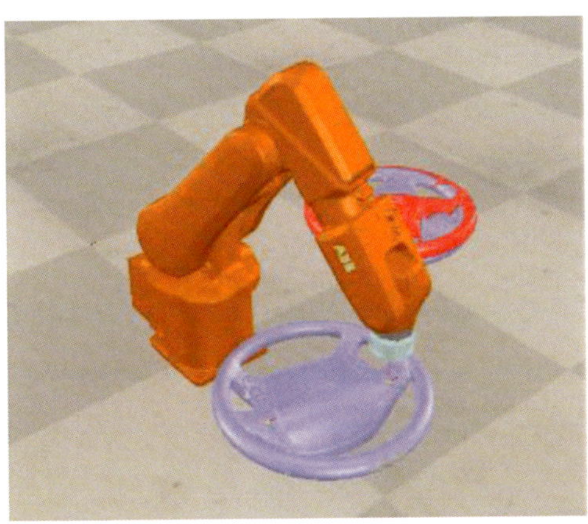

Abbildung 7-13 Simulationsumgebung V-REP mit drei Prüfobjekten im Versuch

Bei dem Versuchsplan selbst handelt es sich um einen sogenannten lateinischen Hyperwürfel (engl.: Latin-Hypercube), bei dem der Versuchsraum für die vorgegebene Zahl der Versuche (200) möglichst gleichmäßig belegt wird. Für jedes Bahnplanungsverfahren wird der exakt gleiche Versuchsplan verwendet, um eine Vergleichbarkeit sicherzustellen. Neben diesem Vergleich aller Planer wird ein Versuch mit 3000 Versuchspunkten für die beiden Planer Thunder und Lightning durchgeführt, um die Entwicklung der Zeit und Güte der Planung zu ermitteln.

Versuchsdurchführung

Alle Versuche werden auf dem Simulationsrechner durchgeführt, um eine Vergleichbarkeit der Ergebnisse zu gewährleisten. Des Weiteren finden alle Versuche für einen Planer unmittelbar nacheinander statt.

Für die Start- und Zielpunkte werden im Vorgang Posen innerhalb der Simulationsumgebung V-REP erzeugt, die nach dem Versuchsplan an die richtige Stelle innerhalb der Simulationsumgebung platziert werden. Die 3D Modelle der drei verschiedenen Prüfobjekte werden bereits vorher in die Szene geladen und entsprechend (automatisch) positioniert und gedreht, damit der Simulationssoftware das richtige Kollisionsobjekt zur Verfügung steht.

Die Vergleichbarkeit der Planer ist grundsätzlich eingeschränkt, da einerseits Planer getestet werden, die eine Optimierung durchführen (z. B. PRM*[389]) sowie solche, die dies nicht tun (z. B. RRT). Optimierende Planer nutzen die zur Verfügung stehende Planungszeit in der Regel voll aus, um das Ergebnis iterativ zu verbessern. Um die Güte der Lösung bei einer möglichst kurzen Planungszeit bewerten zu können, werden diesen optimierenden Planern daher zwei unterschiedliche maximale Planungszeiten, hier 30 s und 0,5 s, vorgegeben, mit denen der Versuch jeweils einmal vollständig durchgeführt wird.

Bei der Durchführung ergibt sich, dass nicht alle 27 Planer der für V-REP adaptierten Version der OMPL ausführbar sind. Dazu zählen BIT*, CForest und pSBL. Es übersteigt den Rahmen dieser Arbeit, hier eine Ursachenforschung zu betreiben, deswegen werden sie aus der weiteren Betrachtung ausgeschlossen.

Die beiden erfahrungsbasierten Planer Thunder und Lightning nutzen eine eigene Erfahrungsdatenbank zur Speicherung bekannter Pfadinkremente. Die Versuche mit diesen Planern werden jeweils mit einer zu Anfang leeren Datenbank durchgeführt.

Versuchsauswertung

Der Versuch zur Ermittlung der benötigten Zeiten zum Finden zulässiger Konfigurationen zeigt einen Erwartungswert von unter 15 ms. Im Mittel liegt die Zeit bei 13,162 ms mit einer Standardabweichung von 3,075 ms. Das entsprechende Konfidenzintervall (99 % Konfidenzniveau) ist [12,912 ms; 13,413 ms]. Insgesamt kann daraus geschlossen werden, dass die Zeit zur Ermittlung einer gültigen Konfiguration den eigentlichen Ablauf nicht signifikant verzögert.

[389] Der Zusatz * wird häufig für Planungsalgorithmen verwendet, die basierend auf einem vorherigen Algorithmus weiterentwickelt wurden. Zu PRM* vgl. **Karaman, S.; Frazzoli, E.** (2011)

Der Versuch zur Analyse der erfahrungsbasierten Planer Thunder und Lightning zeigt ein deutliches Ansteigen der Planungszeit mit jedem weiteren Planungsauftrag (Query). Bei Lightning scheint dieser linear zu sein, bei Thunder exponentiell. Gleichzeitig tritt keine nennenswerte Verbesserung der Pfadqualität auf, wie in Abbildung 7-14 zu sehen ist.

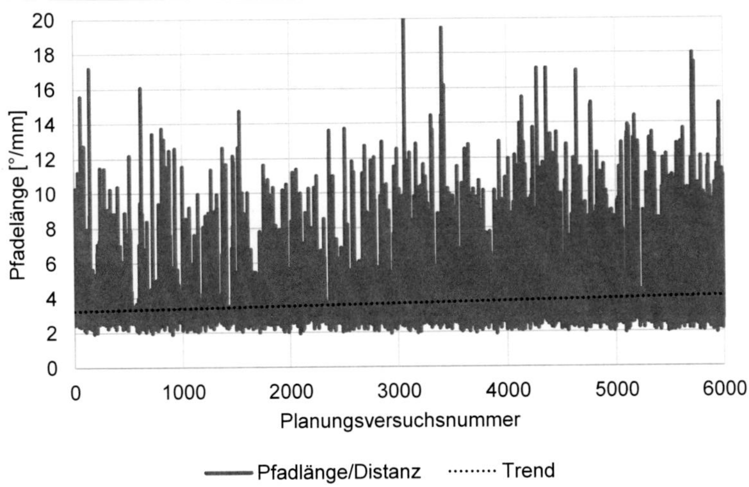

Abbildung 7-14 Veränderung der Planungsgüte über die Anzahl sukzessiver Planungsvorgänge mittels des Pfadplanungsalgorithmus „Thunder"

Auf Grund der nicht besser werdenden Planungsgüte wurden die Ursachen für das Ansteigen der Planungszeit nicht weiter erforscht. Dieser Unterschied in der Planungszeit der beiden Algorithmen schlägt sich auch in der Größe der Datenbank nieder. So weisen die Erfahrungsdatenbanken beider Planer nach dem Versuch eine Größe von 106 kBytes (Thunder) bzw. 2070 kBytes (Lightning) auf. Ein möglicher Grund für die fehlende Zunahme an Güte könnte sein, dass diese erfahrungsbasierten Planer nicht für diesen Anwendungsfall optimal sind, da der Ausgangspunkt der Planung zu unterschiedlich und die Kollisionsumgebung zu einfach ist.[390] Trotzdem müsste sich bei Thunder eine Verbesserung in Form von kürzeren Pfaden einstellen, da die Roadmap ständig aktualisiert werden sollte. Es sollte hierzu eine Ursachenforschung in der Implementierung der Planer an sich und in der Einbettung in V-REP betrieben werden. Relevante Fragestellung hierbei ist, wann der Base Planner und wann der Retrieve Repair vom Algorithmus genutzt wird.

Für den weiteren Vergleich aller Planer wird eine Einteilung in zwei Klassen vorgenommen. Die erste Klasse enthält Algorithmen, die zufällige Pfade ohne Optimierung generieren, die zweite solche Algorithmen, bei denen ein gefundener Pfad bis zur maximal vorgegebenen Planungszeit optimiert wird. Zur Klasse der Algorithmen, die die maximale Planungszeit oder

[390] vgl. **Berenson, D.; Abbeel, P.; Goldberg, K.** (2012), S. 3677; **Coleman, D., et al.** (2015), S. 904

mehr ausnutzen, zählen LBTRRT, LazyPRM*, PRM*, RRT*, SPARS und SPARS2. Diese Algorithmen terminieren sicher – in diesem Anwendungsfall – innerhalb der längeren maximalen Planungszeit von 30 s und generieren einen gültigen Pfad. Innerhalb der maximalen Planungszeit von 0,5 s, die der Anforderung 1-b für dieses System eher entspricht, terminiert jedoch nur PRM* zuverlässig. Eine Übersicht über die Planungszeiten aller verglichenen Planer in einem Box-Plot bietet Abbildung 7-15.

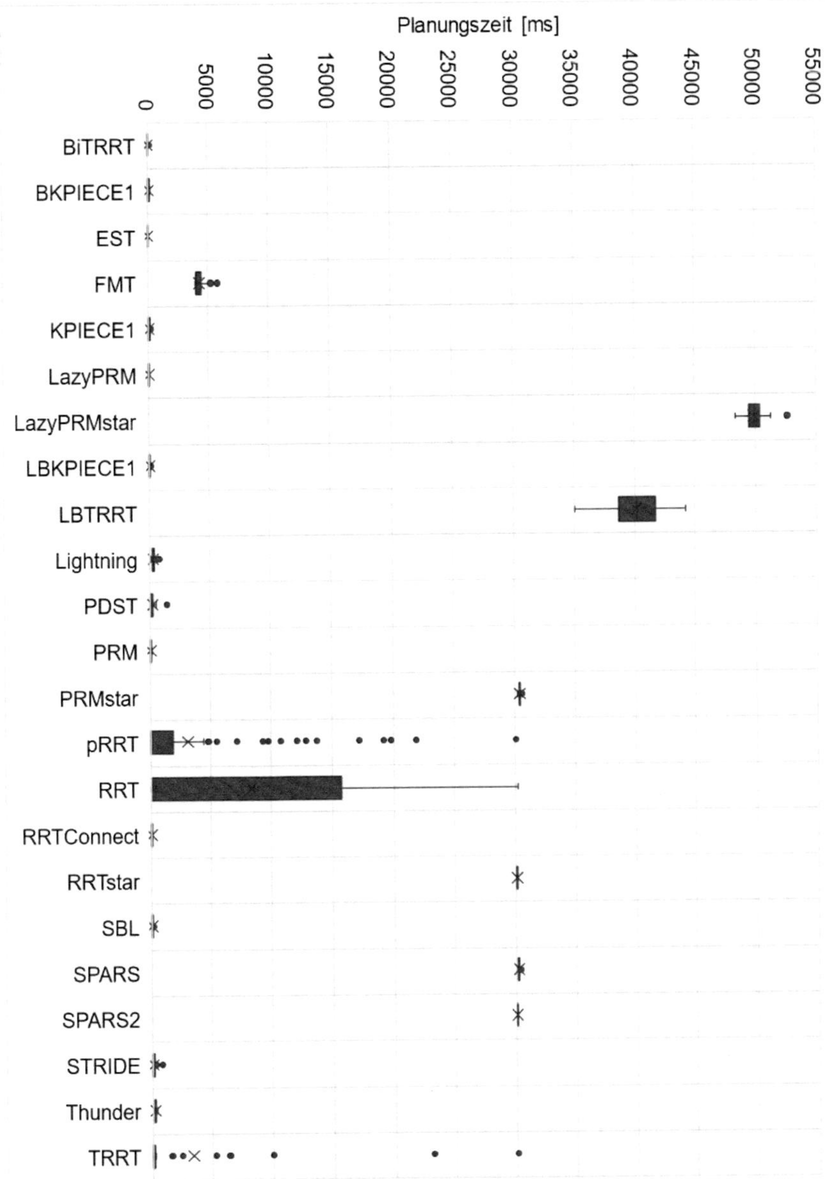

Abbildung 7-15 **Vergleich der Planungszeiten aller betrachteten Bahnplanungsalgorithmen**

Auf Basis der in Abbildung 7-15 dargestellten Planungszeiten unter Berücksichtigung der Planungsgüte wird die Menge der für das System in Frage kommenden Planer auf fünf Planer reduziert. Es handelt sich dabei um die Algorithmen BiTRRT, EST, LBKPIECE1, RRTConnect und SBL. Die für die Planung eines Pfadabschnittes benötigte Zeit dieser Planer liegt (teilweise deutlich) unter 100 ms. Um die Güte des ermittelten Pfads zu verbessern, können daher mehrere Planungsvorgänge vorgenommen werden, aus denen der mit der höchsten Pfadgüte ausgewählt wird. Die Menge an sukzessiven Planungsvorgängen kann als Parameter zur Anpassung des Systemverhaltens betrachtet werden. Um die Verbesserung der Pfadgüte bei einer bestimmten Anzahl wiederholter Planungsvorgänge einschätzen zu können, wurde mit den erwähnten fünf Planern ein weiterer Versuch mit 200 wiederholten Planungsproblemen durchgeführt, bei dem für jedes Planungsproblem der Planungsvorgang zehnmal wiederholt wurde. Die Planungszeit bei zehnfacher Wiederholung des Planungsvorgangs steigt quasi linear zu der Anzahl der Planungen. Deshalb wird auf eine grafische Darstellung verzichtet. Die resultierende (günstigste) Pfadgüte zeigt Abbildung 7-16.

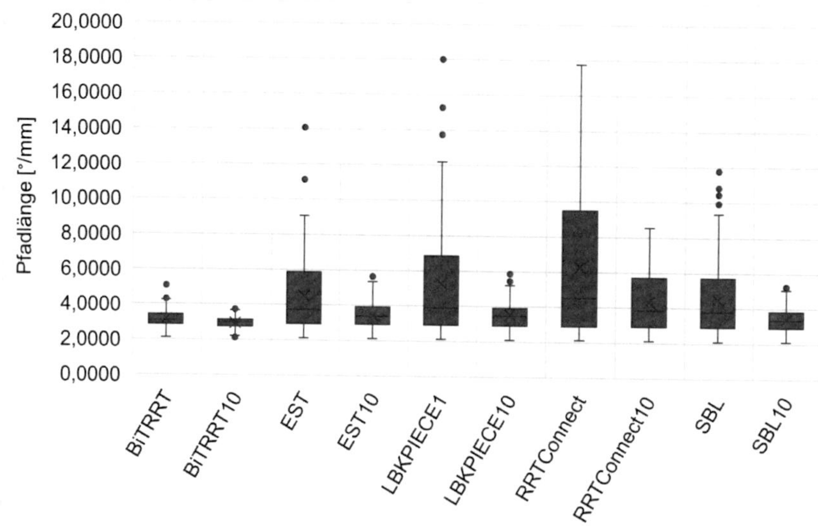

Abbildung 7-16 Pfadlänge bei ein und zehnfacher wiederholter Planung durch fünf ausgewählte Planer

In Abbildung 7-16 wird deutlich, dass die Schwankungen bei zehn Planungen im Vergleich zu einer stark abnehmen (Zahlenbeispiel: Streuung EST vs. EST 10). Der BiTRRT Algorithmus zeigt das vielversprechendste Verhalten für das vorliegende Planungsproblem. Bei zehn Pfadplanungen pro Planungsaufgabe beträgt diese im Mittel 461 ms und in 99 % der Fälle unter 725 ms (99 %-Quantil, Konfidenzintervall auf Grund nicht gegebener Normalverteilung hier nicht bestimmt) und wird durch den BiTRRT gelöst. Der resultierende Pfad weist im Vergleich mit den anderen Planern die beste Güte im Konfigurationsraum (2,948 °/m) auf; die Länge des generierten Pfades weicht dabei lediglich 8,7% von der euklidischen Distanz von

Start- und Zielpunkt ab. Lediglich der Algorithmus EST ist im Mittel und löst die Aufgabe bei zehnfacher Wiederholung etwas schneller als der BiTRRT (441 ms); das 99 % Quantil (811 ms) sowie die mittlere Pfadgüte (3,427 °/m) sind jedoch im Vergleich mit dem BiTRRT schlechter.

Abschließend kann die mittlere Zeit, bis das System für ein gegebenes Planungsproblem eine zulässige Trajektorie gefunden hat und beginnt diese auszuführen, abgeschätzt werden. Diese setzt sich zusammen aus:

1. Dem anfänglichen Overhead für die Erstellung der Objekte im Simulationsraum (Prüfobjekt und Messpunkte) sowie die Positionierung dieser.
2. Der Zeit zur Ermittlung zulässiger Start- und Zielkonfigurationen, zur Ermittlung eines zulässigen Pfads zwischen Start- und Zielkonfiguration und der Verzögerung zwischen dem Senden des Pfads aus V-REP und dem Ausführen der daraus folgenden Bewegung durch den Roboter.

In einem Test mit dem Einladen des 3D-Modells des Prüfobjektes und der Positionierung von drei Targets (Prüfobjekt plus zwei Messpunkte) beträgt die Zeit vom Programmstart bis zum Starten der Simulation (1.) im Mittel 869 ms. Die Zeit von Starten der Simulation bis sich der Roboter zum ersten Mal bewegt beträgt (2.) 545 ms. Nicht miteinberechnet sind die benötigten Zeiten für die Datenakquise aus der MongoDB sowie den Prozessen der Selbstoptimierung.

7.2.5 Analyse des Selbstoptimierungsverhaltens

Im folgenden Abschnitt werden die entwickelten Bestandteile der Selbstoptimierung untersucht. Dazu gehört unter anderem die Validierung der hergeleiteten Modelle, die Sensitivitätsanalyse der extern vorgegebenen Parameter sowie die Analyse des Systemverhaltens an sich. Die Validierung setzt auf einer exemplarischen Spezifikation der externen Zielgrößen sowie der Modellparameter auf. Diese sind im Anhang L beschrieben.

Um einen Prüfungsdurchlauf zu simulieren, werden bei der Durchführung der Prüfung Messwerte generiert. Die Messwerte für die Trajektorie werden mittels der in Formel 7-1 aufgeführten Gleichungen für alle Bahnabschnitte der Trajektorie generiert. Zusätzlich wird ein um den Erwartungswert Null normalverteilter Fehler mit Standardabweichung 0,01 hinzuaddiert, um einen kleinen Messfehler zu simulieren. Die in Bezug auf die Messpunkte gemessenen Prüfmerkmale werden als normalverteilte Zufallszahlen mit individuell definierten Erwartungswerten und Standardabweichungen generiert.

Die Berechnung der Fehlerwahrscheinlichkeiten der Merkmale auf Cluster und Prüfobjektebene erfolgt über die in Anhang D hergeleiteten Formeln. Das Integral in Formel VII-13 in Anhang E zur Berechnung der Wahrscheinlichkeit, mit der ein Cluster fehlerfrei ist, enthält ein Integral, das analytisch nicht lösbar ist. Stattdessen wird das Integral numerisch integriert, indem der Inte-grationsbereich diskretisiert wird. Die integrierte Funktion wird in N äquidistanten Stützstellen ausgewertet und das Integral mittels Trapezregel bestimmt. Die Anzahl der benötigten Stützstellen hängt von der Größe des absoluten Intervalls, von den

Standardabweichungen der Prüfmerkmale und der Genauigkeit, die benötigt wird, ab. Für die implementierte Testversion lieferten bereits 50 Diskretisierungsschritte eine ausreichende Genauigkeit von vier Nachkommastellen.

7.2.5.1 Validierung des Fehlermodells

Versuchsdesign

Das in Anhang D hergeleitete Fehlermodell wird über eine Monte-Carlo-Simulation validiert. Dazu wird ein Testcluster definiert, auf dem für alle Messpunkte der Erwartungswert und die Standardabweichung einer (beispielhaften, einheitenlosen) Messgröße eines Prüfmerkmals festgelegt sind, und Angaben welche Messpunkte geprüft werden (vgl. Tabelle 7-13).

Tabelle 7-13 Fehlermodellparameter Referenzcluster

Messpunkt	**1**	**2**	**3**	**4**	**5**	**6**
Geprüft?	Ja	Ja	Ja	Ja	Nein	Nein
Erwartungswert μ	10,5	10,1	10,2	9,9	9,8	10,1
Standardabweichung σ	0,105	0,101	0,102	0,099	0,108	0,101

Für die Validierung des Fehlermodells werden 10 Millionen Durchläufe simuliert. Ausgangspunkt der Tests ist eine absolute Unter- und Obergrenze für Messwerte von 9,0 bzw. 11,0. Neben einem reinen Vergleich der berechneten Fehlerwahrscheinlichkeiten wird noch die Plausibilität veränderter Parameter überprüft.

Versuchsdurchführung

Mit den definierten Parametern werden normalverteilte Zufallswerte für die beispielhafte Messgröße generiert. Anschließend wird eine Auswertung durchgeführt in der geklärt wird, welcher von den vier Fällen „true pass", „false pass", „true fail" oder „false fail" aufgetreten ist. Der ganze Vorgang wird für dasselbe Testcluster sehr oft wiederholt und es wird mitgezählt wie oft ein bestimmtes Ergebnis aufgetreten ist.

Versuchsauswertung

Das Ergebnis des Simulationsversuchs ist in Tabelle 7-14 dargestellt. Die berechneten Fehlerwahrscheinlichkeiten stimmen mit denen der Monte-Carlo-Simulation bis auf die dritte oder vierte Nachkommastelle überein. Es wird daher angenommen, dass die Modellgleichungen korrekt hergeleitet wurden.

Tabelle 7-14 Ergebnisse Monte-Carlo-Simulation zur Validierung des Fehlermodells

Quelle	p(Fehler)	p(True fail)	p(False fail)	p(False pass)	p(True Pass)
Modellgleichung	0,04217	0,004994	0,0	0,03717	0,95783
Monte Carlo	0,04208	0,00501	0,0	0,03706	0,95792

7.2.5.2 Zeitliche Aspekte der Optimierung

Versuchsdesign

Der zeitkritischste Teil der Selbstoptimierungsroutine ist die Optimierung und Bestimmung der internen Zielgrößen, da diese den eigentlichen Prüfungsvorgang verzögern und abgeschlossen sein müssen, bevor die Prüfung gestartet werden kann. Einen besonders hohen Rechenbedarf benötigt die Berechnung von Formel VII-13 in Anhang E. Diese muss im Zuge der angewendeten Greedy-Heuristik zur Anpassung des Prüfumfangs über die zu Beginn des Abschnitts 7.2.5 beschriebene numerische Integration mehrmals berechnet werden.

In den Tests werden jeweils 1000 Optimierungen für ein Prüfobjekt mit einer gleichen Anzahl von Messpunkten auf drei Clustern durchgeführt, und die Ergebnisse für jede Anzahl gemittelt. Dabei wird auch die Zeit mit einbezogen, die benötigt wird, um alle nötigen Daten für die Optimierung aus der Datenbank zu erhalten. Neben der Optimierung werden noch die Zeiten für alle innerhalb einer Prüfung im Rahmen der Selbstoptimierung durchgeführten Operationen inklusive Optimierung, Auswertung und Anpassung von Datenbank und Modellen gemessen. Zusätzlich wird die notwendige Zeit für die Anpassung der Modellparameter mittels RLS ermittelt.

Versuchsdurchführung

Bei der Durchführung der Validierung wird vom Worst-Case ausgegangen, in der Annahme, dass ausgehend vom leeren Prüfumfang bei der Kostenoptimierung, nach und nach alle Messpunkte zur Prüfung hinzugefügt werden. Für n Messpunkte werden ausgehend von einem Prüfumfang von Null nacheinander $\mathcal{O}(n^2)$ Möglichkeiten in Betracht gezogen, einen weiteren Messpunkt hinzuzufügen. Daraus wird bereits deutlich, dass der maximale Prüfumfang die Zeit für die Kostenoptimierung erhöhen muss. Auch die folgende Optimierung der Prüfreihenfolge der Messpunkte und die Optimierung der Trajektorienparameter verzögert sich.

Versuchsauswertung

Die Ergebnisse der Zeitmessungen sind in Tabelle 7-15 dargestellt. Aus den Zeitmessungen der Optimierung und der gesamten SO ist erkennbar, dass der Zeitanstieg leicht überproportional zur Anzahl der Messpunkte erfolgt. Bis maximal sieben Messpunkten für jeweils drei Cluster, also insgesamt 21 Messpunkten ist eine Optimierungszeit von ungefähr kleiner gleich einer Sekunde gegeben. Im Hinblick auf den Anwendungsfall des Systems, einer Haptikprüfung der Drucktaster eines Autolenkrads, würden 21 Messpunkte bereits eine sehr große Anzahl an Messpunkten bedeuten. Von den vorhandenen Testobjekten wies keines diese Anzahl von Drucktastern auf. Zudem kann argumentiert werden, dass bei einer hohen Anzahl an Messpunkten auch das Einsparpotential größer ist, wodurch eine höhere Optimierungsdauer gerechtfertigt sein kann.

Tabelle 7-15 Ergebnisse Zeitmessungen für die Optimierung bzw. alle Operationen der Selbstoptimierung

Anzahl Messpunkte pro Cluster (3 Cluster)	**4**	**5**	**6**	**7**	**8**	**9**	**10**
Zeit Optimierung [s]	0,288	0,473	0,658	1,024	1,579	1,983	2,272
Zeit SO Gesamt [s]	0,455	0,694	0,922	1,389	1,950	2,429	2,779

Die Messung der benötigten Zeit zur Anpassung der Parameter vom Energie- und Zeitmodell ergibt durchschnittlich $2{,}22 \cdot 10^{-4}\, s$. Für n Messpunkte enthält die gefahrene Trajektorie n+1 Teilstücke und daher auch n+1 Energie- und Zeitmessungen, für die die beiden Modelle angepasst werden. Der Zeitaufwand kann insgesamt als klein und damit vernachlässigbar im Vergleich zur Optimierung eingestuft werden.

7.2.5.3 Validierung der Anpassung des Prüfumfangs

Versuchsdesign

Für die Validierung der Optimierung des Prüfumfangs werden zunächst mit dem in Tabelle 7-13 definierten Testcluster Versuche zur Verringerung des Prüfumfangs durchgeführt. Als absolute Grenzen für die Messgrößen wurden 0,9 und 1,1 definiert. Bei einem weiteren Test wird die Adaption mit leerem Prüfumfang gestartet. In einem dritten Testfall wird ein Prüfobjekt gewählt, bei dem drei Testcluster vorhanden sind.

Versuchsdurchführung

Die durch den Optimierungsalgorithmus vorgenommenen Anpassungen werden erfasst. Von Interesse ist hierbei insbesondere, ob der Algorithmus auf Basis vorhandener historischer Messdaten der Prüfmerkmale plausible Entscheidungen darüber trifft, welche Messpunkte in welcher Reihenfolge zum Prüfumfang hinzuzufügen bzw. zu entfernen sind.

Versuchsauswertung

Im ersten Test zur Verringerung entfernt der Algorithmus die Messpunkte in der Reihenfolge 5, 1, 6, 2, 4, 3 aus dem Prüfumfang. Der Vergleich in Abbildung 7-17, in der die Normalverteilungen des beispielhaften Prüfmerkmals für die sechs Messpunkte dargestellt sind, zeigt, dass zunächst die Messpunkte mit den mittig liegenden Erwartungswerten des Prüfmerkmals entfernt werden und zuletzt die Messpunkte, bei denen die Verteilungen des Prüfmerkmals am nächsten zu den absoluten Grenzen liegen. Diese Reihenfolge bei der Anpassung ist plausibel, da die Prüfmerkmale mit den mittig liegenden Erwartungswerten die niedrigste Wahrscheinlichkeit aufweisen, eine Ausprägung anzunehmen, die die relativen oder absoluten Grenzen verletzt. Bei den Prüfmerkmalen mit den nah am Rand liegenden Erwartungswerten ist genau das Gegenteil der Fall, weshalb diese Messpunkte unbedingt geprüft werden sollten.

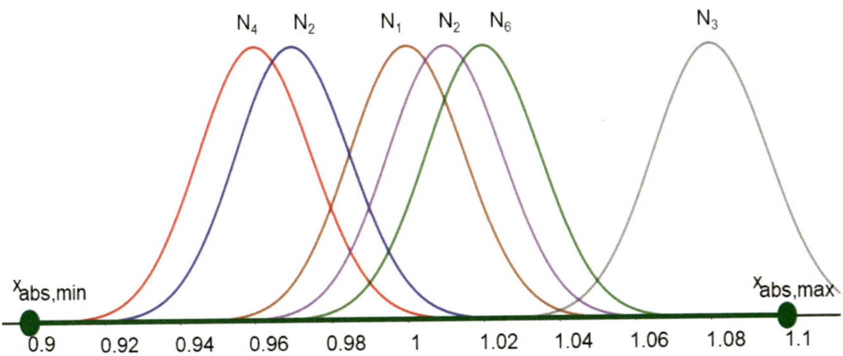

Abbildung 7-17 Geschätzte Normalverteilungen des beispielhaften Prüfmerkmals für die Messpunkte des Testclusters

Im Testfall mit drei Clustern wird zunächst aus jedem Cluster der Messpunkt 1 entfernt, bevor aus einem Cluster ein zweiter Messpunkt entfernt wird. Dieses Verhalten ist damit zu erklären, dass die „false pass"-Wahrscheinlichkeit beim Entfernen eines Messpunkts bei kleineren Prüfungsumfängen stärker ansteigt als bei größeren Prüfungsumfängen, da der verbleibende größere Prüfumfang bessere Rückschlüsse auf die relativen Grenzen der Messwerte zulässt.

7.2.5.4 Validierung des Energie- und Zeitmodells

Versuchsdesign

Um das Verhalten des Energie- und Zeitmodells zu untersuchen, werden 1000 Iterationen des RLS-Algorithmus für zufällig generierte Pseudomesswerte einer Testfunktion aus dem Parameterbereich a=1...10, v=1...10, s=0.5...30 durchgeführt und das Verhalten des relativen Fehlers betrachtet. Als Testfunktionen, die die tatsächlich benötigte Energie und Zeit einer Trajektorie simulieren, werden die in Anhang L beschriebenen Testfunktionen ohne (vgl. Formel VII-24) und mit simulierten Einsatzes eines Erfahrungsbasierten Planers (vgl. Formel VII-25) verwendet. Um Messrauschen zu simulieren, wird dem Ergebnis ein normalverteilter Zufallsfehler mit Erwartungswert null und eine Standardabweichung von 0,01 hinzuaddiert.

Versuchsdurchführung

Im Falle der Gültigkeit der statischen Testfunktionen wird ein Vergessensfaktor von $\lambda = 0{,}98$ gewählt, da ein Vergessen für die Optimierung der Modellpräzision im Zeitverlauf notwendig ist. Für den dynamischen Modellansatz werden drei Versuche mit einem Vergessensfaktor von 0,9, 0,5 und 0,1 durchgeführt.

Versuchsauswertung

Die statische Testfunktion entspricht durch die Least-Squares-Schätzung bereits bei der ersten Iteration sehr nah der tatsächlichen Lösung. Der durchschnittliche relative Fehler liegt bei unter 0,3% bei beiden Modellen, jedoch sind deutliche Schwankungen bis 2% und einige Ausreißer bis 7% zu erkennen.

Der Vergleich der untersuchten Varianten in der dynamischen Variante zeigt, dass für $\lambda = 0{,}9$ zunehmend größere Abweichungen auftreten, da die Parameter zu langsam an die Änderungen des Systemverhaltens angepasst werden. Für $\lambda = 0{,}1$ wurden bei den Testfunktionen die besten Ergebnisse gefunden. Der relative Fehler liegt hier bei beiden Modellen bei durchschnittlich unter einem Prozent. Weiterhin ist zu erkennen, dass für die ersten 500 Iterationen der Fehler leicht höher ist, als für die nachfolgenden Iterationen, was darauf zurückgeführt werden kann, dass sich die Testfunktionen bei den Anfangsiterationen schneller ändern als bei späteren Iterationen.

Bei den verschiedenen Versuchen fiel auf, dass die Dimensionierung der Funktionale der Modellstruktur einen großen Einfluss auf die Stabilität des RLS-Algorithmus besitzt. Bei zu großen Unterschieden in der Dimension der Funktionale wird die Parameterschätzung instabil und führt zu beliebig schlechten Ergebnissen. Anschaulich wird das Verhalten z. B. bei der folgenden Wahl der Funktionale für das Energiemodell:

$$\phi_1 = 1\,, \phi_2 = \frac{s}{v}\,, \phi_3 = sv^2\,, \phi_4 = \frac{s}{a}\,, \phi_5 = sa^2$$

Die Parameter werden wie im Test für dynamische Modellansätze mit einem Vergessensfaktor von 0,5 bestimmt. Trotz eines anfänglich sehr kleinen Fehlers durch die genaue Anfangsschätzung wächst der Fehler über die 1000 Iterationen sehr stark an (vgl. Abbildung 7-18).

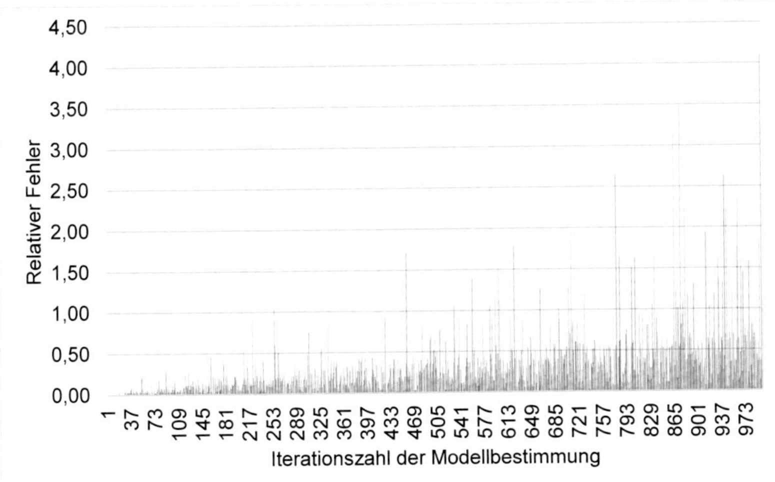

Abbildung 7-18 Relativer Fehler Energiemodell (dynamisches Energiemodell, λ=0,5) mit falsch skalierten Funktionalen der Modellstruktur

Der Anstieg des relativen Fehlers ist auf die unterschiedlichen Größenordnungen der Parameter und die dadurch verursachten numerischen Instabilitäten zurückzuführen. Die optimalen Parameter (bei Iteration 0) sind:

$$p_1 = 0{,}015, \qquad p_2 = 1, \qquad p_3 = 0{,}0015, \qquad p_4 = 1, \qquad p_5 = 0{,}0015$$

Damit sind p_3 und p_5 um ca. drei Größenordnungen kleiner als p_2 und p_4. Weiterhin problematisch bezüglich der Stabilitätsprobleme erwiesen sich Anfangsschätzungen der Parameter, die zu weit von den optimalen Parametern entfernt lagen, weshalb auf das gewöhnliche Least-Squares-Verfahren für eine bessere Anfangsschätzung zurückgegriffen wurde.

Insgesamt kann die Genauigkeit der Modelle und die Anpassungsfähigkeit für die Testbeispiele als ausreichend für die Optimierung der Trajektorienparameter angesehen werden, sofern die Testfunktionen und die Anfangsparameter gut ausgewählt werden. Bei der Adaption der Parameter muss jedoch sichergestellt werden, dass keine Instabilität des RLS-Verfahrens auftritt.

7.2.5.5 Einhaltung externer Ziele und Sensitivitätsanalyse

Versuchsdesign

Um die Einhaltung der vorgegebenen externen Ziele zu testen, wird der Optimierungsalgorithmus mit verschiedenen externen Zielstellungen als Ausgangspunkt für dasselbe Prüfobjekt durchgeführt. Zunächst wird ein allgemeiner Test durchgeführt, der die Funktionalität und richtige Implementierung des Optimierungsalgorithmus prüft. Als Testergebnis wird erwartet, dass die Ziele mit höchster Priorität, wenn möglich auf Kosten der anderen Ziele, eingehalten werden können und bei ausreichend niedrigen Anforderungen der restlichen Ziele alle externen

Ziele eingehalten werden können. Auf Basis des Versuchs wird der Einfluss der externen Ziele auf das Systemverhalten qualitativ bestimmt.

Versuchsdurchführung

Bei der Durchführung der Versuche wird die in Abschnitt 6.2.6 erwähnte Ungleichung $c_{true\,pass} < c_{false\,fail} \leq c_{true\,fail} < c_{false\,pass}$ stets beibehalten. Der Einfluss der Kostenparameter auf die maximal zulässige Restfehlerwahrscheinlichkeit für eine „Fehlerfrei"- Bewertung des Prüfobjekts kann mittels Formel 5-10 bestimmt werden.

Versuchsauswertung

Der Test ergibt, dass das Qualitätsziel immer eingehalten werden kann, wenn es die höchste Priorität besitzt. Bei Energie oder Zeit als höchster Priorität, kann es passieren, dass trotz minimalem Prüfumfang die Vorgaben nicht eingehalten werden können. Das kann an folgenden Gründen liegen:

- Einige Messpunkte sind aufgrund eines zu hohen Strafscores zur Prüfung festgelegt. Sie können daher nicht aus dem Prüfumfang entfernt werden.
- Start- und Endkoordinaten der Trajektorie sind nicht identisch, sodass zwangsläufig ein Weg auf der Trajektorie gefahren werden muss.

Durch Verringerung der externen Vorgaben können nach und nach alle niedriger priorisierten Ziele erfüllt werden. Eine Senkung der höherrangigen Ziele hat dabei einen positiven Einfluss auf die Einhaltung von niedriger priorisierten Zielen. Der Umkehrschluss gilt nicht, da niedrigere Ziele ignoriert werden, sofern nicht alle höheren Ziele erfüllt sind.

Innerhalb des Lösungsbereichs, in dem alle externen Ziele eingehalten werden können, legt die Kostenfunktion das Gleichgewicht zwischen den Zielgrößen fest. Der Einfluss der zentralen externen Zielgrößen ist in Tabelle 7-16 dargestellt.

Tabelle 7-16 Sensitivitätsanalyse: Einfluss von externen Parametern auf das Systemverhalten

Parameteränderung		Prüfungsumfang	a	v	$p_{Restfehler,max}$	Energie	Zeit	„False pass"-Wahrscheinlichkeit
$c_{true\,pass}$	↑	→	→	→	↓	→	→	↓
$c_{false\,pass}$	↑	↑	↕	↕	↓	↑	↑	↓
$c_{true\,fail}$	↑	↓	↕	↕	↑	↓	↓	↑
$c_{false\,fail}$	↑	→	→	→	↑	→	→	↑
c_t	↑	↓	↑	↑	→	↕	↓	↑

c_e	↑	↓	↓	↓	→	↓	↕	↑
Zeitziel	↓	↓	↑	↑	→	↕	↓	↑
Energieziel	↓	↓	↓	↓	→	↓	↕	↑
„False Pass"-Wkt.-Ziel	↓	↑	↕	↕	↓	↑	↑	↓

Danach besitzt $c_{true\ pass}$ keinen Einfluss auf den Prüfumfang, da p(true pass) bei der Prüfumfangoptimierung nur von der Gesamtmenge an Messpunkten des Prüfobjekts abhängig ist, jedoch nicht vom bestimmten Prüfumfang. Entsprechend sinkt mit steigenden $c_{true\ pass}$ $p_{Restfehler,max}$ und damit die „False pass"-Wahrscheinlichkeit in Formel 5-10.

Durch $c_{false\ pass}$ steigen die Kosten für einen nicht erkannten Fehler des Prüfobjekts. Dem wird durch eine Erhöhung des Prüfumfangs entgegengewirkt. Zusätzlich sinkt, wie in Formel 5-10 dargestellt, die maximal zulässige Restfehlerwahrscheinlichkeit, was insgesamt zu einer niedrigeren „False pass"-Wahrscheinlichkeit führt. Durch den erhöhten Prüfumfang steigen auch die benötigte Energie und die Zeit des Prüfvorgangs an. Der Einfluss auf die Parameter Geschwindigkeit und Beschleunigung variiert und ist abhängig davon, wie sich die Trajektorie im Detail verändert, und kann daher nicht genau angegeben werden. Der Parameter $c_{true\ fail}$ besitzt genau den gegenteiligen Einfluss von $c_{false\ pass}$.

Der Parameter $c_{false\ fail}$ besitzt keinen Einfluss auf den Prüfumfang, da bei der Optimierung des Prüfumfang von p(false fail) = 0 ausgegangen wird. Durch Erhöhen des Parameters wird $p_{Restfehler,max}$ jedoch gesenkt (vgl. Formel 5-10), wodurch insgesamt auch die Wahrscheinlichkeit des Ergebnisses „False pass" sinkt.

Die Zeit- und Energiekostenparameter c_t/c_E bewirken eine Senkung des Prüfumfangs zur Einsparung von Zeit/Energie und daraus resultierend eine erhöhte „False pass"-Wahrscheinlichkeit. Die Parameter Geschwindigkeit und Beschleunigung werden für eine Erhöhung der Zeitkosten heraufgesetzt, für eine Erhöhung der Energiekosten gesenkt. Der wechselseitige Einfluss auf die jeweils andere Zielgröße kann nicht genau angegeben werden, da die Effekte bei der Senkung des Prüfumfangs und bei der Anpassung der Trajektorienparameter gegenläufig sind. Der niedrigere Prüfumfang führt bei einer Erhöhung der Zeitkosten z. B. zu einem niedrigeren Energieverbrauch, jedoch steht diesem die erhöhte Geschwindigkeit und Beschleunigung entgegen. Die Änderungen sind zudem als Tendenz zu verstehen. Beispielsweise können durch den verringerten Prüfumfang die Beschleunigung und Geschwindigkeit kurzfristig sinken, werden danach bei einer weiteren Erhöhung von c_t aber wieder ansteigen, solange der Prüfumfang nicht weiter verringert wird bzw. werden kann.

Eine Verschärfung der externen Energie- und Zeitziele hat qualitativ dieselben Auswirkungen wie eine Erhöhung der Energie-/Zeitkostenparameter. Eine Verringerung der extern vorgegebenen maximalen „False Pass"-Wahrscheinlichkeit führt zu einem erhöhten Prüfumfang und dem damit verbundenen Anstieg an Zeit und Energie. Die Folge ist eine Veränderung in Richtung Erfüllung des Ziels. Die Veränderung von Beschleunigung und Geschwindigkeit hängt von der genauen Trajektorie ab.

Die Änderungen für die angepassten Systemziele gelten nur solange alle Systemziele erfüllbar sind, oder das jeweilige Systemziel höchste Priorität besitzt. Insgesamt kann für die Kostenparameter zusammenfassend gesagt werden, dass das System, ähnlich des oft in der Physik anzutreffenden Prinzips der Ursache seiner Änderung entgegenwirkt. Beispielsweise wird einer Erhöhung der Qualitätskosten $C_{quality}$ durch eine Erhöhung des Parameters $c_{false\ pass}$ entgegengewirkt, indem die Kosten durch eine Verringerung der „False Pass"-Wahrscheinlichkeit gesenkt werden. Eine Veränderung der externen Zielvorgaben hat auch eine Veränderung des Systems in Richtung Erfüllung der Vorgaben zur Folge, solange die Vorgaben erfüllbar sind. Durch diese Eigenschaft des Gegensteuerns kann das Systemverhalten als stabil bewertet werden.

7.2.5.6 Abschließende Betrachtung des gesamten Optimierungsablaufs

Versuchsdesign

Um das Verhalten der Selbstoptimierung zu veranschaulichen, wird eine Kostenoptimierung für ein Testprüfobjekt durchgeführt. Für das Prüfobjekt werden drei Cluster mit jeweils fünf Messpunkten angesetzt. Eine Visualisierung der Messpunkte sowie der Cluster in zweidimensionalen Koordinaten sowie die dafür ermittelte Lösung durch die Nearest-Neighbour Heuristik bietet Abbildung VII-32 im Anhang L. Zur Vereinfachung werden keine externen Ziele vorgegeben und für die Prüfung eines Messpunkts eine Zeit von zwei Sekunden und ein pauschaler Energieverbrauch von 0,6 kWs angesetzt. Eine Optimierung wird für verschiedene Standardabweichungen durchgeführt, um die Abhängigkeit des Prüfumfangs von den Schwankungen der gemessenen Kennwerte zu zeigen. Die Kostenparameter werden entsprechend Anhang L definiert.

Versuchsdurchführung

Das gestellte Szenario durchläuft alle drei Schritte der Optimierung. Zunächst wird der Prüfumfang ermittelt, dann die kürzeste Rundtour und zuletzt erfolgt die Optimierung der Zeit bzw. Energie auf Basis der beispielhaften Modelle.

Versuchsauswertung

Das Ergebnis des Versuchs ist in Tabelle 7-17 dargestellt. Wie erwartet wird das Ergebnis der Optimierung stark von der aktuellen Standardabweichung beeinflusst. Für $\sigma = 0{,}014$ werden noch alle Messpunkte geprüft. Bei einer Standardabweichung von 0,13 werden drei Messpunkte aus dem Prüfumfang entfernt. Für eine Standardabweichung von 0,011 bereits 11 und für 0,009 ist es am günstigsten keinen Messpunkt mehr zu prüfen.

Für den Fall $\sigma = 0{,}13$ sinkt damit bereits die Energie von 55,15 kWs auf 48,5 kWs und die Zeit von 79,2 s auf 46,46 s, bei einer gleichzeitig geringen Erhöhung der „False pass"-Wahrscheinlichkeit von 0 auf 4,6e-05. Die Werte sind dabei allerdings eher repräsentativ für das qualitative

Verhalten, da die Einsparungen von den gewählten Kostenparametern und der Energie/Zeitfunktion abhängen. Gleichzeitig zeigt sich am Beispiel die Abhängigkeit des Prüfumfangs von dem Fehlerverhalten der Prüfmerkmale der Messpunkte.

Tabelle 7-17 Ergebnisse der Kostenoptimierung für das Testbeispiel und verschiedene Standardabweichungen des beispielhaften Prüfmerkmals

Zuordnung	#	μ	Koordinaten	Geprüft? ($\sigma = 0,014$)	Geprüft? ($\sigma = 0,013$)	Geprüft? ($\sigma = 0,011$)	Geprüft? ($\sigma = 0,009$)
Cluster 1	1	1,0	[8,20,2]	X	X		
	2	1,02	[6,18,2]	X	X		
	3	1,01	[10,18,2]	X			
	4	0,99	[8,16,2]	X	X	X	
	5	0,98	[8,18,2]	X	X		
Cluster 2	6	1,0	[26,18,2]	X	X		
	7	1,02	[28,20,2]	X	X		
	8	1,01	[24,20,2]	X	X	X	
	9	0,99	[28,16,2]	X		X	
	10	0,97	[24,16,2]	X	X		
Cluster 3	11	1,0	[6,12,2]	X	X		
	12	1,02	[8,14,2]	X	X		
	13	1,01	[10,12,2]	X			
	14	0,99	[10,10,2]	X	X		
	15	1,03	[8,10,2]	X	X	X	
Energie				55,15 kWs	48,5 kWs	33,0 kWs	0 kWs
Zeit				79,2 s	46,46 s	40,3 s	0 s
p(False pass)				0	4,6e-05	2,76e-05	1,067e-05

7.3 Kritische Reflexion und Weiterentwicklungspotenzial

Die Ergebnisse der Systemanalyse ermöglichen eine kritische Reflexion des Systemaufbaus und der implementierten Abläufe. Es folgt zunächst in Abschnitt 7.3.1 eine Betrachtung der Einsatzfähigkeit und Limitation der eingesetzten Hardware im Kontext des Einsatzes innerhalb des prototypischen selbstoptimierenden Haptikprüfsystems. Diese wird angeschlossen durch die direkt aus den Ergebnissen ersichtlichen Erweiterungsmöglichkeiten im Bereich der Hardware.

In Abschnitt 7.3.2 werden die Softwarebestandteile und die im Rahmen der Erprobung implementierten Algorithmen reflektiert. Dabei wird neben den zentralen Systemfunktionen wie der Bildverarbeitung und der Trajektoriengenerierung auch das Selbstoptimierungsverhalten betrachtet.

7.3.1 Systemkomponenten

Robotersystem

Die Recherche des Robotersystems ergab eine ausreichende Flexibilität und Absolutpositioniergenauigkeit für das ausgewählte Robotersystem ABB IRB 120. In der Praxis zeigt sich, dass die Absolutpositioniergenauigkeit deutlich über den Herstellerangaben liegt, was an der nicht vorhandenen Absolutkalibrierung des Systems liegt. Dementsprechend ergibt sich als Weiterentwicklungspotenzial in Bezug auf das Robotersystem die Absolutkalibrierung z. B. unter Einsatz eines externen Messsystems wie einem Lasertracker [391] oder durch das Anbringen eines entsprechenden Messsystems direkt am Roboter [392]. Insgesamt kann jedoch festgehalten werden, dass auch ohne eine solche Absolutkalibrierung der Systemfehler noch in einem Ausmaß vorliegt, das es dem System trotzdem erlaubt die tatsächlichen Messpunkte selbstständig zu finden und auch zu treffen.

Kraftsensorik

Die Aufnahme der Kraftdaten während der Bewegung konnte unter Einsatz des gewählten Kraftsensors realisiert werden. In der Messsystemanalyse zeigte sich, dass die Unsicherheit für fast alle aus der Kraft-Weg-Kurve bestimmbaren Parameter ausreichend gering ist. Auf Grund der Doppelrolle des Kraftsensors für die Kraftregelung der Bewegung einerseits und die Kraftmessung andererseits ist die eigentliche Prüfbewegung jedoch entsprechend langsam durchzuführen, um dynamische Einflüsse zu minimieren. Diese Problematik könnte durch Einsatz eines zweiten Kraftaufnehmers am Endeffektor umgangen werden, der ausschließlich der Aufnahme der bei der Betätigung entstehenden Kräfte dient. Notwendig wäre allerdings auch eine Umstellung der gesamten Kommunikation der Messdaten bzw. der Einbindung in die Messdatenaufnahme der Robotersteuerung. Eine höhere Systemkomplexität wäre eine Folge dieser Alternativlösung.

---

[391] vgl. **Nubiola, A.; Bonev, I.** (2013), S. 236

[392] vgl. **Lux, G.; Reinhart, G.** (2015), S. 106

Alternativ könnte die Kraftregelung auch auf Basis der Aktuatordrehmomente des Roboters realisiert werden.[393] Die erreichbare Regelungsgüte müsste jedoch genau untersucht werden, um eine Beschädigung der Prüfobjekte während der Prüfung zu vermeiden. Schließlich wäre auch die Verbindung des Roboters mit einem biomimetischen Sensor, wie z. B. dem von FISHEL entwickelten Biotac-Sensor denkbar.[394] Ein solcher Sensor könnte nicht nur die eigentliche Kraft bei der Prüfung aufnehmen, sondern den Prüfumfang des Systems um weitere haptisch-sensorische Modalitäten wie etwa die wahrgenommene Rauheit oder Rutschigkeit von Oberflächen erweitern. Durch die Nachgiebigkeit des Sensors wäre jedoch das entstehende System durch eine höhere dynamische Komplexität gekennzeichnet, die zu Problemen bei der Messung führen könnte.

Bildaufnahme

Nach Recherchen zur Akquise kompakter Stereosystemlösungen unterschiedlicher Hersteller sowie dem Austesten einiger Systeme, wurde die Entscheidung getroffen, ein eigenes Stereosystem zu konzipieren. Die Entscheidung ist durch zwei Faktoren begründet: Der hohe Kostenfaktor vorgefertigter Lösungen einerseits sowie die geringe Auflösung der aufgezeichneten Daten andererseits. Mit der Ausnahme eines Modells haben diese eine Auflösung von weniger 2 MP und sind damit für die Auswertung im 2D Bild ungeeignet. Mit den verwendeten CMOS Kameras mit 5 MP Auflösung können auch unter wechselhaftem Umgebungslicht kontrastreiche und rauscharme Bilder aufgenommen werden.

Da die Erprobung eines solchen Systems zur Einsatzfähigkeit in einem selbstoptimierenden, roboterbasierten Haptikprüfsystem im Fokus stand, wurden keine weiteren Investitionen in ein ausgeklügeltes Beleuchtungssystem sowie einen Hardwaretrigger getätigt. Die ausschließliche Nutzung von Umgebungslicht stellt einen Flexibilitätsaspekt des Systems dar, erschwert jedoch die zuverlässige Aufnahme der Bilder, da eine automatische Anpassung an das Licht über die Belichtungszeit erforderlich ist. Dadurch sind identische Kameraeinstellung für beide Kameras nicht möglich. Hier ist eine manuelle Anpassung vorzuziehen. Durch eine Beleuchtungsstrategie mit steuerbarer Belichtung wäre dieses Problem wahrscheinlich zu lösen. Dazu muss jedoch der Roboter von anderen Lichtquellen möglichst abgeschattet sein. Dazu eignen sich zum Beispiel blitzbare LEDs, die das Prüfobjekt in einem diffusen Auflicht ausleuchten. Diffuses Licht sorgt für eine homogene Ausleuchtung mit geringer Reflexion. Dunkelfeldbeleuchtung kann erprobt werden, um Kanten prominenter darzustellen und somit Druckschalter besser von der Umgebung differenzieren zu können. Damit könnten auch weitere (schwer vom Hintergrund unterscheidbare) Bedienelemente der Prüfobjekte, wie z. B. die Hupe einbezogen werden, da durch eine entsprechende Beleuchtung Texturen besser dargestellt werden. Abschließend ist jedoch nochmals zu erwähnen, dass eine Abschattung des Raums der Systemflexibilität entgegensteht.

Datenverarbeitung und Steuerung

---

[393] vgl. **van Damme, M., et al.** (2011), S. 1108

[394] vgl. **Fishel, J.** (2012)

Die zur Verarbeitung der roboterbezogenen Daten eingesetzte Steuerung IRC 5 Compact ist in der Lage, die gesendeten Stellbefehle mit ausreichend geringer Verzögerung zu verarbeiten und gleichzeitig Messwerte zurück an die übergeordnete Steuerung zu schicken. Allerdings erlaubt das System keine echte parallele Verarbeitung und Rechenleistung. Um die Beschränkungen der Herstellersteuerung zu umgehen, könnte der Controller alternativ im Robotic Operating System (ROS) [395] abgebildet werden und von dort die mittels Time-Scaling ermittelten Drehmomente für die entsprechenden Achsen direkt an die Steuerung gesendet werden, was die notwendige Verarbeitung dort entsprechend minimieren würde. Gleichzeitig könnte auch der Messwertaufnehmer von der Robotersteuerung entkoppelt und direkt über den PC an ROS angebunden werden, sodass sich die notwendige Kommunikation zwischen der Robotersteuerung und dem PC auf das Empfangen von Achsdrehmomenten beschränken würde. Diese Weiterentwicklung ist als sinnvoll für die Zukunft herauszustellen, sie ist jedoch mit erheblichem Entwicklungsaufwand verbunden. Allein der Aufwand für die korrekte Abbildung der Robotersteuerung in ROS ist zum derzeitigen Zeitpunkt nicht absehbar, deshalb wurde dieser Ansatz in der Arbeit nicht weiterverfolgt. Die implementierte Lösung stellt hingegen einen sinnvollen Kompromiss aus Implementierungsaufwand einerseits und der erreichten Systemperformanz andererseits dar.

In Bezug auf den verwendeten PC ist die Nutzung eines separaten CUDA-fähigen Grafikprozessors als besonders sinnvoll hervorzuheben. Durch diesen beschleunigt sich das Training und die Anwendung von entsprechend programmierten Algorithmen aus dem Bereich Neuronaler Netze deutlich. Weitere Performanzsteigerungen durch eine stärkere Hardware des PC sind im Bereich des Möglichen. Die Wirtschaftlichkeit einer solchen Aufrüstung muss jedoch in jedem Fall mit dem dann entstehenden Nutzen eines automatisierten Prüfsystems abgewogen und geprüft werden. Die Analyse der Performanz der implementierten Algorithmen zeigt, dass der aktuelle PC trotz des Einsatzes vieler nicht parallel ablaufender Algorithmen die Ausführung problemlos bewältigt. Wird eine weitere Steigerung der Performanz angestrebt, sollte sie durch die Implementierung der Algorithmen in CUDA-ausführbarer Form erfolgen.

Erweiterung des Systems

Neben den beschriebenen möglichen Weiterentwicklungen des Systems in Bezug auf bereits vorhandene Komponenten ist auch eine Erweiterung des Systems um neue Bestandteile denkbar. Eine automatische Teilezuführung etwa mittels eines zweiten Roboters, der die Prüfobjekte aus einer laufenden Bandfertigung entnimmt würde z. B. den Autonomiegrad des Systems weiter erhöhen. Diese automatische Teilezuführung könnte auf zweierlei Arten realisiert werden:

1. Das System wird in eine bestehende, fixe Fertigungslinie bzw. Werkstätte integriert, in der die Teilezuführung entweder per Förderband oder über einen weiteren Manipulator erfolgt. In dieser Variante wäre das System nach wie vor im Einsatz lokal beschränkt.

[395] vgl. **Quigley, M., et al.** (2009)

2. Das System wird auf eine frei verfahrbare, gegebenenfalls angetriebene Einrichtung montiert, auf der es zu den Prüfobjekten bewegt werden kann. Diese Variante bietet sich insbesondere in fixpunktlosen Fertigungs- und Montageszenarien an. Die Systemflexibilität würde durch eine solche Erweiterung weiter ansteigen. Als vollständig dezentral und flexibel agierender Prüfagent wäre eine Prüfung immer dort und in dem Ausmaß möglich, wo und wie es gerade notwendig ist.

7.3.2 Software und Algorithmen

Ablaufsteuerung

Die Ablaufsteuerung wurde in der derzeitigen Umsetzung des Systems in Python implementiert. Dadurch ist der Code relativ einfach erweiter- bzw. änderbar. Es könnte aus Performanzsicht sinnvoll sein, die gesamte Softwaresteuerungsarchitektur in einer entsprechend leistungsfähigeren Hochsprache wie C++ zu implementieren. Auch hier müssten jedoch Aufwand und voraussichtlicher Nutzen sowie der etwaige Verlust an Flexibilität gegeneinander abgewogen werden.

Datenverwaltung

Die Einbindung der implementierten Lösungen in die gewählte Datenbanklösung MongoDB erwies sich als leicht umsetzbar. Zukünftig wäre eine Einbindung des entwickelten Systems in ein Product-Lifecycle-Management-System (PLM) denkbar. Dies hätte den Vorteil, dass bereits während der Produktentstehung die Absicherung durch ein selbstoptimierendes Prüfsystem autonom vorbereitet werden könnte. Gleichzeitig könnten die Erkenntnisse aus der Prüfung selbst automatisch in die CAD-Konstruktion zurückgespielt werden, etwa um Vorschläge zur Anpassung von Toleranzspezifikationen zu liefern. Letztlich sollten durch eine solche Anbindung jedoch nicht alle Planungsabläufe in das PLM System überführt werden, da dies die Flexibilität des Prüfsystems wieder einschränken würde.

Bildverarbeitung

Die Funktionsprüfung zeigt, dass die ausgewählten Algorithmen in der jetzigen Bildverarbeitungskette prinzipiell zur autonomen Detektion und Lokalisation von Prüfobjekten und Messpunkten unter Berücksichtigung der vorhandenen Infrastruktur geeignet sind.

Der Prüfobjektdetektor eignet sich für die Klassifikation von Lenkrädern und erreicht für die untersuchten Prüfobjekte einen Recall und eine Precision von 100%, allerdings muss das trainierte, neuronale Netz auf weitere Lenkradtypen angepasst werden. Der Einfluss von Interklassenvarianz bei einer hohen Anzahl von Lenkrädern ist nicht untersucht worden. In diesem Kontext ist darüber hinaus eine Überprüfung der Konfidenzwerte notwendig, um festzustellen, ob sich diese als Schwellwert zur Detektion unbekannter Lenkräder einsetzen lassen.

Eine Weiterentwicklungsmöglichkeit besteht in der Verarbeitung der aufgezeichneten 3D Daten und dem Vergleich mit Szenen vergangener Prüfungen. Allerdings ist MATLAB nativ nicht für die Verarbeitung von 3D Daten konzipiert, wie es am Beispiel der notwendigen Konvertierung von tesselierten Daten in Punktwolken ersichtlich ist. Naheliegend sind beispielweise

Punktwolken-basierte Operationen über die Point Cloud Library, einer Open Source Anwendung zur weiterführenden Verarbeitung von Punktwolken, zur 3D Erkennung und Registrierung wie beispielsweise das skalierungsinvariante auf Voten basierte Verfahren nach PHAM ET AL.[396] Die Konvertierung erfordert allerdings eine Optimierung: Versuche mit der MATLAB internen Funktion zum Exportieren hochaufgelöster Punktwolken mit mehr als 1,42 Mio. Punkten in das notwendige ASCII-PCD Format erfordern mehr als eine halbe Stunde, weshalb dieser Ansatz in der vorliegenden Untersuchung verworfen wurde.

Eine zuverlässige Detektion der Messpunkte ist mit einem Recall und einer Precision von respektive 86 % bzw. 87 % für eine autonome Prüfung gering. Eine praktisch umsetzbare Weiterentwicklung wäre es, den Recall des trainierten Detektors zu maximieren und die Precision über geeignete Operationen zur Detektion von False Positives zu erhöhen. Eine detaillierte Auswertung der Validationsdaten zeigt starke Differenzen zwischen einzelnen Lenkradtypen:

Bei der Einzelbetrachtung der drei Validierungsobjekte zeigt sich eine um fast 10 % höhere Precision bei Val 3 gegenüber Val 1 und 2, die den Trainingsdaten des Viola-Jones Detektors zuzuschreiben ist. In Abbildung 7-6 ist ersichtlich, dass das Objekt Train 5 eine ähnliche Konfiguration der Druckschalterelemente aufweist, die sich nur in der Farbe von denen des Validationslenkrads unterscheiden. Eine Untersuchung der Generierung von negativen Instanzen auf Basis der ausgewählten Negativbilder für das Training kann Aufschluss über die Optimierung des Datensatzes geben, um die False Positive Detektion in dieser Hinsicht zu reduzieren. So wird bei der Prüfung von Val 3 beispielsweise auffallend oft eine Reflektion in der Objektoberfläche als False Positive identifiziert, was den Einsatz einer wie bereits erwähnten alternativen Beleuchtungsstrategien mit diffusem Licht (vgl. Abschnitt 7.3.1) motiviert.

Eine positive Überraschung ist hinsichtlich der zusätzlichen korrekten Detektionen nicht trainierter Druckschalter anzumerken, die in den Trainingsdaten der negativen Daten verortet sind. So werden etwa für das Lenkrad Val 1 die nicht deklarierten seitlichen Handschaltpadels in einigen Durchläufen korrekt als Druckschalter identifiziert. Dieser Effekt ist beim Lenkrad Train 5, das eindeutige Symbole auf dem Handschaltpadel aufweist, noch stärker ausgeprägt und unterstreicht das Potenzial der Viola-Jones Implementation für eine robuste Symbolerkennung und dadurch auch Identifikation und Lokalisierung unbekannter, nicht in den Trainingsdaten enthaltener Messpunkte.

Die Grenzen dieser Übertragbarkeit des trainierten Algorithmus zeigen sich jedoch bei Val 2, bei dem die oberen Druckschalterelemente wenig bis gar nicht detektiert werden. Die Form und Anordnung der Druckschalter differenziert stark gegenüber den anderen: Vier Druckschalter sind auf einem Element angeordnet und weisen keine abgegrenzten Flächen voneinander auf. Demnach bietet sich hier die Überlegung an, diese Druckschalter als separate Druckschalterklasse zu betrachten und die Trainingsdaten dementsprechend anzupassen. Darüber hinaus reflektieren diese Flächen durch die spezielle Beschichtung mehr Licht und weisen eine inverse Farbdarstellung mit dunklen Symbolen auf hellerem Untergrund auf (vgl. Abbildung

---

[396] vgl. **Pham, M.-T., et al.** (2013), S. 137ff

7-19). Diese Varianz ist in den Trainingsdaten nicht berücksichtigt und kann den schlechten Recall erklären.

Abbildung 7-19 **Schlechter Recall im Fall des Prüfobjekts Val 2 auf Grund reflektierender und schwer abzugrenzender Bildbereiche (Pfeiltasten wurden nicht erkannt)**

Die Rekonstruktion der Szene basiert auf den Stereokalibrierungsdaten sowie der Disparity Map. In Abschnitt 7.2.3.2 wird die Funktionalität des Algorithmus bestätigt, allerdings auch auf die schlechte Oberflächenqualität verwiesen. Eine Nachverarbeitung der Disparity Map bzw. der daraus erzeugten Punktwolke ist in dieser Arbeit nur ansatzweise untersucht worden. Die Disparity Map weist Löcher auf, sodass nicht jedem Pixel eine 3D Koordinate zugewiesen werden kann. SHAO und HAN, empfehlen die Verwendung eines bilateralen Filters, der verrauschte Signale glättet und die die Kantenschärfe unverändert bleibt.[397]

Insgesamt ist bezüglich der Algorithmen zu erwähnen, dass diese für ihre eigenen Segmente optimiert wurden. Eine Gesamtbetrachtung zur Optimierung aller Parameter wurde nicht

[397] vgl. **Shao, L., et al.** (2014), S. 7f

durchgeführt, da dies den Umfang der vorliegenden Arbeit sprengen würde. Die Interaktionen einzelner Segmente sollten untersucht werden, um weitere Erkenntnisse für die Entwicklung zu gewinnen. So hat eine Filterung der aufgezeichneten Daten einen signifikanten Einfluss auf alle folgenden Bildoperationen, da die Eingangsdaten verändert werden.

Trajektorienplanung

Die Trajektorienplanung folgt derzeit noch einem entkoppelten Ansatz, die Optimierung der Trajektorie selbst erfolgt lediglich auf Ebene der Parametrierung der gesamten Trajektorie. Die vollständige Trajektorienoptimierung könnte im Weiteren dadurch annäherungsweise erreicht werden, indem jeder diskrete Punkt der erzeugten Pfade hinsichtlich der in diesem Punkt vorliegenden Geschwindigkeit und Beschleunigung optimiert werden würde. Schließlich wäre eine Optimierung der Aktuatorströme mittels Time-Scaling denkbar, die in Verbindung mit der erwähnten Architektur in ROS zu implementieren wäre.

Der BiTRRT zeigte sich im Versuch als bester Algorithmus für die Bahnplanung in Bezug auf die Güte und die benötigte Planungszeit. Um die Selbstoptimierung des Systems voranzutreiben, sollte die Implementierung der erfahrungsbasierten Planer Thunder und Lightning evaluiert werden. Liegen entsprechende Forschungsergebnisse vor, kann das System ggf. um den Bereich der erfahrungsbasierten Planung erweitert werden.

Darüber hinaus besteht hinsichtlich der Performanz in der Bahnplanung über V-REP kaum Weiterentwicklungspotenzial. Die im Bahnplanungsprozess auftretenden Verzögerungen stören den Prüfablauf zum gegenwärtigen Zeitpunkt nicht.

Selbstoptimierung

Das entwickelte Wirkmuster erfüllt die gestellten Anforderungen. Die auf die Zeit zur Bestimmung der Ziele bezogene Anforderung 6-d wird allerdings nur für eine begrenzte Anzahl von Messpunkten erfüllt. Die Anpassungen des Systems bzgl. Prüfumfang und Trajektorienparameter erscheinen im Hinblick auf die Zielgrößen sinnvoll und plausibel. Insgesamt kann aus der Sensitivitätsanalyse die Bilanz gezogen werden, dass das System seinen Zweck der Optimierung der Zielgrößen immer im Rahmen der Genauigkeit der Modelle überwiegend gut erfüllt. Für die verbleibenden Fehlerquellen im Systemverhalten können folgende Aspekte ursächlich sein:

- Falsche Schätzung von Modellparametern: Die Modellparameter für das Fehlermodell werden aus den auf Basis der Messung bestimmten Prüfmerkmalen geschätzt. Liegt eine stark abweichende Schätzung vor, z. B. durch eine zu seltene Prüfung eines Prüfmerkmals, kann es passieren, dass die Fehlerwahrscheinlichkeiten falsch berechnet werden und möglicherweise zu viele Fehler nicht bemerkt werden oder zu viele fehlerfreie Objekte als fehlerhaft klassifiziert werden. Bei den zur Trajektorienoptimierung genutzten Modellen können falsche Modellparameter zu einer nicht geeigneten Auswahl von Geschwindigkeit und Beschleunigung führen, was einen hohen Zeit- oder Energiebedarf zur Folge haben kann. Durch die Vorgabe von Mindestgeschwindigkeit/Beschleunigung wird dieses Problem eingeschränkt, allerdings auch die damit verbundenen Optimierungsmöglichkeiten.

- Nicht passend gewählte Modellstruktur der Zeit-/Energiemodelle: Bei der Validierung der Trajektorienparameter zeigte sich, dass eine Modellstruktur mit Funktionalen stark unterschiedlicher Dimension zu Instabilitäten beim RLS-Verfahren führen kann. In diesem Fall würde die Optimierung der Trajektorienparameter komplett versagen.
- Ungünstige Wahl des Vergessensfaktors: Bei ungünstiger Wahl des Vergessensfaktors kann es passieren, dass das Zeit- oder Energiemodell sich zu langsam anpasst und größere Abweichungen oder Instabilitäten auftreten.
- Zu geringe Anzahl von Diskretisierungsschritten bei der Berechnung der Fehlerwahrscheinlichkeiten: Bei der Berechnung von Formel VII-13 in Anhang E könnte eine zu geringe Anzahl von Diskretisierungsschritten verwendet werden, wenn die Standardabweichungen der vorliegenden Normalverteilungen so klein sind, dass der Peak und ein Großteil der Fläche der Normalverteilungsdichte zwischen zwei Auswertungsstellen liegt.
- Energie-/Zeit-Modell zur Anpassung des Prüfumfangs versagt: Bei der Anpassung des Prüfumfangs wird ein lineares Ersatzmodell für die beiden Zielgrößen verwendet. Die Ungenauigkeit kann dazu führen, dass bei der Optimierung des Umfangs eine Einhaltung der externen Ziele möglich ist, aber bei der späteren Anpassung der Trajektorienparameter aufgrund des genaueren Modells versagt.

7.4 Fazit

Die realisierten Entwicklungsbestandteile des SHP wurden empirisch untersucht. Dabei erfolgte ein Vergleich verschiedener Lösungsalternativen, vor allem hinsichtlich der zur Bildverarbeitung eingesetzten Algorithmen.

Im Rahmen von Stresstests wurden Grenzfälle in der Datenübertragung zwischen der Robotersteuerung und dem SO-Controller untersucht. Die parallele Übertragung der Daten der Prüfung (Messdaten, Energieverbräuche) und der Daten für die Durchführung der Bewegung (Pfadpunkte) erweist sich gegenüber einer sequenziellen Kommunikation als zeitsparend. Die Kommunikation der Pfadpunkte verzögert den eigentlichen Prüfablauf nicht signifikant. Aus diesem Grund kann die Prüfbewegung mit dem Vorliegen des geplanten Pfadabschnittes starten. Die im weiteren geplanten Abschnitte werden nach und nach während des Prüfablaufs übertragen. Die Analysen bestätigen unter anderem die implizite Systemanforderung nach Robustheit.

Die Messsystemfähigkeit der Kraft- und Wegmessung wurde anhand einer umfangreichen qualitativen und experimentellen Messsystemanalyse verifiziert. Auch bei kleinen Betätigungskräften bleibt die Unsicherheit des Messsystems im Verhältnis zu der angesetzten menschlichen Wahrnehmungs- bzw. Differenzschwelle als Vergleichswert für die meisten Kennwerte gering. Lediglich für die aus zwei Kennwerten gebildeten Differenzkennwerte ist die Messfähigkeit auf Grund der addierten Streuung eingeschränkt.

Der Funktions- und Leistungstest der Bildverarbeitung bestätigt die Eignung der implementierten Prozesskette. Insgesamt zeigt sich, dass ein binokulares Stereosystem, als kompaktes, kostengünstiges und relativ einfaches 3D-BAS, eine nahezu vollständig autonome 3D-Bilderfassung ermöglicht. Mittels einfacher BAS können Systeme wie das SHP, entsprechend trainierte Algorithmen vorausgesetzt, Prüfobjekte zuverlässig erkennen, klassifizieren und als dreidimensionale Szene zur Kollisions- bzw. Pfadplanung rekonstruieren. Auf den Prüfobjekten vorhandene Prüf- bzw. Messpunkte können trotz der heterogenen Formgebung zuverlässig detektiert und innerhalb der Szene dreidimensional lokalisiert werden.

Die Untersuchung von Algorithmen für die Bahnplanung zeigt, dass die implementierten erfahrungsbasierten Planer nicht die erwartete Performanz aufweisen. Die beiden Planer, Thunder und Lightning, zeigen im Zeitverlauf bei mehrmals nacheinander stattfindenden Planungsvorgängen mit jeweils leicht unterschiedlichen Aufgaben einen Anstieg der Planungszeit, ohne eine höhere Güte der Planung zu erreichen. Eine hohe Planungsgüte ergibt sich dagegen bei wiederholter Anwendung von ausgewählten Single-Query Planern auf dasselbe Planungsproblem. Zudem bleibt bei diesen Planern die benötigte Zeit zur Planung eines Pfadabschnitts auch im Falle einer zehnfachen Wiederholung unter einer Sekunde. Dadurch verlangsamt die Pfadplanung die Prüfbewegung kaum.

Die Analyse des Selbstoptimierungsverhaltens erfolgte mittels Monte-Carlo-Simulation. Dabei bleibt das Verhalten des entwickelten Wirkmusters der Selbstoptimierung stabil. Das zum Einsatz kommende Fehlermodell stimmt mit den simulierten Fehlerwahrscheinlichkeiten überein. Die Zeit zum Durchlaufen aller Schritte ist erwartungsgemäß von der Menge der Messpunkte und der Cluster des vorliegenden Prüfobjekts abhängig. Im Testfall lag es jedoch im niedrigen Sekundenbereich oder sogar unter einer Sekunde.

Weiterentwicklungspotenzial in Bezug auf die Systemkomponenten sowie die verwendeten Algorithmen bzw. Verfahren besteht in der Implementierung weiterer Sensoren zur Erweiterung des Anwendungskontextes des Systems. Potenziale liegen auch in der Erprobung neuer Algorithmen, insbesondere zur Punktwolkenfilterung, Detektion der Messpunkte sowie Triangulation. Dabei ist auch der Einsatz anderer Softwarearchitekturen als MATLAB zu prüfen. Schließlich sollte eine Überführung der gesamten Systemarchitektur in ein dediziertes Roboter-Softwareframework wie z. B. ROS, evaluiert werden.

8 Conclusio

Ausgangspunkt der Arbeit ist die Herausforderung einer effizienten Absicherung von Merkmalen der wahrgenommenen Qualität. Drei zentrale Annahmen wurden aufgestellt, um die Herausforderung zu konkretisieren und einen Lösungsraum zu öffnen. Die Annahmen sind ein steigender Variantenreichtum infolge kürzerer Produktlebens- und Innovationszyklen, die Differenzierbarkeit von Produkten durch deren wahrgenommene Qualität sowie die Notwendigkeit steigender Flexibilität von automatisierten Systemen zur Qualitätssicherung bei vermehrter Differenzierung durch Merkmale der wahrgenommenen Qualität. Daraus wurde folgende Forschungsfrage abgeleitet: *Können qualitätssichernde Systeme in der Produktion derart gestaltet werden, dass dadurch eine Absicherung wahrgenommener, betätigungshaptischer Prüfmerkmale auch bei steigender Variantenvielfalt und im Kontext der unternehmerischen Rahmenbedingungen möglich ist?*

Der Forschungsprozess wurde nach der von HEVNER entwickelten Design Science Research (DSR) Methodik gestaltet und durchgeführt. DSR ermöglicht eine Strukturierung der Forschungsgegenstände mit stark gestalterischer Komponente. Im DSR werden die im Forschungsprozess entwickelten Systeme hinsichtlich ihrer Relevanz in der Anwendungsdomäne bewertet und gleichzeitig auf ihre Stichhaltigkeit in Bezug auf die zugrundliegende Wissensbasis untersucht. Der Forschungsprozess des DSR basiert auf drei Zyklen: dem Relevance-Cycle (Relevanz-Zyklus), dem Design-Cycle (Design-Zyklus) sowie dem Rigor-Cycle (Stringenz-Zyklus). Weiterhin wurde für die Verifikation und Validierung der Ergebnisse eine an das V-Modell angelehnte Testsystematik angewendet.

Im Folgenden werden die wesentlichen Erkenntnisse der vorliegenden Arbeit in die Umweltdomänen zurückgespielt, aufgezeigt inwieweit es gelungen ist die Forschungsfrage abschließend zu klären, welche Forschungsdesiderate verbleiben und wie ein Ausblick auf die wesentlichen Potenziale zur Weiterentwicklung des Systems aussieht.

8.1 Zusammenfassung und abschließendes Fazit

<u>Analyse relevanter Umweltdomänen</u>

Ausgehend von der Forschungsfrage wurde die Bedeutung wahrnehmungsrelevanter Qualitätsmerkmale für eine kundenindividuelle Produktgestaltung herausgearbeitet. Dazu zählen haptische Qualitätsmerkmale, wie die Anmutung von Oberflächen oder Bedienelementen im KFZ-Interieur, die durch den Menschen taktil erfasst werden und den Qualitätseindruck wesentlich beeinflussen. Betätigungshaptische Qualitätsmerkmale sind daher in der Entwicklung sowie der Fertigung abzusichern. Zur Qualitätssicherung sind Qualitätsmerkmale zu objektivieren und in attributive oder kontinuierliche Prüfgrößen bzw. -merkmale zu überführen. Die so objektivierten Merkmale der Betätigungshaptik können mit Hilfe von technischen Systemen geprüft werden. Kostengünstige Prüfprozesse bedingen den verstärkten Einsatz automatisierter Systeme. Der für die Erfüllung kundenindividueller Bedarfe notwendige hohe Variantenreichtum bedingt eine hochflexible Fertigung. Klassische, starre Automatisierungsparadigmen genügen diesen Anforderungen nicht. Eine höhere Flexibilität versprechen automatisierte

Systeme mit kognitiven Fähigkeiten, die relevante Umweltaspekte wahrnehmen, handlungsweisende Ziele bestimmen und das eigene Verhalten adaptieren können. Forschungsleitendes Motiv der Arbeit ist die Selbstoptimierung als Paradigma für das Entwickeln kognitiver technischer Systeme. Aus den betrachteten Umweltdomänen wurden Anforderungen an selbstoptimierende Prüfsysteme für betätigungshaptische Prüfmerkmale entwickelt, die den weiteren Untersuchungen zugrunde liegen.

Auf Basis der Anforderungen wurden existierende Prüfsysteme für betätigungshaptische Prüfmerkmale verglichen. Einbezogen wurden drei Systeme, die am Markt erhältlich bzw. in Forschungsarbeiten untersucht wurden. Im Ergebnis zeigte sich, dass der Fokus bei diesen Systemen auf der Abbildung möglichst vieler Prüfmodalitäten liegt. Die Flexibilität bezogen auf die selbstständige Anpassung an die vorliegende Prüfaufgabe ist dagegen nicht Auslegungsmerkmal dieser Systeme. Im Ergebnis lässt sich feststellen, dass eine dezidierte wissenschaftliche Auseinandersetzung mit der Übertragung selbstoptimierender Fähigkeiten auf entsprechende automatisierte Prüfsysteme für die Betätigungshaptik bisher nicht erfolgt ist.

<u>Erste Iteration der Entwicklung des Systemkonzeptes</u>

Auf der Grundlage der vorliegenden Analysen wurde ein Grobkonzept für ein selbstoptimierendes Prüfsystem für betätigungshaptische Prüfmerkmale entwickelt und ein Anwendungsszenario beschrieben. Als Basis dient das Modell des kognitiven Regelkreises als Gestaltungsarchitektur selbstoptimierender Systeme. Vier zentrale methodische Grundlagenbereiche wurden analysiert, um die Systemanforderungen zu konkretisieren: Das Maschinelle Sehen, die Kraftsensorik, die Selbstoptimierung bzw. entsprechende Verfahren, sowie die Industrierobotik und die Bewegungsplanung.

Im Bereich Machine Vision wurden verschiedene Bildaufnahmesysteme miteinander verglichen. Dabei erwies sich das Stereoverfahren auf Grund der ausführbaren 2D- und 3D-Bildverarbeitungsoperationen als vorteilhaft. Die Untersuchung möglicher Bildverarbeitungsverfahren ergab, dass Machine-Learning-Verfahren für viele Anwendungszwecke vielversprechend sind, insbesondere hinsichtlich der zu erreichenden Genauigkeit bei gleichzeitig hoher Flexibilität. Der Vergleich von Kraftsensorsystemen fiel zugunsten von Dehnungsmessstreifenaufnehmern aus. Diese sind insbesondere für wiederholbare Messungen kleiner Kräfte potenziell besser geeignet als piezobasierte Sensoren. Bezüglich der Verfahren zur Selbstoptimierung zeigte sich, dass bei allen Formen Modelle und Optimierungsverfahren zum Einsatz kommen. Für die Modellbildung wurden Grey-Box-Modelle als vielversprechend identifiziert, weil dort sowohl tatsächliche Daten aus dem Betrieb des Systems als auch physikalische Wirkzusammenhänge einfließen. Im Bereich der Optimierung konnte aufgezeigt werden, dass für selbstoptimierende Systeme mit externen Zielen, die als Nebenbedingungen der Optimierung fungieren, unterschiedliche gradientenfreie Verfahren eingesetzt werden können. Auch die Bereiche der Robotik und Bewegungsplanung wurden anforderungsbasiert evaluiert. Im Vergleich der Roboterbauarten SCARA und 6-Achs wurde letztere auf Grund der höheren Flexibilität in Bezug auf die Bewegung bei ausreichender Absolutgenauigkeit besser bewertet. Zur Bewegungsplanung existieren eine Vielzahl unterschiedlicher Algorithmen. Die Analyse zeigte, dass probabilistische Planer auf Grund der hohen Effizienz bei der Lösungsfindung besonders geeignet sind.

Zweite Iteration der Entwicklung des Systemkonzeptes

Ausgehend von den vorliegenden Analysen wurde ein Prüfstandsaufbau entwickelt. Er besteht aus einem 6-Achs Roboter mit einem Dehnungsmessstreifen Kraft-/Momentensensor sowie einem passiven Stereo-System. Das System ist auf einem optischen schwingungsdämpfenden Tisch aufgebaut. Zur Ausführung der Softwareabläufe dient eine Workstation. Anschließend wurde das Systemkonzept auf Basis der gewählten SO-Architektur ausdetailliert. Die Bildverarbeitung liefert darin zentrale Eingangsdaten für die Selbstoptimierung sowie die später stattfindende Bewegungsplanung. Die Selbstoptimierung wurde weiter spezifiziert. Sie läuft modellbasiert und mehrschrittig ab. Ausgangspunkt ist dabei eine Kostenfunktion, die die durch das System erzeugten Energie- und Zeitaufwände sowie die Güte der Prüfung selbst abbildet. Externe Zielgrößen an das System, wie etwa eine maximale Prüfzeit, stellen Nebenbedingungen dieser Kostenfunktion dar. Darüber hinaus wurden Bewertungsschemata für die Fehlerwahrscheinlichkeit der in Wahrnehmungsclustern zusammengefassten Prüfmerkmale entwickelt. In die Bewertung fließt das aus dem Weber'schen Gesetz entnommene Prinzip der sensorischen Differenzschwelle ein. Die Anlehnung des Systemkonzeptes an bestehende SO-Architekturen zeigt sich in der Übereinstimmung mit den darin definierten Gestaltungsgrundsätzen. So bleiben etwa Planungs- und Maschinenebene getrennt und die Selbstoptimierung greift zur Laufzeit nicht in den Maschinenregelkreis ein.

Implementation der konzipierten Lösungen

Im Weiteren wurden die konzipierten Lösungen bzw. Systemfunktionen implementiert. Als Bindeglied in der Softwarearchitektur dient dabei ein in der Skriptsprache Python entwickelter selbstoptimierender Controller, der die Daten zwischen anderen Softwarelösungen verteilt und Funktionen aufruft. Es wurde eine parallele Kommunikation zwischen dem SO-Controller und der Robotersteuerung eingerichtet. Als Wissensspeicher dient die nichtrelationale, objektorientierte Datenbanklösung MongoDB. Diese bietet eine inhärente Zukunftssicherheit, da Daten nicht in festen Strukturen abgelegt werden müssen. Die gesamte Bildverarbeitungskette wurde in Matlab abgebildet und nutzt die erwähnten Algorithmen aus dem Bereich des Machine Learning. Es konnte eine geschlossene Bildverarbeitungskette für die notwendigen 2D- und 3D-Informationen auf Basis von nur jeweils einer Aufnahme der beiden Kameras des Stereo-Systems realisiert werden. Die Verarbeitung der Messdaten zur Erzeugung von Kennwerten des Kraft-Weg-Verlaufs als haptische Bezugsgrößen wurde ebenfalls in Python realisiert. Die Trajektorienplanung wurde -wie konzipiert- als entkoppelte Planung realisiert. Die Planung kollisionsfreier Bahnen selbst erfolgt dabei mittels Simulation innerhalb der Software V-REP, die über die Open Motion Planning Library über eine große Anzahl anwendbarer Planer verfügt. Die Umwandlung der geplanten Pfade, die zunächst als Folge von Posen vorliegen, erfolgt nachfolgend durch Umrechnung in der Robotersteuerung. Die Optimierung der Parameter der Trajektorie sowie die Bestimmung des Prüfumfangs sind Bestandteile der Selbstoptimierung. Die entsprechenden Abläufe wurden ebenfalls in Python realisiert. Für die Implementierung wurden umfangreiche Modelle zur Berechnung von Fehlerwahrscheinlichkeiten sowie des

Energie- und Zeitbedarfs entwickelt. Die Fehlermodelle basieren auf den historischen bzw. geschätzten Erwartungswerten und Standardabweichungen der jeweiligen Messpunkte/Drucktaster und liefern eine in Bezug auf den Messpunkt zu erwartende false-pass Wahrscheinlichkeit. Zur kontinuierlichen Modellanpassung wurde ein rekursives Verfahren auf Basis der kleinsten quadratischen Abweichungen implementiert. Die Optimierung erfolgt mittels eines gradientenfreien Verfahrens zur Lösung von nichtlinearen Problemen mit Nebenbedingungen.

Analyse der implementierten Lösungen

Abschließend wurden die implementierten Lösungen einer umfangreichen empirischen Analyse unterzogen. Darin wurden dem V-Modell der Softwareentwicklung folgend Modul- sowie Integrationstests durchgeführt. Durch Grenzfälle der Belastung konnte die Belastbarkeit der Kommunikation und der implementierten zweigliedrigen Steuerungsarchitektur verifiziert werden. Für fast alle aus dem Kraft-Weg-Verlauf der Messung zu bestimmenden Messgrößen konnte mittels der MSA 4 Methode eine ausreichend kleine Messunsicherheit gezeigt werden. Insbesondere für die im Rahmen des gewählten Bewertungsschemas relevante Betätigungskraft F1 lag der R&R-Kennwert unter 10 %. Die prinzipielle Funktionsfähigkeit der gesamten Bildverarbeitungskette konnte durch eine Reihe unterschiedlicher Leistungs- und Vergleichstests aufgezeigt werden. Diese ergaben vorhandene Potenziale in Bezug auf die Verringerung der Laufzeit sowie die Erhöhung des Recalls der ermittelten Messpunkte. Ein umfangreicher Vergleich aller 30 in V-REP über die in Bibliothek OMPL implementierten Bahnplaner für das vorliegende Planungsproblem des Systems wurde durchgeführt. Die höchste Pfadgüte und der geringste Zeitaufwand für die Bahnplanung ergab sich bei Einsatz eines probabilistischen single-query Planers. Eine zuvor geplante Nutzung eines erfahrungsbasierten Planers zur Realisierung von Zeiteffekten wurde auf Basis dieser Ergebnisse bis auf weiteres verworfen. In der abschließenden Analyse des Selbstoptimierungsverhaltens konnte die Stabilität der Selbstoptimierung an sich, die Gültigkeit des entwickelten Fehlermodells sowie die Plausibilität des Verhaltens der entwickelten Optimierungsschritte gezeigt werden. Der Zeitaufwand für die Selbstoptimierung dürfte ausgehend von den empirischen Ergebnissen für die meisten Prüffälle bei unter einer Sekunde bleiben.

8.2 Reflexion der Forschungsfrage und der Annahmen der Arbeit

Auf Basis der Ergebnisse der vorliegenden Arbeit kann die Forschungsfrage: *„Können qualitätssichernde Systeme in der Produktion derart gestaltet werden, dass dadurch eine Absicherung wahrgenommener, betätigungshaptischer Prüfmerkmale auch bei hoher Variantenvielfalt und im Kontext der unternehmerischen Rahmenbedingungen möglich ist?“* zusammenfassend bejaht werden. Dazu folgende Begründung:

Es war möglich, systematisch und anforderungsbasiert ein System zu gestalten, welches durch Flexibilitäts- und Selbstoptimierungsaspekte auch bei hoher Variantenvielfalt betätigungshaptische Prüfmerkmale weitgehend autonom absichern kann. Durch den gezielten Einsatz von Verfahren des Machine Learning können selbst einfache 3D-Bildaufnehmersysteme auch bei Aufnahmesituationen mit hoher Objektvarianz Informationen über die vorliegende

Prüfsituation liefern. Die Prinzipien der menschlichen Wahrnehmung lassen sich in wirksame Konzepte zur Bewertung von Prüfergebnissen überführen, die wiederum in entsprechenden Fehlermodellen abgebildet werden können. Zusammen mit Wirkmodellen des Systems, die dessen wesentliche Zielgrößen und Zusammenhänge beschreiben, können Prüfsysteme selbstständig Anpassungen ihres Verhaltens auf Basis aktueller und vergangener Situationen und Prüfungen vornehmen. Es ergibt sich ein geringer Aufwand für die Einrichtung und Programmierung von Prüfsystemen für neue Prüfobjekte oder Prüfmerkmale. Mittels modellbasierter Optimierungsverfahren kann das System die Prüfschärfe für eine Variante oder einen Komponententyp unter Einbeziehung externer Zielgrößen selbständig an die vorherrschende Qualitätslage anpassen. Mit Hilfe dieser Fähigkeiten können selbstoptimierende Prüfsysteme einen Beitrag dazu leisten, wahrgenommene Qualität auch bei steigender Merkmals- und Variantenvielfalt ohne einen unmittelbaren Anstieg der Systemkosten effektiv abzusichern.

Die vorliegenden Ergebnisse bekräftigen die anfangs getätigten Annahmen:

Annahme 1: Die Komplexität in den Unternehmen als Kombination von steigendem Variantenreichtum, kurzen Produktlebenszyklen sowie häufigen Produkt- und Prozessinnovationen wird in Zukunft weiter ansteigen.

Die heute schon vorhandene Vielfalt der gewählten Prüfobjekte und damit verbundenen Qualitäts- bzw. Prüfmerkmale ist das Ergebnis der Heterogenität der Kundenwünsche. Die damit verbundene Komplexität muss von den Herstellern in allen Prozessen entlang des Produktlebenszyklus abgebildet werden. In den Versuchen zeigte sich, dass die Prüfung ähnlicher Merkmale durch die Unterschiedlichkeit der Ausgestaltung der Varianten ohne eine manuelle Einrichtung jeder Variante möglich ist, aber den Einsatz komplexer Technologien und Verfahren erfordert.

Annahme 2: Durch die Identifikation messbarer Indikatoren für die wahrgenommene Qualität ihrer Produkte können Hersteller diese spezifizieren, absichern und sich so mit ihren Produkten erfolgreich am Markt behaupten.

Die betrachteten Produktvarianten weichen weniger von der rein funktionellen, dafür jedoch erheblich von der sensorischen Ausgestaltung ab. Bedienelemente die bei zwei Varianten mit der gleichen Funktion verknüpft sind können sich in der Charakteristik, den eingesetzten Materialien oder auch der Form stark voneinander unterscheiden. Die Analyse der vorliegenden Literatur und der Forschungsarbeiten zu dem Themenfeld zeigte, dass Bestandteile der wahrgenommenen Qualität von Bedienelementen, wie die Betätigungscharakteristik oder auch die Oberflächenbeschaffenheit, mittels bestimmter Kennwerte beschrieben werden können. Die Versuche zeigten, dass es möglich ist Kennwerte für die Betätigungscharakteristik als beispielhaften Bestandteil der wahrgenommenen Qualität trotz der unterschiedlichen Ausgestaltung zuverlässig und automatisiert zu messen. Diese automatisierte Quantifizierung der wahrgenommenen Qualität kann speziell für Firmen in Hochlohnländern Kostenvorteile gegenüber der manuellen Prüfung erzeugen.

Annahme 3: Die Anforderungen an die Flexibilität und Effizienz automatisierter Systeme im Bereich der Qualitätskontrolle und -absicherung steigen parallel zur Bedeutung ganzheitlicher

Produktspezifikationen und der damit verbundenen Steigerung der Komplexität der unternehmerischen Aktivitäten in Zukunft weiter an.

In den Versuchen zeigte sich, dass trotz Einsatz moderner Algorithmen bspw. im Bereich der Bildverarbeitung bedingt durch die Unterschiedlichkeit der Produktgestaltung bzw. Variantenvielfalt eine vollständig automatisierte Identifikation und Umsetzung der Prüfaufgabe noch nicht zu einhundert Prozent zuverlässig ist. Um eine robuste, autonome Prüfung bei hoher Variantenvielfalt erreichen zu können, sind flexiblere und leistungsfähigere Algorithmen erforderlich, die auch hinsichtlich der Effizienz in der Verarbeitung zu optimieren sind.

Die eingesetzte Design Science Research Methodik erwies sich als sinnvoller Rahmen für die Gestaltung und Durchführung des Forschungsvorhabens. Die klare Trennung der Betrachtungsbereiche Umwelt, Design Cycle und Wissensbasis erleichterte die Herausarbeitung der zentralen Anforderungen einerseits sowie die Auseinandersetzung mit den wesentlichen methodisch-technologischen Grundlagen der Arbeit. Das als Architekturmodell gewählte Modell des kognitiven Regelkreises nach SCHMITT war im Kontext von DSR gut anwendbar. Der iterative Entwicklungsteil im Design-Cycle ermöglichte es die Lösung auf Basis des MKR sukzessive zu verfeinern und den Blick auf das System von einem Grobkonzept aus zu detaillieren.

Die Verifikation über Tests analog zum V-Modell erwies sich insbesondere aufgrund des technischen Systemcharakters als sinnvoll. Die Arbeit mittels der DSR-Methodik kann als äquivalent zu den Konzepten agiler Entwicklungsmethoden aus dem Softwarebereich wie bspw. SCRUM gesehen werden. Daraus lässt sich die spannende, weiter zu evaluierende Hypothese ableiten, dass die Kerngedanken der agilen Entwicklung auch auf den wissenschaftlichen Bereich übertragbar sind.

8.3 Ausblick

Mit den Experimenten auf den unteren beiden Ebenen des V-Modells konnte die Wirkweise der zentralen Systemfähigkeiten nachgewiesen werden. Weitere Analysen des Systems sind erforderlich und die Betrachtung über einen längeren Zeitraum in einem beispielhaften Anwendungsszenario ist erforderlich. Dabei sind Untersuchungen notwendig, die aufzeigen, wie dem System die Fähigkeit zum selbstständigen kontinuierlichen Lernen auf Basis vergangener Fehler in allen relevanten Aspekten, insbesondere der Bildverarbeitung, verliehen werden kann.

Durch die Arbeit konnte gezeigt werden, dass die Selbstoptimierung auf den Anwendungskontext eines automatisierten Prüfsystems übertragbar ist. Im Zuge weiterer Untersuchungen sollte die Anwendung auch auf andere automatisierte Systeme zur Qualitätssicherung, wie z. B. Koordinatenmesssysteme oder Prüfsysteme im Bereich der Leiterplattenherstellung geprüft werden. Zu klären ist in diesem Zusammenhang insbesondere die Frage, wie selbstoptimierende Systeme als Agenten auf gleichen und unterschiedlichen Ebenen innerhalb eines Unternehmens miteinander interagieren können bzw. müssen, um dem daraus resultierenden dynamischen Gesamtsystem hinreichende Stabilität zu verleihen. Diesen Fragen sollte in laufenden und zukünftigen Forschungsvorhaben insbesondere zur Realisierung sogenannter Cyber-Physischer Produktionssysteme vertiefend nachgegangen werden.

Die Ontologie des Begriffs Kognition und wie diese im Menschen entsteht sind nach wie vor Bestandteil reger und zum Teil kontroverser Diskussionen in verschiedenen wissenschaftlichen Disziplinen. Weitere interdisziplinäre Forschung in Verbindung mit biologischen, soziologischen und weiteren humanwissenschaftlichen Arbeiten ist nötig, um zu klären, inwieweit es gelingen kann das Konstrukt Kognition und die damit verbundenen Aspekte auf technische Systeme zu übertragen. Ungeachtet dessen deuten aktuelle Entwicklungen daraufhin, dass technische Systeme in ihrem Verhalten zunehmend an Autonomie gewinnen und somit „kognitiver“ werden. Bei diesen vornehmlich technischen Entwicklungen ist auch eine gesellschaftliche Diskussion über maschinelle Autonomie- bzw. Kognition unabdingbar. Die damit verbundenen ethischen Fragen sind dabei von nicht zu unterschätzender Bedeutung. Angesichts des rasanten technologischen Wandels gewinnen Fragen zur Zukunft der Erwerbsarbeit an Bedeutung. Notwendig ist ein disziplinenübergreifender Diskurs, wie es gelingen kann, auch in einer Zukunft mit verstärktem Einsatz autonomer oder teilautonomer Maschinen Wertschöpfung gerecht aufzuteilen und den sozialen Frieden langfristig zu sichern.

VI Literaturverzeichnis

ABB Automation GmbH (Hrsg.) (2013): Application manual Force Control for Machining. Schweden, 2013.

ABB Automation GmbH (Hrsg.) (2016): Technisches Referenzhandbuch RAPID Überblick. Schweden, 2016.

ABB Automation GmbH (Hrsg.) (2017): IRB 120 Industrieroboter. Produktspezifikation. Friedberg, 2017.

ABB Automation GmbH (Hrsg.) (2017): IRB 910 SC Industrieroboter. Product Specification. URL: https://library.e.abb.com/public/0ae715a1567b4ef4b79a32088f132584/3HAC056431-en.pdf - Stand: 21.11.2021.

ABB Automation GmbH (Hrsg.) (2017): IRC5. Industrial Robot Controller. Schweden, 2017.

Abu-Dakka, F., et al. (2015): A direct approach to solving trajectory planning problems using genetic algorithms with dynamics considerations in complex environments. In: Robotica. 33, Nr. 03, S. 669–683.

Agarwal, S.; Agrawal, M.; Chaudhury, S. (2017): Recognizing electronic circuits to enrich web documents for electronic simulation. In: Lecture Notes in Computer Science (including subseries Lecture Notes in Artificial Intelligence and Lecture Notes in Bioinformatics). 9657 LNCS. Jg.

Agarwal, S.; Agrawal, M.; Chaudhury, S. (2017): Recognizing Electronic Circuits to Enrich Web Documents for Electronic Simulation. In: Lamiroy, B.; Dueire Lins, R. (Hrsg.): Graphic Recognition. Current Trends and Challenges: 11th International Workshop, GREC 2015, Nancy, France, August 22-23, 2015, Revised Selected Papers. Cham: Springer International Publishing, S. 60–74.

Allin, S., et al. (2002): Measuring just noticeable differences for haptic force feedback: implications for rehabilitation. In: Tagungsband zum 10th Symposium on Haptic Interfaces for Virtual Environment and Teleoperator Systems. Orlando, S. 299–302.

Alpaydin, E. (2010): Introduction to machine learning. 2. Aufl. Cambridge, Mass: MIT Press.

Ament, C.; Glotzbach, T. (2015): Skript zur Vorlesung Modellbildung bzw. Prozessanalyse. Fachgebiet Systemanalyse. Ilmenau, 2015. – Wintersemester 2014/2015.

Amenta, N., et al. (1998): A new Voronoi-based surface reconstruction algorithm. In: Tagungsband zum 25th annual conference on Computer graphics and interactive techniques, S. 415–421.

Anguelov, N. (2009): Haptische und akustische Kenngrößen zur Objektivierung und Optimierung der Wertanmutung von Schaltern und Bedienfeldern für den Kfz-Innenraum. Dissertation, TU Berlin.

ATI Industrial Automation (Hrsg.) (2021): ATI Industrial Automation: F/T Sensor Gamma. URL: http://www.ati-ia.com/Products/ft/ft_models.aspx?id=Gamma - Stand: 25.11.2021.

Automotive Industry Action Group (2010): Norm AIAG MSA-4. Measurement Systems Analysis: Refernece Manual. Michigan:

Battenberg Robotic GmbH & Co. KG (Hrsg.) : Cockpitprüfung: Haptik Optik Akustik. URL: http://messrobotic.de/fileadmin/pdf/download/Battenberg_infotainment_deutsch.pdf - Stand: 25.11.2021.

Battenberg Robotic GmbH & Co. KG (Hrsg.) : RobFlow 2.6. URL: http://messrobotic.de/fileadmin/pdf/download/Product%20Sheet%20-%20RobFlow2.6%20Overview.pdf - Stand: 25.11.2021.

Battenberg Robotic GmbH & Co. KG (Hrsg.) : ROBSOGPAT. URL: http://messrobotic.de/fileadmin/pdf/download/Battenberg_SOPGAT_deutsch.pdf - Stand: 25.11.2021.

Battenberg Robotic GmbH & Co. KG (Hrsg.) : Wahrnehmungen messbar machen. Harmonie - der beste Weg zur Perfektion. URL: http://messrobotic.de/fileadmin/pdf/Produkte-MessroboticStandard-Wahrnehmungen.pdf - Stand: 25.11.2021.

Bay, H., et al. (2008): Speeded-Up Robust Features (SURF). In: Computer Vision and Image Understanding. 110, Nr. 3, S. 346–359.

Berenson, D., et al. (2012): A robot path planning framework that learns from experience. In: Tagungsband zum IEEE International Conference on Robotics and Automation. St Paul, USA, S. 3671–3678.

Berndt, G.; Hultzsch, E.; Weinhold, H. (1968): Funktionstoleranz und Messunsicherheit. In: Wissenschaftliche Zeitschrift der Technischen Universität Dresden. 17, Nr. 2, S. 465–471.

Beyerer, J.; Puente León, F.; Frese, C. (2012): Automatische Sichtprüfung. Berlin, Heidelberg: Springer.

Beyerer, J.; Puente León, F.; Frese, C. (2016): Automatische Sichtprüfung. Berlin, Heidelberg: Springer.

Bjorkenstam, S., et al. (2013): Energy efficient and collision free Motion of Industrial Robots using Optimal Control. In: Tagungsband zum IEEE International Conference on Automation Science and Engineering. Madison, WI, USA, S. 510–515.

Björkenstam, S., et al. (2014): Efficient Sequencing of Industrial Robots through Optimal Control. In: Procedia CIRP. 23, S. 194–199.

Böhm, C. (2002): Entwicklung und Erprobung sensororientierter Schleifwerkzeuge. Dissertation, RWTH Aachen.

Bossel, H. (2004): Systeme, Dynamik, Simulation. Modellbildung, Analyse und Simulation komplexer Systeme. 1. Aufl. Norderstedt: Books on Demand.

Brecher, C., et al. (2008): Cognitive Control Technology for a Self-Optimizing Robot Based Assembly Cell. In: Tagungsband zum International Design Engineering Technical Conferences and Computers and Information in Engineering Conference. New York, S. 1423–1431.

Brecher, C. (2011): Integrative Produktionstechnik für Hochlohnländer. Heidelberg: Springer.

Brecher, C. (2015): Advances in Production Technology. Cham, Schweiz: Springer International Publishing.

Browne, J., et al. (1984): Classification of flexible manufacturing systems. In: The FMS magazine. 2, Nr. 2, S. 114–117.

Broy, M. (2010): Cyber-Physical Systems. Innovation durch Software-Intensive eingebettete Systeme. Berlin, Heidelberg: Springer.

Bubb, H., et al. (2015): Automobilergonomie. Wiesbaden: Springer Fachmedien.

Buss, S.; Fillmore, J. (2001): Spherical averages and applications to spherical splines and interpolation. In: ACM Transactions on Graphics. 20, Nr. 2, S. 95–126.

Campos, T. E. de, et al. (2009): CHARACTER RECOGNITION IN NATURAL IMAGES. In: Tagungsband zum Proceedings of the Fourth International Conference on Computer

Vision Theory and Applications. Lisboa, Portugal, SciTePress - Science and and Technology Publications, S. 273–280.

Campos, T. de; **Babu, B.; Varma, M.** (2009): Character recognition in natural images.

Chan, T.; Vese, L. (2001): Active contours without edges. In: IEEE transactions on image processing : a publication of the IEEE Signal Processing Society. 10, Nr. 2, S. 266–277.

Chen, Y.; Medioni, G. (1991): Object modeling by registration of multiple range images. In: Tagungsband zum IEEE International Conference on Robotics and Automation. Sacramento, USA, S. 2724–2729.

Choset, H., et al. (2005): Principles of Robot Motion. Cambridge, Massachusetts: MIT Press.

Coleman, D., et al. (2015): Experience-based planning with sparse roadmap spanners. In: Tagungsband zum IEEE International Conference on Robotics and Automation. Seattle, USA, S. 900–905.

Conrad, S.; Dietrich, E. (2015): Eignungsnachweis von Messsystemen. 4. Aufl. München: Hanser.

Czichos, H. (2015): Mechatronik. Grundlagen und Anwendungen technischer Systeme. 3. Aufl. Wiesbaden: Springer Fachmedien.

Czyżak, P.; Jaszkiewicz, A. (1997): Pareto Simulated Annealing. In: Beckmann, M.; Künzi, H.; Fandel, G.; Trockel, W.; Fandel, G.; Gal, T. (Hrsg.): Multiple Criteria Decision Making. Berlin, Heidelberg: Springer, S. 297–307.

Dahiya, R., et al. (2010): Tactile Sensing—From Humans to Humanoids. In: IEEE Transactions on Robotics. 26, Nr. 1, S. 1–20.

Daimler AG (Hrsg.) (2020): „Factory 56“. Mercedes-Benz Cars steigert Flexibilität und Effizienz in der Produktion. URL: https://www.daimler.com/innovation/produktion/factory-56.html - Stand: 21.11.2021.

Damm, W., et al. (2010): Nationale Roadmap Embedded Systems. In: Broy, M. (Hrsg.): Cyber-Physical Systems. Innovation durch Software-Intensive eingebettete Systeme. (Reihe: acatech DISKUTIERT, 0). Berlin, Heidelberg: Springer, S. 67–136.

Daub, O. (2014): Die Objektivierung der Subjektivität. In: Schmitt, R. (Hrsg.): Perceived Quality. Subjektive Kundenwahrnehmungen in der Produktentwicklung nutzen. Düsseldorf: Symposion Verlag, S. 61–76.

Davies, E. (2012): Computer and machine vision. Theory, algorithms, practicalities. 4. Aufl. Waltham, Mass: Elsevier.

Demant, C.; Streicher-Abel, B.; Springhoff, A. (2011): Industrielle Bildverarbeitung. Wie optische Qualitätskontrolle wirklich funktioniert. 3. Aufl. Berlin, Heidelberg: Springer.

Deutsches Institut für Normung : Norm DIN IEC 60050-351. Internationales elektrotechnisches Wörterbuch . Teil 351: Leittechnik. Berlin: Beuth.

Deutsches Institut für Normung (1989) DIN 55350-12. Begriffe der Qualitätssicherung und Statistik; Merkmalsbezogene Begriffe. Berlin: Beuth.

Deutsches Institut für Normung (1995): Norm DIN 1319-1. Grundlagen der Meßtechnik - Teil 1: Grundbegriffe. Berlin: Beuth.

Deutsches Institut für Normung (1996): Norm DIN EN ISO 8373. Industrieroboter - Wörterbuch. Berlin: Beuth.

Deutsches Institut für Normung (2003): Norm DIN EN ISO 10360-1. Geometrische Produktspezifikation (GPS) - Annahmeprüfung und Bestätigungsprüfung für Koordinatenmessgeräte (KMG) - Teil 1: Begriffe. Berlin: Beuth.

Deutsches Institut für Normung (2006): Norm DIN 32937:2006-07. Mess- und Prüfmittelüberwachung - Planen, Verwalten und Einsetzen von Mess- und Prüfmitteln. Berlin: Beuth.

Deutsches Institut für Normung (2011): Norm DIN EN ISO 50001. Energiemanagementsysteme. Berlin: Beuth.

Deutsches Institut für Normung (2015): Norm DIN EN ISO 9001. Qualitätsmanagementsysteme - Anforderungen. Berlin: Beuth.

Deutsches Institut für Normung (2015): Norm DIN EN ISO 9000. Qualitätsmanagementsysteme – Grundlagen und Begriffe. Berlin: Beuth.

Deutsches Institut für Normung (2016): Norm DIN ISO 3951-1. Verfahren für die Stichprobenprüfung anhand quantitativer Merkmale (Variablenprüfung) - Teil 1: Spezifikation für Einfach-Stichprobenanweisungen für losweise Prüfung, geordnet nach der annehmbaren Qualitätsgrenzlage (AQL) für ein einfaches Qualitätsmerkmal und einfache AQL. Berlin: Beuth.

Dietrich, E. (2011): Vergleich von MSA und VDA Band 5. Wo liegen die Unterschiede? In: QZ - Qualität und Zuverlässigkeit. 56, Nr. 6, S. 30–34.

Dietrich, E.; Schulze, A. (2014): Eignungsnachweis von Prüfprozessen. Prüfmittelfähigkeit und Messunsicherheit im aktuellen Normenumfeld. 4. Aufl. München [u.a.]: Hanser.

Doerrer, C.; Werthschuetzky, R. (2002): Simulating push-buttons using a haptic display: Requirements on force resolution and force-displacement curve. In: Tagungsband zum 2002 EuroHaptics, S. 41–46.

Donmez, A.; Soons, J. (2009): Impacts of Automation on Precision. In: Nof, S. (Hrsg.): Springer handbook of automation. Dordrecht, New York: Springer, S. 117–125.

Duda, R.; Hart, P.; Stork, D. (2000): Pattern Classification. 2. Aufl. New York: Wiley-Interscience.

Dyckhoff, H. (2006): Produktionstheorie. Berlin: Springer.

Erhardt, A. (2008): Einführung in die Digitale Bildverarbeitung. Grundlagen, Systeme und Anwendungen. Wiesbaden: Vieweg+Teubner.

Ewert, D.; Ennen, P.: Informatik II – Vorlesung 4. Lehrveranstaltung (Informatik im Maschinenbau II). Aachen, 2015. URL: www.ima-zlw-ifu.rwth-aachen.de. – Aktualisierungsdatum: 2015-01-22 – Überprüfungsdatum 05.05.2015.

Faber, M., et al. (2013): Design and Implementation of a Cognitive Simulation Model for Robotic Assembly Cells. In: Harris, D. (Hrsg.): Engineering psychology and cognitive ergonomics. 10th international conference, EPCE 2013, held as part of HCI International 2013, Las Vegas, NV, USA, July 21-26, 2013, proceedings. (Reihe: LNCS sublibrary. SL 7, Artificial intelligence, 8019-8020). Heidelberg: Springer, S. 205–214.

Falk, B.; Quattelbaum, B.; Schmitt, R. (2010): Product Quality from the Customers' Perspective – Systematic Elicitation and Deployment of Perceived Quality Information. In: Huang, G.; Mak, K.; Maropoulos, P. (Hrsg.): Proceedings of the 6th CIRP-Sponsored International Conference on Digital Enterprise Technology. (Reihe: Advances in Intelligent and Soft Computing, 66). Berlin, Heidelberg: Springer, S. 211–222.

FANUC UK Ltd. (Hrsg.) : Datasheet LR Mate 200iD/4SC. URL: http://www.fanuc.eu/~/media/files/pdf/products/robots/robots-datasheets/datasheet%20lrmate-200id-4sc.pdf?la=de - Stand: 25.11.2021.

Fishel, J. (2012): Design and use of a biomimetic tactile microvibration sensor with human-like sensitivity and its application in texture discrimination using Bayesian exploration. Dissertation, University of Southern California.

Frank, D., et al. (2017): Autonomous detection and localization of quality characteristics for automated inspection systems. In: Tagungsband zum 9th International Working Conference: Total Quality Management - Advanced and Intelligent Approaches. Belgrade, Serbia, S. 117–125.

Frank, U., et al. (2004): Selbstoptimierende Systeme des Maschinenbaus - Definitionen und Konzepte. Paderborn: Heinz Nixdorf Institut, Universität Paderborn.

Freund, Y.; Schapire, R. (1997): A Decision-Theoretic Generalization of On-Line Learning and an Application to Boosting. In: Journal of Computer and System Sciences. 55, Nr. 1, S. 119–139.

Fu, L.; Kara, L. (2011): From engineering diagrams to engineering models. Visual recognition and applications. In: Computer-Aided Design. 43, Nr. 3, S. 278–292.

Fu, L.; Kara, L. (2011): Neural network-based symbol recognition using a few labeled samples. In: Computers & Graphics. 35, Nr. 5, S. 955–966.

Fuchs, S.; May, S. (2008): Calibration and registration for precise surface reconstruction with Time-Of-Flight cameras. In: International Journal of Intelligent Systems Technologies and Applications. 5, Nr. 3, S. 274.

Gane, C.; Sarson, T. (1992): Structured systems analysis. Tools & techniques. 1992 ed. Aufl. Maryland Heights, MO: Electronic Data Systems Corp.

Ganschar, O., et al. (2013): Produktionsarbeit der Zukunft - Industrie 4.0. Studie. Stuttgart, 2013.

Gausemeier, J.; Rammig, F.; Adelt, P. (2009): Selbstoptimierende Systeme des Maschinenbaus. Definitionen, Anwendungen, Konzepte ; Sonderforschungsbereich 614 'Selbstoptimierende Systeme des Maschinenbaus'. 1. Aufl. Aufl. Paderborn: Univ. Paderborn Heinz Nixdorf Inst.

Gausemeier, J.; Rammig, F.; Schäfer, W. (2014): Design Methodology for Intelligent Technical Systems. Develop Intelligent Technical Systems of the Future. Berlin, Heidelberg: Springer.

Gerke, W. (2015): Technische Assistenzsysteme. vom Industrieroboter zum Roboterassistenten. Berlin: De Gruyter.

Gevatter, H.-J.; Grünhaupt, U. (2004): Mess- und Automatisierungstechnik in der Produktionstechnik. 2., vollst. überarb. Aufl. Aufl. Berlin: Springer.

Giaccari, L. (2017): Surface Reconstruction from scattered points cloud (open surfaces). URL: https://de.mathworks.com/matlabcentral/fileexchange/63731-surface-reconstruction-from-scattered-points-cloud--open-surfaces-?s_tid=prof_contriblnk - Stand: 25.11.2021.

GM Powertrain (Hrsg.) (2010): SP-Q-MMS Measurement Systems Specification. Version G2.0. Detroit, 2010.

GOM mbH (Hrsg.) (2010): Application Example: Automated Robot Inspection Cell for Quality Control on Sheet Metal Components. The future of metrology in vehicle construction. URL: https://www.gom.com/fileadmin/user_upload/industries/automated_metrology_EN.pdf - Stand: 25.11.2021.

Goodfellow, I.; Bengio, Y.; Courville, A. (2016): Deep learning. Cambridge, Massachusetts, London, England: MIT Press.

Gorgevik, D.; Cakmakov, D. (2005): Handwritten Digit Recognition by Combining SVM Classifiers. In: Tagungsband zum EUROCON 2005 - The International Conference on "Computer as a Tool". Belgrade, Serbia and Montenegro, IEEE, S. 1393–1396.

Görz, G. (2014): Handbuch der Künstlichen Intelligenz. München: Oldenbourg.

Grauman, K.; Leibe, B. (2011): Visual object recognition. San Rafael: Morgan & Claypool.

Graves, M.; Batchelor, B. (2003): Machine Vision for the Inspection of Natural Products. London: Springer-Verlag London Limited.

Greenhalgh, J.; Mirmehdi, M. (2015): Automatic Detection and Recognition of Symbols and Text on the Road Surface. In: Tagungsband zum, S. 124–140.

Groover, M. P. (2016): Automation, production systems, and computer integrated manufacturing. Upper Saddle River, NJ: Pearson Prentice Hall.

Grundmann, W. (2002): Operations Research. Wiesbaden: Vieweg+Teubner Verlag.

Grunwald, M. (2008): Human haptic perception. Basics and applications. Basel, Boston: Birkhäuser.

Häberlein, T. (2012): Praktische Algorithmik mit Python. München: Oldenbourg.

Harry, J. (2016): Cyber-physikalische Haptiklösung in der Praxis. URL: http://www.industr.com/de/A-und-D-Magazin/antreiben-bewegen/cyber-physikalische-haptikloesung-in-der-praxis-373136 - Stand: 25.11.2021.

Heinrich, B.; Linke, P.; Glöckler, M. (2017): Grundlagen Automatisierung. Sensorik, Regelung, Steuerung. 2., überarbeitete und erweiterte Auflage. Aufl. Wiesbaden: Springer Vieweg.

Herlyn, W. (2012): PPS im Automobilbau. Produktionsprogrammplanung und -steuerung von Fahrzeugen und Aggregaten. München: Hanser Verlag.

Hertenstein, J.; Platt, M.; Veryzer, R. (2005): The Impact of Industrial Design Effectiveness on Corporate Financial Performance. In: Journal of Product Innovation Management. 22, Nr. 1, S. 3–21.

Hesse, S.; Schnell, G. (2014): Sensoren für die Prozess- und Fabrikautomation. Wiesbaden: Springer Fachmedien.

Hevner, A. (2007): A three cycle view of design science research. In: Scandinavian journal of information systems. 19, Nr. 2, S. 4.

Hevner, A.; Chatterjee, S. (2010): Design Science Research in Information Systems. In: Hevner, A.; Chatterjee, S. (Hrsg.): Design Research in Information Systems. Boston, MA: Springer US, S. 9–22.

Hinterhuber, H. (2009): Kundenorientierte Unternehmensführung. Kundenorientierung - Kundenzufriedenheit - Kundenbindung. 6., überarb. Aufl. Aufl. Wiesbaden: Gabler.

Hoferlin, B.; Zimmermann, K. (2009): Towards reliable traffic sign recognition. In: Tagungsband zum 2009 IEEE Intelligent Vehicles Symposium. Xi'an, China, IEEE, S. 324–329.

Hse, H.; Newton, A. R. (2004): Sketched symbol recognition using Zernike moments. In: Tagungsband zum Proceedings of the 17th International Conference on Pattern Recognition, 2004. ICPR 2004. Cambridge, UK, IEEE, 367-370 Vol.1.

Hu, X., et al. (2010): Traffic sign recognition using Scale invariant feature transform and SVM. In: Tagungsband zum A special joint symposium of ISPRS technical commission IV and AutoCarto in conjunction with ASPRS/CaGIS fall specialty conference November, S. 15–19.

Jack Greenhalgh, M. (2015): Automatic Detection and Recognition of Symbols and Text on the Road Surface. In: Fred, A.; Marsico, M. de; Figueiredo, M. (Hrsg.): Pattern Recognition: Applications and Methods. Cham: Springer International Publishing, S. 124–140.

Jingmeng, H., et al. (2016): A TV logo detection and recognition method based on SURF feature and bag-of-words model. In: Tagungsband zum 2016 2nd IEEE International Conference on Computer and Communications (ICCC). Chengdu, China, IEEE, S. 370–374.

Jochem, R.; Raßfeld, C. (2014): Qualitätsbezogene Kosten. In: Pfeifer, T.; Schmitt, R. (Hrsg.): Masing Handbuch Qualitätsmanagement. München: Carl Hanser Verlag GmbH & Co. KG, S. 93–102.

Jones, L.; Hunter, I. (1990): A perceptual analysis of stiffness. In: Experimental brain research. 79, Nr. 1, S. 150–156.

Jordan, P. (2002): Designing Pleasurable Products. An Introduction to the New Human Factors: CRC Press.

Jung, B.; Schweißer, S.; Wappis, J. (2020): Qualitätssicherung im Produktionsprozess. München: Hanser.

Kagermann, H.; Wahlster, W.; Helbig, J. (2013): Umsetzungsempfehlungen für das Zukunftsprojekt Industrie 4.0. Abschlussbericht des Arbeitskreises Industrie 4.0. Frankfurt a. M., 2013. – Deutschlands Zukunft als Produktionsstandort sichern.

Kalakrishnan, M., et al. (2011): STOMP: Stochastic trajectory optimization for motion planning. In: Tagungsband zum IEEE International Conference on Robotics and Automation. Shanghai, China, S. 4569–4574.

Kalman, R. (1958): Design of a Self-Optimising Control System. In: Trans. ASME. 80, S. 468–478.

Kamiske, G. (2015): Qualitätssicherung - Praxiswissen für den QS-Leiter. München: Hanser.

Karaman, S.; Frazzoli, E. (2011): Sampling-based algorithms for optimal motion planning. In: The International Journal of Robotics Research. 30, Nr. 7, S. 846–894.

Keferstein, C.; Marxer, M. (2015): Fertigungsmesstechnik. Wiesbaden: Springer Fachmedien.

Kim, H.-H.; Kim, D.-J.; Park, K.-H. (2012): Robust Elevator Button Recognition in the Presence of Partial Occlusion and Clutter by Specular Reflections. In: IEEE Transactions on Industrial Electronics. 59, Nr. 3, S. 1597–1611.

Kistler Group (Hrsg.) : Test & Measurement Kraft und Dehnung. URL: https://www.kistler.com/?type=669&fid=358&model=download - Stand: 25.11.2021.

Kistler Group (Hrsg.) (2016): MiniDyn. Mehrkomponenten-Dynamometer bis 4 000 N, Deckplatte 39x80 mm. URL: https://www.kistler.com/?type=669&fid=59614&model=document&callee=frontend - Stand: 25.11.2021.

Kleckers, T. (2012): Force sensors for strain gauge and piezoelectric crystal-based mechatronic systems- a comparison. In: Tagungsband zum IEEE International Instrumentation and Measurement Technology Conference. Graz, Austria, Piscataway, NJ: IEEE, S. 2306–2308.

Knight, W. (2016): Mercedes Sees Fewer Robots in Its Future. German automaker Daimler is scaling back on the number of robots used to build its S-class cars. But it's still a step forward for robotics. URL: https://www.technologyreview.com/s/600913/mercedes-sees-fewer-robots-in-its-future/ - Stand: 25.11.2021.

König, W. (1995): Technikwissenschaften. Die Entstehung der Elektrotechnik aus Industrie und Wissenschaft zwischen 1880 und 1914. Chur, Schweiz: G+B Verlag Fakultas.

König, W. (2010): Werte, Wissen und Wissensintegration in den Technikwissenschaften. Systematische und historische Betrachtungen. In: Kornwachs, K. (Hrsg.): Technologisches Wissen. Berlin, Heidelberg: Springer, S. 63–80.

Kowa (2015): Datasheet LM12HC. URL: http://www.kowa-europe.com/lenses/en/data/LM12HC.pdf - Stand: 25.11.2021.

Kruse, R., et al. (2015): Computational Intelligence. Wiesbaden: Springer Fachmedien.

Kuffner, J. J.; LaValle, S. M. (2000): RRT-connect: An efficient Approach to Single-Query Path Planning. In: Tagungsband zum IEEE International Conference on Robotics and Automation. San Francisco, CA, USA, S. 995–1001.

Küpper, D., et al. (2016): The Factory of the Future. What Is the Factory of the Future. 2016.

Laird, J.; Congdon, C. (2015): The Soar User's Manual. URL: http://web.eecs.umich.edu/~soar/downloads/Documentation/SoarManual.pdf - Stand: 25.11.2021.

Lang, F.; Lang, P. (2007): Basiswissen Physiologie. Heidelberg: Springer Medizin Verlag.

Latombe, J.-C. (2001): Robot Motion Planning. 6. Aufl. Boston: Kluwer.

LaValle, S. (2006): Planning Algorithms. Cambridge: Cambridge University Press.

Liggesmeyer, P. (2009): Software-Qualität. Testen, Analysieren und Verifizieren von Software. 2. Aufl. Aufl. Heidelberg: Spektrum, Akad. Verl.

Linß, G. (2016): Qualitätssicherung - Technische Zuverlässigkeit. Lehr- und Arbeitsbuch. München: Hanser.

Lisin, D. A., et al. (2005): Combining Local and Global Image Features for Object Class Recognition. In: Tagungsband zum IEEE Computer Society Conference on Computer Vision and Pattern Recognition. San Diego, CA, Los Alamitos, Calif.: IEEE Computer Society, S. 47.

Lowe, D. (2004): Distinctive Image Features from Scale-Invariant Keypoints. In: International Journal of Computer Vision. 60, Nr. 2, S. 91–110.

Ludwig, R. (2010): Robotergestützte Qualitätsprüfung in der Automobilfertigung. Dissertation, RWTH Aachen.

Lux, G.; Reinhart, G. (2015): An approach for the automated self-calibration of robot-based inspection systems. In: Tagungsband zum 7th IEEE International Conference on Cybernetics and Intelligent Systems (CIS) and IEEE Conference on Robotics, Automation and Mechatronics (RAM). Siem Reap, Cambodia, S. 106–111.

Mäder, U. (1986): Kostenoptimale Prüfpläne für ein quantitatives Merkmal. In: Metrika. 33, Nr. 1, S. 143–163.

Mandhala, V. N., et al. (2014): Scene classification using support vector machines. In: Tagungsband zum 2014 IEEE International Conference on Advanced Communications, Control and Computing Technologies. Ramanathapuram, India, IEEE, S. 1807–1810.

Matysek, M.; Kern, T. (2009): Entwicklung Haptischer Geräte. Ein Einstieg für Ingenieure. Berlin, Heidelberg: Springer.

Maydell, M.; Napp, A. (2017): Wie geht Qualität ? In: *Auto Motor und Sport* 10/2017,

Mehlhorn, K.; Sanders, P. (2008): Algorithms and Data Structures. The Basic Toolbox. Berlin, Heidelberg: Springer.

Mehra, N.; Gupta, S. (2013): Survey on Multiclass Classification Methods. In: International Journal of Computer Science and Information Technologies. 4, Nr. 4, S. 572–576.

Mehrotra, K., et al. (2013): Unconstrained handwritten Devanagari character recognition using convolutional neural networks. In: Tagungsband zum Proceedings of the 4th International Workshop on Multilingual OCR - MOCR '13. Washington, D.C, New York: ACM Press, S. 1.

Meroth, A.; Tolg, B. (2008): Infotainmentsysteme im Kraftfahrzeug. Wiesbaden: Vieweg.

Meyer, T.; Priesterjahn, C.; Sextro, W. (2014): Introduction to Self-Optimization and Dependability. In: Gausemeier, J.; Rammig, F.; Schäfer, W.; Sextro, W. (Hrsg.): Dependability of Self-Optimizing Mechatronic Systems. Berlin, Heidelberg: Springer, S. 1–24.

Meywerk, M. (2007): CAE-Methoden in der Fahrzeugtechnik. Berlin: Springer.

Mitsubishi Electric (Hrsg.) (2012): MELFA. Industrial Robot Catalog. 2012.

MongoDB, I. (Hrsg.) (2017): What is MongoDB? URL: https://www.mongodb.com/what-is-mongodb - Stand: 25.11.2021.

Monostori, L.; Váncza, J.; Kumara, S.R.T. (2006): Agent-Based Systems for Manufacturing. In: CIRP Annals - Manufacturing Technology. 55, Nr. 2, S. 697–720.

Montgomery, D. (2013): Design and analysis of experiments. Eighth edition. Aufl. Hoboken, NJ: John Wiley & Sons, Inc.

Mühlbauer, M. (2016): Cyber-physikalisches Prüfsystem zum Anfassen. Robotergestützte Haptikkontrolle. In: Robotik und Produktion, Nr. 2, S. 78–79.

Nagamalai, D.; Kumar, A.; Annamalai, A. (2013): Advances in Computational Science, Engineering and Information Technology. Proceedings of the Third International Conference on Computational Science, Engineering and Information Technology (CCSEIT-2013), KTO Karatay University, June 7-9, 2013, Konya,Turkey - Volume 1. Heidelberg: Springer.

Neisser, U. (2014): Cognitive psychology. New York: Psychology Press/Taylor & Francis Group.

Nelles, O. (2001): Nonlinear System Identification. From Classical Approaches to Neural Networks and Fuzzy Models. Berlin, Heidelberg: Springer.

Neumann, L.; Matas, J. (2010): A Method for Text Localization and Recognition in Real-World Images. In: Tagungsband zum, S. 770–783.

Niehues, M., et al. (2017): Organisation, Qualität und IT-Systeme für Planung und Betrieb. In: Reinhart, G. (Hrsg.): Handbuch Industrie 4.0. Geschäftsmodelle, Prozesse, Technik. München: Hanser, S. 137–168.

Nixon, M.; Aguado, A. (2012): Feature extraction & image processing for computer vision. 3. Aufl. Oxford: Academic Press.

Nubiola, A.; Bonev, I. (2013): Absolute calibration of an ABB IRB 1600 robot using a laser tracker. In: Robotics and Computer-Integrated Manufacturing. 29, Nr. 1, S. 236–245.

Object Management Group (Hrsg.) (2015): About OMG®. URL: http://www.omg.org/gettingstarted/gettingstartedindex.htm - Stand: 25.11.2021.

O'Haver, T. (2021): Pragmatic Introduction to Signal Processing. Applications in scientific measurement.

Ohgushi, K.; Hamada, N. (2009): Traffic sign recognition by Bags of features. In: Tagungsband zum TENCON 2009 - 2009 IEEE Region 10 Conference. Singapore, IEEE, S. 1–6.

Pang, X.; Tan, H.; Durlach, N. (1991): Manual discrimination of force using active finger motion. In: Perception & Psychophysics. 49, Nr. 6, S. 531–540.

Papageorgiou, M.; Leibold, M.; Buss, M. (2015): Optimierung. 4. Aufl. Berlin, Heidelberg: Springer.

Parker, J. (2011): Algorithms for image processing and computer vision. 2. Aufl. Indianapolis: Wiley.

Patzak, G. (1982): Systemtechnik - Planung komplexer innovativer Systeme. Grundlagen, Methoden, Techniken. Berlin, Heidelberg: Springer.

Pfeifer, T.; Schmitt, R. (2010): Fertigungsmesstechnik. 3., überarb. und erw. Aufl. Aufl. München: Oldenbourg.

Pfeifer, T.; Schmitt, R.; Hermes, R. (2006): Autonome Produktionszellen: Eine Vision für die Produktion im 21. Jahrhundert. Definitionen: Autonomie, Autonome Produktionszelle. In: Pfeifer, T. (Hrsg.): Autonome Produktionszellen. Berlin: Springer.

Pham, M.-T., et al. (2013): Scale-invariant vote-based 3D recognition and registration from point clouds. In: Cipolla, R.; Battiato, S.; Farinella, G. (Hrsg.): Machine Learning for Computer Vision. Berlin, Heidelberg: Springer, S. 137–162.

Phan, T. Q., et al. (2013): Recognizing Text with Perspective Distortion in Natural Scenes. In: Tagungsband zum 2013 IEEE International Conference on Computer Vision. Sydney, Australia, IEEE, S. 569–576.

Pichlik, H. (2016): CyberFLEX. Cyberphysikalisches produktflexibles Testsystem für Labor und Fertigung. In: mechatroniknews, Nr. 8, S. 3–5.

Pieper, M. (2017): Mathematische Optimierung. Wiesbaden: Springer Fachmedien.

Pook, S. (2011): Eine Methode zum Entwurf von Zielsystemen selbstoptimierender mechatronischer Systeme. Paderborn: Heinz-Nixdorf-Institut.

Powell, M. (2007): A view of algorithms for optimization without derivatives. In: Mathematics Today-Bulletin of the Institute of Mathematics and its Applications. 43, Nr. 5, S. 170–174.

Powell, M. (2009): The BOBYQA Algorithm for Bound Constrained Optimization without Derivatives. In: Cambridge NA Report NA2009/06, University of Cambridge, S. 26–46.

Prefi, T.; Falk, B.; Schmitt, R. (2014): Entwicklung: Qualität und Markt. In: Pfeifer, T.; Schmitt, R. (Hrsg.): Masing Handbuch Qualitätsmanagement. München: Carl Hanser Verlag GmbH & Co. KG, S. 383–399.

Priese, L. (2015): Computer Vision. Einführung in die Verarbeitung und Analyse digitaler Bilder. Berlin, Heidelberg: Springer Vieweg.

PUC-Rio (Hrsg.) (2017): Lua. URL: http://www.lua.org/ - Stand: 25.11.2021.

Python Software Foundation (Hrsg.) (2017): python. URL: https://www.python.org/ - Stand: 25.11.2021.

Quigley, M., et al. (2009): ROS: an open-source Robot Operating System: ICRA Workshop on Open Source Software.

Ramer, C., et al. (2013): A robot motion planner for 6-DOF industrial robots based on the cell decomposition of the workspace. In: Tagungsband zum 44th International Symposium on Robotics. Seoul, Korea (South), S. 1–4.

Rao, R. (2011): Advanced modeling and optimization of manufacturing processes. International research and development. London: Springer.

Reichheld, F.; Sasser, W. (1990): Zero defections. Quality comes to services. In: Harvard Business Review. 68, Nr. 5, S. 105–111.

Reinhart, G. (2017): Handbuch Industrie 4.0. Geschäftsmodelle, Prozesse, Technik. München: Hanser.

Reinhart, G.; Zühlke, D. (2017): Von CIM zu Industrie 4.0. In: Reinhart, G. (Hrsg.): Handbuch Industrie 4.0. Geschäftsmodelle, Prozesse, Technik. München: Hanser, S. XXXI–XL.

Reisinger, J. (2009): Parametrisierung der Haptik von handbetätigten Stellteilen: Technische Universität München.

Rooker, M., et al. (2014): Flexible and Assistive Quality Checks with Industrial Robots. In: Tagungsband zum 41st International Symposium on Robotics. Berlin: VDE Verlag GmbH, S. 184–189.

Rösler, F. (2011): Psychophysiologie der Kognition. Eine Einführung in die Kognitive Neurowissenschaft. Heidelberg: Spektrum Akad. Verl.

Rösler, F.; Battenberg, G.; Schüttler, F. (2009): Subjektive Empfindungen und objektive Charakteristika von Bedienelementen. In: Automobiltechnische Zeitrschrift. 111, Nr. 04, S. 292–297.

Rubio, F., et al. (2009): Simultaneous algorithm to solve the trajectory planning problem. In: Mechanism and Machine Theory. 44, Nr. 10, S. 1910–1922.

Rubio, F., et al. (2015): Assembly Line Productivity Assessment by Comparing Optimization-Simulation Algorithms of Trajectory Planning for Industrial Robots. In: Mathematical Problems in Engineering. 2015, Nr. 3, S. 1–10.

Runkler, T. (2010): Data Mining. Wiesbaden: Vieweg+Teubner.

Russell, S.; Norvig, P. (2010): Artificial intelligence. A modern approach. 3. Aufl. Boston: Pearson.

Sanders, J.; Kandrot, E.; Dongarra, J. (2015): CUDA by example. An introduction to general-purpose GPU programming. 6. Aufl. Upper Saddle River: Addison-Wesley/Pearson Education.

Schicker, E. (2017): Datenbanken und SQL. Eine praxisorientierte Einführung mit Anwendungen in Oracle, SQL Server und MySQL. 5. Aufl. Wiesbaden: Springer Fachmedien.

Schiele, B.; Crowley, J. (2000): Recognition without Correspondence using Multidimensional Receptive Field Histograms. In: International Journal of Computer Vision. 36, Nr. 1, S. 31–50.

Schill, A.; Springer, T. (2012): Verteilte Systeme. Grundlagen und Basistechnologien. 2. Aufl. Berlin: Springer.

Schilling, E. (2017): Acceptance sampling in quality control. 3. Aufl. Boca Raton: CRC Press.

Schmidt, A. (2006): Wirkmuster zur Selbstoptimierung - Konstrukte für den Entwurf selbstoptimierender Systeme. Dissertation, Universität Paderborn.

Schmitt, R. (2000): Aufbau flexibler Mess- und Prüfstationen für die automatisierte Montage. Dissertation, RWTH Aachen.

Schmitt, R., et al. (2011): Cognitive learning in self-optimization production systems. In: Dreyer, H.; Strandhagen, J.; Bjartnes, R. (Hrsg.): Proceedings MITIP 2011, Norwegian University of Science and Technology, Trondheim, Norway 2011. Trondheim, Norwegen: tapir academic press, S. 109–118.

Schmitt, R., et al. (2011): Designing closed quality control loops for stable production systems. In: Tagungsband zum 55th EOQ "World Quality Congress". Budapest, Hungary,

Schmitt, R., et al. (2011): Selbstoptimierende Produktionssysteme. In: Brecher, C. (Hrsg.): Integrative Produktionstechnik für Hochlohnländer. Heidelberg: Springer, S. 747–1057.

Schmitt, R., et al. (2012): Dynamic scene recognition with a monocular moving camera for industrial robotics. In: Tagungsband zum 8th IEEE International Symposium on Instrumentation and Control Technology. London, United Kingdom, IEEE, S. 110–115.

Schmitt, R. (2014): Die aktive Gestaltung der wahrgenommenen Produktqualität. In: Schmitt, R. (Hrsg.): Perceived Quality. Subjektive Kundenwahrnehmungen in der Produktentwicklung nutzen. Düsseldorf: Symposion Verlag, S. 13–35.

Schmitt, R. (2015): Qualitätsmanagement. München: Hanser.

Schmitt, R.; Kimmelmann, W.; Quinders, S. (2017): Free Float Flawless. URL: http://xl-assembly.com/wp-content/uploads/sites/21/2016/11/Brochure-XL-Assembly.pdf - Stand: 25.11.2021.

Schmitt, S.; Schmitt, R. (2013): Lifecycle Oriented Ramp-Up - Conception of a Quality-Oriented Process Model. In: Nee, A.; Song, B.; Ong, S.-K. (Hrsg.): Re-engineering Manufacturing for Sustainability. Singapore: Springer Singapore, S. 441–445.

Schöllhammer, A.; Jäger, M. (2015): Studie Komplexitätsbewirtschaftung 2014. 2015.

Scholz-Reiter, B.; Freitag, M. (2007): Autonomous Processes in Assembly Systems. In: CIRP Annals - Manufacturing Technology. 56, Nr. 2, S. 712–729.

Schröder, D. (2010): Intelligente Verfahren. Identifikation und Regelung nichtlinearer Systeme. Berlin, Heidelberg: Springer.

Schwarz, H.; Köckler, N. (2009): Numerische Mathematik. Wiesbaden: Vieweg+Teubner.

Sermanet, P.; LeCun, Y. (2011): Traffic sign recognition with multi-scale Convolutional Networks. In: Tagungsband zum The 2011 International Joint Conference on Neural Networks. San Jose, CA, USA, IEEE, S. 2809–2813.

Sethi, A.; Sethi, S. (1990): Flexibility in manufacturing. A survey. In: International Journal of Flexible Manufacturing Systems. 2, Nr. 4.

Shams, M. M., et al. (2015): Traffic sign recognition using an extended bag-of-features model with spatial histogram. In: Tagungsband zum 2015 Signal Processing and Intelligent Systems Conference (SPIS). Tehran, IEEE, S. 189–193.

Shao, L., et al. (2014): Computer Vision and Machine Learning with RGB-D Sensors. Cham, s.l.: Springer International Publishing.

Shiller, Z.; Dubowsky, S. (1988): Global Time Optimal Motions of Robotic Manipulators in the Presence of Obstacles. In: Tagungsband zum IEEE International Conference on Robotics and Automation. Philadelphia, PA, USA, S. 370–375.

Shiller, Z.; Dubowsky, S. (1991): On Computing the Global Time-Optimal Motions of Robotic Manipulators in the Presence of Obstacles. In: IEEE Transactions on Robotics and Automation. 7, Nr. 6, S. 785–797.

Shimoga, K. B. (1993): A survey of perceptual feedback issues in dexterous telemanipulation. I. Finger force feedback. In: Tagungsband zum IEEE Virtual Reality Annual International Symposium. Seattle, WA, USA, S. 263–270.

Siegbert, R., et al. (2014): Comparing Optimization Algorithms for Shape Optimization of Extrusion Dies. In: PAMM. 14, Nr. 1, S. 789–794.

Simon, H. (1996): The sciences of the artificial. 3. Aufl. Cambridge: MIT Press.

Sohlberg, B. (2003): Grey box modelling for model predictive control of a heating process. In: Journal of Process Control. 13, Nr. 3, S. 225–238.

Sonka, M.; Boyle, R.; Hlavac, V. (2008): Image processing, analysis, and machine vision. 3. Aufl. Toronto: Thomson.

Sony Corporation (Hrsg.) (2015): XCG-CG Series. URL: https://www.maxxvision.com/fileadmin/content/Produkte/Kameras/GigE_Vision_Kameras/Downloads/Sony_GigE_Vision_GS_CMOS_Kameras_XCG-CG-Serie_Prospekt.PDF - Stand: 25.11.2021.

Spingler, M. (2008): Die methodische Erfassung human wahrgenommener Qualitätsaspekte. In: ATZ - Automobiltechnische Zeitschrift. 110, Nr. 2, S. 104–111.

Spingler, M. (2011): Metrological System for Perceived Quality Parameters to Establish Transfer Functions to Human Perception. Dissertation, RWTH Aachen.

Spingler, M. (2014): Qualitätsempfinden messen mit der Perceived Quality Toolbox. In: Schmitt, R. (Hrsg.): Perceived Quality. Subjektive Kundenwahrnehmungen in der Produktentwicklung nutzen. Düsseldorf: Symposion Verlag, S. 99–118.

Srinivasan, M.; Chen, J. (1993): Human performance in controoling normal forces of contact with rigid objects. In: Kazerooni, H.; Colgate, J.E.; Adelstein, B. (Hrsg.): Advances in robotics, mechatronics and haptic interfaces 1993. Presented at the 1993 ASME Winter Annual Meeting, New Orleans, Louisiana, November 28-December 3, 1993. (Reihe: DSC, vol. 49). New York: American Society of Mechanical Engineers, S. 119–125.

Stachowiak, H. (1973): Allgemeine Modelltheorie. Wien: Springer.

Steiner, P. (2017): Sensory Branding. Wiesbaden: Springer Fachmedien.

Stoller, D. (2014): Volkswagen und Siemens bringen Industrierobotern sanfte Bewegungsabläufe bei. 50 % weniger Energieverbrauch. URL: http://www.ingenieur.de/Fachbereiche/Robotik/Volkswagen-Siemens-bringen-Industrierobotern-sanfte-Bewegungsablaeufe - Stand: 25.11.2021.

Stryk, O. von; **Schlemmer, M.** (1994): Optimal Control of the Industrial Robot Manutec r3. In: Bulirsch, R.; Kraft, D. (Hrsg.): Computational Optimal Control. Basel: Birkhäuser, S. 367–382.

Stylidis, K.; Wickman, C.; Söderberg, R. (2020): Perceived quality of products. A framework and attributes ranking method. In: Journal of Engineering Design. 31, Nr. 1, S. 37–67.

Sun, Y.; Wong, A.; Kamel, M. (2009): Classification of imbalanced Data. A Review. In: International Journal of Pattern Recognition and Artificial Intelligence. 23, Nr. 04, S. 687–719.

Süße, H.; Rodner, E. (2014): Bildverarbeitung und Objekterkennung. Computer Vision in Industrie und Medizin. Wiesbaden: Springer Vieweg.

The MathWorks, I. (Hrsg.) (2017): findpeaks. Find local maxima. URL: https://de.mathworks.com/help/signal/ref/findpeaks.html - Stand: 25.11.2021.

The MathWorks, I. (Hrsg.) (2021): Die Sprache des technischen Rechnens. URL: https://de.mathworks.com/products/matlab.html - Stand: 25.11.2021.

The MathWorks, I. (Hrsg.) (2021): mongo - MongoDB connection. URL: https://de.mathworks.com/help/database/ug/mongo.html - Stand: 25.11.2021.

The VLFeat Authors (Hrsg.) (2007): Comparison with D. Lowe's SIFT. URL: http://www.vlfeat.org/overview/sift.html#tut.sift.ubc - Stand: 25.11.2021.

Thombansen, U., et al. (2011): Model-based self-optimization for manufacturing systems. In: Thoben, K.-D. (Hrsg.): 17th International Conference on Concurrent Enterprising (ICE), 2011. Piscataway, NJ: IEEE, S. 1–9.

Tobias, L., et al. (2016): Convolutional Neural Networks for object recognition on mobile devices : A case study. In: Tagungsband zum 23rd IEEE International Conference on Pattern Recognition. Cancun, Mexiko, IEEE, S. 3530–3535.

Tönshoff, H.K.; Inasaki, I. (2001): Sensors in Manufacturing. Weinheim: Wiley-VCH Verlag GmbH.

Tränkler, H.-R.; Fischerauer, G. (2014): Das Ingenieurwissen. Messtechnik. Wiesbaden: Vieweg+Teubner.

Treiber, M. (2010): An Introduction to Object Recognition. Selected Algorithms for a Wide Variety of Applications. London: Springer-Verlag London Limited.

Unbehauen, H.; Bohn, C. (2016): Identifikation dynamischer Systeme. Methoden zur Modellbildung anhand von Messungen. Wiesbaden: Springer Vieweg.

van Boven, R.; Johnson, K. (1994): The limit of tactile spatial resolution in humans: grating orientation discrimination at the lip, tongue, and finger. In: Neurology. 44, Nr. 12, S. 2361–2366.

van Damme, M., et al. (2011): Estimating robot end-effector force from noisy actuator torque measurements. In: Tagungsband zum IEEE International Conference on Robotics and Automation. Shanghai, China, S. 1108–1113.

van Volsem, S.; Dullaert, W.; van Landeghem, H. (2007): An Evolutionary Algorithm and discrete event simulation for optimizing inspection strategies for multi-stage processes. In: European Journal of Operational Research. 179, Nr. 3, S. 621–633.

Verband der Automobilindustrie (2021): Norm VDA Band 5. Mess-u. Prüfprozesse.

Verein Deutscher Ingenieure (2014): VDI Richtlinie VDI 3633 Blatt 1. Simulation von Logistik-, Materialfluss und Produktionssystemen, Grundlagen.

Viola, P.; Jones, M. (2001): Rapid object detection using a boosted cascade of simple features. In: Tagungsband zum IEEE Computer Society Conference on Computer Vision and Pattern Recognition. Kauai, HI, USA, I-511-I-518.

W. Lyda (Hrsg.); D. Fleische (Hrsg.); M. Gronle (Hrsg.); F. Mauch (Hrsg.); K. Körner (Hrsg.); W. Osten (Hrsg.) (2012): 16. GMA/ITG-Fachtagung Sensoren und Messsysteme. AMA Service GmbH, P.O. Box 2352, 31506 Wunstorf, Germany.

Weber, J. (2009): Automotive development processes. Processes for successful customer oriented vehicle development. Dordrecht, New York: Springer.

Weck, M. (1998): Werkzeugmaschinen Fertigungssysteme 1. Maschinenarten und Anwendungsbereiche. 5. Aufl. Berlin, Heidelberg: Springer.

Weck, M.; Brecher, C. (2006): Werkzeugmaschinen 4. Automatisierung von Maschinen und Anlagen. 6. Aufl. Berlin: Springer.

Weckenmann, A.; Werner, T. (2014): Messen und Prüfen. In: Pfeifer, T.; Schmitt, R. (Hrsg.): Masing Handbuch Qualitätsmanagement. München: Carl Hanser Verlag GmbH & Co. KG, S. 625–664.

Wedde, R., et al. (2009): Von eingebetteten Systemen zu Cyber-Physical Systems. In: Brauer, W.; Halang, W.; Holleczek, P. (Hrsg.): Aktuelle Anwendungen in Technik und Wirtschaft. Berlin, Heidelberg: Springer, S. 21–30.

Weir, D. W., et al. (2004): The haptic profile: capturing the feel of switches. In: Tagungsband zum 12th IEEE International Symposium on Haptic Interfaces for Virtual Environment and Teleoperator Systems. Chicago, S. 186–193.

Weiss, C. (2016): Einzigartige Qualitätsarbeit in der Porsche-Produktion - Aus Leidenschaft zum Sportwagen. URL: https://presse.porsche.de/download/prod/presse_pag/Press-BasicData.nsf/Download?OpenAgent&attachmentid=874788&previewpdf=1 - Stand: 25.11.2021.

Westkämper, E. (2009): Wandlungsfähige Produktionsunternehmen. Das Stuttgarter Unternehmensmodell. Berlin: Springer.

Whitesides, G.; Kriebel, J.; Love, J. (2005): Molecular engineering of surfaces using self-assembled monolayers. In: Science Progress. 88, Nr. 1, S. 17–48.

Witte, F. (2016): Testmanagement und Softwaretest. Wiesbaden: Springer Fachmedien.

Xie, M. (2008): Fundamentals of Robotics. Linking Perception to Action. Hackensack, NJ: World Scientific.

Yang, X.-D., et al. (2008): Perception of haptic force magnitude during hand movements. In: Tagungsband zum IEEE International Conference on Robotics and Automation (ICRA). Pasadena, CA, USA, S. 2061–2066.

Yi, C.; Tian, Y. (2014): Scene text recognition in mobile applications by character descriptor and structure configuration. In: IEEE transactions on image processing : a publication of the IEEE Signal Processing Society. 23, Nr. 7, S. 2972–2982.

Yu, X., et al. (2009): Lift-button detection and recognition for service robot in buildings : 7 - 10 Nov. 2009, Cairo, Egypt ; proceedings. In: Tagungsband zum 16th IEEE International Conference on Image Processing. Piscataway, NJ: IEEE, S. 313–316.

Zäh, M., et al. (2009): The Cognitive Factory. In: ElMaraghy, H. A. (Hrsg.): Changeable and reconfigurable manufacturing systems. London: Springer, S. 355–371.

Zäh, M. F.; Ostgathe, M.; Wiesbeck, M. (2010): Ganzheitliches Datenmodell für kognitive Produktionssysteme. In: Zeitschrift für wirtschaftlichen Fabrikbetrieb, Nr. 04, S. 309–315.

Zaklouta, F.; Stanciulescu, B. (2011): Warning traffic sign recognition using a HOG-based K-d tree. In: Tagungsband zum 2011 IEEE Intelligent Vehicles Symposium (IV). Baden-Baden, Germany, IEEE, S. 1019–1024.

Zimmermann, H.-J. (2008): Operations Research. Wiesbaden: Vieweg+Teubner Verlag.

Zucker, M., et al. (2013): CHOMP. Covariant Hamiltonian optimization for motion planning. In: The International Journal of Robotics Research. 32, 9-10, S. 1164–1193.

VII Anhang

Anhang A. Zusätze zur Ermittlung haptischer Messgrößen

Erläuterung der Kraft- und Wegpunkte aus der Kraft-Weg-Darstellung

Ausgangspunkt der Messung ist der Punkt P_0, welcher die Vorspannkraft F_0 und den Vorspannweg S_0 = 0 mm enthält. P_1 ist der Betätigungspunkt. Aus der Betätigungskraft F_1 und dem Vorlaufweg S_1 wird der Gradient des Kraftanstiegs gebildet (vgl. Formel VII-1).

Formel VII-1 Gradient im Kraft-Weg-Verlauf

$$Gradient = \frac{F_1}{S_1}$$

F_1 = Betätigungskraft

S_1 = Vorlaufweg

Der Kraftanstieg ist das Verhältnis aus Kraft und Weg und entspricht damit einer Steifigkeit. Die Differenzschwelle für Steifigkeiten liegt bei 23% vom Steifigkeitswert.[398]

Der Kraftsprung (engl.: Snap) beginnt am Betätigungspunkt P_1 und endet am Snappunkt P_2. Der Kraftsprung wird aus der Betätigungskraft F_1 und der Schaltkraft F_2 durch die Formel VII-2 berechnet.

Formel VII-2 Snap im Kraft-Weg-Verlauf

$$Snap = \frac{F_1 - F_2}{F_1} \times 100\%$$

F_2 = Schaltkraft

Der Kraftsprung wird wahrgenommen, wenn er mindestens einem Drittel der Betätigungskraft F_1 beträgt. Kleinere Kraftsprünge werden kaum wahrgenommen. Größere Kraftsprünge werden zwar deutlicher wahrgenommen, aber negativ bewertet.[399] Der Snapweg S_W vom Betätigungspunkt P_1 zum Snappunkt P_2 wird entsprechend Formel VII-3 berechnet.

Formel VII-3 Sw im Kraft-Weg-Verlauf

$$S_W = S_2 - S_1$$

S_2 = Schaltweg

---

[398] vgl. **Jones, L.; Hunter, I.** (1990), S. 153

[399] vgl. **Reisinger, J.** (2009), S. 206

Ausgehend vom Snappunkt steigt die Kraft kontinuierlich an. Der Zeitpunkt, an dem die Kraft wieder den Wert vom Betätigungspunkt P_1 erreicht, wird Snapsprungpunkt (P_3) genannt. Der Weg zwischen P_1 und P_3 wird als Snapsprung S_S bezeichnet (vgl. Formel VII-4).

Formel VII-4 Ss im Kraft-Weg-Verlauf

$$S_S = S_3 - S_1$$

S_3 = P_3-Weg

Am Punkt P_4 endet die Messung des Hinwegs. Der konstruktive Endanschlag am Punkt P_5 wird nicht erreicht, wenn $F_4 < F_5$ ist. Der Kraftanstieg ist bei P_5 am steilsten. Dieser Bereich wird in der Regel jedoch nicht gemessen, da ein Überdrücken häufig zur Zerstörung des Drucktasters führt.[400]

Vor allem coulomb'sche Reibung bewirkt, dass der Hin- und Rückweg eine Hysterese aufweist, weswegen die Kurve des Rückwegs unterhalb des Hinwegs liegt.[401] Auf dem Rückweg verringert sich die Kraft solange, bis sich der Sprungmechanismus zurück in die Ausgangslage bewegt. Dieses lokale Minimum wird Rückstellpunkt (P_6) genannt. Aus dem Kraftunterschied zwischen Schaltkraft F_2 und Rückstellkraft F_6 berechnet sich die Differenzkraft F_{MIN} (vgl. Formel VII-5).

Formel VII-5 Fmin im Kraft-Weg-Verlauf

$$F_{MIN} = F_2 - F_6$$

F_6 = Rückstellkraft

Bis zum Rücksprung (P_7) erhöht sich die Kraft durch den Sprungmechanismus. Die Distanz zwischen Rückstellpunkt und Rücksprung bildet den Sprungweg S_{SP}, der sich durch Formel VII-6 berechnen lässt. S_7 wird auch als Leerlaufweg S_L bezeichnet.

Formel VII-6 Ssp im Kraft-Weg-Verlauf

$$S_{SP} = S_6 - S_7$$

S_6 = Rückstellweg

S_7 = S_L = Leerlaufweg

Der Kraftunterschied zwischen lokalen Maxima des Kraft-Weg-Verlaufs (Betätigungskraft F_1 und Rücksprungkraft F_7) bildet die Differenzkraft F_{MAX}. Diese lässt sich mittels Formel VII-7 berechnen.

---

[400] vgl. **ebenda** (2009), S. 111

[401] vgl. **Weir, D., et al.** (2004), S. 192

Formel VII-7 Fmax im Kraft-Weg-Verlauf

$$F_{MAX} = F_1 - F_7$$

F_7 = Rücksprungkraft

Nach dem Rücksprung (P_7) verringert die Kraft kontinuierlich. Analog zum Snapsprungpunkt kennzeichnet Srs der Zeitpunkt, an dem die Kraft auf das Niveau des Rückstellpunkts gefallen ist, das Ende des Rücksprungwegs P_8 (vgl. Formel VII-8).

Formel VII-8 Srs im Kraft-Weg-Verlauf

$$S_{RS} = S_6 - S_8$$

S_8 = Rücksprungweg

Tabelle VII-1 Gestaltungsempfehlung für die Kennwerte des Kraft-Weg-Verlaufs für eine hohe haptische Qualität[402]

Haptischer Parameter	Empfohlener Wertebereich
Betätigungskraft F_1	3,10 – 3,30 N
Schaltkraft F_2	1,20 – 1,90 N
Kraftsprung (Snap)	40 – 55%
Schaltweg S_2	1,00 – 1,05 mm
Snapweg S_W	0,50 – 0,60 mm
Snapsprung S_S	0,70 – 0,90 mm
Gesamtweg S_4	1,50 – 1,75 mm
Rückstellkraft F_6	1,10 – 1,50 N
Rückstellweg S_6	1,00 – 1,05 mm
Rücksprungkraft F_7	2,45 – 2,65 N
Sprungweg S_{SP}	0,50 – 0,70 mm
Rücksprungweg S_{RS}	0,95 – 1,05 mm

Ermittlung der quadratischen Abweichung zwischen zwei Kraft-Weg-Verläufen

Die Bestimmung der mittleren quadratischen Abweichung wurde aufgeteilt in die mittlere quadratische Abweichung des Hin- und des Rückwegs. Da der Hin- bzw. Rückweg von zwei verschiedenen Bedienelementen unterschiedlich lang sein kann, muss ein Vorgehen für die Fortsetzung des Kürzeren gefunden werden. Möglich wäre eine Fortsetzung des kürzeren Bedienelements mit einer Kraft von 0,0 N oder mit der maximalen Kraft am Ende des Hin- bzw. Rückwegs. Die beiden Möglichkeiten sind in Abbildung VII-1 und Abbildung VII-2 dargestellt.

[402] nach **Anguelov, N.** (2009), S. 127

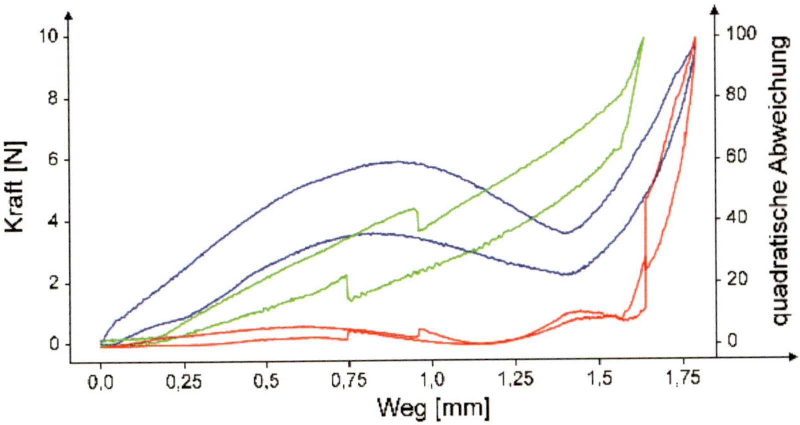

Abbildung VII-1 **Vergleich zweier Druckschalter (grüne und blaue Linie) durch die Bildung der quadratischen Abweichung (rote Linie). Nach dem Ende des Hinwegs wurde der Kraftverlauf mit 0,0 N fortgesetzt. Die mittlere quadratische Abweichung des Hinwegs beträgt hier 9,56 und die des Rückwegs 6,44**

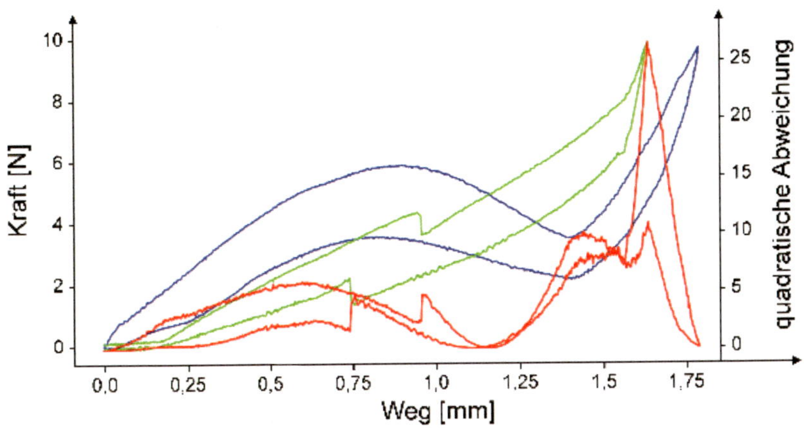

Abbildung VII-2 **Vergleich zweier Druckschalter (grüne und blaue Linie) durch die Bildung der quadratischen Abweichung (rote Linie). Die Fortsetzung nach dem Ende des Hinwegs erfolgte mit dem Maximum am Ende des Hinwegs. Die mittlere quadratische Abweichung des Hinwegs beträgt hier 4,09 und die des Rückwegs 3,53**

Die Fortsetzung mit der maximalen Kraft am Ende des Hinwegs ist sinnvoller, weil die quadratische Abweichung sinkt, wenn das längere Bedienelement den Endanschlag erreicht.

Zudem würde bei einer Fortsetzung mit einer Kraft von 0,0 N die quadratische Abweichung am Ende sehr stark ansteigen und auf diese Weise würde der Längenunterschied zwischen den Bedienelementen der dominierende Faktor auf die mittlere quadratische Abweichung. Dies ist auch am Verlauf der roten Kurve zwischen 0,0 – 1,5 mm erkenntlich, welcher in beiden Abbildungen identisch ist, aber wegen der stark unterschiedlichen Skalierung in Abbildung VII-2 nahezu horizontal verläuft.

Abbildung VII-3 zeigt die mittlere quadratische Abweichung zweier sehr ähnlichen Druckschalter von zwei unterschiedlichen Lenkrädern. Die quadratische Abweichung zwischen beiden Kurven liegt hier in einem Bereich von nur 0,0 – 0,8 und die aus diesen Werten berechnete mittlere quadratische Abweichung des Hin- und Rückwegs beträgt jeweils nur 0,08.

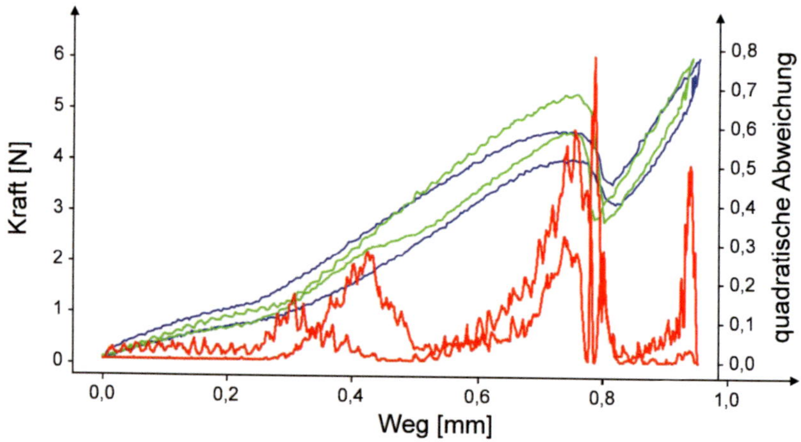

Abbildung VII-3 **Vergleich zweier sehr ähnlichen Druckschalter (grüne und blaue Linie) durch die Bildung der quadratischen Abweichung (rote Linie). Die Fortsetzung nach dem Ende des Hinwegs erfolgte mit dem Maximum am Ende des Hinwegs. Die mittlere quadratische Abweichung des Hin- und Rückwegs beträgt jeweils 0,08**

Anhang B. Architekturen für selbstoptimierende Systeme

Operator-Control-Module (OCM)

GAUSEMEIER ET AL. schlagen zur Realisierung selbstoptimierender mechatronischer Systeme die sogenannten Operator-Controller-Modul Architektur vor. Diese unterscheidet einerseits die Planungs- sowie eine Handlungsebene und andererseits die Echtzeitanforderungen an die Systemelemente. Eine Veranschaulichung der OCM Architektur zeigt Abbildung VII-4.

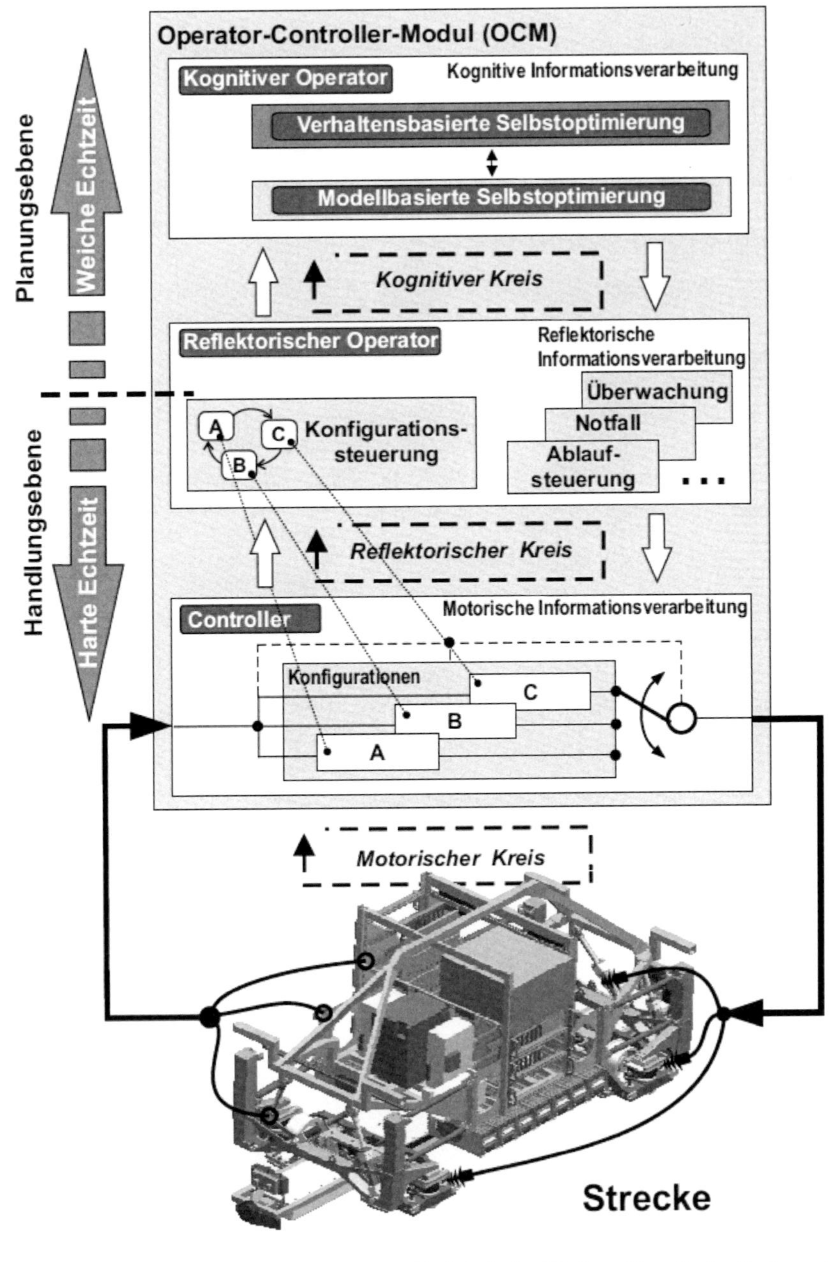

Abbildung VII-4 Das Operator-Controller-Modul als Architektur für selbstoptimierende mechatronische Systeme nach GAUSEMEIER ET AL.[403]

Innerhalb der Planungs- und Handlungsebene sind im OCM drei zentrale Systemmodule eingebettet: Der sog. Controller, der reflektorische Operator sowie der kognitive Operator. Jedes dieser Systemmodule ist im OCM zentraler Bestandteil eines spezifischen Regelkreises. Die Systemmodule sind folgendermaßen beschrieben:[404]

1. **Der Controller:** Er repräsentiert den sog. motorischen Kreis als innersten Regelkreises des mechatronischen Systems. Er verarbeitet Messsignale und ermittelt auf Basis dessen entsprechende Stellsignale für die Aktorik. Software auf dieser Ebene arbeitet unter Bedingungen harter Echtzeit.

2. **Der reflektorische Operator:** Er repräsentiert den sog. reflektorischen Kreis, überwacht und steuert ereignisorientiert den Zustand des Controllers. Er kann Parameter- oder Strukturveränderungen initiieren und ist auch für die Veranlassung von Fehlerbehandlungs- bzw. Notfallroutinen zuständig, wenn die für die Selbstoptimierung notwendigen Signale nicht mehr vom Controller geliefert werden. Er arbeitet als Reaktion auf den Input des Controllers, deshalb muss er echtzeitfähig sein. Andererseits muss er die Ergebnisse der kognitiven Prozesse im kognitiven Operator nicht in Echtzeit verarbeiten.

3. **Der kognitive Operator:** Er repräsentiert den sog. kognitiven Kreis und verfügt über die eigentlichen kognitiven Fähigkeiten wie bspw. Lernen, Nutzung von wissensbasierten Systemen oder Optimierung. Die Optimierung kann bspw. modellbasiert oder verhaltensbasiert erfolgen. Die zeitbezogenen Anforderungen an den kognitiven Operator hängen davon ab, wie lange Umweltzustände Gültigkeit besitzen auf deren Basis die Optimierung stattfindet. Im Allgemeinen ist in diesem Teilsystem jedoch keine Echtzeitfähigkeit notwendig. Bestandteil des kognitiven Kreises ist auch die Übersetzung der Optimierungsergebnisse in eine Veränderung der Steuerstrategie des reflektorischen Operators.

Modell des kognitiven Regelkreises (MKR)

Zur Realisierung der in Abschnitt 2.3.2 erwähnten prozessnahen Qualitätsregelkreise wurde im Rahmen des EXC 128 das Modell des kognitiven Regelkreises als Architektur für die Selbstoptimierung von Prozessketten entwickelt. Das Modell sieht als notwendige Systemelemente in selbstoptimierenden Prozessketten drei separate Schichten vor: Die Wahrnehmungsschicht, die Schicht zur Informationsverarbeitung und Entscheidungsfindung sowie die Handlungsschicht (siehe Abbildung VII-5).

---

[403] vgl. **Frank, U., et al.** (2004), S. 44

[404] vgl. **ebenda** (2004), S. 44ff

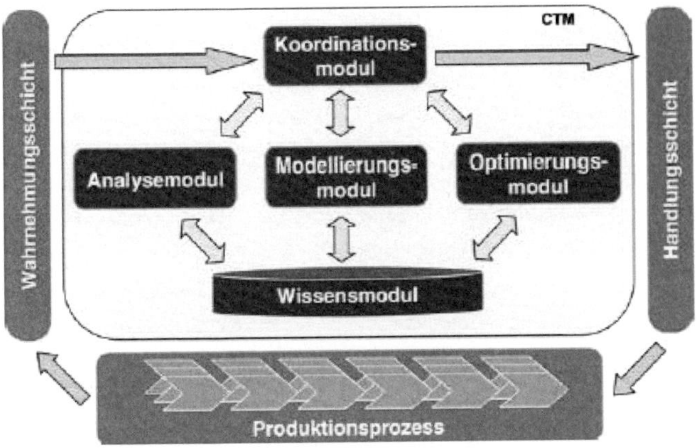

Abbildung VII-5 Modell des kognitiven Regelkreises nach SCHMITT[405]

1. **In der Wahrnehmungsschicht** werden alle innerhalb der Prozesskette von Sensoren bzw. Menschen anfallenden Datenströme akquiriert und an die zentrale Schicht zur Informationsverarbeitung und Entscheidungsfindung weitergeleitet.

2. **Innerhalb der Schicht zur Informationsverarbeitung und Entscheidungsfindung** wird die Selbstoptimierung der Prozesskette durch fünf Systemmodule realisiert. Ein Koordinationsmodul verteilt und koordiniert Datenströme aus der Wahrnehmungsschicht an das Analysemodul, das Modellierungsmodul sowie das Optimierungsmodul. Das Analysemodul dient der Reduzierung der vorhandenen Datenmenge und Identifikation relevanter Regelungsparameter. Das Optimierungsmodul trifft auf Basis dieser reduzierten Datenmenge eine Entscheidung bezüglich der Optimierung der Prozesskette. Die Entscheidungsfindung baut in dem Modell des kognitiven Regelkreises der sogenannten State Operator Apply Result-Architektur (SOAR) auf. Diese ahmt die regelbasierte Entscheidungsfindung des Menschen softwaretechnisch nach.[406] Die Entscheidung wird schließlich an das Modellierungsmodul übermittelt, indem das Ergebnis auf Basis eines Systemmodells simuliert wird. Trifft das gewünschte Ergebnis ein, wird es an das Koordinationsmodul zur Weitergabe geleitet. Analyse-, Optimierungs- und Modellierungsmodul greifen auf in einem Wissensmodul gespeicherte Regeln sowie vergangene (frühere?) Daten zu.

3. **Die dritte sogenannte Handlungsschicht**, dient der Umsetzung der getroffenen und mittels Simulation bestätigten Entscheidungen. Die Anknüpfung an die Schichten zur Informationsverarbeitung und Entscheidungsfindung erfolgt über das Koordinationsmodul.

---

[405] vgl. **Schmitt, R., et al.** (2011), S. 114

[406] vgl. **Laird, J.; Congdon, C.** (2015)

Cognitive Control Unit (CCU)

Zur Übertragung des Selbstoptimierungsgedankens auf mechatronische Montagesysteme wurde im Rahmen des EXC 128 die sogenannte Cognitive Control Unit-Architektur entwickelt. Diese Architektur wurde speziell auf die Anforderungen robotergestützter Montagezellen ausgerichtet. Sie basiert auf dem Drei-Schichten-Modell für die Auslegung roboterbasierter Systeme nach RUSSEL UND NORVIG[407] und sieht ebenso wie die MBSO und das OCM verschiedene Schichten für selbstoptimierende Systeme vor, auf denen Systemabläufe unterschiedlicher Abstraktion ablaufen. Diese Abstraktionsstufen sind in Abbildung VII-6 dargestellt.

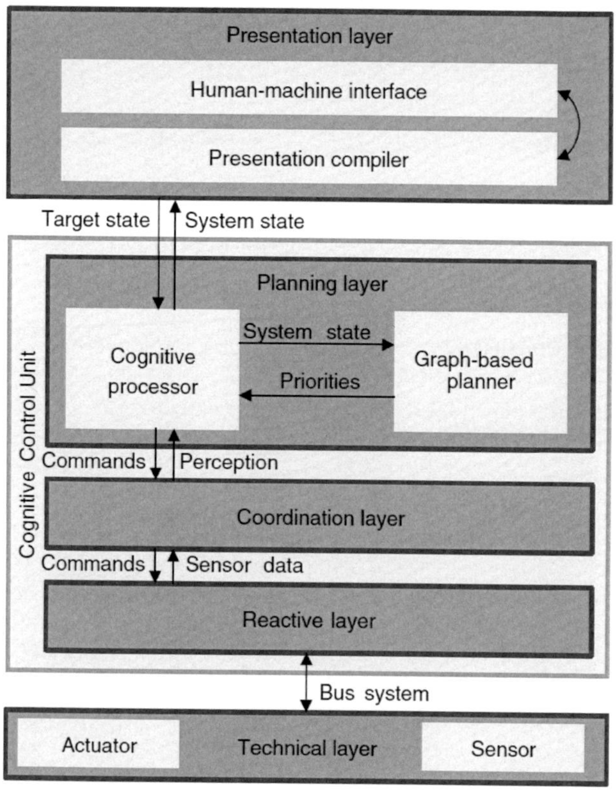

Abbildung VII-6 Die Planungs- und Steuerungsschichten der Architektur *Cognitive Control Unit (CCU)*[408]

Wie in Abbildung VII-6 dargestellt sieht die Architektur CCU auf der obersten Ebene der Planungs- und Steuerungsschicht selbstoptimierender Systeme eine Präsentationsschicht vor,

[407] vgl. **Russell, S.; Norvig, P.** (2010), S. 1004f

[408] vgl. **Brecher, C.** (2015), S. 149

die die Schnittstelle zum Menschen bzw. zum Facharbeiter/ Bediener darstellt. In der Präsentationsschicht werden der aktuelle Zustand des Systems sowie die derzeit aktiven Ziele und vorliegenden Aufgaben visuell dargestellt. Unter der Präsentationsschicht befinden sich die mit den eigentlichen Abläufen des Systems und der Selbstoptimierung befassten Systemschichten in der CCU:[409]

1. **In der Planungsschicht** wird für eine vom Nutzer über die Präsentationsschicht spezifizierte Zielstellung sowie den aktuellen Systemzustand eine passende Montagesequenz in weicher Echtzeit identifiziert und optimiert. Die CCU Architektur schlägt zur Realisierung entscheidungsfindender Funktionen in der Planungsschicht die Verwendung von SOAR vor. Der so ermittelte optimale nächste Montageschritt wird an eine Koordinationsschicht zur Übersetzung in Maschinenbefehle weitergeleitet. Die CCU unterscheidet in der Planung des nächsten Schrittes mittels des sog. *Kognitiven Prozessors* und einem *Graphenbasierten Planer* (vgl. 4.6.4.1), der der Optimierung der verbleibenden Montagesequenz dient.
2. **Die Koordinationsschicht** leitet gleichzeitig Sensorinformationen an die Planungsschicht weiter, mit dem Ziel, sie über die derzeitige Situation zu informieren.
3. **Die Reaktionsschicht** liegt auf unterster Ebene und repräsentiert die maschinennahen Regelkreise, welche in der Regel in harter Echtzeit ablaufen.

Innerhalb der Planungsschicht ist eine Wissensdatenbank vorgesehen, in der verschiedene Montageabläufe spezifiziert werden.[410] Diese Wissensdatenbank enthält auch die aktuell aktiven Regeln, oder vergangene Planungsergebnisse, auf Basis dessen der Graphenbasierte Planer Gesamtlösungen für die verbleibende Montagesequenz ableitet.[411]

Modellbasierte Selbstoptimierung für Fertigungsprozesse (MBSO)

Eine weitere Architektur für die Realisierung selbstoptimierender Systeme in der Fertigung ist das Konzept der Modellbasierten Selbstoptimierung für Fertigungsprozesse nach THOMBANSEN ET AL. Diese Architektur wurde ebenfalls im Rahmen des EXC 128 entwickelt. Gegenstand des MBSO ist die Selbstoptimierung von Systemen zur Materialtransformation wie z. B. Werkzeugmaschinen. Das Konzept beinhaltet eine Methodik zur Erarbeitung von Metamodellen auf Basis von Expertenwissen, experimentellen bzw. simulierten Daten und dem Ablauf der Selbstoptimierung für Fertigungssysteme mit dem Ziel der Sicherstellung einer definierten Produktqualität. Abbildung VII-7 visualisiert das Konzept der MBSO.

---

[409] vgl. **Brecher, C.; Kempf, T.; Herfs, W.** (2008), S. 1427f; **Brecher, C.** (2011), S. 148ff; **Brecher, C.** (2011), S. 969ff

[410] vgl. **Faber, M., et al.** (2013), S. 209

[411] vgl. **ebenda** (2013), S. 211f

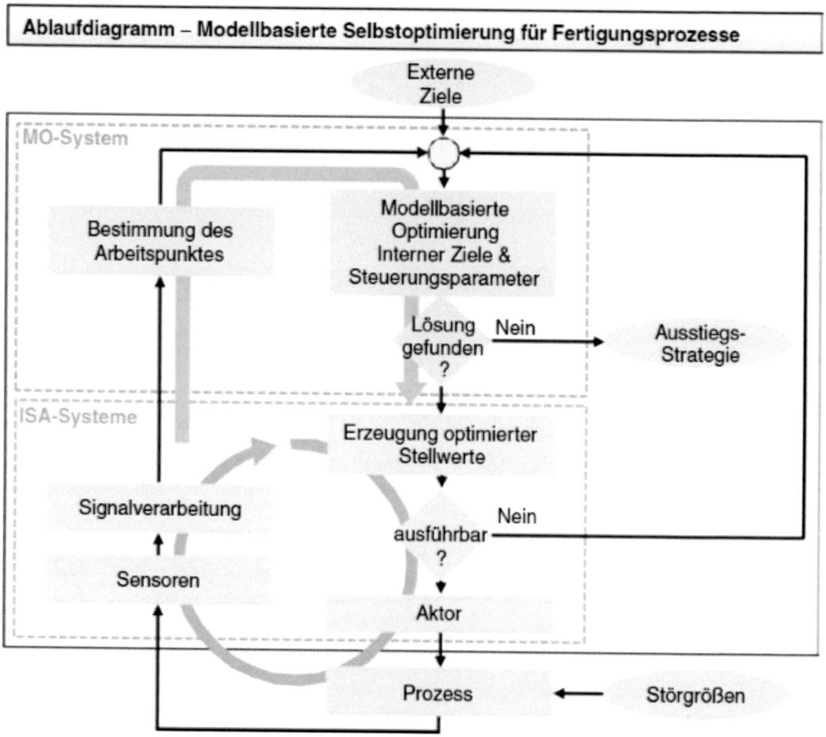

Abbildung VII-7 Das Konzept der Modellbasierten Selbstoptimierung für Fertigungsprozesse (MBSO) nach THOMBANSEN ET AL.[412]

Das MBSO stellt den Selbstoptimierungsablauf aufgeteilt auf zwei separate Systemebenen, dem Informationsverarbeitenden Sensor-Aktor-System (ISA) sowie dem Modellbasierten Optimierungssystem (MO), dar. Durch die Erweiterung eines Fertigungssystems um die MBSO soll die Sicherstellung einer extern vordefinierten Produktqualität durch das System autonom gewährleistet werden.

1. **Das ISA-System** stellt mittels geeigneter Sensorsignale Prozesscharakteristika für das MO-System bereit.

2. **Das MO-System** ermittelt aus den verarbeiteten Sensorsignalen auf Basis von Metamodellen den aktuellen Arbeitspunkt des Systems und vergleicht diesen mit einem Arbeitspunkt, der für die Realisierung der extern vorgegebenen Ziele optimal ist. Aus dem daraus resultierenden Optimierungspotenzial entwickelt das MO-System selbstständig eine Lösungsalternative und bricht diese in konkrete interne Ziele für das ISA-System

[412] vgl. **Thombansen, U., et al.** (2011), S. 4

herunter. Das MO-System fungiert somit als übergeordneter Steuerkreis des ISA-Systems.[413]

Im MBSO wird keine exakte Unterscheidung bezüglich harter oder weicher Echtzeit an das ISA- oder das MO-System vorgenommen. Im Anwendungsfall kontinuierlich operierender Fertigungssysteme muss jedoch davon ausgegangen werden, dass zumindest im Bereich des ISA-Systems harte Echtzeitanforderungen herrschen.

Kognitiv-automatisierte selbstoptimierende Produktionssysteme (KASP)

Eine Verallgemeinerung der im EXC-128 entwickelten und vorgestellten Architekturen Kognitiver Regelkreis, CCU und MBSO stellt das kaskadierende Modell für kognitiv-automatisierte selbstoptimierende Produktionssysteme dar, das ebenfalls im Rahmen das EXC-128 entwickelt wurde (vgl. Abbildung VII-8).

[413] vgl.**ebenda** (2011), S. 3ff

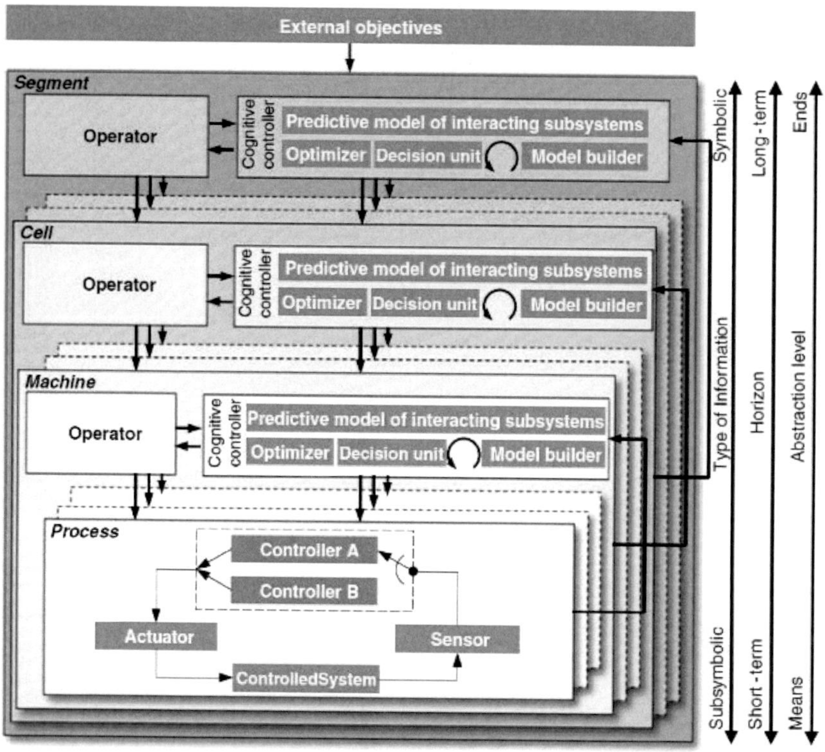

Abbildung VII-8 Architektur für kognitiv-automatisierte selbstoptimierende Produktionssysteme (KASP)[414]

Die KASP Architektur unterscheidet die Ebenen Segment, Zelle und Maschine innerhalb eines Produktionssystems und sieht innerhalb der Ebenen eigenständige, symbolisch arbeitende und miteinander im Austausch stehende kognitive Regelungsstrukturen, in Anlehnung an die Architektur Kognitiver Regelkreise, vor. Diese Regelungsstruktur enthält ein aktuelles Modell der relevanten Ebene bzw. des relevanten Prozesses und dessen Umwelt. Auf Basis dieses Modells werden innerhalb des Reglers durch die Systemmodule Optimierer und Entscheidungseinheit Ebenen bezogene Entscheidungen getroffen, was die Nähe zum MBSO verdeutlicht. Auf jeder Ebene ist eine Schnittstelle zu einem menschlichen Bediener, wie auch in der CCU, explizit vorgesehen.[415]

Anhang C. Aktivitätsdiagramm des Haptikprüfsystems

[414] vgl. **Brecher, C.** (2015), S. 153

[415] vgl. **ebenda** (2015), S. 153f

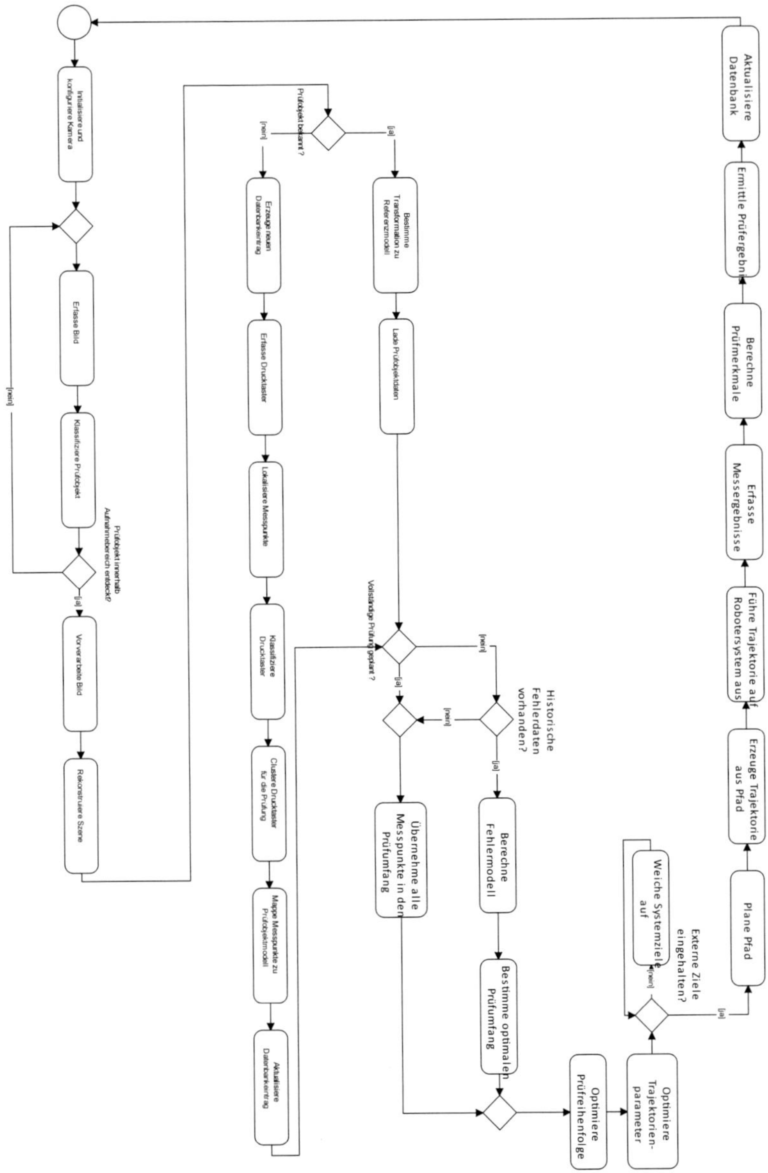

Abbildung VII-9 Vollständiges Aktivitätsdiagramm des zentralen Systemprozesses zur Planung und Durchführung einer Prüfung durch das Prüfsystem

Anhang D. Modelle zur Anpassung des Prüfumfangs im Rahmen der Selbstoptimierung

Modelle zur Abschätzung der Prüfprozesskosten

Für die Abschätzung von Zeit und Energie für die Prüfung werden lineare Modelle, die lediglich abhängig von der Anzahl der Messpunkte sind, gewählt. Dabei handelt es sich um vereinfachte Schätzmodelle, die eine schnelle Berechenbarkeit ermöglichen und von den ebenfalls zu optimierenden Parametern der Trajektorie entkoppelt sind. Die Koeffizienten für diese Modelle des Energie- und Zeitbedarfs ergeben sich dabei als Mittelwert der vergangenen Prüfungen für das betreffende Prüfobjekt. Die Gleichungen zur Abschätzung des Zeit- und Energiebedarfs einer Prüfung sind in Formel VII-9 dargestellt.

Formel VII-9 Vereinfachte Modelle zur Abschätzung des Zeit- und Energiebedarfs einer Prüfung im Rahmen der Optimierung des Prüfumfangs

$$t_{traj} = N_B \cdot t_B$$

$$E_{traj} = N_B \cdot E_B$$

mit

$$t_B = \frac{1}{M}\sum_{j=1}^{M} t_{B,j} \quad \text{mit } t_{B,j} \approx \frac{t_{traj,j}}{N_{B,j}}$$

$$E_B = \frac{1}{M}\sum_{j=1}^{M} E_{B,j}, \quad \text{mit } E_{B,j} \approx \frac{E_{traj,j}}{N_{B,j}}$$

N_B= Aktueller Prüfumfang (Anzahl Messpunkte)

$t_{traj,j}$= Zeit, die für das Abfahren der Trajektorie j gebraucht wurde

$E_{traj,j}$= Energie, die für das Abfahren der Trajektorie j aufgewendet wurde

$N_{B,j}$= Anzahl der Messpunkte, die bei Trajektorie j geprüft wurden.

Der im Abschnitt 5.3.1 als Bestandteil von C_{insp} aufgeführte Zeitaufwand für die Planung einer neuen Trajektorie $c_{t,plan}$ kann bei konstanten Planungszeiten als Konstante vorgegeben oder, motiviert durch den Einsatz von erfahrungsbasierten Planern, deren Planungszeiten mit zunehmendem Erfahrungsschatz sinken, aus dem Mittelwert der letzten Planungsdauern bestimmt werden.

Modell zur Abschätzung der Fehlerwahrscheinlichkeit vor der Prüfung (Schema 1)

Das statistische Modell der Fehlerwahrscheinlichkeit eines geprüften Teils geht von dem in 5.3.2 beschriebenen Bewertungsschemata der Prüfmerkmale sowie dem Vorliegen von

Wahrnehmungsclustern aus. Da die Bewertung der PQ der Drucktaster auf Basis quantitativer Prüfmerkmale erfolgt, wird für das Fehlermodell davon ausgegangen, dass die gemessenen (Kraft- und Homogenitäts-)Kennwerte, aus denen diese Prüfmerkmale ermittelt werden stetig verteilt sind. Weiterhin wird angenommen, dass die Kennwerte stochastisch unabhängig voneinander sind und einer Normalverteilung unterliegen. Erstere Annahme folgt der Hypothese über die Stabilität des Herstellprozesses, die Bedingung für die Durchführung einer Stichprobenprüfung ist. Letztere ist eine bei etablierten Stichprobenplanungsverfahren in aller Regel getroffene Annahme.[416]

Nachfolgend folgt die Herleitung der Fehlerwahrscheinlichkeit einer bestimmten Menge an Prüfmerkmalen N. Mit Hilfe des Modells der Fehlerwahrscheinlichkeit für eine spezifische Menge an Prüfmerkmalen kann die Wahrscheinlichkeit für den Fehler pro Wahrnehmungscluster und darauf aufbauend des gesamten Prüfobjektes ermittelt werden.

Das statistische Modell der Fehlerwahrscheinlichkeit folgt dem Bewertungsschema aus Abschnitt 5.3.2 . Nach den darin getroffenen Annahmen unterliegt die Ausprägung des statistischen Merkmals x_i des Prüfmerkmals von Messpunkt i der Normalverteilungsdichte, siehe Formel VII-10.

Formel VII-10 Normalverteilungsdichte der Merkmalsausprägung eines Prüfmerkmals i

$$N_i = N(\mu_i, \sigma_i, x_i) = \frac{1}{\sigma_i\sqrt{2\pi}} e^{-\frac{1}{2}\left(\frac{x_i-\mu_i}{\sigma_i}\right)^2}$$

μ_i= Erwartungswert von Prüfmerkmals i

σ_i= Standardabweichung von Prüfmerkmal i

x_i= Merkmalsausprägung von Prüfmerkmal i.

Die Wahrscheinlichkeit, dass x_i einen Wert $a \leq x_i \leq b$ annimmt kann über die kumlierte Verteilungsfunktion von N, $F(\mu_i, \sigma_i, x_i)$ berechnet werden. Die Erläuterung liefert Formel VII-11.

[416] vgl. **Mäder, U.** (1986), S. 143; DIN ISO 3951-1, **Deutsches Institut für Normung** (2016), S. 11; **Schilling, E.** (2017), S. 57

Formel VII-11 Wahrscheinlichkeit für die Ausprägung von Prüfmerkmal i zwischen a und b

$P(x_i \in [a,b]) = F_i(b) - F_i(a)$ mit

$$F_i(x) = \frac{1}{\sigma_i\sqrt{2\pi}}\int_{-\infty}^{x} e^{-\frac{1}{2}\left(\frac{x_i-\mu_i}{\sigma_i}\right)^2}$$

μ_i= Erwartungswert der Ausprägung von Prüfmerkmal i

σ_i= Standardabweichung der Ausprägung von Prüfmerkmal i

x_i= Merkmalsausprägung von Prüfmerkmal i.

Als Bedingung dafür, dass eine Menge von Prüfmerkmalen als fehlerfrei klassifiziert wird, wurde in Abschnitt 5.3.2 festgelegt, dass alle x_i innerhalb der absoluten Grenzen $x_{min,abs}, x_{max,abs}$ liegen müssen und das Verhältnis des maximalen Kennwerts x_{max} zum minimalen Kennwert x_{min} maximal 1,1 betragen darf. Somit müssen alle restlichen Kennwerte relativ zu x_{min} im Intervall $[x_{min}, \min(1.1x_{min}, x_{max,abs})]$ liegen.

Die Wahrscheinlichkeit mit der ein Prüfmerkmal i den minimalen Kennwert aller x_i darstellt und alle restlichen Kennwerte j=1…i-1,i+1…N im angegebenen Intervall liegen entspricht dann dem in Formel VII-12 dargestellten Produkt.

Formel VII-12 Wahrscheinlichkeit mit der N Prüfmerkmale mit minimaler Ausprägung xi in einem absolut begrenzten Bereich liegen

$$\left[\prod_{\substack{j=1 \\ j\neq i}}^{N}\left(F_j(\tilde{x}_{max,i}) - F_j(x_i)\right)\right] N(\mu_i, \sigma_i, x_i)\, dx_i \text{ mit}$$

$$\tilde{x}_{max,i} = \min(1.1x_i, x_{max,abs})$$

μ_i= Erwartungswert der Ausprägung von Prüfmerkmal i

σ_i= Standardabweichung der Ausprägung von Prüfmerkmal i

x_i= Merkmalsausprägung von Prüfmerkmal i.

Die Bedeutung von Formel VII-12 ist in Abbildung VII-10 veranschaulicht.

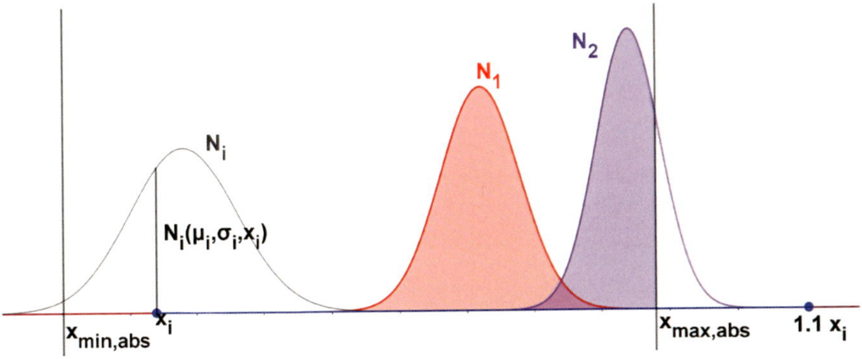

Abbildung VII-10 Darstellung des Bereichs, in dem Prüfmerkmale als fehlerfrei bewertet werden

Die Wahrscheinlichkeit mit der N Merkmale im Rahmen des in Abschnitt 5.3.2 beschriebenen Bewertungsschemas tatsächlich fehlerfrei sein werden kann durch Integrieren der Formel VII-12 über den Teil des Wertebereichs von x_i in dem Fehlerfreiheit vorliegt ermittelt werden. Voraussetzung ist dabei die Annahme, dass jeder der N Merkmale das absolute Minimum der Ausprägung annehmen kann. Die Fehlerwahrscheinlichkeit für die Merkmalsmenge N ergibt sich analog, siehe Formel VII-13.

Formel VII-13 Wahrscheinlichkeit mit der N Merkmale fehlerfrei sein werden

$P(x_1, \ldots, x_N \text{ fehlerhaft}) = 1 - P(x_1, \ldots, x_N \text{ fehlerfrei})$ mit

$P(x_1, \ldots, x_N \text{ fehlerfrei}) = \int_{x_{min,abs}}^{x_{max,abs}} \sum_{i=1}^{N} \left[N(\mu_i, \sigma_i, x) \prod_{\substack{j=1 \\ j \neq i}}^{N} \left(F_j(\tilde{x}_{max}) - F_j(x) \right) \right] dx$ und

$\tilde{x}_{max,i} = \min(1.1x_i\,, x_{max,abs})$

μ_i= Erwartungswert der Ausprägung von Prüfmerkmal i

σ_i= Standardabweichung der Ausprägung von Prüfmerkmal i

x_i= Merkmalsausprägung von Prüfmerkmal i.

Wenn ein Wahrnehmungscluster N_c Prüfmerkmale enthält, deren Kennwerte jeweils unterschiedlich normalverteilt sind, dann berechnen sich die Wahrscheinlichkeiten für die vier Fälle des Ergebnisses einer Stichprobenprüfung mit dem Umfang $\left\{\tilde{x}_1, \ldots, \tilde{x}_{N_{sample}}\right\} \subset \{x_1, \ldots, x_{N_c}\}$ wie folgt:

- True pass: $p_c(\text{true pass}) = 1 - p\left(x_1, \ldots, x_{N_c} \text{ fehlerhaft}\right)$
- True fail: $p_c(\text{true fail}) = p(\tilde{x}_1, \ldots, \tilde{x}_{N_{sample}} \text{ fehlerhaft})$

- False fail: $p_c(\text{false fail}) = 0$
- False pass:

  $$p_c(\text{false pass}) = p\left(x_1, \dots, x_{N_c} \text{ fehlerhaft}\right) - p\left(\tilde{x}_1, \dots, \tilde{x}_{N_{sample}} \text{fehlerhaft}\right).$$

Da eine Menge an Prüfmerkmalen laut Bewertungsschema als fehlerhaft klassifiziert wird, wenn das Verhältnis eines Kennwerts zum minimalen Kennwert x_{min} im Prüfumfang größer als 1,1 ist, wird zwangsläufig auch bei der vollständigen Merkmalsmenge das Verhältnis größer als 1,1 und fehlerhaft sein. Eine falsche Einstufung als fehlerhaft wird daher über die gewählte Bewertungslogik ausgeschlossen.

Als Umkehrschluss folgt, dass ein fehlerfreies Prüfobjekt auch immer als fehlerfrei klassifiziert wird, die Wahrscheinlichkeit eines zu Recht als fehlerfrei klassifizierten Prüfobjekts also der Wahrscheinlichkeit entspricht, mit der das Prüfobjekt fehlerfrei ist. Das Ereignis „true fail“ tritt immer dann auf, wenn die Stichprobe der Merkmale einen Fehler aufweist. Die Wahrscheinlichkeit dafür berechnet sich damit analog zu der Wahrscheinlichkeit, dass die gesamte im Prüfobjekt enthaltene Menge an Merkmalen einen Fehler aufweist. Die Wahrscheinlichkeit für eine falsche Klassifizierung als fehlerfrei „false pass“ ergibt sich aus der Wahrscheinlichkeit, mit der die anderen Ereignisse nicht eintreten.

Da die Wahrscheinlichkeiten vom Klassifizierungsergebnis bei unterschiedlichen Clustern voneinander unabhängig sind (sowohl im stochastischen Sinn als auch im Bewertungsschema), lässt sich die Wahrscheinlichkeit für das Prüfergebnis des Prüfobjektes als Summe der stochastisch unabhängigen Ergebnisse der Cluster berechnen.

Der Fall „true pass” tritt genau dann ein, wenn alle Cluster richtig als fehlerfrei klassifiziert werden. Dem entspricht Formel VII-14.

Formel VII-14 Wahrscheinlichkeit für den Fall „true pass“ als Ergebnis der Prüfung

$$p(\text{true pass}) = \prod_{c=1}^{C_{ges}} p_c(\text{true pass})$$

$p_c(\text{Fall})$= Wahrscheinlichkeit für den entsprechenden Fall bezogen auf Cluster c.

Der Fall “true fail” tritt ein, wenn mindestens ein Cluster korrekt als fehlerhaft klassifiziert wird und ist damit als Gegenereignis von “kein Cluster wird korrekt als fehlerhaft klassifiziert“. Formel VII-15 stellt den Fall dar.

Formel VII-15 Wahrscheinlichkeit für den Fall „true fail“ als Ergebnis der Prüfung

$$p(\text{true fail}) = 1 - \prod_{c=1}^{C_{ges}} (1 - p_c(\text{true fail}))$$

$p_c(\text{Fall})$= Wahrscheinlichkeit für den entsprechenden Fall bezogen auf Cluster c.

Eine fälschliche Klassifizierung als fehlerhaft erfolgt genau dann, wenn mindestens ein Cluster fälschlich als fehlerhaft und alle anderen Cluster korrekt als fehlerfrei klassifiziert werden. Da $p_c(\text{false fail}) = 0$ gilt, ist die Gesamtwahrscheinlichkeit auch 0 (vgl. Formel VII-16).

Formel VII-16 Wahrscheinlichkeit für den Fall „false fail“ als Ergebnis der Prüfung

$$p(\text{false fail}) = \sum_{c=1}^{C_{ges}} p_c(\text{false fail}) \prod_{\substack{k=1 \\ k \neq c}}^{C_{ges}} (p_k(\text{true pass}) + p_k(\text{false fail})) = 0$$

$p_c(\text{Fall})$= Wahrscheinlichkeit für den entsprechenden Fall bezogen auf Cluster c

$p_k(\text{Fall})$= Wahrscheinlichkeit für den entsprechenden Fall bezogen auf Cluster k.

Reziprok zur Berechnung bei Betrachtung der Wahrnehmungscluster lässt sich auf das gesamte Prüfobjekt bezogen die Wahrscheinlichkeit für “false pass” berechnen als Wahrscheinlichkeit, dass keines der anderen Fälle auftritt. Diesen Fall indiziert Formel VII-17.

Formel VII-17 Wahrscheinlichkeit für den Fall „false pass“ als Ergebnis der Prüfung

$$\begin{aligned} p_c(\text{false pass}) &= 1 - p(\text{true pass}) - p(\text{true fail}) - p(\text{false fail}) \\ &= \prod_{c=1}^{C_{ges}} \left(1 - p_c(\text{true fail})\right) - \prod_{c=1}^{C_{ges}} p_c(\text{true pass}) \end{aligned}$$

$p_c(\text{Fall})$= Wahrscheinlichkeit für den entsprechenden Fall bezogen auf Cluster c.

Modell zur Abschätzung der Fehlerwahrscheinlichkeit nach der Prüfung (Schema 2)

Nach der Messung der Stichprobenmerkmale $\left\{\tilde{x}_1, \dots, \tilde{x}_{N_{sample}}\right\}$ kann die Wahrscheinlichkeit für einen Fehler auf einem Cluster berechnet werden, indem die Wahrscheinlichkeit berechnet wird, mit der die ungeprüften Merkmale $\left\{\hat{x}_1, \dots, \hat{x}_{N_{uninspected}}\right\} \subset \{x_1, \dots, x_{N_c}\}$ nicht in dem absoluten Intervall $[\hat{x}_{min,abs}, \hat{x}_{max,abs}]$ mit $\hat{x}_{min,abs} = max(\frac{\tilde{x}_{max}}{1.1}, x_{min,abs})$ und $\hat{x}_{max,abs} = \min(1.1\tilde{x}_{min}, x_{max,abs})$ liegen, wobei $\tilde{x}_{min}$ und $\tilde{x}_{max}$ das gemessene Minimum und Maximum der Stichprobenmessung sind. Diese neuen Intervallgrenzen leiten sich aus der Überlegung ab, dass das Minimum der ungeprüften Kennwerte minimal das $\frac{\tilde{x}_{max}}{1.1}$ sein darf und das Maximum maximal $1.1\tilde{x}_{min}$ damit Formel 5-6 erfüllt ist außerdem Formel 5-7 gilt. Die restliche Fehlerwahrscheinlichkeit errechnet sich für ein Cluster c entsprechend Formel VII-18.

Formel VII-18 Fehlerwahrscheinlichkeit eines Clusters nach der Prüfung

$$P_{Restfehler,c} = \begin{cases} 1 - \int_{\hat{x}_{min,abs}}^{\hat{x}_{max,abs}} \sum_{i=1}^{N} \left[N(\mu_i, \sigma_i, x) \prod_{\substack{j=1 \\ j \neq i}}^{N} \left(F_j(x_{max}) - F_j(x) \right) \right] dx, & \tilde{x}_{max} \leq 1.1\tilde{x}_{min} \\ 1, & sonst \end{cases}$$

mit $x_{max} = \min(1.1x, \hat{x}_{max,abs})$

$\hat{x}_{min,abs} = max(\frac{\tilde{x}_{max}}{1.1}, x_{min,abs})$: obere absolute Toleranzgrenze

$\hat{x}_{max,abs} = \min(1.1\tilde{x}_{min}, x_{max,abs})$: untere absolute Toleranzgrenze

N: Normalverteilungsdichte

F: kumulierte Verteilungsfunktion.

Für das Gesamte Prüfobjekt mit C_{ges} Clustern errechnet sich die Fehlerwahrscheinlichkeit nach der Prüfung analog zu Formel VII-15 entsprechend Formel VII-19.

Formel VII-19 Fehlerwahrscheinlichkeit eines Prüfobjekts nach der Prüfung

$$P_{Restfehler} = 1 - \prod_{c=1}^{C_{ges}} (1 - P_{Restfehler,c})$$

$P_{Restfehler,c}$: Restfehlerwahrscheinlichkeit auf Cluster c nach Stichprobenmessung.

Ermittlung der Wahrscheinlichkeitsparameter

Das Fehlermodell geht in der Berechnung davon aus, dass die Normalverteilungen der Kennwerte bekannt sind. Da diese in der Realität in der Regel jedoch nicht bekannt sind, müssen sie aus früheren Messdaten geschätzt werden. Ähnlich wie in ISO 3951 wird der Erwartungswert μ_i über den arithmetischen Mittelwert und die Standardabweichung über die (korrigierte) Standardabweichung der letzten N Messwerte des Prüfmerkmals i geschätzt.[417]

Um frühzeitig Änderungen in der Qualitätslage und eine damit verbundene Änderung des Erwartungswerts oder Standardabweichung zu vermeiden sollte, wie in ISO 3951 empfohlen,

[417] vgl. DIN ISO 3951-1, **Deutsches Institut für Normung** (2016), S. 24

eine Qualitätsregelkarte für die Messwerte jedes Merkmals geführt werden.[418] Falls eine Änderung der Qualitätslage erkannt wird, sollte das Prüfobjekt so lange immer voll geprüft werden, bis sich die Qualitätslage wieder stabilisiert hat. Als weitere Sicherheitsfunktion wird ein Strafscore eingeführt der ansteigt, wenn ein Merkmal nicht geprüft wird und zur Folge hat, dass jedes Merkmal maximal N Prüfungen in Folge nicht geprüft wird. Erreicht der Strafscore einen bestimmten Wert, muss im nächsten Prüfungsdurchgang zwangsläufig eine Prüfung des Merkmals erfolgen. Dieses Verfahren soll zum einen sicherstellen, dass die Einschätzung der Qualitätslage des Merkmals immer aktuell ist und zum anderen verhindern, dass das Merkmal, z. B. aufgrund einer fälschlicherweise viel zu niedrigen Standardabweichung, dauerhaft ungeprüft bleibt.

Anhang E. Modelle zur Optimierung der Trajektorienparameter im Rahmen der Selbstoptimierung

Zeitmodelle und Energiemodelle für die Trajektorienoptimierung

Zur modellbasierten Schätzung des Zeit- und Energiebedarfs einer Trajektorie wird diese in die einzelnen Wegstücke zwischen den darin enthaltenen Messpunkten unterteilt. Zusätzlich zu den Wegen zwischen den Merkmalen kommt noch der Weg vom Startpunkt zum ersten Merkmal und vom letzten Merkmal zum Endpunkt der Trajektorie hinzu. Zur Vereinfachung wird angenommen, dass Start- und Endpunkt identisch sind. Eingangsgrößen für die Modellberechnung sind die Trajektorienparameter Geschwindigkeit v und Beschleunigung a, sowie die euklidische Distanz s zwischen zwei zu prüfenden Merkmalen. Auf Basis der ermittelten Modelle des Zusammenhangs von Zeit- und Energiebedarf mit v, a und s erfolgt die numerische Optimierung von v und a. Die euklidische Distanz wird anstatt der jeweils drei Koordinaten von Anfangs- und Endpunkt eines Wegstückes als Vereinfachung gewählt, um die Dimension des Definitionsbereichs und somit die Komplexität des Modellansatzes zu reduzieren. Die Modelle des Zeit-/Energiebedarfs einer Trajektorie werden hinsichtlich der Modellparameter zur Laufzeit des Systems identifiziert. Die Parameter der angesetzten linearen Modellfunktionen können mittels des in 4.5.2.2 erwähnten RLS-Algorithmus rekursiv auf Basis der vergangenen Messläufe bestimmt werden. Formalisiert ergeben sich Modelle des Zeit- und Energiebedarfs entsprechend Formel VII-20.

Formel VII-20 Modelle des Zeit- und Energiebedarfs bei der Trajektorienoptimierung

$$t(v,a,s) = \sum_{i=1}^{n} \theta_{t,i}\phi_{t,i}(v,a,s)$$

$$E(v,a,s) = \sum_{i=1}^{n} \theta_{e,i}\phi_{e,i}(v,a,s)$$

$t(v,a,s)/E(v,a,s)$: Zeit/Energie für ein Teilbahnstück der Länge s

[418] vgl. DIN ISO 3951-1, **Deutsches Institut für Normung** (2016), S. 37

$s = \sqrt{(\Delta x)^2 + (\Delta y)^2 + (\Delta z)^2}$: euklidische Distanz zwischen Merkmalskoordinaten

$\theta_{t,i}, \theta_{e,i}$: Modellparameter

$\phi_{t,i}, \phi_{e,i}$: Funktionale der Modellstruktur

Zusätzlich zu den translatorischen Bewegungen des Roboterarms zwischen den Merkmalen kommen noch die Aufwände für die Bewegung zur Prüfung der Merkmale selbst, sowie der Planung der Trajektorie hinzu. Da die Parameter der Prüfbewegung anhand der Messunsicherheit optimiert werden und bei jeder Prüfung gleich bleiben, werden der Energie- und Zeitaufwand pro Merkmal als fix angenommen. Diese können aus früheren Messungen oder aus den letzten Prüfungsvorgängen bestimmt werden.

Durch den potenziellen Einsatz erfahrungsbasierter Planer (vgl. Abschnitt 4.6.4.1) könnte es zu einer Veränderung des Energie-/Zeitaufwands für die Planung in Abhängigkeit der Anzahl bereits geplanter Trajektorien kommen. Der Energieaufwand für die Planung wird als vernachlässigbar angenommen. Der Zeitaufwand für die Planung wird zunächst als unabhängig von der Anzahl der zu prüfenden Merkmale angenommen. Hintergrund ist, dass eine Planung folgender Abschnitte theoretisch parallel zum Abfahren bereits geplanter Abschnitte erfolgen kann. In diesem angenommenen Fall verursacht lediglich die Planung des ersten Trajektorienabschnitts zu einer Verzögerung. Die getroffene Annahme ist im Rahmen der Implementierung zu verifizieren. Die Bestimmung dieser Verzögerung kann wie bei der Optimierung des Prüfumfangs näherungsweise als Mittelwert der Messungen aus den letzten M Prüfungen geschätzt werden (vgl. Formel VII-21) Der Gesamtaufwand an Zeit und Energie einer Prüfung von N Merkmalen ergibt sich aus der Summe aller Einzelbahnstücke der Trajektorie und der Planung (vgl. Formel VII-22).

Formel VII-21 Schätzer der benötigten Zeit zur Planung einer Trajektorie

$$t_{plan} = \frac{1}{M}\sum_{j=1}^{M} t_{plan,j}$$

t_{plan}: benötigte Zeit zur Planung einer Trajektorie

M: Anzahl der letzten Trajektorien die zur Mittelung mit einbezogen werden

Formel VII-22 Gesamtaufwand an Zeit und Energie für eine Prüfung von N Merkmalen

$$t_{total}(v,a) = t_{plan} + t\left(v,a,s_{start,1}\right) + \sum_{i=1}^{N-1} t\left(v,a,s_{i,i+1}\right) + t\left(v,a,s_{N,end}\right) + N \cdot t_{insp}$$

$$E_{total}(v,a) = E\left(v,a,s_{start,1}\right) + \sum_{i=1}^{N-1} E\left(v,a,s_{i,i+1}\right) + E\left(v,a,s_{N,end}\right) + N \cdot E_{insp}$$

t_{plan}: Zeit zur Planung einer Prüfung

$t(v, a, s)/E(v, a, s)$: Zeit/Energie für ein Teilbahnstück der Länge s

$s_{i,j}$: euklidische Distanz eines zwischen Merkmal i und j

N: Anzahl geprüfter Merkmale

t_{insp}/E_{insp}: Zeit/Energie für die Prüfung eines Merkmals

Bestimmung der Parameter des Energie- und Zeitmodells

Viele klassische Methoden der Parameterbestimmung, wie z.B. die Least-Squares-Methode, arbeiten mit der Gesamtmenge der zur Verfügung stehenden Daten. Die Berechnungskomplexität wächst daher mindestens linear an, was auf Dauer zu Performance-Problemen bei Echtzeitsystemen führt. NELLES empfiehlt aus diesem Grund für Online-Anwendungen rekursive Algorithmen.[419]

Eine rekursive Methode der linearen Parameter-Bestimmung ist das (Weighted) Recursive-Least-Squares-Verfahren (RLS). RLS stellt eine Abwandlung des Least-Squares-Algorithmus dar und bietet den Vorteil eines gleichbleibenden Rechenaufwands, was es für zeitkritische Anwendungen interessant macht. Das Verfahren zählt zu den überwachten Lernverfahren, bei denen zu Trainingsdaten immer die tatsächlichen Ausgangsdaten vorliegen müssen. Im Gegensatz zum gewöhnlichen Least-Squares-Ansatz operiert RLS nicht auf der Gesamtdatenmenge, sondern beginnt bei einem Eingangs- und Ausgangsvektor und bezieht sukzessive die restlichen Daten zur vorherigen Parameterlösung mit ein. Für ein stationäres Problem konvergiert die Lösung gegen die optimalen Parameter im Sinne der kleinsten Fehlerquadrate. Die Anwendbarkeit bei zunächst kleiner Datenmenge (in der Größenordnung der Anzahl zu bestimmender Parameter) und die Konvergenz im Laufe der Zeit gegen die optimalen Parameter sind gewünschte Eigenschaften in Bezug auf die Anforderungen an die Systemmodelle (vgl. Anforderung 7-a und Anforderung 7-b).[420]

Für zeitvariante Systeme wird die Rekursion um einen Vergessensfaktor $\lambda < 1$ erweitert, der die neuen stärker und die älteren Messwerte mit zunehmendem Alter exponentiell abfallend mit λ^k gewichtet. Die Wahl von λ ist dabei ein Kompromiss zwischen großer Robustheit gegenüber Störungen (großer Vergessensfaktor) und schneller Anpassungsfähigkeit (kleiner Vergessensfaktor).[421] Die dynamische Anpassung der Parameter, sowie eine (anpassbare) Robustheit stellen weitere Vorzüge zur Anwendung beim vorliegenden System dar ().

Aufgrund der genannten Eigenschaften von RLS und seiner Eignung für Modellgleichungen, in denen die Parameter linear vorliegen, wird der Algorithmus zur Bestimmung des

[419] vgl. **Nelles, O.** (2001), S. 535f

[420] vgl. **Unbehauen, H.; Bohn, C.** (2016), S. 421f

[421] vgl. **Nelles, O.** (2001), S. 64

Parametervektors $\theta = \begin{pmatrix} \theta_1 \\ \vdots \\ \theta_n \end{pmatrix}$ in Formel VII-20 verwendet. Die Bestimmung des neuen Parametervektors θ^{k+1} erfolgt nach jeder Messung eines Bahnstücks jeweils für das Zeit- und Energiemodell aus einer Anpassung des aktuellen Parametervektors θ^k über die in Formel VII-23 beschriebene Berechnungsvorschrift:[422]

Formel VII-23 Anpassung des Parametervektors für das Zeit- und Energiemodell

$$\theta^{k+1} = \theta^k + \gamma^{k+1} e^{k+1}$$

$$e^{k+1} = y^{k+1} - \left(x^{k+1}\right)^T \theta^k$$

$$\gamma^{k+1} = \frac{1}{(x^{k+1})^T P^k x^{k+1} + \lambda} P^k x^{k+1}$$

$$P^{k+1} = \frac{1}{\lambda}\left(I - \gamma^{k+1}\left(x^{k+1}\right)^T\right) P^k$$

$$x^{k+1} = \begin{pmatrix} \phi_1(z^{k+1}) \\ \vdots \\ \phi_n(z^{k+1}) \end{pmatrix}$$

$\lambda < 1$: Vergessensfaktor

ϕ_i: Funktionale der Modellstruktur

$z^{k+1} = (v^{k+1}, a^{k+1}, s^{k+1})$: Modelleingangsvektor

y^{k+1}: zugehörige (reale) Messwerte zu z^{k+1}.

Der in Formel VII-23 enthaltene Term e wird dabei auch als Korrekturterm, γ als Verstärkungsterm bezeichnet. Die vorliegende Anpassungssystematik aktualisiert nach dem Abfahren einer Trajektorie mit N_{sample} Merkmalen die Parameter für die einzelnen $(N_{sample} + 1)$ Bahnstücke.

Vor der ersten Anpassung müssen Anfangswerte für θ^0 und P^0 gewählt werden. Als Anfangswerte können entweder Schätzungen aus a-priori-Informationen, z. B. durch eine gewöhnliche Least-Squares-Schätzung aus den ersten p Messwerten, Zufallswerte oder ein Nullvektor gewählt werden. P^0 wird in der Regel als Diagonalmatrix mit Diagonaleinträgen > 100 initialisiert. Der Vergessensfaktor λ bewirkt, dass Messwerte, die j Schritte zurückliegen, mit dem Faktor λ^j gewichtet werden, wodurch der Einfluss exponentiell abnimmt. Ein kleineres Lambda führt somit zu einer stärkeren Gewichtung neuerer Messungen. λ kann dynamisch an das Systemverhalten angepasst werden. In der Literatur werden Werte zwischen 0,9 und 1 empfohlen.[423] Wenn entgegen der vorher getroffenen Annahme kein erfahrungsbasierter Planer eingesetzt wird, kann λ jedoch auch deutlich kleiner gewählt werden, um die Präzision des Modells infolge der größeren Datenbasis zur Modellbildung zu erhöhen.

[422] vgl. **ebenda** (2001), S. 64

[423] vgl. **Schröder, D.** (2010), S. 122f

Anhang F. Zusätze zur Ablaufsteuerung und Kommunikation

In RAPID implementierte Abläufe auf der Robotersteuerung IRC 5

Zur Kommunikation zwischen dem SO-Controller und der Robotersteuerung wurden auf letzterer vier Grundfunktionalitäten in Form von RAPID Tasks implementiert. Diese sowie deren Hauptaufgabe sind:

- Receive: Achswinkelstellungen werden empfangen und in einer Liste zur Abarbeitung zwischengespeichert.
- Motion: Umwandlung der Achswinkelstellungen in Bewegungsbefehle und Abarbeitung dieser zur Durchführung der Messung.
- Log: Speichern der relevanten Bewegungs- und Messdaten aus dem Weggeber des Roboters sowie des Kraftsensors (intern).
- Send: Senden der gespeicherten Daten an den SO-Controller.

Die konsequente Trennung der Grundfunktionalitäten ist anzustreben, damit diese parallel ablaufen können und eine maximale Auslastung (Datendurchsatz) ermöglicht wird. TCP/IP ist ein verbindungsorientierter Dienst, der mehrere Verbindungen auf einer physikalischen Leitung erlaubt. So können die Funktionalitäten Receive und Send gleichzeitig und unabhängig voneinander Daten übertragen. Obwohl TCP/IP ein bestätigter Dienst ist, wird bei jeder Übertragung zusätzlich eine Verarbeitungsbestätigung gesendet. Die interne TCP/IP-Quittung bestätigt lediglich den Erhalt der Nachricht, nicht aber die korrekte Weiterverarbeitung. Durch Bestätigung jeder Nachricht vom Empfänger wird sichergestellt, dass alle Nachrichten korrekt verarbeitet werden. Diese Parallelisierung funktioniert auch deshalb, weil die Robotersteuerung sog. Pseudothreading erlaubt. Dabei wird jeder Task Rechenzeit statisch zugeordnet.[424] Auch die Skriptsprache Python erlaubt Threading. Auf Grund der relativ hohen Datenmengen und -raten können jedoch nicht gleichzeitig alle vier Funktionalitäten ablaufen, da sonst die maximale Samplingrate innerhalb der Funktion Log nicht eingehalten werden kann. Die Robotersteuerung ist dann mit Senden und Empfangen so ausgelastet, dass nicht genug Rechenzeit für das Speichern von Daten intern bleibt. Da die Funktion Log zusammen mit dem eigentlichen Ablauf der Messung oberste Priorität hat, werden die Funktionen Receive und Send während des Ablaufs dieser Funktion ausgesetzt.

[424] vgl. **ABB Automation GmbH (Hrsg.)** (2016), S. 100ff

Anhang G. Zusätze zur Messsystemanalyse

Tabelle VII-2 Vergleich von VDA Band 5 und MSA 4. Ausgabe[425]

Einflussgröße	Verfahren nach VDA 5	Verfahren nach MSA 4
Auflösung / Anzahl unterscheidbarer Kategorien	%RE ≤ 5% und u_{RE}	ndc ≥ 5
Unsicherheit des Referenzteils	u_{CAL}	keine Angabe
Wiederholbarkeit am Referenzteil	u_{EVR}	sollte klein sein. Keine weiteren Angaben
Systematische Messabweichung	u_{BI}	t-Test
Linearität	u_{LIN}	t-Test
Wiederholbarkeit am Prüfobjekt	u_{EVO}	EV
Vergleichbarkeit am Prüfobjekt	u_{AV}	AV
Unsicherheit des Prüfobjekts	u_{OBJ}	Messposition markieren und Wiederholungsmessungen an der gleichen Position durchführen
Temperatur	u_{T}	nicht berücksichtigt
Andere Einflüsse	u_{REST}	nicht berücksichtigt
Stabilität	u_{STAB} / Qualitätsregelkarte	Qualitätsregelkarte

Einfluss- und Störgrößenanalyse des Messprozesses

[425] nach **Dietrich, E.** (2011), S. 32f

Einflussgrößen sind beeinfluss- und veränderbare Prozessparameter. Die ermittelten Einflussgrößen werden in einer Einflussanalyse variiert, um optimale Parameter für den Messprozess abzuleiten. Wenn möglich werden die identifizierten Störgrößen auf den Messprozess minimiert. Im Anschluss wird dann eine Fähigkeitsanalyse des optimierten Messprozesses durchgeführt.

Ungleichheiten am Messobjekt (innere Teilestreuung) vergrößern die beobachtete Streuung des Messgeräts. Bei der vorliegenden Messaufgabe können z. B. durch die Mechanik des Drucktasters und die Messposition Ungleichheiten auftreten. Als Beispiel für den Einfluss der Mechanik sind in Abbildung VII-11 vier Messungen am gleichen Drucktaster gezeigt, bei denen auf dem Rückweg des Kraft-Weg-Verlaufs Kraftspitzen an unterschiedlichen Stellen auftreten konnten. Die ermittelten Punkte für den Rückstellpunkt (P_6) und Rücksprung (P_7) sind rot gekennzeichnet. Je nach Ort der Kraftspitze ist eine Beeinflussung der haptischen Messgrößen möglich, siehe c) in Abbildung VII-11. Dieses Beispiel verdeutlicht, dass die innere Streuung nicht dem Messgerät zuzurechnen ist.[426]

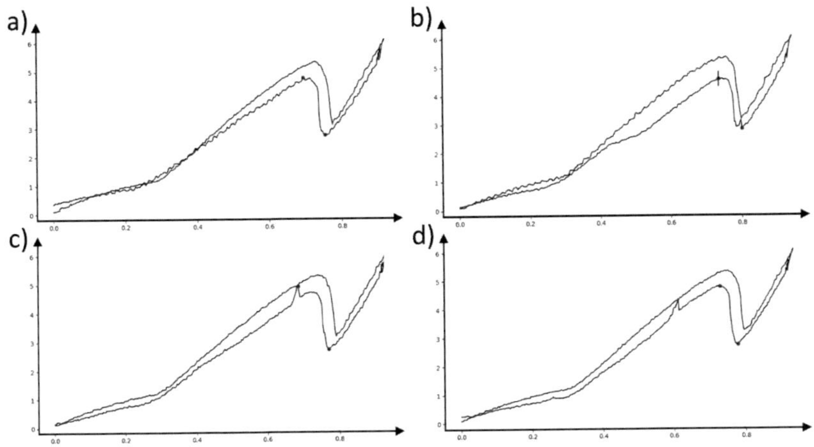

Abbildung VII-11 Einfluss der Mechanik auf das Messergebnis durch zufällige Kraftspitzen

Die Messposition auf der Kappe des Drucktasters beeinflusst den gemessenen Kraft-Weg-Verlauf in mehrfacher Hinsicht. Zum einen ist es möglich, dass unterschiedliche Messpositionen auf der Kappe einen verschiedenartigen Hebelarm auf die Mechanik des Tasters haben. In Abbildung VII-12 ist zu erkennen, wie sich beim gleichen Bedienelement bei verschiedenen Messpositionen die gemessene Kraft verringert, während sich der Weg vergrößert.

426 vgl. **Dietrich, E.; Schulze, A.** (2014), S. 85f

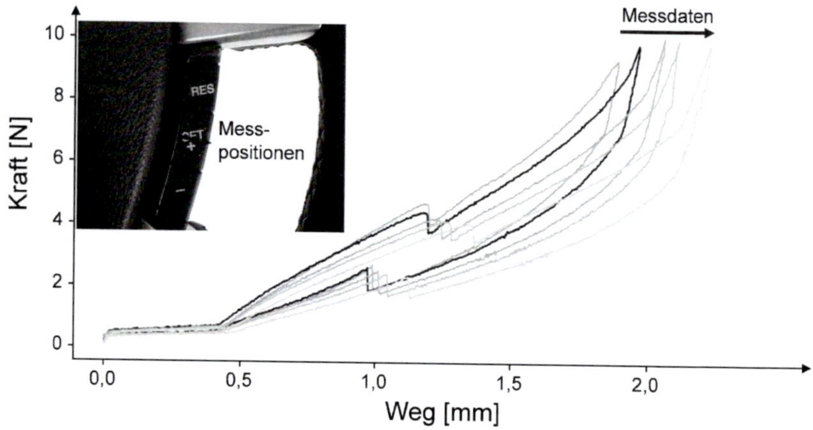

Abbildung VII-12 Einfluss der Messposition auf den Kraft-Weg-Verlauf

Andererseits ist es möglich, dass bei verschiedenen Messpositionen unterschiedlich starke Reibungen in der Mechanik auftreten. Abbildung VII-13 zeigt zwei Messungen, welche am gleichen Drucktaster an verschiedenen Messpositionen aufgenommen wurden.

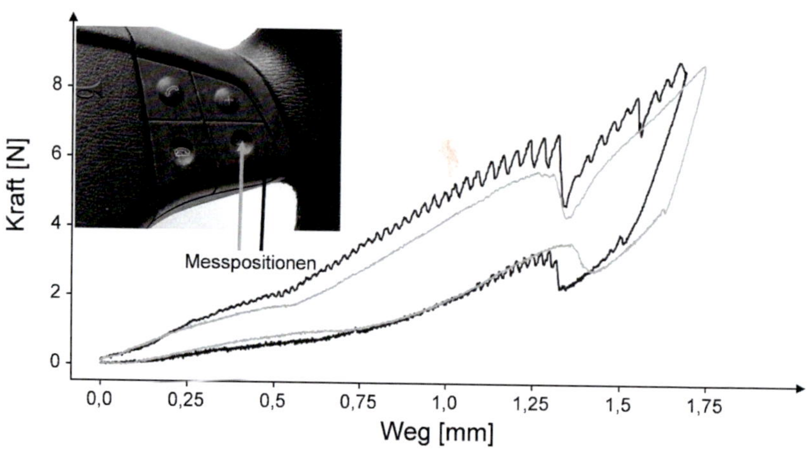

Abbildung VII-13 Unterschiedliche Reibung an verschiedenen Messpositionen

Am Verlauf der blauen Linie ist erkenntlich, dass durch die höhere Reibung mehr Kraft auf dem Hinweg der Betätigung benötigt wird. Auf dem Rückweg liegt aufgrund der Reibungsverluste eine geringere Kraft vor. Zudem ist hier eine Vibration zu erkennen, welche das Messergebnis negativ beeinflussen kann und auch durch den Menschen wahrnehmbar ist. Der Einfluss der Messposition ist eine Störgröße, welche durch eine Markierung der Messposition auf der Kappe verringert werden kann.

Treten Stöße oder Schwingungen während der Messung auf, kann dies die Messung erheblich beeinflussen. Abbildung VII-14 zeigt zwei Messungen, in denen der Tisch, auf dem der Roboter befestigt ist, während der Messung eines Drucktasters angestoßen wurde. Hierbei wurde in einem Fall wurde der Snappunkt P_2 nicht erreicht, da die Endbedingung der Kraft durch den Stoß überschritten wurde.

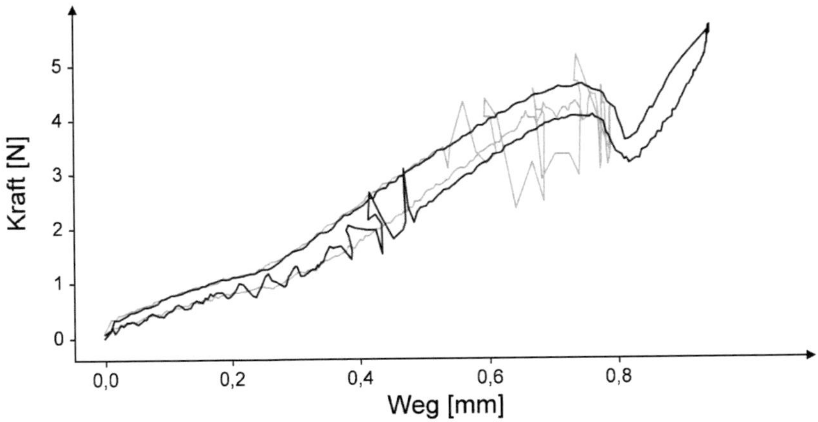

Abbildung VII-14 Einfluss von Stößen während zweier Messungen eines Drucktasters auf die gemessenen Kraft-Weg-Verläufe

Eine hohe Tastgeschwindigkeit des Roboters hat eine glättende Wirkung auf die lokalen Extremwerte des Kraft-Weg-Verlaufs. In Abbildung VII-15 sind drei Messungen dargestellt, wobei einmal eine niedrige und zweimal eine hohe Tastgeschwindigkeit eingestellt wurde. Der auftretende Kraftabfall wird mit der höheren Geschwindigkeit nicht richtig erfasst. Der Wert beider lokaler Minima ist sichtbar höher und streut. Grund hierfür ist, dass bei höherer Geschwindigkeit auf Grund der begrenzten Samplingrate des Kraftsensors im Bereich des schlagartig auftretenden Kraftsprungs nur sehr wenige Messpunkte vorliegen.

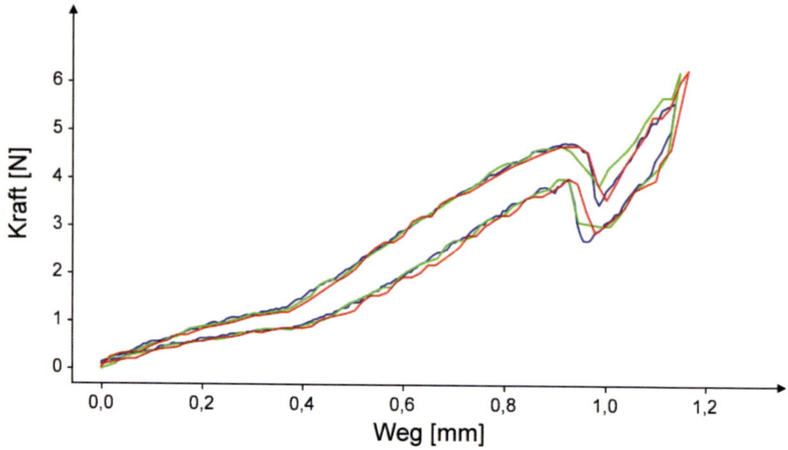

Abbildung VII-15 Einfluss der Tastgeschwindigkeit auf die Messung des Kraft-Weg-Verlaufs (Blaue Kurve: Tastgeschwindigkeit = 3 mm/s; Rote und grüne Kurve: Tastgeschwindigkeit = 6 mm/s)

Größere Änderungen in der Tastgeschwindigkeit (Beschleunigungen) wirken sich aufgrund der Massenträgheit auf die gleiche Art wie die zuvor genannten Stöße und Schwingungen auf das Kraftsignal aus. Abbildung VII-16 zeigt beispielsweise die Auswirkung der Beschleunigung, welche am Start des Messvorgangs auftritt.

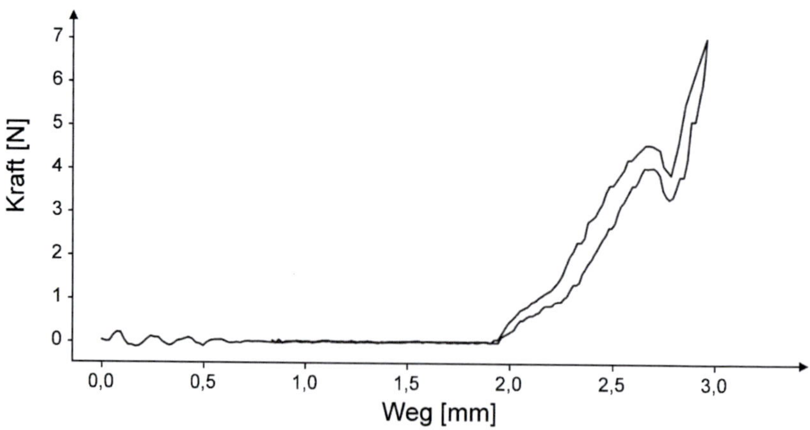

Abbildung VII-16 Schwingung im Kraftsignal durch Beschleunigung zu Beginn der Messung

Um negative Auswirkungen der Tastgeschwindigkeit auf das Messergebnis zu minimieren, werden die Tastgeschwindigkeit an sich und die Tastgeschwindigkeit beeinflussende Roboterparameter (Tiefpassfilterung des Kraftsignals und Dämpfung) in einem Versuch untersucht.

Abbildung VII-17 zeigt die Steuerung der Tastgeschwindigkeit während der kraftgesteuerten Bewegung des Roboters in vereinfachter Form. Die Dämpfung definiert den Zusammenhang zwischen den auftretenden Kräften und der Tastgeschwindigkeit. Die Dämpfungskonstante D bestimmt, welche Kraft für eine Geschwindigkeit von 1 m/s benötigt wird. Am Tiefpassfilter können nur die Amplituden von Frequenzen des Kraftsignals unterhalb von der Grenzfrequenz (TP) passieren. Durch niedrige Werte von TP wird das Rauschen im Kraftsignal reduziert.[427] In diesem Fall wird der Tiefpassfilter für Werte von TP > 100 vollständig deaktiviert.[428]

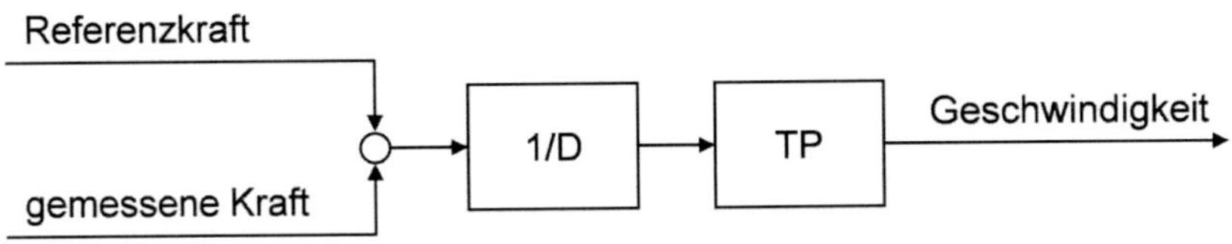

Abbildung VII-17 Vereinfachte Darstellung von der Steuerung der Tastgeschwindigkeit des Roboters[429]

Große Werte für die Dämpfung und kleine Werte für den Tiefpassfilter verringern die Empfindlichkeit und Reaktionsfähigkeit des Roboters. Umgekehrt sorgen kleine Werte für die Dämpfung und große Werte für den Tiefpassfilter für ein schnelles Ansprechverhalten des Roboters, können aber unter Umständen zu Instabilitäten führen. Die Wahl der Werte ist abhängig vom verwendeten Roboter und dem spezifischen Anwendungsfall.[430]

[427] vgl. **ABB Automation GmbH (Hrsg.)** (2013), S. 89

[428] vgl. **ABB Automation GmbH (Hrsg.)** (2013), S. 157

[429] nach **ABB Automation GmbH (Hrsg.)** (2013), S. 90

[430] vgl. **ABB Automation GmbH (Hrsg.)** (2013), S. 90

Zusätze zur Optimierung der Messparameter

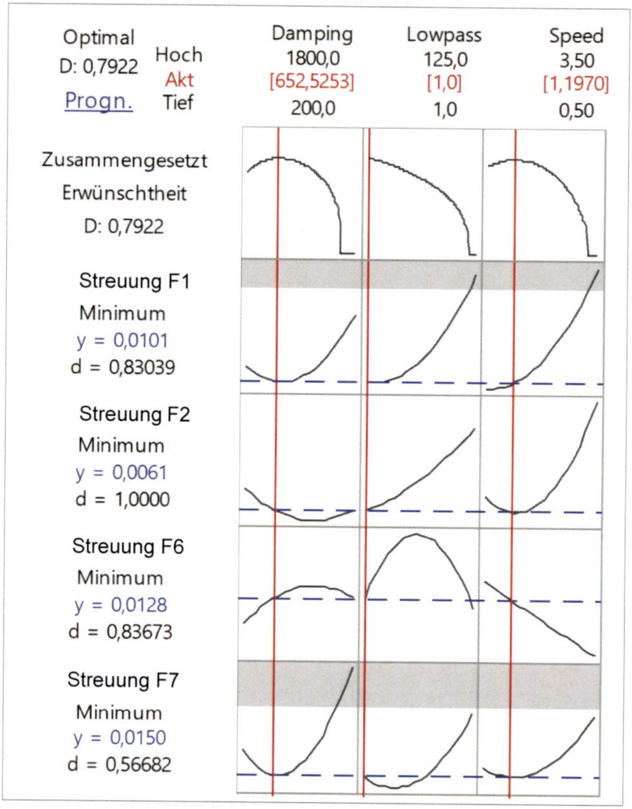

Abbildung VII-18 Optimierung der Parameter Dämpfung, Tiefpassfilter und Tastgeschwindigkeit zur Streuungsminimierung für die Kräfte F1, F2, F6 und F7

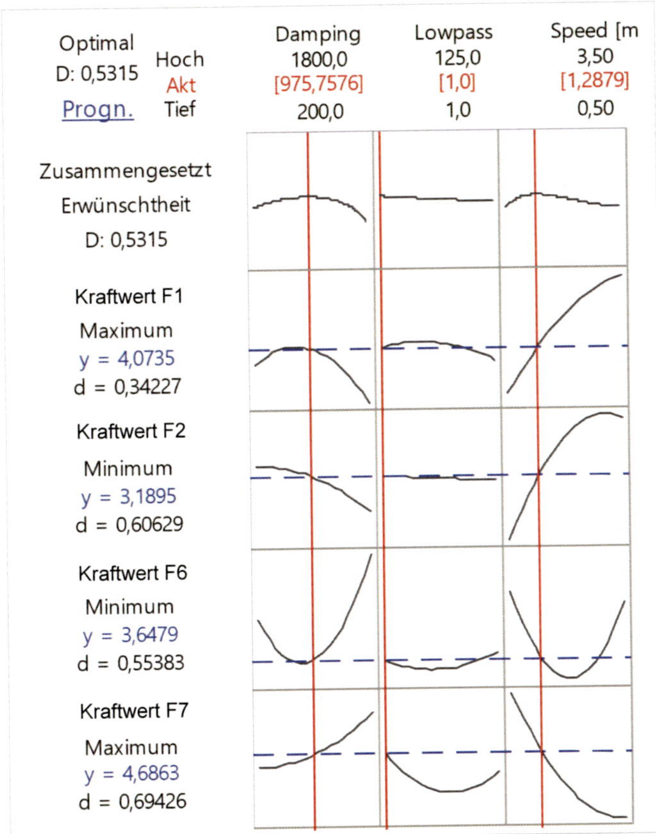

Abbildung VII-19 Optimierung der Parameter Dämpfung, Tiefpassfilter und Tastgeschwindigkeit zur Maximierung der Kräfte F1 und F7 sowie Minimierung der Kräfte F2 und F6

Tabelle VII-3 Ergebnis der Untersuchung auf systematische Abweichung (t-Test)

Haptischer Parameter	Null innerhalb des Vertrauensbereichs?	p-Wert von t_{bias} < 0,05?
Betätigungskraft F_1 [N]	ja, $-0{,}007 \leq 0 \leq 0{,}033$	nein, $0{,}197 > 0{,}05$
Vorlaufweg S_1 [mm]	nein, $0 \leq 0{,}002 \leq 0{,}019$	ja, $0{,}018 < 0{,}05$
Gradient [N/mm]	nein, $0 \leq 0{,}003 \leq 0{,}069$	ja, $0{,}034 < 0{,}05$

Schaltkraft F_2 [N]	nein, 0 ≤ 0,008 ≤ 0,046	ja, 0,006 < 0,05
Schaltweg S_2 [mm]	nein, 0 ≤ 0,001 ≤ 0,017	ja, 0,043 < 0,05
Snapweg S_W [mm]	ja, -0,001 ≤ 0 ≤ 0,004	nein, 0,124 > 0,05
Snapsprung S_S [mm]	ja, -0,001 ≤ 0 ≤ 0,004	nein, 0,058 > 0,05
Rückstellkraft F_6 [N]	nein, 0 ≤ 0,004 ≤ 0,037	ja, 0,015 < 0,05
Rückstellweg S_6 [mm]	nein, 0 ≤ 0,001 ≤ 0,019	ja, 0,027 < 0,05
Rücksprungkraft F_7 [N]	nein, 0 ≤ 0,003 ≤ 0,036	ja, 0,017 < 0,05
Leerlaufweg S_7 [mm]	ja, -0,009 ≤ 0 ≤ 0,011	nein, 0,806 > 0,05
Sprungweg S_{SP} [mm]	nein, 0 ≤ 0,005 ≤ 0,012	ja, 0,001 < 0,05
Rücksprungweg S_{RS} [mm]	nein, 0 ≤ 0,001 ≤ 0,004	ja, 0,002 < 0,05
Differenzkraft F_{MIN} [N]	nein, 0 ≤ 0,017 ≤ 0,077	ja, 0,003 < 0,05
Differenzkraft F_{MAX} [N]	ja, -0,026 ≤ 0 ≤ 0,038	nein, 0,692 > 0,05

Tabelle VII-4 Ergebnisse der GRR-Analyse

Haptischer Parameter	GRR	%GRR_{MIN} [%]	%GRR_{MW} [%]	%GRR_{MAX} [%]	p-Wert IA
Betätigungskraft F_1 [N]	0,060780	6,955466	5,975780	4,900108	0,312802
Vorlaufweg S_1 [mm]	0,015692		1,569220		0,054140
Gradient [N/mm]	0,110363	5,784099	4,292653	2,912530	0,059947
Schaltkraft F_2 [N]	0,064496	12,779512	9,098246	7,087583	0,427883
Schaltweg S_2 [mm]	0,016209		1,620921		0,480462
Snapweg S_W [mm]	0,011834		1,183447		0,010522

Snapsprung S_S [mm]	0,012197		1,219667		0,001056
Rückstellkraft F_6 [N]	0,062378	29,748150	13,785358	10,186873	0,050103
Rückstellweg S_6 [mm]	0,018000		1,800012		0,440374
Rücksprungkraft F_7 [N]	0,058557	10,250199	8,258998	7,403636	0,513545
Leerlaufweg S_7 [mm]	0,019940		1,994002		0,026609
Sprungweg S_{SP} [mm]	0,011075		1,107476		0,001103
Rücksprungweg S_{RS} [mm]	0,008423		0,842275		0,151349
Differenzkraft F_{MIN} [N]	0,089380	69,387777	34,861032	21,761523	0,221336
Differenzkraft F_{MAX} [N]	0,099613	67,281432	32,331683	18,137344	0,429512

Tabelle VII-5 Ergebnisse der GRR-Analyse bei einer niedrigeren Tastgeschwindigkeit

Haptischer Parameter	GRR	$\%GRR_{MIN}$ [%]	$\%GRR_{MW}$ [%]	$\%GRR_{MAX}$ [%]	p-Wert IA
Betätigungskraft F_1 [N]	0,087660	10,325336	8,438625	6,520327	0,068339
Vorlaufweg S_1 [mm]	0,018827		1,882701		0,437627
Gradient [N/mm]	0,128890	6,618574	4,986034	3,591901	0,018989
Schaltkraft F_2 [N]	0,066952	13,959916	9,519845	7,068655	0,325560
Schaltweg S_2 [mm]	0,013512		1,351181		0,422479
Snapweg S_W [mm]	0,011466		1,146616		0,407779
Snapsprung S_S [mm]	0,012068		1,206774		0,693503
Rückstellkraft F_6 [N]	0,067491	30,173071	15,635810	11,159025	0,140553
Rückstellweg S_6 [mm]	0,014393		1,439325		0,121625
Rücksprungkraft F_7 [N]	0,071946	13,934764	10,344888	9,081388	0,065635
Leerlaufweg S_7 [mm]	0,017194		1,719434		0,078714
Sprungweg S_{SP} [mm]	0,008998		0,899752		0,003639
Rücksprungweg S_{RS} [mm]	0,007300		0,730017		0,741107
Differenzkraft F_{MIN} [N]	0,095085	88,046469	35,003414	17,915192	0,143029
Differenzkraft F_{MAX} [N]	0,124646	115,906864	36,305491	18,683605	0,067817

Anhang H. Zusätze zur Prüfobjektklassifikation

Tabelle VII-6 Parametereinstellungen beim Training von CNN und Faster RCNN für die Prüfobjektklassifikation

Faktor	Bereich	Default	Min	Max	Einfluss
SolverName		sgdm			Stochastic Gradient Descent with Momentum
MaxEpochs		30			Eine Epoche entspricht einem kompletten Durchlauf des Trainingssets
InitialLearnRate		0,01			Beeinflusst die Trainingszeit, zu schneller Änderung verursacht suboptimale Netze
CheckpointPath		[ ]			Pfad um Checkpoint Netzwerke zwischenzuspeichern
ExecutionEnvironment		auto			Hardwareressource für das Training
MinBatchSizes		128			Größe der Batches pro Trainingsiteration

Anhang I. Zusätze zur Messpunktdetektion und -lokalisation

Zusätze zur experimentellen Optimierung der Parameter des Detektors

Tabelle VII-7 Ergebnisse des Versuchs zur Optimierung des Viola-Jones Detektors

Detek-tor	Num Cascade Stages	False Alarm Rate	Re-call	Preci-sion	Detektionsge-schwindigkeit	Trainingszeit (*unzuverläs-sige Messung)
CoD_1	25	0,4	0,63	1,00	2,55 s	595.349 s
CoD_2	20	0,3	0,65	0,98	2,55 s	386.649 s
CoD_3	30	0,5	0,65	1,00	2,56 s	694.877 s
CoD_4	25	0,6	0,86	0,81	2,57 s	76.013 s
CoD_5	20	0,5	0,88	0,79	2,55 s	4.611 s
CoD_6	10	0,5	0,84	0,13	2,86 s	2.133 s
CoD_7	20	0,7	0,77	0,13	2,80 s	59.234 s
CoD_8	15	0,4	0,88	0,73	2,48 s	4.913 s
CoD_9	15	0,6	0,80	0,16	2,57 s	47.782 s

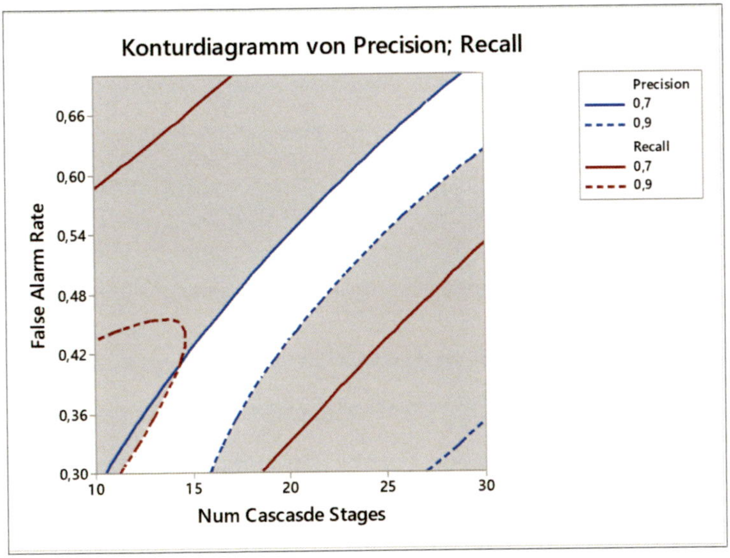

Abbildung VII-20 Abhängigkeit von Precision und Recall des Viola-Jones Detektors von den Parametern False Alarm Rate und #Cascade Stages

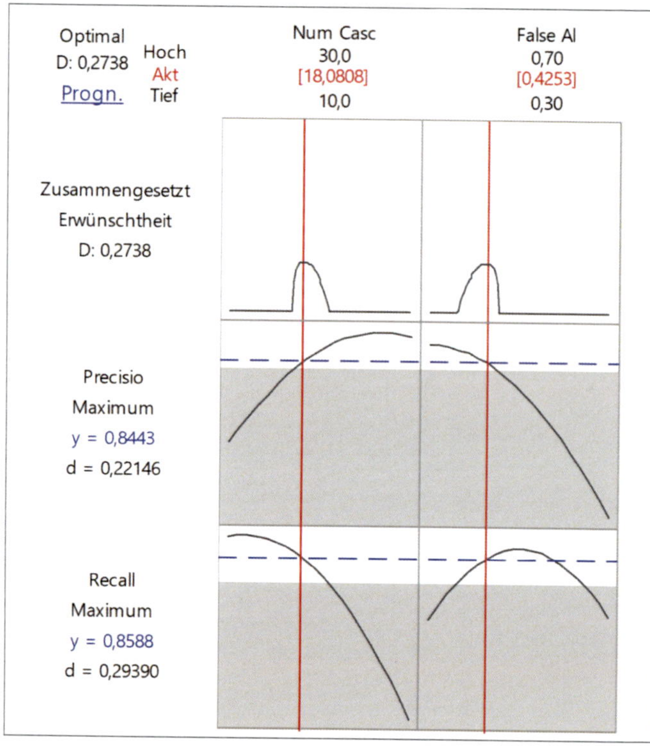

Abbildung VII-21 Optimierte Einstellungen der Parameter False Alarm Rate und #Cascade Stages für den Viola-Jones Detektor

Anhang J. Zusätze zur 3D-Szeneerfassung

Zusätze zur implementierten Lösung

Um die Parameter zur Berechnung der Disparitätsmap abzuschätzen, wird zuerst ein Stereoanaglyph eines Stereobildpaares erstellt. Dies ist die Überlagerung des linken und rechten Kamerabildes in einem Bild anhand des Rot-Cyan-Verfahrens. Das rote Bild ist das der rechten Kamera und analog das cyanfarbene das der linken zuzuordnen (siehe Abbildung VII-22). Anhand des Stereoanaglyphenbildes wird die zu erwartende Disparität zwischen den beiden Bildern zunächst manuell gemessen, um eine Einschätzung der Reichweite für die Erstellung der disparity map zu erhalten. Die Disparität beschreibt die Verschiebung zwischen einem Pixel des einen und dem dazugehörigen Pixel des Bildpaares und ist von dem Abstand zur Kamera abhängig.

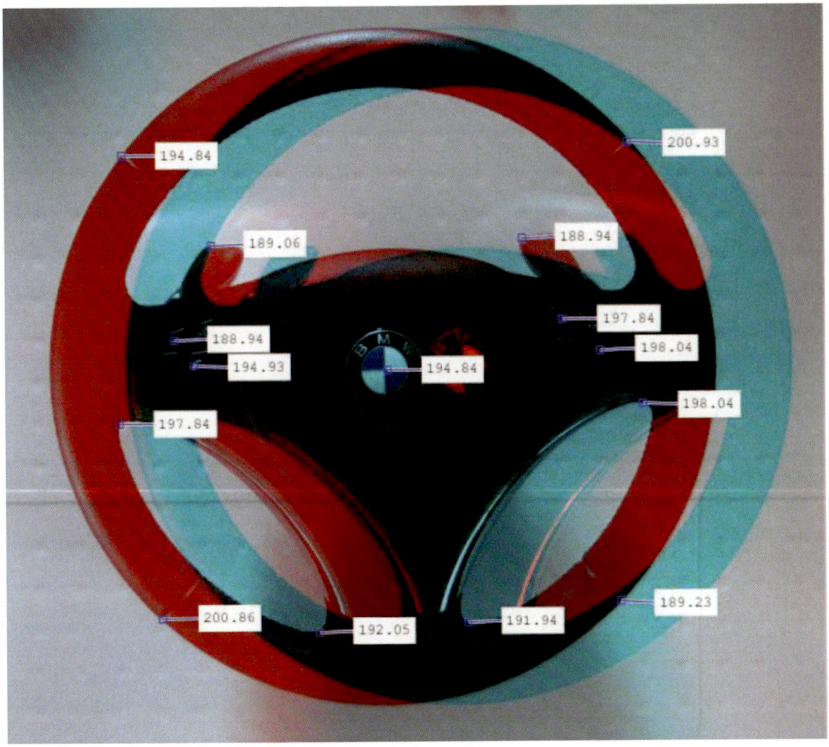

Abbildung VII-22 Stereoanaglyph eines beispielhaften Prüfobjekts (Lenkrad)

Die Disparity Map zeigt für jeden überlagerten Pixel die Disparität zwischen den Bildern an und kann der folgenden Abbildung VII-23 entnommen werden. Die Reichweite der Disparität wurde entsprechend der Vermessung des Stereoanaglyph auf Werte zwischen 160 und 208 eingegrenzt, um die unterschiedlichen Maße der Prüfobjekte zu berücksichtigen.

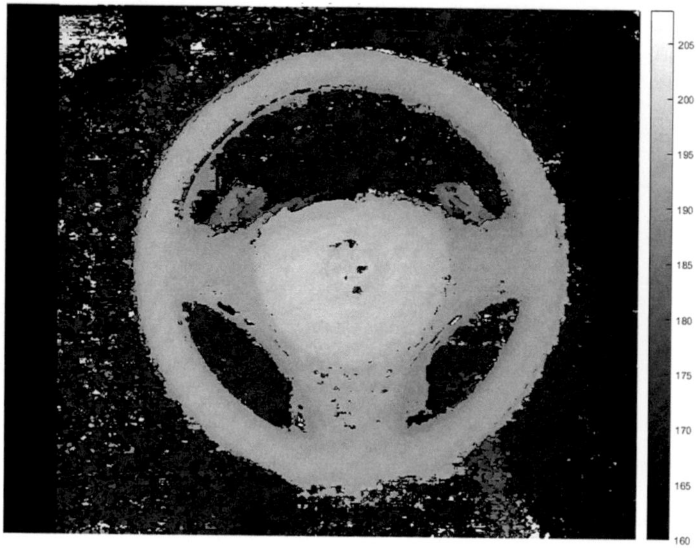

Abbildung VII-23 Disparity Map eines beispielhaften Prüfobjekts (Lenkrad)

Mit der Disparity Map und den Daten aus der Stereokalibration lässt sich nun die Szene mit 3D Punkten rekonstruieren. Der Output dieses Prozessschrittes ist eine geordnete Punktwolke. Das heißt, dass jedem Pixel – sofern dieser Wert vorhanden ist, ein Punkt mit 3D Koordinaten zugeordnet ist. Dabei dient das Bildzentrum der linken Kamera als Referenzursprung des verwendeten Koordinatensystems. Zusätzlich wird das linke entzerrte und rektifizierte Kamerabild auf die rekonstruierte Szene projiziert, um die Farbinformationen der Voxel zu erhalten. Das Ergebnis ist der folgenden Abbildung VII-24 zu entnehmen. Darin ist zu sehen, dass die rekonstruierte Szene Rauschen und das Prüfobjekt eine unklare Trennung vom Hintergrund aufweist.

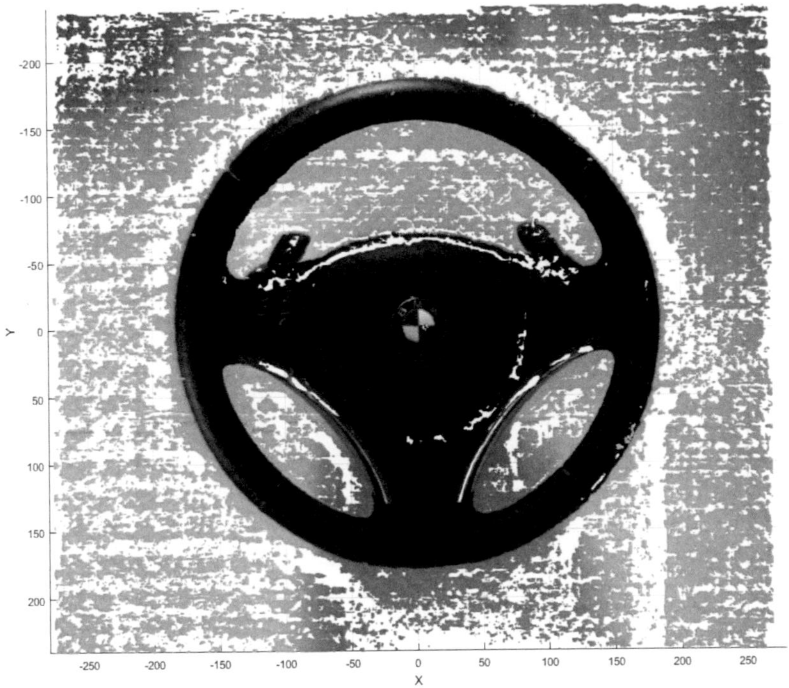

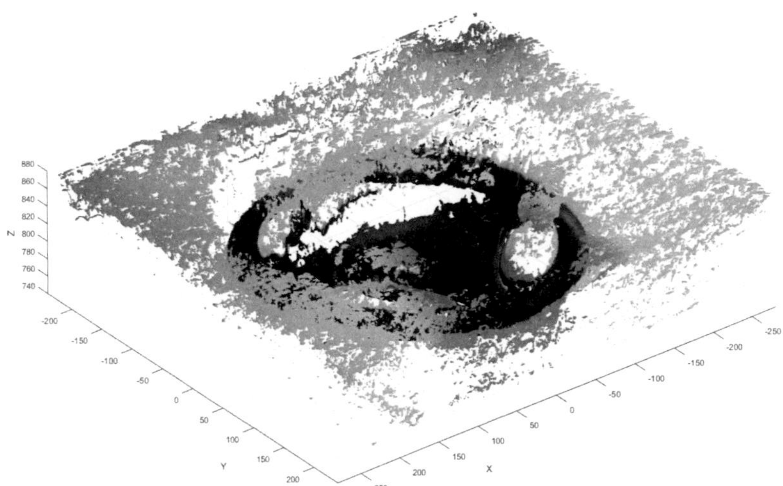

Abbildung VII-24 Anhand der Disparity Map rekonstruierte 3D-Szene mit einem Prüfobjekt (zwei Perspektiven)

Um die transferierten Datenmengen zu reduzieren und eine Nachbearbeitung des Rauschens zu ermöglichen, erfolgt eine optionale Segmentation über das 2D Bild. Zunächst werden die Punkte über den Z-Wert gefiltert: Punkte außerhalb des definierten Abstandes von 700 bis 900mm werden eliminiert. Dies entspricht in etwa dem erwarteten sowie den maximalen Arbeitsabstand. Im nächsten Schritt wird eine 2D Maske zur Filterung der 3D Daten erzeugt: Prinzipiell handelt es sich um eine Schablone, die die Punkte in der X-/Y-Ebene filtert. Es gibt unterschiedliche Methoden dies umzusetzen, es wurden hier 2 unterschiedliche Ansätze aufgegriffen.

Die erste Variante nutzt die erzeugte Disparity Map, um die Lenkradkontur zu maskieren. Die zentrale Komposition des aufgezeichneten Bildes besteht aus dem Prüfobjekt sowie dem Hintergrund. Durch die Abschätzung der Disparität wird im Grunde eine Segmentierung nach Vorder- und Hintergrund und somit in der Z-Achse vorgenommen: Je weiter ein Gegenstand von der Kamera entfernt ist, desto kleiner wird die Disparität. Dieser Umstand wird zur Erstellung der Maske ausgenutzt. Nach einer Binarisierung der Disparity Map wird mit Hilfe eines kreisförmigen Strukturelements die Kontur des Lenkrads nachgezogen, welches der morphologischen Operation des Öffnens entspricht (Erosion, dann Dilatation).

Die zweite Variante stützt sich auf die Generation aktiver Konturen, ein Snake-Algorithmus zur Objektverfolgung der invariant bezüglich Skalierung und Rotation ist. Ausgehend von einer initialen Maske, wird der Ausgangsspline über eine Minimierung der Energie der Objektkontur angenähert. Da der Prozess für das vollaufgelöste Bild eine hohe Rechenzeit benötigt, wird die Objektkontur für ein kleiner aufgelöstes Bild berechnet und später zurückskaliert. Dadurch entstehen jedoch stark verpixelte Kanten, was Nachteile bei der Generierung eines Mesh aus der Punktwolke mit sich bringt.

Mit Hilfe der beiden Filter bzw. Masken können störende Bildeinflüsse aus der Punktwolke weitestgehend eliminiert werden. Die Abbildung VII-25 visualisiert die so rekonstruierte Szene beispielhaft (Vergrößerung von Abbildung 6-6).

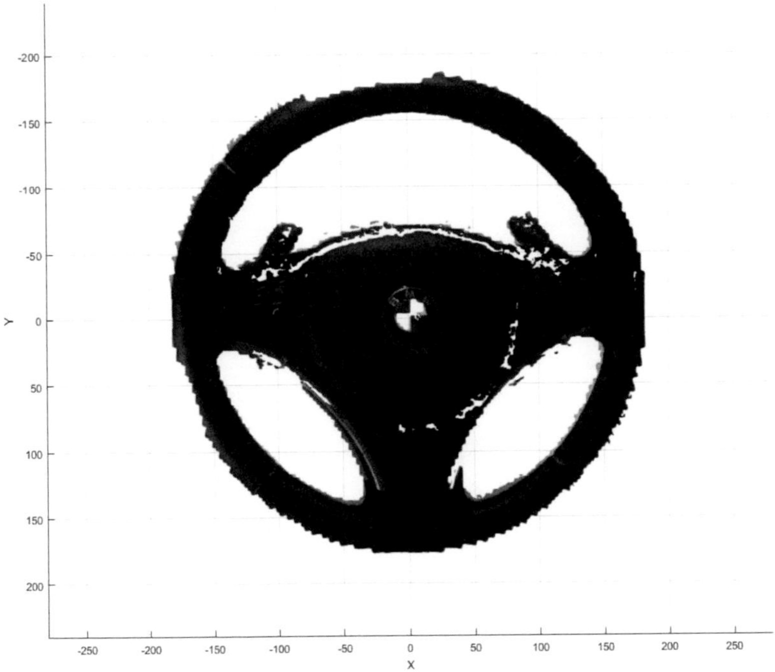

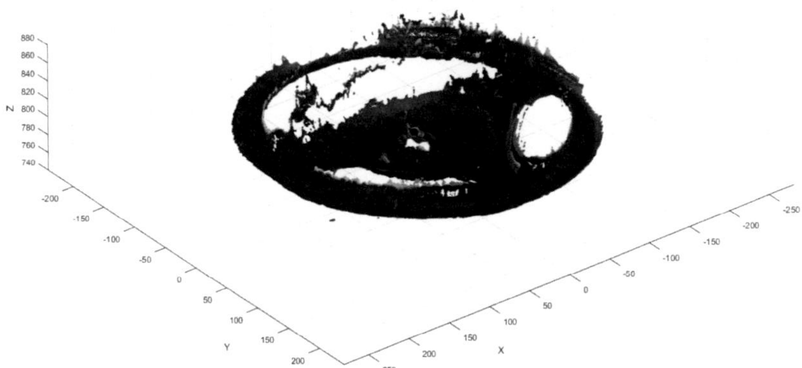

Abbildung VII-25 Mittels aktiver Konturen segmentierte Rekonstruktion der Szene (große Darstellung)

Anhang K. Zusätze zur Messpunktklassifikation

Zusätze zur implementierten Lösung

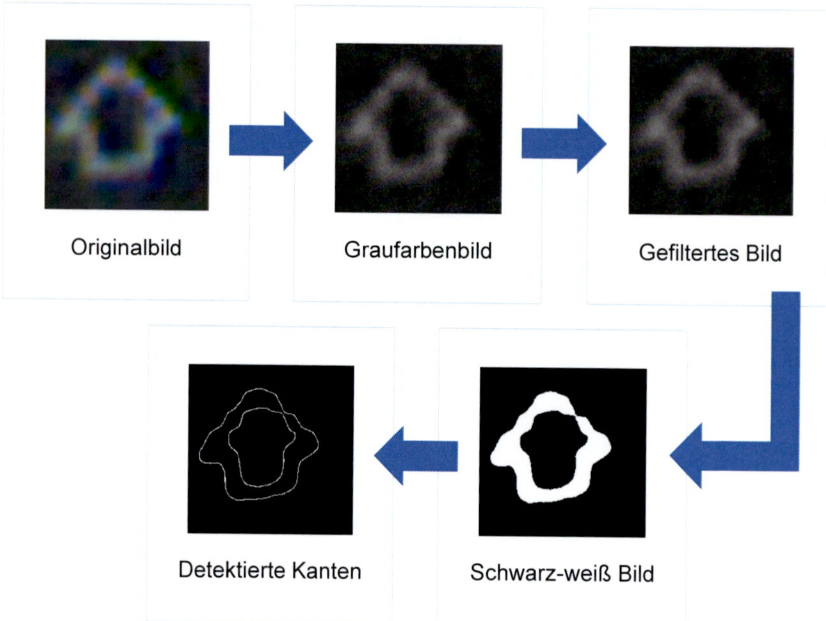

Abbildung VII-26 Bildvorverarbeitungskette für SIFT- und SURF-Algorithmen (Symbol: Pfeil nach oben)

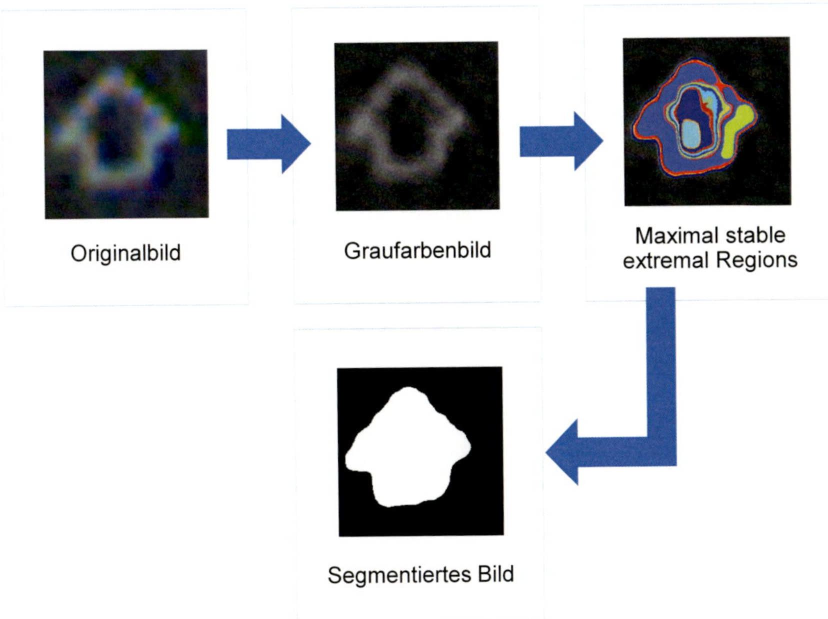

Abbildung VII-27 Bildvorverarbeitungskette für den HOG-Algorithmus (Symbol: Pfeil nach oben)

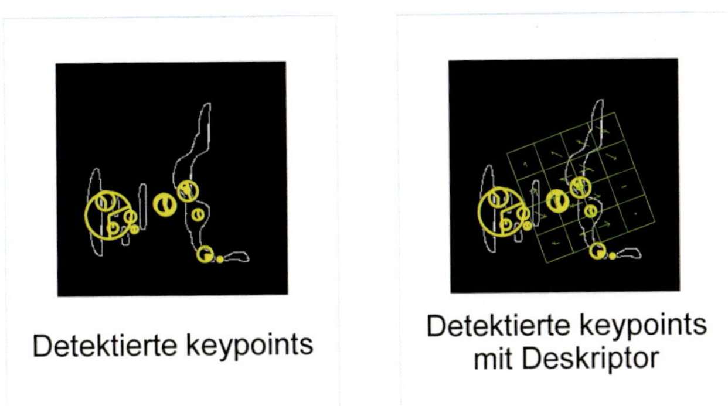

Abbildung VII-28 Visualisierung der SIFT-Extraktor Ergebnisse (Symbol: Sprachsteuerung)

Detektierte keypoints
mit Deskriptor

Abbildung VII-29 Visualisierung der SURF-Extraktor Ergebnisse (Symbol: Sprachsteuerung)

Tabelle VII-8 Bewertung von Verfahren zur Klassifikation von Prüfmerkmalen anhand einer Literaturanalyse

Quelle	Anwendungsgebiet	Bildverarbeitungs-verfahren	Klassifikator	A 1	A 2	A 5	A 6	MW
Ohgushi, K. et al. (2009)	Traffic Signs	SIFT, BoF	SVM	3	3	3	3	3
Sermanet, P. et al. (2011)	Traffic Signs		CNN	3	3	3	3	3
Fu, L. et al. (2011)	Symbol Recognition		CNN	3	2	3	3	2,75
Jingmeng, H. et al. (2016)	Symbol Recognition	SURF, Bow	SVM	3	2	3	3	2,75
Mehrotra, K. et al. (2013)	Text Recognition		CNN	3	2	3	3	2,75
Hu, X. et al. (2010)	Traffic Signs	SIFT, BoW	SVM	3	2	3	3	2,75
Shams, M. et al. (2015)	Traffic Signs	SIFT, BoF	SVM	2	3	3	3	2,75
Tobias, L. et al. (2016)	Scene Classification	SIFT, BovW	Transfer CNN, AlexNet als Feature Extraktor	2	1	3	3	2,25
Phan, T. et al. (2013)	Text Recognition	MSER, SIFT	SVM	2	3	2	2	2,25
Campos, T. de et al. (2009)	Text Recognition	6 local features, BoW	SVM, NN	1	1	1	3	2

Gorgevik, D. et al. (2005)	Text Recognition	4 Features	einzelne SVM und kombinierte	3	2	1	2	2
Greenhalgh, J. et al. (2015)	Traffic Signs	MSER, IPM, HOG	SVM	3	2	1	0	2
Yi, C. et al. (2014)Yi	Text Recognition	Harris, MSER, Dense, Random + HOG, BOW, GMM	SVM	1	2	2	3	2
Hoferlin, B. et al. (2009)	Traffic Signs	SIFT, SURF	MLP	2	1	3	0	2
Agarwal, S. et al. (2017)	Symbol Recognition	HOG, Radon Transform	SVM	3	2	1	1	1,75
Hse, H. et al. (2004)	Symbol Recognition	Zernike Moments	SVM	3	1	2	1	1,75
Fu, L. et al. (2011)	Symbol Recognition	Deformation, unsupervised DBN	supervised DBN fine tuning	2	1	2	2	1,75
Neumann, L. et al. (2010)	Text Recognition	8 features	SVM	1	2	2	0	1,666 66667
Zaklouta, F. et al. (2011); Mandhala, V. et al. (2014)	Traffic Signs	HOG	k-dim. Baum, kNN	1	3	1	0	1,666 66667
Mandhala, V. et al., 2014b	Scene Classification	unterschiedl. Features	SVM, LDA + SVM	1	1	0	0	1

Legende:

A1: Hohe Erkennungsquote (3: über 90%, 2: 80-90%, 1: unter 80%)

A2: ähnlicher Anwendungsfall (3: sehr ähnlich, 2: etwas ähnlich, 1: nicht ähnlich)

A5: Toleranz gg. Variation der Objektpose (3: hohe Toleranz/Invarianz, 2: geringe Toleranz, 1: keine Toleranz)

A6: Toleranz gg. Intraklassenvarianz (3: hohe Toleranz, 2: geringe Toleranz, 1: keine Toleranz)

MW: Mittelwert der Einzelwertungen (höher = besser)

Zusätze zur empirischen Analyse der Symbolklassifikationsverfahren

Pfeilsymbol von BMW

Pfeilsymbol von Ford

SET-Symbol von Ford

SET-Symbol von Ford

Abbildung VII-30 Intraklassenvarianz der Symbole der verwendeten Prüfmerkmale

Tabelle VII-9 Erläuterung der erzeugten Intraklassenvarianz für die Analyse

Symbol	BMW_a	BMW_b	BMW_c	Ford_a	Ford_b	Ford_c	Merc_b	Merc_c	Merc_d
Arrow		• (rot)	• (rot)			• (grün)	• (grün)	• (grün)	• (grün)
Hands_free	• (grün)	• (grün)	• (grün)					• (rot)	• (rot)
Pick_up	• (rot)	• (rot)	• (rot)				• (grün)	• (grün)	• (grün)
Set+				• (rot)	• (grün)	• (rot)			
Legende: rot = Trainingsdaten, grün = Testdaten									

Tabelle VII-10 Endergebnis der empirischen Analyse der Symbolklassifikationsverfahren

Verfahren	Punkte				Gewichtete Summe der Kriterien	Platz
	B1	B2	B4	B5		
KV.1: SIFT, BoF, SVM	1	2	1	0	11	5
KV.2: SURF, BoF, SVM	2	3	3	2	23	3
KV.3: CNN (CPU)	4	1	2	3	22	4
KV.3: CNN (GPU)	4	5	2	3	34	1
KV.4: MSER, HOG, SVM	3	4	4	3	32	2
Legende:	B1: Erkennungsquote, B2: Prüfdauer, B4: Toleranz ggü. Intraklassenvarianz, B5: Größe des Datensatzes					

Anhang L. Zusätze zur Analyse des Selbstoptimierungsverhaltens

Exemplarische Kostenparameter

Für die Abschätzung der Zeit- und Energiekosten wird angenommen, dass der Roboter einen Fixkostensatz in Höhe des aktuellen Mindestlohns von 8,84 €/h hat und die Anlage im Leerlauf eine Leistungsaufnahme von 500 W hat. Bei einem Strompreis von 25 Ct/kWh ergibt dies einen Zeitkostensatz von ca. $c_t = 0{,}25\ Ct/s$ und einen Energiekostensatz von ungefähr $c_e = 7 \cdot 10^{-3}\ \mathrm{Ct/kWs}$.

Als Kosten für den Fall „true pass“ werden weitere Verarbeitungskosten in Höhe von $c_{true\ pass} = 50ct$ angenommen. Für den Fall „false fail“ kommt eine Nachprüfung von 2 Minuten für den Fall „true fail“ zusätzlich eine Reparatur von 5 Minuten bei Mindestlohn zu den weiteren Verarbeitungskosten hinzu. Im Fall „false pass“ werden als zusätzliche Kosten zum Fall „true fail“ noch Kosten für Rückruf und Austausch in Höhe von 10€ pro Objekt fällig.

Addiert man alle Kosten für die jeweiligen Fälle, ergeben sich folgende Kostenparameter:

$$c_{true\ pass} = 50ct$$

$$c_{false\ fail} = 79ct$$

$$c_{true\ fail} = 153\ ct$$

$$c_{false\ pass} = 1153\ ct$$

Die Kostenparameter müssen nicht zwangsläufig aus den realen Kosten bestimmt werden, sondern können auch abstrakt als Gewichtungsfaktoren der jeweiligen Zielgrößen gesehen werden. Eine stärkere Gewichtung eines Ziels führt zu einer Verschiebung des Gleichgewichts in Richtung des stärker gewichteten Ziels. Beispielsweise wird bei einer stärkeren Gewichtung der Zeit die benötigte Zeit der Prüfung auf Kosten des Prüfumfangs und reduziert. Bei einer stärkeren Gewichtung des Ereignisses „false pass" wird die Wahrscheinlichkeit für dieses Ereignis reduziert.

Exemplarische Parameter der Energie- und Zeitmodelle

Für das Energie-/Zeitmodell wird angenommen, dass die Geschwindigkeit der Bewegung in einem Bereich von 1cm/s bis 10cm/s definiert werden kann und die Beschleunigung in einem Bereich von 1cm/s² bis 10cm/s². Es wird abgeschätzt, dass die benötigte Zeit für das Abfahren eines Bewegungsabschnittes in einem Bereich von 0,5 bis 30 s liegt. Die Leistungsaufnahme des Roboters wird auf ca. 300 W geschätzt. Damit kann der Energieverbrauch zwischen ca. 0,15 kWs und 9 kWs liegen. Im Folgenden werden Modellfunktionen für Energie und Zeit gesucht, die für Testzwecke das Verhalten der beiden Größen in der Praxis in Abhängigkeit von Geschwindigkeit (v), Beschleunigung (a) und euklidischer Distanz von Start und Endpunkt eines Bahnstücks (s) qualitativ beschreiben.

Geht die Beschleunigung des Roboters gegen Null ist zu erwarten, dass die benötigte Zeit und daraus folgend die benötigte Energie des Roboters für das Abfahren eines Bahnstücks gegen Unendlich anwachsen. Mit steigender Beschleunigung sollte die Energie aufgrund zunehmender Lastmomente zunehmen. Die Zeit sollte für steigende Beschleunigungen abnehmen, aber gegen einen Grenzwert größer null konvergieren, da der Roboter große Beschleunigung nur bis zu einem gewissen Grad umsetzen kann. Die qualitative Abhängigkeit von der Beschleunigung ist im linken Diagramm von Abbildung VII-31 dargestellt.

Die Abhängigkeiten von der Geschwindigkeit sehen ähnlich aus wie bei der Beschleunigung. Für eine sehr niedrige Geschwindigkeit dauert die Durchführung der Bewegung sehr lange. Aus diesem Grund sollte die Energie und Zeit für sehr kleine v gegen unendlich streben. Für große Geschwindigkeiten sinkt die benötigte Zeit und steigt der Energieverbrauch aufgrund größerer Lastmomente an den Roboterachsen. Die qualitative Abhängigkeit von der Geschwindigkeit ist im mittleren Diagramm von Abbildung VII-31 dargestellt.

Für längere Distanzen sollten die benötigte Zeit und Energie annähernd linear ansteigen. Allerdings sollte der Wert für sehr kleine Bahnstücke noch knapp über Null liegen, da aufgrund von Anfahr- und Abbremsvorgängen auch bei kleinen Wegen eine Mindestenergie/-zeit benötigt wird. Die qualitative Abhängigkeit von der Distanz ist im rechten Diagramm von Abbildung VII-31 dargestellt.

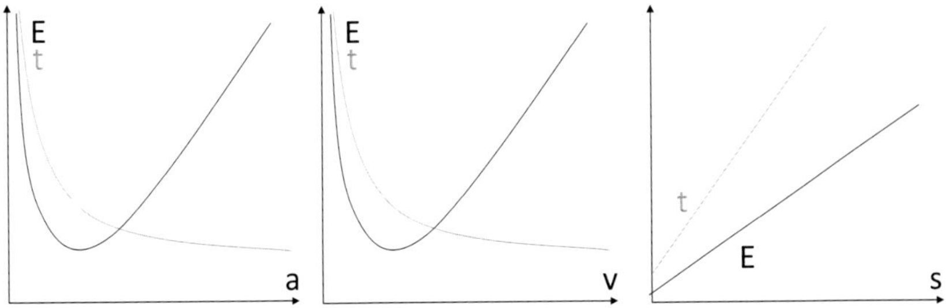

Abbildung VII-31 Qualitative Abhängigkeiten der Zielgrößen Energie (E) und Zeit (t) von den Parametern Beschleunigung (a), Geschwindigkeit (v) und Distanz (s)

Aufbauend auf den ausgeführten Überlegungen werden zu Testzwecken Modellfunktionen des Zeit- und Energieaufwands für das Abfahren einer Trajektorie entsprechend Formel VII-24 sowie Formel VII-25 definiert. Die Einheiten werden außen vorgelassen und so definiert, dass a in [cm/s²], v in [cm/s] und s in [cm] eingesetzt wird. Die Einheit der Energie wird [kWs] und die Einheit der Zeit [s] sein. Der Unterschied in den gestellten Varianten liegt darin, dass in Formel VII-25 ein Vorfaktor eingeführt wird, der die stetige Verbesserung des Ergebnisses bei Nutzung eines erfahrungsbasierten Planers simuliert. Der Vorfaktor $0.5(1 + 0.998^{\mathrm{n}})$ simuliert eine Abnahme der benötigten Energie und Zeit durch verbesserte Trajektorien eines Erfahrungsbasierten Planers. Die Werte konvergieren mit zunehmender Anzahl an Trajektorien gegen die Hälfte des Energie- und Zeitbedarfs der ersten Trajektorie.

Formel VII-24 Modellfunktion zu Testzwecken für Energie (E) und Zeitaufwand (t) des Abfahrens einer Trajektorie

$$E(v, a, s) = 0{,}015 + s(\frac{1}{v} + 0{,}0015v^2 + \frac{1}{a} + 0{,}0015a^2)$$

$$t(v, a, s) = 0{,}5 + 0{,}5s(0{,}9 + 0.05\frac{1}{v} + 0.05\frac{1}{a})$$

Formel VII-25 Modellfunktion zu Testzwecken für Energie (E) und Zeitaufwand (t) des Abfahrens einer Trajektorie mit Vorfaktor zur Simulation des Einsatzes eines erfahrungsbasierten Planers

$$E(v, a, s, n) = 0.5(1 + 0.998^{\mathrm{n}})E(v, a, s)$$

$$t(v, a, s, n) = 0.5(1 + 0.998^{\mathrm{n}})t(v, a, s)$$

Beispielhaftes Prüfszenario

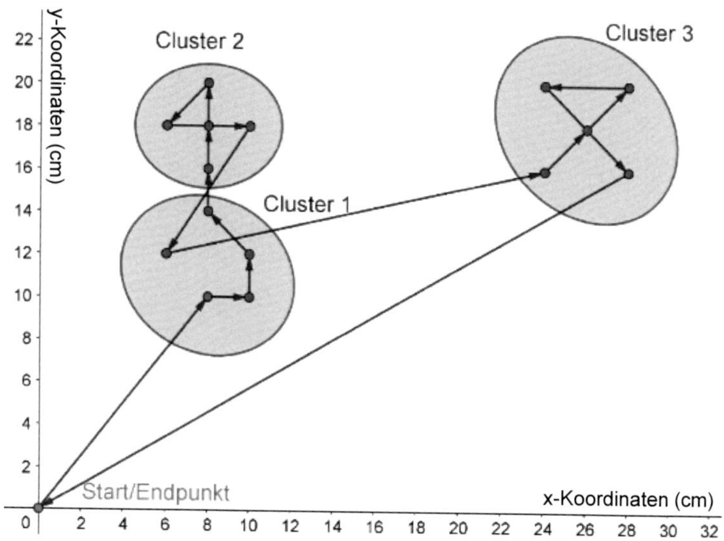

Abbildung VII-32 Visualisierung des beispielhaften Prüfszenarios und der mittels Nearest-Neighbour Heuristik ermittelten Rundtour in 2D

In der Reihe **Ergebnisse aus der Produktionstechnik** zuletzt erschienen:

Greipel, Jonathan:
Grouping of Inspection Characteristics to Reduce Costs of Adaptive Inspection Planning in Variant Production
ISBN: 978-3-98555-157-6
Erscheinungsdatum: 03.05.2023

Troß, Nico:
Mehrskalenmodellierung der thermo-mechanischen Werkzeugbelastung beim Trockenwälzfräsen
ISBN: 978-3-98555-158-3
Erscheinungsdatum: 19.04.2023

Nicksch, Christoph:
Konfiguration verteilter Large-Scale Metrology Systeme in rekonfigurierbaren Montageumgebungen
ISBN: 978-3-98555-152-1
Erscheinungsdatum: 20.03.2023

Ahmad, Mubarik:
Anregungsgerechte Auslegung und Tolerierung schnelllaufender Getriebe unter Berücksichtigung kurz- und langwelliger Verzahnungsabweichungen
ISBN: 978-3-98555-130-9
Erscheinungsdatum: 06.03.2023

Priwisch, Martin:
Kontaktfreie Bahnlaufregelung zur Herstellung funktionaler Mehrlagensysteme in einem kontinuierlichen Laminierprozess
ISBN: 978-3-98555-139-2
Erscheinungsdatum: 27.02.2023

Welsing, Martin:
Bewertung der ökologischen Nachhaltigkeit von Produktions-netzwerkkonfigurationen
ISBN: 978-3-98555-155-2
Erscheinungsdatum: 19.04.2023

Beckers, Alexander:
Auslegung wirtschaftlich-technologisch optimierter Fertigungsprozessfolgen mittels prozessübergreifender Modellierung
ISBN: 978-3-98555-154-5
Erscheinungsdatum: 18.04.2023

Gipperich, Marius:
Untersuchung eines Zweistrahlprozesses als Ansatz zur Prozessstabilitätserhöhung des drahtbasierten Laserauftragschweißens
ISBN: 978-3-98555-151-4
Erscheinungsdatum: 15.03.2023

Motschke, Tobias:
Analyse und Modellierung der Dämpfungseigenschaften von Spindellagern
ISBN: 978-3-98555-148-4
Erscheinungsdatum: 06.03.2023

Frye, Maik:
Recommending Data Preprocessing Pipelines for Machine Learning Applications in Production
ISBN: 978-3-98555-147-7
Erscheinungsdatum: 15.02.2023

Edition Wissenschaft
Apprimus

Cremer, Sven:

Controlling der Migration in Produktionsnetzwerken

ISBN: 978-3-98555-145-3
Erscheinungsdatum: 09.02.2023

Ohlert, Marius:

Contact between Abrasive Media and Workpiece in Robot-guided Centrifugal Finishing

ISBN: 978-3-98555- 144-6
Erscheinungsdatum: 07.02.2023

Graberg, Tim:

Operationalisierung von digitalen Schatten im Werkzeugbau

ISBN: 978-3-98555-141-5
Erscheinungsdatum: 06.02.2023

Müller, Tobias:

Modellbildung mittels Symbolischer Regression zur Messunsicherheits-bestimmung komplexer Messprozesse

ISBN: 978-3-98555-146-0
Erscheinungsdatum: 30.01.2023

Kreß, Julian Maximilian:

Erbringung hybrider Leistungsangebote in Wertschöpfungsnetzwerken

ISBN: 978-3-98555-128-6
Erscheinungsdatum: 24.01.2023

Vierschilling, Sebastian Patrick:

Automatisierung der Standortauswahl in der Fabrikplanung

ISBN: 978-3-98555-134-7
Erscheinungsdatum: 09.01.2023

Schmidhuber, Matthias:

Sozio-technische Problemlösungsfähigkeit von PPS-Systemen

ISBN: 978-3-98555- 143-9
Erscheinungsdatum: 07.02.2023

Schwarberg, Thomas:

Bestimmung der Logik von Innovationsideen für technische Systeme

ISBN: 978-3-98555- 142-2
Erscheinungsdatum: 07.02.2023

Nienheysen, Philipp:

Werkstattgerechte Schadensanalyse in CFK-Strukturbauteilen mit optisch georteter Ultraschallmesstechnik

ISBN: 978-3-98555-136-1
Erscheinungsdatum: 30.01.2023

Behrens, Jan:

Selbstkalibrierung von 5-Achs-Bearbeitungszentren mit Dreh-/Schwenktisch

ISBN: 978-3-98555-124-8
Erscheinungsdatum: 24.01.2023

Bickendorf, Philipp:

Tribologische und geometrische Auslegung von additiv hergestellten Werkzeug-einsätzen zur Feinblech-umformung

ISBN: 978-3-98555-133-0
Erscheinungsdatum: 24.01.2023

Helbig, Jens:

Typisierung und Auswahl von Referenzstrategien für den Werkzeugeinkauf

ISBN: 978-3-98555-122-4
Erscheinungsdatum: 19.12.2022

Edition Wissenschaft
Apprimus

FSC
www.fsc.org
MIX
Papier | Fördert
gute Waldnutzung
FSC® C083411

Zeitfracht Medien GmbH
Ferdinand-Jühlke-Straße 7
99095 Erfurt, Deutschland
produktsicherheit@kolibri360.de